普.通.高.等.学.校
计算机教育“十二五”规划教材

Java程序设计实用教程

（第2版）

THE JAVA PROGRAMMING LANGUAGE

(2nd edition)

耿祥义 张跃平 ◆ 编著

人 民 邮 电 出 版 社

北 京

图书在版编目（CIP）数据

Java程序设计实用教程 / 耿祥义，张跃平编著. --
2版. -- 北京 : 人民邮电出版社，2015.4
普通高等学校计算机教育“十二五”规划教材
ISBN 978-7-115-38417-1

Ⅰ. ①J… Ⅱ. ①耿… ②张… Ⅲ. ①JAVA语言－程序
设计－高等学校－教材 Ⅳ. ①TP312

中国版本图书馆CIP数据核字(2015)第040088号

内 容 提 要

Java 语言具有面向对象、与平台无关、安全、稳定、多线程等优良特性，是目前软件设计中极为强大的编程语言。本书注重结合实例，每章分别配有相应的上机实训，循序渐进地向读者介绍了 Java 语言的重要知识点，特别强调 Java 面向对象编程的思想。全书分为 15 章，分别讲解了简单数据类型、运算符、表达式和语句、类与对象、子类与继承、接口与多态、数组与枚举、内部类与异常类、常用实用类、Java 输入输出流、JDBC 数据库操作、泛型与集合框架、Java 多线程机制、Java 网络基础、图形用户界面设计等内容。

本书适合作为高等院校计算机相关专业“Java 语言程序设计”以及“面向对象语言”课程的教材。

◆ 编　　著　耿祥义　张跃平
责任编辑　刘　博
责任印制　沈　蓉　彭志环

◆ 人民邮电出版社出版发行　　北京市丰台区成寿寺路 11 号
邮编　100164　　电子邮件　315@ptpress.com.cn
网址　http://www.ptpress.com.cn
北京七彩京通数码快印有限公司印刷

◆ 开本：787×1092　1/16
印张：24.75　　　　2015 年 4 月第 2 版
字数：650 千字　　　　2025 年 1 月北京第 20 次印刷

定价：54.00 元

读者服务热线：(010)81055256　印装质量热线：(010)81055316
反盗版热线：(010)81055315

第 2 版前言

Java 是一种纯面向对象的程序设计语言，具有跨平台、分布性、高性能、可移植等优点，是目前被广泛使用的编程语言之一，很多新的计算机技术领域也都涉及 Java 语言。

本书第 2 版对某些章节的内容作了适度的修改，并在每一章增加了相应的上机实训，对第 11 章做了全面改动，将原有的 JDBC 操作 Access 数据库更改为 JDBC 操作 Derby 数据库，删除了已经不再使用的第 16 章的关于 Java Applet 内容。

全书在内容和语言组织上注重 Java 语言的面向对象特性，强调面向对象的程序设计思想，在实例上注重实用性和启发性，在内容的深度和广度方面都进行了深入考虑，在类、对象、继承、接口等重要的基础知识上侧重深度，而在实用类、输入输出流、Java 网络技术、JDBC 数据库操作等实用技术方面的讲解上侧重广度。通过本书的学习，读者可以掌握 Java 面向对象编程的思想和 Java 编程中的一些重要技术。

本书语言通俗易懂，例子生动实用，配备的实训内容不仅有利于知识的掌握和运用，而且对提高编程能力也非常有帮助。每一章的后面还提供了习题，方便老师和同学及时检验学习效果。

全书共分 15 章。第 1 章主要介绍了 Java 产生的背景和 Java 平台，读者可以了解到 Java 是怎样做到“一次写成，处处运行”的。第 2 章通过学习一个简单的对象，初步了解对象的结构，并讲解了简单的数据类型。第 3 章主要介绍了 Java 运算符和控制语句。第 4 章、第 5 章和第 6 章是本书的重点内容，讲述了类与对象、子类与继承、接口与多态等内容。第 7 章和第 8 章是对第 4 章、第 5 章知识的总结升华。第 7 章讲解了数组与枚举，特别讲解了与数组相关的一些实用技术。第 8 章讲解了内部类和匿名类，特别强调了使用内部类的原则以及学习自定义异常的重要性。第 9 章讲解了常用的实用类，包括字符串、日期、正则表达式、模式匹配、数学计算等实用类，特别讲解了怎样使用 Scaner 类解析字符串。第 10 章讲解了 Java 中的输入/输出流技术，这部分特别介绍了怎样使用输入/输出流来克隆对象，Java 的文件锁技术以及使用 Scaner 解析文件等重要内容。第 11 章主要讲解 Java 怎样使用 JDBC 操作 Derby 数据库，讲解了预处理、事务处理、批处理等重要技术。第 12 章讲解泛型和集合框架，强调如何使用集合框架提供的类来有效、合理地组织程序中的数据。第 13 章讲解了多线程技术，通过许多有启发的例子来帮助读者理解多线程编程。第 14 章讲解 Java 在网络编程中的一些重要技术，涉及 URL、Socket、InetAddrees、DatagramPacket 等重要的类，而且特别讲解了 Java 远程调用（RMI）。第 15 章是基于 Java Swing 的 GUI 图形用户界面设计，讲解了常用的组件和容器，特别详细讲解了事件处理。

在学习本书之前，读者最好具有 C 语言基础。掌握一门语言最好的方式就是实践，本书的着眼点是将基础的理论知识讲解和实践应用相结合，使读者在理解面向对象思想的基础上，快速掌握 Java 编程技术。

本书实例的源程序以及电子教案可以在人民邮电出版社教学服务与资源网（www.ptpedu.com.cn）上免费下载，以供读者学习使用。

编　者

2014 年 12 月

第2版前言

目录

第 12 章 泛型与集合框架 ……267

第 13 章 Java 多线程机制 ……289

第 14 章 Java 网络编程 ……314

第 1 章 初识 Java

主要内容

- Java 诞生的原因
- Java 的地位
- 安装 JDK
- 一个简单的 Java 应用程序
- Java 的语言特点

难点

- 安装 JDK

在学习 Java 语言之前，部分读者可能学习过 C 语言，熟悉计算机的一些基础知识。学习过 Java 语言之后，可以继续学习和 Java 相关的一些重要内容，比如，如果希望从事编写与数据库相关的软件，可以深入学习 Java Database Connection(JDBC)；如果希望从事 Web 程序的开发，可以学习 Java Server Page(JSP)；如果希望从事手机应用程序的设计，可以学习 Android 手机程序设计；如果希望从事与网络信息交换有关的软件设计，可以学习 eXtensible Markup Language(XML)；如果希望从事大型网络应用程序的开发与设计，可以学习 Java Enterprise Edition(Java EE)，如图 1.1 所示。

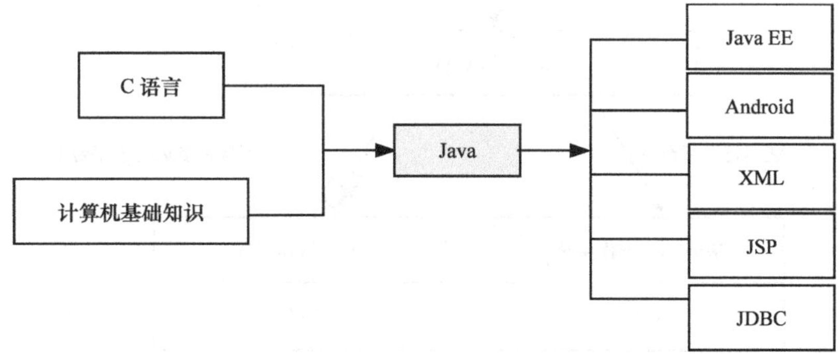

图 1.1　Java 的先导知识与后继技术

1.1　Java 诞生的原因

在 Java 诞生之前已经出现了许多优秀的编程语言，比如大家熟悉的 C 语言和 C++语言等，那么是什么原因导致了 Java 语言的诞生呢？Java 语言相对于其他语言，比如 C 语言和 C++语言，到底有着怎样的特殊优势呢？

Java 语言相对于其他语言的最大优势就是所谓的平台无关性，即跨平台性，这也是 Java 最初风靡全球的主要原因。以下通过讲解平台与机器指令，以及程序的编译、执行来理解 Java 的平台无关性。

1. 平台与机器指令

无论哪种编程语言编写的应用程序都需要经过操作系统和处理器来完成程序的运行，因此这里所指的平台是由操作系统（OS）和处理器（CPU）所构成。与平台无关是指软件的运行不因操作系统、处理器的变化导致发生无法运行或出现运行错误。

所谓平台的机器指令就是可以被该平台直接识别、执行的一种由 0 和 1 组成的序列代码。需要注意的是相同的 CPU 和不同的操作系统所形成的平台的机器指令可能是不同的，因此，每种平台都会形成自己独特的机器指令。比如，某个平台可能用 8 位序列代码 1000 1111 表示一次加法操作，以 1010 0000 表示一次减法操作；而另一种平台可能用 8 位序列代码 1010 1010 表示一次加法操作，以 1001 0011 表示一次减法操作。

2. C/C++程序依赖平台

现在，让我们分析一下为何 C/C++语言编写的程序可能因为操作系统的变化、处理器升级导致程序出现错误或无法运行。

C/C++语言提供的编译器对 C/C++源程序进行编译时，将针对当前 C/C++源程序所在的特定平台进行编译和连接，然后生成机器指令，即根据当前平台的机器指令生成机器码文件(可执行文件)。这样一来，就无法保证 C/C++编译器所产生的可执行文件在所有的平台上都能正确地被运行，这是因为不同平台可能具有不同的机器指令（如图 1.2 所示）。因此，如果更换了平台，可能需要修改源程序，并针对新的平台重新编译源程序。

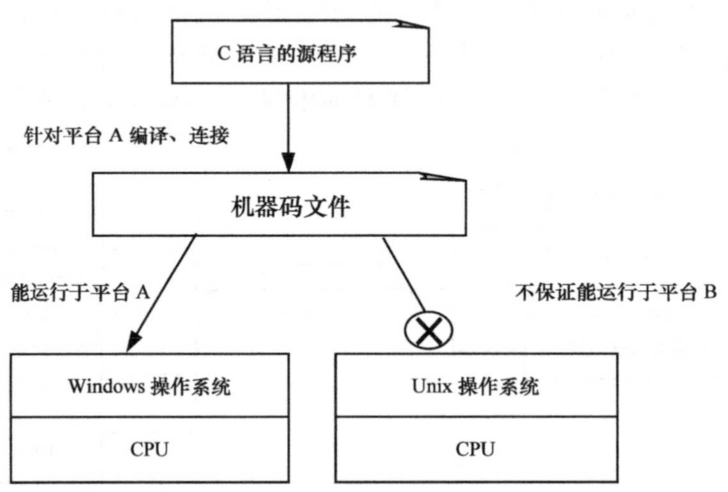

图 1.2　C/C++生成的机器码文件依赖平台

3. Java 程序不依赖平台

与其他语言相比，Java 语言最大的优势就是它的平台无关性，这是因为 Java 可以在平台之上再提供一个 Java 运行环境(Java Runtime Environment，JRE)。该 Java 运行环境由 Java 虚拟机(Java Virtual Machine，JVM)、类库以及一些核心文件组成。Java 虚拟机的核心是所谓的字节码指令，即可以被 Java 虚拟机直接识别、执行的一种由 0 和 1 组成的序列代码。字节码并不是机器指令，因为它不和特定的平台相关，不能被任何平台直接识别、执行。Java 针对不同平台提供的 Java 虚拟机的字节码指令都是相同的，比如所有的虚拟机都将 1111 0000 识别、执行为加法操作。

和 C/C++不同的是，Java 语言提供的编译器不针对特定的操作系统和 CPU 芯片进行编译，而是针对 Java 虚拟机把 Java 源程序编译为称作字节码的一种“中间代码”，比如，Java 源文件中的“+”被编译成字节码指令 1111 0000。字节码是可以被 Java 虚拟机识别、执行的代码，即 Java 虚拟机负责解释运行字节码，其运行原理是 Java 虚拟机负责将字节码翻译成虚拟机所在平台的机器码，并让当前平台运行该机器码，如图 1.3 所示。

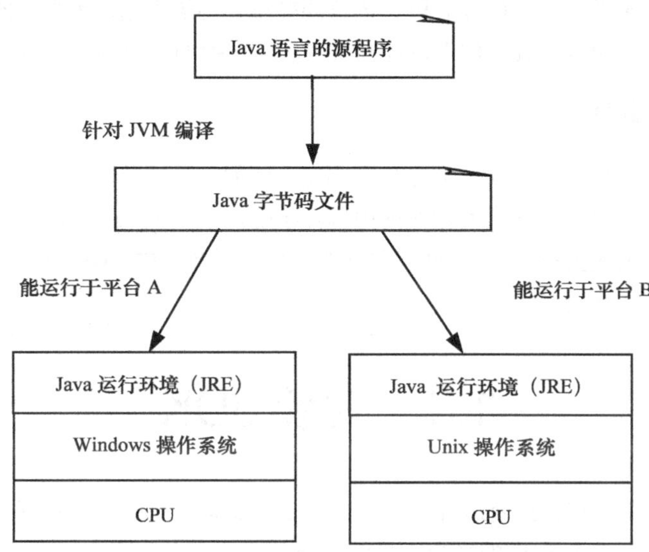

图 1.3　Java 生成的字节码文件不依赖平台

4. Java 之父-James Gosling

1990 年 Sun 公司成立了由詹姆斯・高斯林（James・Gosling）领导的开发小组，开始致力于开发一种可移植的、跨平台的语言，该语言能生成正确运行于各种操作系统、各种 CPU 芯片上的代码。他们的精心研究和努力促成了 Java 语言的诞生。1995 年 5 月 Sun 公司推出 Java Development Kit(JDK)1.0a2 版本，标志着 Java 的诞生，而 Java 的快速发展得益于 Internet 和 Web 的出现。Internet 上的各种不同计算机可能使用完全不同的操作系统和 CPU 芯片，但仍希望运行相同的程序，Java 的出现标志着真正的分布式系统的到来。

注意

印度尼西亚有一个重要的盛产咖啡的岛屿叫 Java，中文译名为爪哇，开发人员为这种新的语言起名为 Java，其寓意是为世人端上一杯热咖啡。

1.2　Java 的地位

1.2.1　网络地位

网络已经成为信息时代最重要的交互媒介，那么基于网络的软件设计就成为软件设计领域的核心。Java 的平台无关性让 Java 成为编写网络应用程序的佼佼者，而且 Java 也提供了许多以网络应用为核心的技术，使得 Java 特别适合于网络应用软件的设计与开发。

1.2.2 语言地位

Java 是面向对象编程，并涉及网络、多线程等重要的基础知识，是一门很好的面向对象语言。通过学习 Java 语言不仅可以学习怎样使用对象来完成某些任务，而且可以掌握面向对象编程的基本思想，为今后进一步学习设计模式奠定一个较好的语言基础。C 语言无疑是非常基础和实用的语言之一，目前，Java 语言已经获得了和 C 语言同样重要的语言基础地位，即不仅是一门正在被广泛使用的编程语言，而且已成为软件设计开发者应当掌握的一门基础语言。

1.2.3 需求地位

目前，由于很多新的技术领域都涉及 Java 语言，例如，用于设计 Web 应用的 JSP、设计手机应用程序的 Android 等(见本章开始所叙述的内容)，导致 IT 行业对 Java 人才的需求正在不断增长，经常可以看到许多培训或招聘 Java 软件工程师的广告，因此掌握 Java 语言及其相关技术意味着较好的就业前景和工作酬金。

1.3 安装 JDK

Java 要实现“编写一次，到处运行”（Write once，run anywhere）的目标，就必须提供相应的 Java 运行环境，即运行 Java 程序的平台。目前 Java 平台主要分为下列 3 个版本。

1.3.1 三种平台简介

1. Java SE

Java SE（曾称为 J2SE）称为 Java 标准版或 Java 标准平台。Java SE 提供了标准的 Java Development Kit(JDK)。利用该平台可以开发 Java 桌面应用程序和低端的服务器应用程序，也可以开发 Java Applet 程序。当前最新的 JDK 版本为 JDK1.8，Sun 公司把这一最新的版本命名为 JDK8.0，但人们仍然习惯地称作 JDK1.8。

2. Java EE

Java EE（曾称为 J2EE）称为 Java 企业版或 Java 企业平台。使用 Java EE 可以构建企业级的服务应用，Java EE 平台包含了 Java SE 平台，并增加了附加类库，以便支持目录管理、交易管理和企业级消息处理等功能。

3. Java ME

Java ME（曾称为 J2ME）称为 Java 微型版或 Java 小型平台。Java ME 是一种很小的 Java 运行环境，用于嵌入式的消费产品中，如移动电话、掌上电脑或其他无线设备等。

目前，由于 Android 操作系统的出现，几乎没有手机厂商继续使用 Java ME 平台。Android 操作系统支持 Java 语言，即可以使用 Java 语言编写运行于 Android 操作系统上的应用程序，一款 Android 手机可以通过安装应用软件不断提高自己的应用性能和智能水平。

上述任何一种 Java 运行平台都包括了相应的 Java 虚拟机，虚拟机负责将字节码文件（包括程序使用的类库中的字节码）加载到内存，然后采用解释方式来执行字节码文件，即根据相应平台的机器指令翻译一句执行一句。

1.3.2　安装 Java SE 平台

学习 Java 最好选用 Java SE 提供的 Java 软件开发工具箱 JDK。Java SE 平台是学习掌握 Java 语言的最佳平台，而掌握 Java SE 又是进一步学习 Java EE 和 Android 所必须的。

目前有许多很好的 Java 集成开发环境（IDE）可用，例如 NetBean，Eclipse 等。Java 集成开发环境都将 JDK 作为系统的核心，非常有利于快速地开发各种基于 Java 语言的应用程序。但学习 Java 最好直接选用 Java SE 提供的 JDK，因为 Java 集成开发环境（IDE）的目的是更好、更快地开发程序，不仅系统的界面往往比较复杂，而且也会屏蔽掉一些知识点。在掌握了 Java 语言之后，再去熟悉、掌握一个流行的 Java 集成开发环境（IDE）即可。

可以登录到 Sun 公司的网站（http://java.sun.com）免费下载 JDK1.8。在网站的"Download"菜单中选择"Java SE"，在"Java Platform, Standard Edition"选择界面选择"JDK DOWLOAD"，接受许可协议后，选择相应的 JDK 版本即可。本书将使用针对 Window 操作系统（32 位）平台的 JDK，因此下载的版本为 jdk-8u25-windows-i586.exe（见图 1.4），如果读者使用其他的操作系统，可以下载相应的 JDK。

Product / File Description	File Size	Download
Linux x86	135.24 MB	jdk-8u25-linux-i586.rpm
Linux x86	154.88 MB	jdk-8u25-linux-i586.tar.gz
Linux x64	135.6 MB	jdk-8u25-linux-x64.rpm
Linux x64	153.42 MB	jdk-8u25-linux-x64.tar.gz
Mac OS X x64	209.13 MB	jdk-8u25-macosx-x64.dmg
Solaris SPARC 64-bit (SVR4 package)	137.01 MB	jdk-8u25-solaris-sparcv9.tar.Z
Solaris SPARC 64-bit	97.14 MB	jdk-8u25-solaris-sparcv9.tar.gz
Solaris x64 (SVR4 package)	137.11 MB	jdk-8u25-solaris-x64.tar.Z
Solaris x64	94.24 MB	jdk-8u25-solaris-x64.tar.gz
Windows x86	157.26 MB	jdk-8u25-windows-i586.exe
Windows x64	169.62 MB	jdk-8u25-windows-x64.exe

图 1.4　选择下载 JDK

双击下载后的 jdk-8u25-windows-i586.exe 文件图标将出现安装向导界面，接受软件安装协议，出现选择安装路径界面。为了便于今后设置环境变量，建议修改默认的安装路径。在这里，我们将默认的安装路径：

```
C:\program Files\Java\Jdk1.8.0_25
```

修改为：E:\jdk1.8，如图 1.5 所示。

注需要注意的是，安装 JDK 的过程中，JDK 还额外提供一个 Java 运行环境-JRE（Java Runtime Environment），并提示是否修改 JRE 默认的安装路径：

```
C:\program Files\Java\jre1.8.0_25
```

建议采用默认的安装路径。如果修改该默认安装路径，修改后的安装路径不可以与 JDK 的安装路径相同。

将 JDK 安装到 E:\jdk1.8 目录下后，会形成如图 1.6 所示的目录结构。现在，就可以编写 Java 程序并进行编译、运行程序了，因为安装 JDK 的同时，计算机就安装上了 Java 运行环境。

JDK 主要目录内容如下。

- 开发工具：位于 bin 子目录中。指工具和实用程序，可帮助开发、执行、调试以 Java 编程语言编写的程序，例如，编译器 javac.exe 和解释器 java.exe 都位于该目录中。

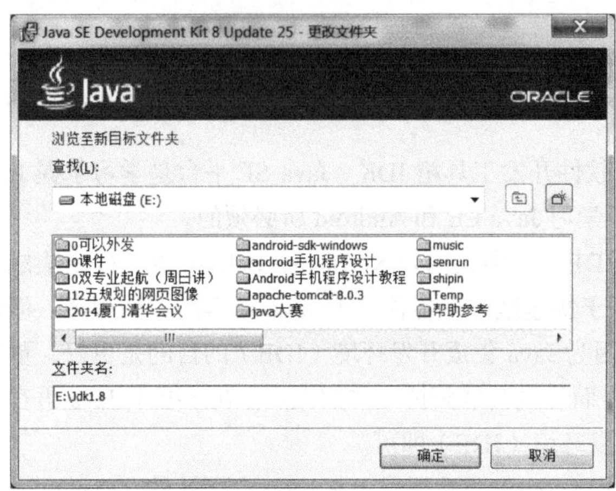

图 1.5 选择 JDK 的安装路径

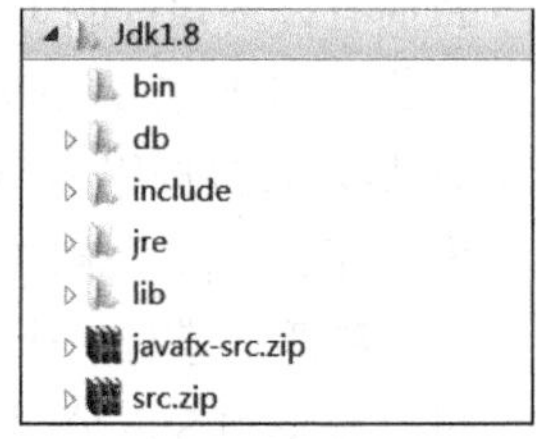

图 1.6 JDK 的目录结构

- Java 运行环境：位于 jre 子目录中。Java Runtime Environment（JRE）包括 Java 虚拟机(JVM)、类库以及其他支持执行以 Java 编程语言编写的程序的文件。
- 附加库：位于 lib 子目录中。开发工具所需的其他类库和支持文件。
- C 头文件：位于 include 子目录中。支持使用 Java 本机界面、JVM 工具界面以及 Java 平台的其他功能进行本机代码编程的头文件。
- Derby 数据库：Java 平台提供了 Derby 数据库管理系统，或简称 Derby 数据库。Derby 是一个纯 Java 实现、开源的数据库管理系统。安装 JDK 之后（版本 1.6 之后），会在安装目录下找到一个名字是 db 的子目录，在该目录下的 lib 子目录中提供连接 Derby 数据库所需要的类（加载驱动程序的类）。
- 源代码：位于 JDK 安装目录之根目录中的 src.zip 文件是 Java 核心 API 的所有类的 Java 编程语言源文件（即 java.*、javax.* 和某些 org.* 包的源文件，但不包括 com.sun.*包的源文件）。

1.3.3 设置环境变量

1. 系统环境 path 的设置

JDK 平台提供的 Java 编译器（javac.exe）和 Java 解释器（java.exe）位于 Java 安装目录的\bin 文件夹中，为了能在任何目录中使用编译器和解释器，应在系统特性中设置 path。对于 Windows 7/Windows XP，用鼠标右键单击“计算机”/“我的电脑”，在弹出的快捷菜单中选择“属性”命令弹出“系统特性”对话框，再单击该对话框中的“高级系统设置”/“高级选项”，然后单击按钮“环境变量”，添加系统环境变量。如果曾经设置过环境变量 path，可单击该变量进行编辑操作，将需要的值加入即可。需要注意的是，在编辑环境变量的值时，如果新加入的值不准备作为环境变量取值范围中的第一个值或最后一个值，那么新加入的值要和已有的其他值用分号分隔（如图 1.7 所示）；如果作为最后一个值，需要和前面的值用分号分隔；如果作为第一个值需要和后面的值用分号分隔。

2. 系统环境 classpath 的设置

JDK 的安装目录的\jre 文件夹中包含着 Java 应用程序运行时所需的 Java 类库，这些类库被包含在\jre\lib 中的压缩文件 rt.jar 中。安装 JDK 一般不需要设置环境变量 classpath 的值，如果读者的计算机安装过一些商业化的 Java 开发产品或带有 Java 技术的一些产品，classpath 的值可能会被修改了。那么运行 Java 应用程序时，系统可能加载这些产品所带的老版本的类库，可能导致程序要加载的类无法找到，使程序出现运行错误。读者可以重新编辑系统环境变量 classpath 的值。对于 Windows 7/Windows XP 系统，用鼠标右键单击“计算机”/“我的电脑”，在弹出的快捷菜单中选择“属性”命令弹出“系统特性”对话框，再单击该对话框中的“高级系统设置”/“高级选项”，然后单击按钮“环境变量”，添加如图 1.8 所示的系统环境变量。如果曾经设置过环境变量 classpath，可单击该变量进行编辑操作，将需要的值加入即可。

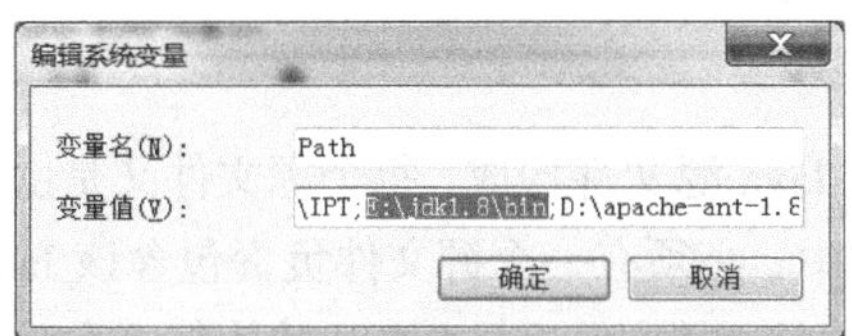

图 1.7　编辑环境变量 path

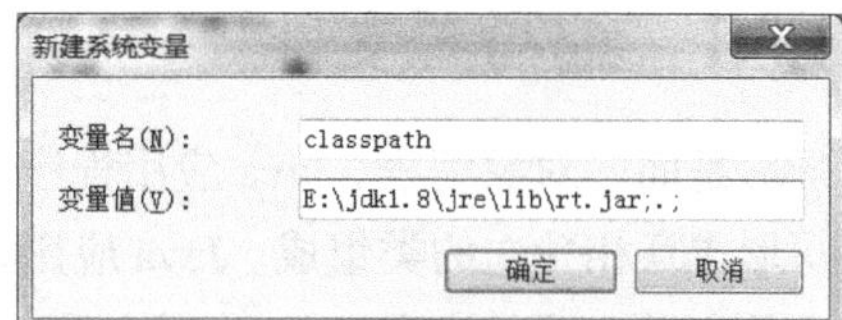

图 1.8　设置环境变量 classpath

注意　环境变量 classpath 设置中的“.;”是指可以加载应用程序当前目录及其子目录中的类。rt.jar 包含了 Java 运行环境提供的类库中的类。

3. 仅仅安装 JRE

如果一个平台只想运行 Java 程序，可以只安装 Java 运行环境 JRE。JRE 由 JVM、Java 的核心类以及一些支持文件组成。读者可以登录 Sun 的网站免费下载 JRE。

4. 帮助文档

建议下载类库帮助文档(Java SE 8 Documentation:)，如 jdk-8u25-docs-all.zip。

1.4　Java 程序的开发步骤

Java 程序的开发步骤如图 1.9 所示。

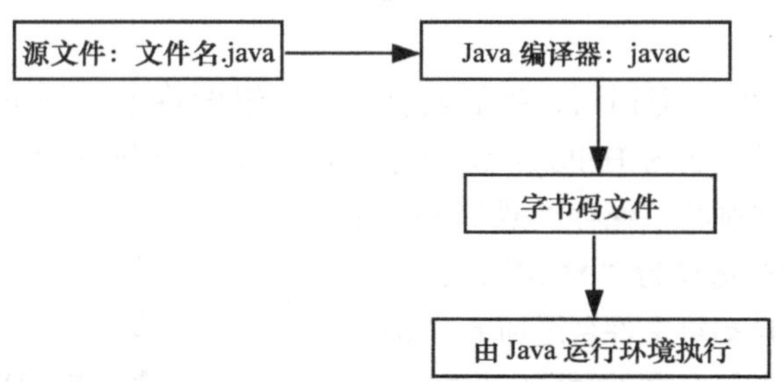

图 1.9　Java 程序的开发过程

1. 编写源文件

使用一个文本编辑器，如 Edit 或记事本，来编写源文件。不可使用 Word 编辑器，因它含有不可见字符。将编写好的源文件保存起来，源文件的扩展名必须是.java。

2. 编译 Java 源程序

使用 Java 编译器（javac.exe）编译源文件，得到字节码文件。

3. 运行 Java 程序

使用 Java SE 平台中的 java 解释器（java.exe）来解释执行字节码文件。

1.5 一个简单的 Java 应用程序

1.5.1 编写源文件

Java 是面向对象编程，Java 应用程序可以由若干个 Java 源文件构成，每个源文件又是由若干个书写形式互相独立的类组成。Java 应用程序的源文件中，必须有一个源文件负责包含该 Java 应用程序的主类，即包含有 main 方法的类。Java 应用程序从主类的 main 方法开始执行（有关 Java 应用程序的基本结构在第 2 章的 2.4 节还会详细介绍，类的详细语法将在第 4 章讲解）。

下面例子 1 中的 Java 源文件 Hello.java 只有一个主类。

例子 1

```
Hello.java
    public class Hello {
       public static void main (String args[]) {
          System.out.println("这是一个简单的 Java 应用程序");
       }
}
```

注 Java 源程序中的语句所涉及的小括号及标点符号都是英文状态下输入的括号和标点符号，比如"这是一个简单的 Java 应用程序"中的引号必须是英文状态下的引号，而字符串里面的符号不受汉字符或英文字符的限制。

1. 应用程序的主类

一个 Java 应用程序的源文件中，应当有一个类含有 public static void main（String args[ ]）方法，这个类是应用程序的主类。args[]是 main 方法的一个参数，是一个字符串类型的数组(注意 String 的第一个字母是大写的)，以后会学习怎样使用这个参数。

2. 源文件的命名

源文件的名字与类的名字相同，扩展名是.java。假设将上述例子 1 中的源文件保存到 C:\chapter1 文件夹中，并命名为 Hello.java。注意不可写成 hello.java，因为 Java 语言是区分大小写的。在保存文件时，必须将“保存类型”选择为“所有文件”，将“编码”选择为“ANSI”。如果在保存文件时，系统总是自动给文件名尾加上“.txt”（这是不允许的），那么在保存文件时可以将文件名用双引号括起，如图 1.10 所示。

图 1.10 Java 源文件的保存

3. 良好的编程习惯

在编写程序时，应遵守良好的编码习惯，比如一行最好只写一条语句，保持良好的缩进习惯等。大括号的占行习惯有两种，一种是向左的大括号“{”和向右的大括号都独占一行“}”；另一种习惯是向左的大括号“{”在上一行的尾部，向右的大括号独占一行“}”(有关编程风格见本书 2.10 节)。

1.5.2　编译

当保存了 Hello.java 源文件后，就要使用 Java 编译器（javac.exe）对其进行编译。

使用 JDK 环境开发 Java 程序，需要打开 Ms-Dos 命令行窗口。需要使用几个简单的 DOS 操作命令，例如，从逻辑分区 C 转到逻辑分区 D，需在命令行键入 D：并按 Enter 键确定。进入某个子目录（文件夹）的命令是："cd 目录名"；退出某个子目录的命令是："cd .."。例如，从目录 example 退到目录 boy 的操作是："c:\boy>example>cd .."

现在进入逻辑分区 C 的 chapter1 目录中，使用编译命令 javac 编译源文件（见图 1.11），例如：

```
C:\chapter1\>javac  Hello.java
```

```
C:\chapter1>javac Hello.java

C:\chapter1>
```

图 1.11　使用 javac 编译源文件

如果编译时，系统提示：

javac 不是内部或外部命令，也不是可运行的程序或批处理文件

请检查是否为系统环境变量 Path 指定了 E:\jdk1.8\bin 这个值(在设置过环境变量后，要重新打开 Ms-Dos 命令行窗口)，如果事先没有为系统环境变量 Path 指定值，也可以临时在当前 Ms-Dos 命令行窗口键入：

Path E:\jdk1.8\bin;%path%（按 Enter 键）

然后再编译源文件（%path%意思是保留 path 的其他值，临时设置的 path 值仅仅对当前命令行窗口有效）。

如果源文件没有错误，编译源文件将生成扩展名为.class 的字节码文件，其文件名与该类的名字相同，被存放在与源文件相同的目录中。

编译上述例子 1 中的 Hello.java 源文件将得到 Hello.class。如果对源文件进行了修改，必须重新编译，再生成新的字节码文件。如果编译出现错误提示，必须修改源文件，然后再进行编译。

JDK1.5 版本后的编译器和以前版本的编译器有一个很大的不同，不再向下兼容，也就是说，如果在编译源文件时没有特别约定的话，JDK1.8 编译器生成的字节码只能在安装了 JDK1.8 或 JRE1.8 的 Java 平台环境中运行。用户可以使用"-source"参数约定字节码适合的 Java 平台。如果 Java 程序中并没有用到 JDK1.8 的新功能，在编译源文件时可以使用"-source"参数，例如：

```
javac -source 1.4 文件名.java
```

这样编译生成的字节码可以在 1.4 版本以上的 Java 平台运行。如果源文件使用的系统类库没有超出 JDK1.1 版本，在编译源文件时应当使用-source 参数，取值 1.1，使得字节码有更好的可移植性。

-source 参数可取的值有：1.7、1.6、1.5、1.4、1.3、1.2。

在编译时，如果出现提示:file Not Found,请检查源文件是否在当前目录中，比如 c:\chapter1 中，检查源文件的名字是否错误的命名为 hello.java 或 hello.java.txt.

1.5.3　运行

使用 Java 虚拟机中的 Java 解释器（java.exe）来解释执行其字节码文件。Java 应用程序总是从主类的 main 方法开始执行。因此，需进入主类字节码所在目录，比如 C:\chapter1，然后使用

Java 解释器(java.exe)运行主类的字节码，如下所示：

```
C:\chapter1\>java  Hello
```

需要特别注意的是，在运行主类生成的字节码时，不可以带有扩展名，运行效果如图 1.12 所示。

```
C:\chapter1>java Hello
这是一个简单的Java应用程序
```

图 1.12　使用 java 解释器运行程序

在运行时，如果出现错误提示：Exception in thread “main” java.lang.NoCalssFondError，请检查主类中的 main 方法，如果编写程序时错误地将主类中的 main 方法写成：public void main(String args[])，那么，程序可以编译通过，但却无法运行。如果 main 方法书写正确，请检查是否为系统变量 ClassPath 指定了正确的值，也可以在当前 Ms-Dos 命令行窗口首先键入：

```
set ClassPath=E:\jdk1.8\jre\lib\rt.jar;.;（按 Enter 键）
```

然后再使用 java 解释器运行主类。

需要特别注意的是，不可以用如下方式（带着目录）运行程序：

```
java C:\chapter1\Hello
```

1.6　Java 的语言特点

Java 是目前使用最为广泛的网络编程语言之一，它具有语法简单、面向对象、稳定、多线程、动态等特点。

1.6.1　简单

如果读者学习过 C++语言，会感觉 Java 很眼熟，因为 Java 中许多基本语句的语法和 C++语言一样，像常用的循环语句、控制语句等和 C++几乎相同。需要注意的是，Java 和 C++等是完全不同的语言，Java 和 C++各有各的优势，将会长期并存下去，Java 语言和 C++语言已成为软件开发者应当掌握的基础语言。如果从语言的简单性方面看，Java 要比 C++简单，C++中许多容易混淆的概念，或者被 Java 弃之不用，或者以一种更清楚更容易理解的方式实现，例如，Java 不再有指针的概念。

1.6.2　面向对象

基于对象的编程更符合人的思维模式，使人们更容易解决复杂的问题。Java 是面向对象的编程语言，本书将在第 4 章、第 5 章和第 6 章详细、准确地讨论类、对象、继承、多态、接口等重要概念。

1.6.3　多线程

Java 的特点之一就是内置对多线程的支持。多线程允许同时完成多个任务。实际上多线程使人产生多个任务在同时执行的错觉，因为，目前的计算机处理器在同一时刻只能执行一个线程，但处理器可以在不同的线程之间快速地切换，由于处理器速度非常快，远远超过了人接收信息的速度，所以给人的感觉好像多个任务在同时执行。C++没有内置的多线程机制，因此必须调用操作系统的多线程功能来进行多线程程序的设计。本书将在第 13 章讲述 Java 的多线程特性。

1.6.4　安全

当准备从网络上下载一个程序时，最大的担心是程序中含有恶意的代码，比如试图读取或删除本地机上的一些重要文件，甚至该程序是一个病毒程序等。当使用支持 Java 的浏览器时，可以放心地运行 Java Applet 程序，不必担心病毒的感染和恶意的企图。Java Applet 程序由浏览器内置的 Java 运行环境负责解释执行，浏览器内置的 Java 运行环境不允许 Java Applet 程序访问当前浏览器上下文环境以外的其他部分。本书将在第 16 章讲述 Java Applet。

1.6.5　动态

在学习了第 4 章之后，读者就会知道，Java 程序的基本组成单元就是类。有些类是自己编写的，有一些是从类库中引入的，而类又是运行时动态装载的，这就使得 Java 可以在分布环境中动态地维护程序及类库。C/C++编译时就将函数库或类库中被使用的函数、类同时生成机器码，那么每当其类库升级之后，如果 C/C++程序想具有新类库提供的功能，程序就必须重新修改、编译。

1.7　上 机 实 践

1. 实验目的

本实验的目的是让学生掌握开发 Java 应用程序的三个步骤：编写源文件、编译源文件和运行应用程序。

2. 实验要求

编写一个简单的 Java 应用程序，该程序在命令行窗口输出两行文字：“你好，很高兴学习 Java”和“We are students”。

3. 程序模板

请按模板要求，将【代码】替换为 Java 程序代码。

Hello.java

```
public class Hello {
public static void main (String args[ ]) {
      【代码 1】    //命令行窗口输出"你好，很高兴学习 Java"
         A a=new A();
         a.fA();
    }
}
class A {
    void fA() {
      【代码 2】    //命令行窗口输出"We are students"
    }
}
```

4. 实验指导

（1）打开一个文本编辑器。如果是 Windows 操作系统，打开“记事本”编辑器。可以通过“程序”→“附件”→“记事本”来打开文本编辑器；如果是其他操作系统，请在指导老师的帮助下打开一个纯文本编辑器。按“程序模板”的要求编辑键入源程序，在命令行输出一个字符序列的代码是：System.out.println("字符序列")或 System.out.print ("字符序列")，二者的区别是，前者在输出字符序列后，将输出光标移动到下一行，后者不移动输出光标到下一行。

（2）保存源文件，并命名为 Hello.java。要求将源文件保存到 C 盘的某个文件夹中，例如 C:\1000。

（3）编译源文件。打开命令行窗口，对于 Windows 操作系统，打开 MS-DOS 窗口。对于 Windows 操作系统，可以通过单击“开始”，选择“程序”→“附件”→“MS-DOS”打开命令行窗口，也可以单击“开始”，选择“运行”，弹出“对话框”，在对话框的输入命令栏中键入“cmd”打开命令行窗口。如果目前 MS-DOS 窗口显示的逻辑符是“D:\”，请键入“C:”按 Enter 键确认，使得当前 MS-DOS 窗口的状态是“C:\”。如果目前 MS-DOS 窗口的状态是 C 盘符的某个子目录，请键入“cd\”，使得当前 MS-DOS 窗口的状态是“C:\”。当 MS-DOS 窗口的状态是“C:\”时，键入进入文件夹目录的命令，例如，“CD　1000”。然后执行下列编译命令：

```
C:\1000> javac  Hello.java
```

初学者在这一步可能会遇到下列错误提示。

① Command not Fond：出现该错误的原因是没有设置好系统变量 Path，可参见教材 1.3.3 小节。

② File not Fond：出现该错误的原因是没有将源文件保存在当前目录中，例如 C:\1000，或源文件的名字不符合有关规定，例如，错误地将源文件命名为“hello.java”或“Hello.java.txt”，要特别注意的是，Java 语言的标识符号是区分大小写的。

③ 出现一些语法错误提示，例如，在汉语输入状态下输入了程序中需要的标点符号等。Java 源程序中语句所涉及的小括号及标点符号都是英文状态下输入的，比如"你好，很高兴学习 Java"中的引号必须是英文状态下的引号，而字符串里面的符号不受输入状态的限制。

（4）运行程序

```
C:\1000> java Hello
```

在这一步可能会遇到错误提示：Exception in thread “main” java.lang.NoCalssFondError，出现该错误的原因是没有设置好系统变量 ClassPath(可参见教材 1.3.3 小节)或运行的不是主类的名字或程序没有主类。

5. 实验后的练习

（1）编译器怎样提示丢失大括号的错误。

（2）编译器怎样提示语句丢失分号的错误。

（3）编译器怎样提示将 System 写成 system 这一错误。

（4）编译器怎样提示将 String 写成 string 这一错误。

习　题　1

1. Java 语言的主要贡献者是谁？
2. 编写、运行 Java 程序需要经过哪些主要步骤？
3. 如果 JDK 的安装目录为 D:\jdk，应当怎样设置 path 和 classpath 的值？
4. 下列哪个是 JDK 提供的编译器？

A. java.exe　　B. javac.exe

C. javap.exe　　D. javaw.exe

5. Java 源文件的扩展名是什么？Java 字节码的扩展名是什么？

6. 下列哪个是 Java 应用程序主类中正确的 main 方法声明？

A. public void main (String args[ ])

B. static void main (String args[ ])

C. public static void Main (String args[])

D. public static void main (String args[ ])

第 2 章 初识对象和简单数据类型

主要内容

- 问题的提出
- 简单的矩形类
- 使用矩形类创建对象
- 在 Java 应用程序中使用矩形对象
- Java 应用程序的基本结构
- 标识符与关键字以及简单数据类型
- 编程风格

难点

- 使用矩形类创建对象

本章通过一个简单的对象初步了解和类有关的基本知识点，后续的第 4 章将系统地介绍与类有关的知识。另外，本章还将学习 Java 语言中的简单数据类型。

2.1 问题的提出

在给出类的定义之前，让我们来解决一个简单的问题：

编写一个 Java 应用程序，该程序可以输出矩形的面积。

以下是一个能输出矩形的面积的 Java 应用程序的源文件。

ComputerRectArea.java

```
public class ComputerRectArea
{
   public static void main(String args[])
   {
      double height;        //高
      double width;         //宽
      double area;          //面积
      height=23.89;
      width=108.87;
      area=height*width;    //计算面积
      System.out.println(area);
   }
}
```

上述 Java 应用程序输出宽为 108.87、高为 23.89 的矩形的面积。将上述 Java 源文件保存在 C:\ch2 中，编译、运行的效果如图 2.1 所示。

```
C:\ch2>javac ComputerRectArea.java

C:\ch2>java ComputerRectArea
2600.9043
```

图 2.1　计算矩形面积

通过运行上述 Java 应用程序注意到这样一个事实：

如果其他 Java 应用程序也想计算矩形的面积，同样需要知道使用矩形的宽和高来计算矩形面积的算法，即也需要编写和这里同样多的代码。现在提出如下问题：

能否将和矩形有关的数据以及计算矩形面积的代码进行封装，使得需要计算矩形面积的 Java 应用程序的主类无需编写计算面积的代码就可以计算出矩形的面积呢？

2.2　简单的矩形类

面向对象的一个重要思想就是通过抽象得到类，即将某些数据以及针对这些数据上的操作封装在一个类中，也就是说，抽象的关键有两点：一是数据（也称属性），二是数据上的操作（也称行为）。

我们对所观察的矩形做如下抽象：

- 矩形具有宽和高两个属性。
- 可以使用矩形的宽和高计算出矩形的面积。

现在根据以上抽象，编写出如下的 Rect 类。

Rect.java

```
public class Rect
{
    double width;           //矩形的宽
    double height;          //矩形的高
    double getArea()        //计算面积的方法
    {
       double area=width*height;
       return area;
    }
}
```

1. 类声明

在上述代码中（第一行），“class Rect” 称作类声明，Rect 是类名。

2. 类体

类声明之后的一对大括号“{”，“}”以及它们之间的内容称作类体，大括号之间的内容称作类体的内容。

上述 Rect 类的类体的内容由两部分构成。一部分是变量的声明，称为域变量或成员变量，用来刻画矩形的属性，如 Rect 类中的 width 和 height。另一部分是方法的定义（在 C 语言中称为函数），用来刻画行为，如 Rect 类中的 double getArea()方法。

将上述 Rect.java 保存到 C:/ch2 中，并编译得到 Rect.class 字节码文件。

Rect 类不是主类，因为 Rect 类没有 main 方法。Rect 类就像是生活中电器设备需要的一个电阻，如果没有电器设备使用它，电阻将无法体现其作用。

以下将在一个 Java 应用程序的主类中使用 Rect 类创建对象，该对象可以完成计算矩形面积的任务，而使用该对象的 Java 应用程序的主类，无需知道计算面积的算法就可以计算出矩形的面积。

2.3 使用矩形类创建对象

类是 Java 语言中最重要的一种数据类型。用类创建对象需经过 2 个步骤：

- 声明对象
- 为对象分配（成员）变量

以下分小节讲解用 Rect 类创建对象，并使用该对象来计算矩形的面积。

2.3.1 用类声明对象

由于类也是一种数据类型，因此可以使用类来声明一个变量，那么，在 Java 语言中，用类声明的变量就称为一个对象，例如用 Rect 声明一个名字为 rectangle1 的对象的代码如下：

```
Rect rectangle1;
```

声明对象变量 rectangle1 后，rectangle1 在内存中还没有任何数据，这时的 rectangle1 是一个空对象，内存模型如图 2.2 所示。空对象不能使用，必须再进行为对象分配变量的步骤。

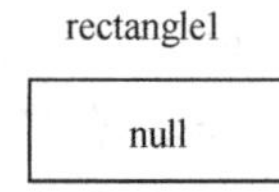

图 2.2　声明对象时的内存模型

2.3.2 为对象分配变量

程序声明对象后，需要为所声明的对象分配变量，这样该对象才可以被程序使用。为上述 Rect 类声明的 rectangle1 对象分配内存的代码如下：

```
rectangle1 = new Rect();
```

这里 new 是为对象分配变量的运算符，Rect()是 Rect 类的构造方法（第 4 章会系统介绍）。为 rectangle1 对象分配变量的过程如下：

为 Rect 类中声明的域变量 height、weight 分配内存空间，并将分配了内存空间的 height、weight 变量称作 rectangle1 对象的（成员）变量。为了确保分配了内存空间的 height、weight 变量由 rectangle1 对象“操作管理”，new 运算符在为变量 height、weight 分配内存后，将返回一个引用（该引用包含着所分配的变量的有关内存地址等信息），如果将该引用赋值到 rectangle 对象中：rectangle1 = new Rect()，那么 rectangle 对象就诞生了。不妨就认为 rectangle1 对象中存放的这个引用就是 rectangle1 对象在内存里的名字，而且这个名字（引用）是 Java 系统确保分配给 height、weight 的内存单元将由 rectangle1 对象“操作管理”。为对象分配变量后，内存模型由声明对象时的模型——图 2.2 所示的形式变成图 2.3 所示的形式，箭头所给示意是对象可以操作这些属于它的变量。

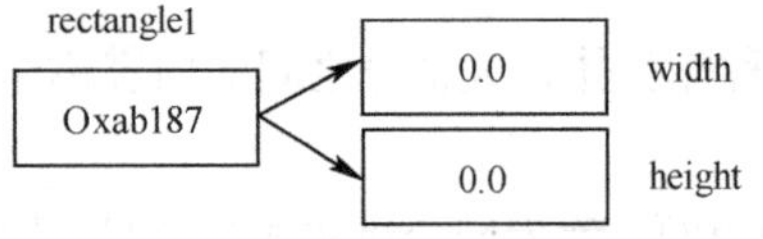

图 2.3　为对象分配变量后的内存模型

在声明对象时可以同时为对象分配变量，例如，

```
Rect  rectangle1 = new Rect();
```

一个类可以创建多个不同的对象，这些对象将被分配不同的变量，因此，改变其中一个对象的状态不会影响其他对象的状态。例如，使用 Rect 类创建两个对象 rectangle1、rectangle2：

```
rectangle1 = new Rect();
rectangle2 = new Rect();
```

当创建对象 rectangle1 时，Rect 类的成员变量 height、weight 被分配内存空间，并返回一个引用给 rectangle1；当再创建一个对象 rectangle2 时，Rect 类的成员变量 height、weight 会再一次被分配内存空间，并返回一个引用给 rectangle2。分配给 rectangle1 的变量 width 和 height 所占据的内存空间与分配给 rectangle2 的变量 width 和 height 所占据的内存空间是互不相同的位置。内存模型如图 2.4 所示。

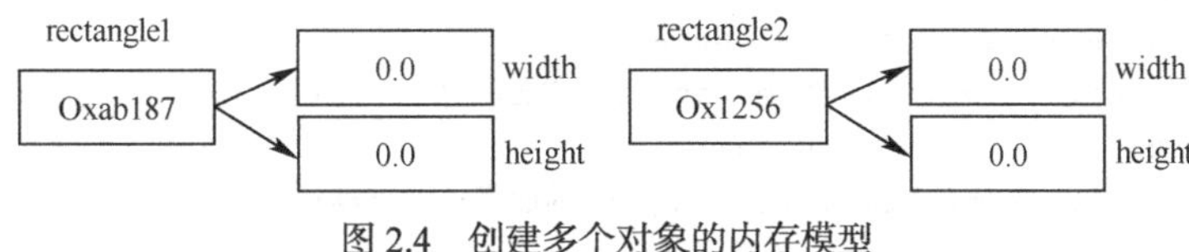

图 2.4　创建多个对象的内存模型

2.3.3　使用对象

抽象的目的是产生类，而类的目的是创建具有属性和行为的对象。程序可以让对象操作自己的变量改变状态，而且可以让对象调用类中的方法体现其行为。

对象通过使用“.”运算符操作自己的变量和调用方法。对象操作自己的变量的格式为：

```
对象.变量;
```

例如，

```
rectangle1.width=12;
rectangle1.height=9;
```

调用方法的格式为：

```
对象.方法;
```

例如，

```
rectangle1.getArea();
```

2.4　在 Java 应用程序中使用矩形对象

现在，我们就可以编写一个 Java 应用程序，在应用程序中使用 Rect 类创建对象，该对象可以调用方法计算矩形的面积。

下面的例 2-1 中的 Example2_1.java 需保存在 C:\ch2 中（因为 Rect.java 编译得到的 Rect 类的字节码文件 Rect.class 在 C:\ch2 中），Example2_1 类中的 main 方法中使用 Rect 类创建了两个对象，只需让这个两个对象分别计算面积即可（不必知道计算矩形面积的算法），这样我们就解决了 2.1 中提出的问题。程序运行效果如图 2.5 所示。

```
C:\ch2>java Example2_1
rectangle1的面积:8832.0
rectangle2的面积:1130.2199999999998
```

图 2.5　使用对象计算矩形面积

例 2-1

Example2_1.java

```
    public class Example2_1
    {
```

```
    public static void main(String args[])
    {
        Rect rectangle1,rectangle2;  //声明 2 个对象
        rectangle1 = new Rect();     //创建对象
        rectangle2 = new Rect();
        rectangle1.width=128;
        rectangle1.height=69;
        rectangle2.width=18.9;
        rectangle2.height=59.8;
        double area=rectangle1.getArea();
        System.out.println("rectangle1 的面积:"+area);
        area=rectangle2.getArea();
        System.out.println("rectangle2 的面积:"+area);
    }
}
```

2.5 Java 应用程序的基本结构

一个 Java 应用程序由若干个类构成，即由若干个字节码文件构成，但必须有一个主类，即含有 main 方法的类，Java 应用程序总是从主类的 main 方法开始执行。在编写一个 Java 应用程序时，可以编写若干个 Java 源文件，每个源文件编译后产生一个类的字节码文件。因此，经常需要进行如下的操作。

- 将应用程序涉及的 Java 源文件保存在相同的目录中，分别编译通过，得到 Java 应用程序所需要的字节码文件。
- 运行主类。

当使用解释器运行一个 Java 应用程序时，Java 虚拟机将 Java 应用程序需要的字节码文件加载到内存，然后再由 Java 虚拟机解释执行，因此，可以事先单独编译一个 Java 应用程序所需要的其他源文件，并将得到的字节码文件和主类的字节码文件存放在同一目录中（有关进一步的细节将在 4.9 节详细讨论）。如果应用程序的主类的源文件和其他的源文件在同一目录中，也可以只编译主类的源文件，Java 系统会自动先编译主类需要的其他源文件。

在下面的例 2-2 中，一共有 3 个 Java 源文件（需要打开记事本 3 次，分别编辑、保存这 3 个 Java 源文件），其中 MainClass.java 是含有主类的 Java 源文件。

例 2-2

Circle.java

```
public class Circle
{
    double radius;              //圆的半径
    double getArea()
    {
        return 3.1415926*radius;
    }
}
```

Lader.java

```
public class Lader
{
    double above;               //梯形的上底
    double bottom;              //梯形的下底
```

```
    double height;          //梯形的高
    double getArea()
    {
       return (above+bottom)*height/2;
    }
}
```

MainClass.java

```
public class MainClass
{
   public static void main(String args[])
   {
      Circle circle=new Circle();
      circle.radius=100;
      double area=circle.getArea();
      System.out.println("圆的面积:"+area);
      Lader lader=new Lader();
      lader.above=10;
      lader.bottom=56;
      lader.height=8.9;
      area=lader.getArea();
      System.out.println("梯形的面积:"+area);
    }
}
```

假设上述 3 个源文件都保存在：

```
C:\ch2
```

在命令行窗口进入上述目录，并编译 MainClass.java：

```
javac MainClass.java
```

编译 MainClass.java 的过程中，Java 系统会自动编译 Circle.java 和 Lader.java，这是因为应用程序要使用 Circle.java 和 Lader.java 源文件产生的字节码文件。编译通过后，C:\ch2 目录中将会有 Cirlce.class 、Lader.class 和 MainClass.class 3 个字节码文件。

使用 Java 编译器和解释器编译、运行主类的效果如图 2.6 所示。

```
C:\ch2>javac MainClass.java

C:\ch2>java MainClass
圆的面积:314.15926
梯形的面积:293.7
```

图 2.6　编译、运行主类

如果需要编译某个目录下的全部 Java 源文件，如 C:\ch2 目录，可以在进入该目录后，使用通配符*代表各个源文件的名字来编译全部的源文件，如下所示：

```
C:\ch2\javac *.java
```

2.6　一个源文件中编写多个类

实际上，Java 允许在一个 Java 源文件中编写多个类，但至多只能有一个类使用 public 修饰。如果源文件中有多个类，但没有 public 类，那么源文件的名字只要和某个类的名字相同，并且扩展名是.java 就可以了，如果有一个类是 public 类，那么源文件的名字必须与这个类的名字完全相同，扩展名是.java（有关 public 类和非 public 类的区别将在 4.11 节介绍）。编译源文件将生成多个扩展名为.class 的字节码文件，每个字节码文件的名字与源文件中对应的类的名字相同，这些字节码文件被存放在与源文件相同的目录中。

下面例 2-3 中的 Java 源文件 Rectangle.java 包含有两个类。

例 2-3

Rectangle.java

```
public class Rectangle      //Rectangle类
{
   double width;
   double height;
   double getArea()
   {
      return width*height;
   }
}
class Example2_3             //主类
{
   public static void main(String args[])
   {
      Rectangle r;
      r=new Rectangle();
      r.width=1.819;
      r.height=1.5;
      double area=r.getArea();
      System.out.println("矩形的面积:"+area);
   }
}
```

1. 命名保存源文件

必须把例 2-3 中的 Java 源文件命名保存为 Rectangle.java（回忆一下源文件命名的规定）。假设保存 Rectangle.java 在 C:\ch2 下。

2. 编译

```
C:\chapter1\>javac  Rectangle.java
```

如果编译成功，ch2 目录下就会有 Rectangle.class 和 Example2_3.class 两个字节码文件。

3. 执行

```
C:\chapter1\>java  Example2_3
```

java 命令后的名字必须是主类的名字（不包括扩展名）。

注意

尽管一个 Java 源文件中可以有多个类，但仍然提倡在一个 Java 源文件只编写一个类。

2.7 标识符与关键字

2.7.1 标识符

用来标识类名、变量名、方法名、类型名、数组名、文件名的有效字符序列称为标识符。简单地说，标识符就是一个名字。以下是 Java 关于标识符的语法规则。

- 标识符由字母、下划线、美元符号和数字组成，长度不受限制。
- 标识符的第一个字符不能是数字字符。
- 标识符不能是关键字（关键字详细介绍见 2.1.2 小节）。
- 标识符不能是 true、false 和 null（尽管 true、false 和 null 不是 Java 关键字）。

例如，以下都是标识符：

```
Hello_java、Hello_12$、$23Boy。
```

需要特别注意的是，标识符中的字母是区分大小写的，hello 和 Hello 是不同的标识符。

Java 语言使用 Unicode 标准字符集，Unicode 字符集由 UNICODE 协会管理并接受其技术上的修改，最多可以识别 65536 个字符，Unicode 字符集的前 128 个字符刚好是 ASCII 码表。Unicode 字符集还不能覆盖全部历史上的文字，但大部分国家的“字母表”的字母都是 Unicode 字符集中的一个字符，如汉字中的“你”字就是 Unicode 字符集中的第 20320 个字符。Java 所谓的字母包括了世界上大部分语言中的“字母表”，因此，Java 所使用的字母不仅包括通常的拉丁字母 a、b、c 等，也包括汉语中的汉字、日文的片假名和平假名、朝鲜文、俄文、希腊字母以及其他许多语言中的文字。

2.7.2 关键字

关键字就是 Java 语言中已经被赋予特定意义的一些单词。不可以把关键字做为标识符来用。以下是 Java 的 50 个关键字：

abstract assert boolean break byte case catch char class const continue default do double else enum extends final finally float for goto if implements import instanceof int interface long native new package private protected public return short static strictfp super switch synchronized this throw throws transient try void volatile while。

2.8 简单数据类型

简单数据类型也称作基本数据类型。Java 语言有 8 种简单数据类型，分别是：

boolean、byte、short、int、long、float、double、char。

这 8 种简单数据类型习惯上可分为以下四大类型：

- 逻辑类型：boolean
- 整数类型：byte、short、int、long
- 字符类型：char
- 浮点类型：float、double

2.8.1 逻辑类型

- 常量：true，false。
- 变量：使用关键字 boolean 来声明逻辑变量，声明时也可以赋给初值，例如：

```
boolean x,ok=true,关闭=false;
```

2.8.2 整数类型

整型数据分为 4 种。

1. int 型

- 常量：123，6000（十进制），077（八进制），0x3ABC（十六进制）。
- 变量：使用关键字 int 来声明 int 型变量，声明时也可以赋给初值，例如：

```
int x = 12,y = 9898,z;
```

对于 int 型变量，内存分配给 4 个字节（byte），因此，int 型变量的取值范围是：-2^{31}~$2^{31}-1$。

2. byte 型

- 变量：使用关键字 byte 来声明 byte 型变量，例如：

```
byte x= -12,tom=28,漂亮=98;
```

- 常量：Java 中不存在 byte 型常量的表示法，但可以把一定范围内的 int 型常量赋值给 byte 型变量。对于 byte 型变量，内存分配给 1 个字节，占 8 位，因此 byte 型变量的取值范围是$-2^7 \sim 2^7-1$。如果需要强调一个整数是 byte 型数据时，可以使用强制转换运算的结果来表示，例如：

```
(byte)-12,(byte)28;
```

3. short 型

- 变量：使用关键字 short 来声明 short 型变量，例如：

```
short x=12,y=1234;
```

- 常量：和 byte 型类似，Java 中也不存在 short 型常量的表示法，但可以把一定范围内的 int 型常量赋值给 short 型变量。对于 short 型变量，内存分配给 2 个字节，占 16 位，因此 short 型变量的取值范围是$-2^{15} \sim 2^{15}-1$。如果需要强调一个整数是 short 型数据时，可以使用强制转换运算的结果来表示，例如：(short)-12,(short)28。

4. long 型

- 常量：long 型常量用后缀 L 来表示，如 108L（十进制）、07123L（八进制）、0x3ABCL（十六进制）。
- 变量：使用关键字 long 来声明 long 型变量，例如：

```
long width=12L,height=2005L,length;
```

对于 long 型变量，内存分配给 8 个字节，占 64 位，因此 long 型变量的取值范围是$-2^{63} \sim 2^{63}-1$。

2.8.3 字符类型

- 常量：‘A’，‘b’，‘?’，‘!’，‘9’，‘好’，‘\t’，‘き’，‘モ’等，即用单引号扩起的 Unicode 表中的一个字符。
- 变量：使用关键字 char 来声明 char 型变量，例如：

```
char ch='A',home='家',handsome='酷';
```

对于 char 型变量，内存分配给 2 个字节，占 16 位，最高位不是符号位，没有负数的 char。char 型变量的取值范围是 0~65535。对于

```
char x='a';
```

内存 x 中存储的是 97，97 是字符 a 在 Unicode 表中的排序位置。因此，允许将上面的语句写成

```
char x=97;
```

有些字符（如回车符）不能通过键盘输入到字符串或程序中，这时就需要使用转意字符常量，例如：

\n（换行），\b（退格），\t（水平制表），\'（单引号），\"（双引号），\\（反斜线）等。

例如：，

```
char ch1='\n',ch2='\"',ch3='\\';
```

再如，字符串“我喜欢使用双引号\"”中含有双引号字符，但是，如果写成“我喜欢使用双引号"”，就是一个非法字符串。

要观察一个字符在 Unicode 表中的顺序位置，可以使用 int 型显示转换，如(int)'a'或 int p='a'。如果要得到一个 0 ~ 65535 之间的数所代表的 Unicode 表中相应位置上的字符必须使用 char 型显示转换。

在下面的例 2-4 中，分别用显示转换来显示一些字符在 Unicode 表中的位置，以及 Unicode 表中某些位置上的字符，运行效果如图 2.7 所示。

```
C:\ch2>java Example2_4
国在Unicode表中的位置:22269
庆在Unicode表中的位置:24198
第969个位置上的字符是:ω
第12353个位置上的字符是:ぁ
```

图 2.7　显示 Unicode 表中的字符

例 2-4

Example2_4.java

```
public class Example2_4
{
   public static void main (String args[ ])
   {
      char ch1='国',ch2='庆';
      int p1=969,p2=12353;
      System.out.println(ch1+"在 Unicode 表中的位置:"+(int)ch1);
      System.out.println(ch2+"在 Unicode 表中的位置:"+(int)ch2);
      System.out.println("第"+p1+"个位置上的字符是:"+(char)p1);
      System.out.println("第"+p2+"个位置上的字符是:"+(char)p2);
   }
}
```

2.8.4　浮点类型

浮点型分为 float 和 double 型。

1. float 型

- 常量：453.5439f，21379.987F，231.0f（小数表示法），2e40f（2 乘 10 的 40 次方，指数表示法）。需要特别注意的是常量后面必须要有后缀“f”或“F”。
- 变量：使用关键字 float 来声明 float 型变量，例如：

```
float x=22.76f,tom=1234.987f,weight=1e-12F;
```

float 变量在存储 float 型数据时保留 8 位有效数字，实际精度取决于具体数值。例如，如果将常量 12345.123456789f 赋值给 float 变量 x：

```
x=12345.123456789f
```

那么，x 存储的实际值是：12345.123046875（保留 8 位有效数字）。

对于 float 型变量，内存分配给 4 个字节，占 32 位，float 型变量的取值范围是 1.4E-45～3.4028235E38 和-3.4028235E38～-1.4E-45。

2. double 型

- 常量：2389.539d，2318908.987，0.05（小数表示法），1e-90（1 乘 10 的-90 次方，指数表示法）。对于 double 常量，后面可以有后缀“d”或“D”，但允许省略该后缀。
- 变量：使用关键字 double 来声明 double 型变量，例如：

```
double height=23.345,width=34.56D,length=1e12;
```

double 变量在存储 double 型数据时保留 16 位有效数字，实际精度取决于具体数值（相对 float 型保留的有效数字，称之为双精度）。对于 double 型变量，内存分配给 8 个字节，占 64 位，double 型变量的取值范围是 4.9E-324～1.7976931348623157E308 和-1.7976931348623157E308~-4.9E-324。

在下面的例 2-5 中有 3 个类，其中 People 类具有刻画人的身高和体重的简单类型变量，Machine 类创建的对象可以根据 People 类对象的成员变量的值判断人的体重是：“胖”、“瘦”或“正常”，主类 Example2_5 负责用 People 类和 Machine 类创建对象。程序运行效果如图 2.8 所示。

```
C:\ch2>java Example2_5
我的身高是:176cm
我的体重是:82.5kg
偏胖
我的身高是:186cm
我的体重是:77.2kg
偏瘦
```

图 2.8　判断胖瘦

例 2-5

People.java

```
public class People
{
   float weight;
   int height;
   void speak()
   {
      System.out.println("我的身高是:"+height+"cm");
      System.out.println("我的体重是:"+weight+"kg");
   }
}
```

Machine.java

```
public class Machine
{
   public void estimate(int height,double weight)
   {
       double number=(height-100)/weight;
       if(number>=1.1)
          System.out.println("偏瘦");
       else if(number<1.1&&number>=0.96)
          System.out.println("正常");
       else if(number<0.96)
          System.out.println("偏胖");
   }
}
```

Example2_5.java

```
public class Example2_5 {
   public static void main (String args[ ])
   {
       People 张三,李四;
       Machine 体检器;
```

```
        体检器 = new Machine();
        张三 = new People();
        张三.weight=82.5F;
        张三.height=176;
        张三.speak();
        体检器.estimate(张三.height,张三.weight);
        李四 = new People();
        李四.weight=77.2f;
        李四.height=186;
        李四.speak();
        体检器.estimate(李四.height,李四.weight);
    }
}
```

2.9　简单数据类型的级别与数据转换

当我们把一种基本数据类型变量的值赋给另一种基本类型变量时，这就涉及数据转换。下列基本类型会涉及数据转换（不包括逻辑类型）。将这些类型按精度从“低”到“高”排列：

```
byte  short  char  int  long  float  double
```

当把级别低的变量的值赋给级别高的变量时，系统自动完成数据类型的转换。例如：

```
float x=100;
```

如果输出 x 的值，结果将是 100.0。

例如：

```
int x=50;
float y;
y=x;
```

如果输出 y 的值，结果将是 50.0。

当把级别高的变量的值赋给级别低的变量时，必须使用显示类型转换运算。显示转换的格式：

```
(类型名) 要转换的值;
```

例如：

```
int x=(int)34.89;
long y=(long)56.98F;
int z=(int)1999L;
```

如果输出 x，y 和 z 的值分别是 34,56 和 1999，强制转换运算可能导致精度的损失。

当把一个 int 型常量赋值给一个 byte 和 short 型变量时，不可以超出这些变量的取值范围，否则必须进行类型转换运算。例如，常量 128 属于 int 型常量，超出 byte 变量的取值范围，如果赋值给 byte 型变量，必须进行 byte 类型转换运算（将导致精度的损失），如下所示：

```
byte a=(byte)128;
byte b=(byte)(-129);
```

那么 a 和 b 得到的值分别是-128 和 127。

另外，一个常见的错误是把一个 double 型常量赋值给 float 型变量时没有进行强制转换运算，例如：

```
float x=12.4;
```

将导致语法错误，编译器将提示："possible loss of precision"。正确的做法是：

```
float x=12.4F
```

或

```
float x=(float)12.4;
```

2.10 从命令行窗口输入、输出数据

2.10.1 输入基本型数据

Scanner 是 JDK1.5 版本后新增的一个类，可以使用该类创建一个对象：

```
Scanner reader=new Scanner(System.in);
```

然后 reader 对象调用下列方法，读取用户在命令行（MS-DOS 窗口）输入的各种基本类型数据：

```
nextBoolean();nextByte(),nextShort(),nextInt(),nextLong(),nextFloat(),nextDouble()。
```

上述方法执行时都会堵塞，程序等待用户在命令行输入数据并按 Enter 键确认。

在下面的例 2-6 中用到了例 2-1 中的 Rect 类。例 2-6 的主类中用 Rect 类创建矩形对象，并要求用户依次输入矩形对象的宽和高，每输入一个数字都需要按 Enter 键确认。运行效果如图 2.9 所示。

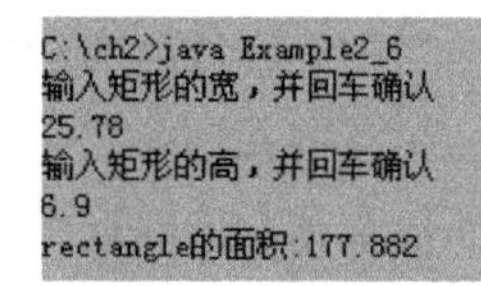

图 2.9　从命令行输入数据

例 2-6

Example2_6.java

```
import java.util.Scanner;
public class Example2_6
{
  public static void main(String args[])
  {
     Rect rectangle = new Rect();
     Scanner reader = new Scanner(System.in);
     System.out.println("输入矩形的宽，并回车确认");
     rectangle.width = reader.nextDouble();
     System.out.println("输入矩形的高，并回车确认");
     rectangle.height = reader.nextDouble();
     double area=rectangle.getArea();
     System.out.println("rectangle 的面积:"+area);
  }
}
```

2.10.2 输出基本型数据

System.out.println()或 System.out.print()可输出串值、表达式的值，二者的区别是前者输出数

据后换行，后者不换行。允许使用并置符号："+"将变量、表达式或一个常数值与一个字符串并置一起输出，如：

```
System.out.println(m+"个数的和为"+sum);
System.out.println(":"+123+"大于"+122)。
```

需要特别注意的是，在使用 System.out.println()或 System.out.print()输出字符串常量时，不可以出现回车换行，例如，下面的写法无法通过编译：

```
System.out.println("你好，
                    很高兴认识你" );
```

如果需要输出的字符串的长度较长，可以将字符串分解成几部分，然后使用并置符号："+"将它们首尾相接，例如，以下是正确的写法：

```
System.out.println("你好，"+
                   "很高兴认识你" );
```

另外，JDK 1.5 新增了和 C 语言中 printf 函数类似的数据输出方法，该方法使用格式如下：

```
System.out.printf("格式控制部分"，表达式 1，表达式 2，…表达式 n)
```

格式控制部分由格式控制符号：%d、%c、%f、%s 和普通字符组成，普通字符原样输出。格式符号用来输出表达式的值。

%d：输出 int 类型数据值。

%c：输出 char 型数据。

%f：输出浮点型数据，小数部分最多保留 6 位。

%s：输出字符串数据。

输出数据时也可以控制数据在命令行的位置，例如：

%md：输出的 int 型数据占 m 列。

%m.nf：输出的浮点型数据占 m 列，小数点保留 n 位。

例如：

```
System.out.printf("%d,%f",12,23.78);
```

2.11 编程风格

遵守一门语言的编程风格是非常重要的，否则编写的代码将难以阅读，给后期的维护带来诸多不便，例如，一个程序员将许多代码都写在一行，尽管程序可以正确编译和运行，但是这样的代码几乎无法阅读，其他程序员无法容忍这样的代码。本节介绍一些最基本的编程风格，在后续的个别章节中将针对新增的知识点再给予必要的补充。

在编写 Java 程序时，许多地方都涉及使用一对大括号，如类的类体、方法的方法体、循环语句的循环体以及分支语句的分支体等都涉及使用一对大括号扩起若干内容，即俗称的"代码块"都是用一对大括号扩起的若干内容。"代码块"有两种流行（也是行业都遵守的习惯）的写法：Allmans 风格和 Kernighan 风格，本书后续章节的绝大多数代码将采用 Kernighan 风格。以下是 Allmans 风格和 Kernighan 风格的介绍。

2.11.1 Allmans 风格

Allmans 风格也称"独行"风格，即左、右大括号各自独占一行，如下列代码所示。

```
class Allmans
{
    public static void main(String args[])
    {
        int sum=0,i=0,j=0;
        for(i=1;i<=100;i++)
        {
            sum=sum+i;
        }
        System.out.println(sum);
    }
}
```

当代码量较小时适合使用"独行"风格，代码布局清晰，可读性强。

2.11.2 Kernighan 风格

Kernighan 风格也称"行尾"风格，即左大括号在上一行的行尾，而右大括号独占一行，如下列代码所示。

```
class Kernighan {
    public static void main(String args[]) {
        int sum=0,i=0,j=0;
        for(i=1;i<=100;i++) {
            sum=sum+i;
        }
        System.out.println(sum);
    }
}
```

当代码量较大时不适合使用"独行"风格，因为该风格将导致代码的左半部分出现大量的左、右大括号，导致代码清晰度下降，这时应当使用"行尾"风格。

2.11.3 注释

给代码增加注释是一个良好的编程习惯，注释的目的是为了便于代码的维护和阅读，Java 支持两种格式的注释：单行注释和多行注释。

单行注释使用"//"表示单行注释的开始，即该行中从"//"开始的后续内容为注释，例如：

```
class Hello // 类声明
{   //类体的左大括号
    public static void main(String args[]) {
        int sum=0,i=0,j=0;
        for(i=1;i<=100;i++)   //循环语句
        {
            sum=sum+i;
        }
        System.out.println(sum); //输出 sum
    }
}   //类体的右大括号
```

多行注释使用“/*”表示注释的开始，以“*/”表示注释结束，例如：

```
class Hello {
  /* 以下是一个main方法，
     Java虚拟机首先执行该方法
  */
   public static void main(String args[]) {
       System.out.println("你好");
   }
}
```

2.12　上机实践

2.12.1　实验 1　联合编译

1. 实验目的

熟悉 Java 应用程序的基本结构，并能联合编译应用程序所需要的类。

2. 实验要求

编写 4 个源文件：MainClass.java、A.java、B.java 和 C.java，每个源文件只有一个类。MainClass.java 含有应用程序的主类（含有 main 方法），并使用了 A、B 和 C 类。将 4 个源文件保存到同一目录中，例如 C:\1000，然后编译 MainClass.java。程序运行参考效果如图 2.10 所示。

```
C:\1000>javac  MainClass.java

C:\1000>java  MainClass
你好，只需编译我
I am A
I am B
```

图 2.10　只编译主类

3. 程序模板

请按模板要求，将【代码】替换为 Java 程序代码。

MainClass.java

```
    public class MainClass {
       public static void main (String args[ ]) {
          【代码1】    //命令行窗口输出"你好，只需编译我"
          A a = new A();
          a.fA();
          B b = new B();
          b.fB();
       }
    }
```

A.java

```
     public class A {
       void fA() {
          【代码2】    //命令行窗口输出"I am A"
       }
    }
```

B.java

```
     public class B {
       void fB() {
         【代码3】    //命令行窗口输出"I am B"
       }
    }
```

C.java

```
   public class C {
```

```
        void fC() {
          【代码 4】    //命令行窗口输出"I am C"
        }
}
```

4. 实验指导

编译 Hello.java 的过程中，Java 系统会自动地先编译 A.java、B.java，但不编译 C.java。因为应用程序并没有使用 C.java 源文件产生的字节码类文件。编译通过后，C:\1000 中将会有 MainClass.class、A.class 和 B.class 三个字节码文件。当运行上述 Java 应用程序时，虚拟机仅仅将 MainClass.class 和 A.class、B.class 加载到了内存，即使单独事先编译 C.java 得到 C.class 字节码文件，该字节码文件也不会加载到内存，因为程序的运行并未用到 C 类。当虚拟机将 MainClass.class 加载到内存时，就为主类中的 main 方法分配了入口地址，以便 Java 解释器调用 main 方法开始运行程序。如果编写程序时错误地将主类中的 main 方法写成：public void main(String args[])，那么，程序可以编译通过，但却无法运行。

5. 实验后的练习

（1）将 MainClass.java 编译通过以后，不断地修改 A.java 源文件中的【代码】，比如，在命令行窗口输出“Nice to meet you”或“Can you need my hand”。要求每次修改 A.java 源文件后，单独编译 A.java，然后直接运行应用程序 MainClass。

（2）如果需要编译某个目录下的全部 Java 源文件，比如 c:\1000 目录，可以使用如下命令：

```
C:\1000> javac *.java
```

请练习上述命令。

2.12.2 实验 2 输出希腊字母表

1. 实验目的

本实验的目的是让学生掌握 char 型数据和 int 型数据之间的互相转换，同时了解 Unicode 字符表。

2. 实验要求

编写一个 Java 应用程序，该程序在命令行窗口输出希腊字母表。程序运行参考效果如图 2.11 所示。

```
C:\1000>java GreekAlphabet
希腊字母'α'在unicode表中的顺序位置:945
希腊字母表:
 α  β  γ  δ  ε  ζ  η  θ  ι  κ
 λ  μ  ν  ξ  ο  π  ρ  ?  σ  τ
 υ  φ  χ  ψ  ω
```

图 2.11 输出希腊字母

3. 程序模板

请按模板要求，将【代码】替换为 Java 程序代码。

GreekAlphabet.java

```
public class GreekAlphabet {
   public static void main (String args[ ]) {
      int startPosition=0,endPosition=0;
      char cStart='α',cEnd='ω';
      【代码 1】   //cStart 做 int 型转换据运算，并将结果赋值给 startPosition
      【代码 2】   //cEnd 做 int 型转换运算，并将结果赋值给 endPosition
      System.out.println("希腊字母\'α\'在 unicode 表中的顺序位置:"+startPosition);
      System.out.println("希腊字母表: ");
      for(int i=startPosition;i<=endPosition;i++) {
         char c='\0';
         【代码 3】 //i 做 char 型转换运算，并将结果赋值给 c
         System.out.print(" "+c);
```

```
            if((i-startPosition+1)%10==0)
               System.out.println("");
         }
      }
   }
```

4. 实验指导

为了输出希腊字母表，首先获取希腊字母表的第一个字母和最后一个字母在 Unicode 表中的位置，然后使用循环输出其余的希腊字母。要观察一个字符在 Unicode 字符集中的顺序位置，必须使用 int 类型转换。

5. 实验后的练习

在应用程序的 main 方法中增加语句：

```
float x = 0.618;
```

程序能编译通过吗？

在应用程序的 main 方法中增加语句：

```
byte y = 128;
```

程序能编译通过吗？在应用程序的 main 方法中增加语句：

```
int z = (byte)128;
```

程序输出变量 z 的值是多少？

2.12.3　实验 3　从键盘输入数据

1. 实验目的

掌握从键盘为简单型变量输入数据。掌握使用 Scanner 类创建一个对象，例如：

```
Scanner reader=new Scanner(System.in);
```

学习让 reader 对象调用下列方法读取用户在命令行（例如，MS-DOS 窗口）输入的各种简单类型数据：

```
nextBoolean(),nextByte(),nextShort(),nextInt(),nextLong(),nextFloat(),nextDouble()。
```

在调试程序时，会体会到上述方法带来的堵塞效果，即程序等待用户在命令行输入数据并按 Enter 键确认。

2. 实验要求

编写一个 Java 应用程序，在主类的 main 方法中声明用于存放产品数量的 int 型变量 amount 和产品单价的 float 型变量 price，以及存放全部产品总价值的 float 型变量 sum。

使用 Scanner 对象调用方法让用户从键盘为 amount，price 变量输入值，然后程序计算出全部产品总价值，并输出 amount，prince，sum 的值。程序运行参考效果如图 2.12 所示。

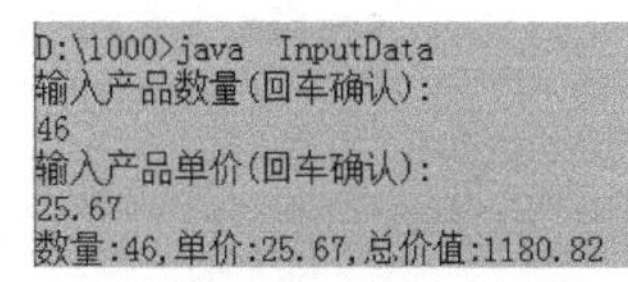

图 2.12　从键盘输入数据

3. 程序模板

请按模板要求，将【代码】替换为 Java 程序代码。

InputData.java

```
import java.util.Scanner;
public class InputData {
```

```
        public static void main(String args[]) {
            Scanner reader=new Scanner(System.in);
            int amount =0 ;
             float price=0,sum=0;
             System.out.println("输入产品数量(回车确认):");
             【代码 1】 //从键盘为 amount 赋值
             System.out.println("输入产品单价(回车确认):");
             【代码 2】 //从键盘为 price 赋值
             sum = price*amount;
             System.out.printf("数量:%d,单价:%5.2f,总价值:%5.2f",amount,price,sum);
        }
    }
```

4. 实验指导

Scanner 对象可以调用 hasNextXXX()方法判断用户输入的数据类型，例如，如果用户在键盘输入带小数点的数字：12.34（回车），那么 reader 对象调用 hasNextDouble()返回的值是 true，而调用 hasNextByte()、hasNextInt()以及 hasNextLong()返回的值都是 false；如果用户在键盘输入一个 byte 取值范围内的整数：89（回车），那么 reader 对象调用 hasNextByte()、hasNextInt()、hasNextLong()以及 hasNextDouble()返回的值都是 true。nextLine()等待用户在命令行输入一行文本回车，该方法得到一个 String 类型的数据，String 类型将在本书第 9 章讲述。

在从键盘输入数据时，我们经常让 reader 对象先调用 hasNextXXX()方法等待用户在键盘输入数据，然后再调用 nextXXX()方法读取数据。

5. 实验后的练习

上机调试下列程序。该程序可以让用户在键盘依次输入若干个数字，每输入一个数字都需要按回车键确认，最后用户在键盘输入一个非数字字符串结束整个输入操作过程（用户输入非数字后 reader.hasNextDouble()的值将是 false）。程序将计算出这些数的和以及平均值。

```
import java.util.*;
public class LianXi{
    public static void main (String args[ ]){
       Scanner reader=new Scanner(System.in);
       double sum=0;
       int m=0;
       while(reader.hasNextDouble()){
           double x=reader.nextDouble();
           m=m+1;
           sum=sum+x;
       }
       System.out.printf("%d 个数的和为%f\n",m,sum);
       System.out.printf("%d 个数的平均值是%f\n",m,sum/m);
    }
}
```

习　题　2

1. 下列哪些可以是标识符？

A. moon-sun　　　　B. int_long

C. byte　　　　D. $Boy26

2. 下列程序中哪些【代码】是错误的?

```
public class Xiti2 {
   public static void main(String args[]) {
      int x=129L;                //【代码 1】
      long y='好';                //【代码 2】
      float z=0.618;             //【代码 3】
      System.out.println(y);
      byte x=127;                //【代码 4】
   }
}
```

3. float 型常量和 double 型常量在表示上有什么区别?

4. 编写一个应用程序，给出汉字‘思’、‘故’、‘乡’在 Unicode 表中的位置。

5. 上机调试下列程序，了解基本数据类型数据的取值范围。

```
public class Xiti5 {
  public static void main(String args[]) {
     System.out.println("byte 取值范围:"+Byte.MIN_VALUE+"至"+Byte.MAX_VALUE);
     System.out.println("short 取值范围:"+Short.MIN_VALUE+"至"+Short.MAX_VALUE);
     System.out.println("int 取值范围:"+Integer.MIN_VALUE+"至"+Integer.MAX_VALUE);
     System.out.println("long 取值范围:"+Long.MIN_VALUE+"至"+Long.MAX_VALUE);
     System.out.println("float 取值范围:"+Float.MIN_VALUE+"至"+Float.MAX_VALUE);
     System.out.println("double 取值范围:"+Double.MIN_VALUE+"至"+Double.MAX_VALUE);
  }
}
```

第3章 运算符、表达式和语句

主要内容

- 运算符与表达式
- 语句概述
- if 条件分支语句
- switch 开关语句
- 循环语句
- break 和 continue 语句

难点

- 循环语句

Java 语言中的绝大多数运算符和 C 语言相同，基本语句如条件分支语句、循环语句等也和 C 语言类似，因此，本章就主要知识点进行简单的介绍。

3.1 运算符与表达式

程序设计中经常需要处理数据之间的一些基本运算，这就需要使用运算符和相应的表达式，Java 中的许多运算符和 C 语言类似，本节将介绍这些运算符和相应的表达式。

3.1.1 算术运算符与算术表达式

整数和浮点数之间最常见的运算就是四则运算，即加、减、乘、除和求余运算。

加、减、乘、除和求余运算符：+，-，*，/，%是二目运算符，即连接两个操作元的运算符。*，/，%运算符的优先级（3 级）高于加、减运算符（4 级）。

用算术符号和括号连接起来的符合 Java 语法规则的式子，称为算术表达式，如 x+2*y-30+3*（y+5）。

3.1.2 自增、自减运算符

自增、自减运算符：++，--是单目运算符，可以放在操作元之前，也可以放在操作元之后。操作元必须是一个整型或浮点型变量。作用是使变量的值增 1 或减 1，如：

++x（--x）表示在使用 x 之前，先使 x 的值增（减）1。

x++（x--）表示在使用 x 之后，先使 x 的值增（减）1。

3.1.3　算术混合运算的精度

精度从“低”到“高”排列的顺序是：

```
byte short char int long float double
```

Java 在计算算术表达式的值时，使用下列计算精度规则：

（1）如果表达式中有双精度浮点数（double 型数据），则按双精度进行运算。

例如，表达式 5.0/2+10 的结果 12.5 是 double 型数据。

（2）如果表达式中最高精度是单精度浮点数（float 型数据），则按单精度进行运算。

例如，表达式 5.0F/2+10 的结果 12.5 是 float 型数据。

（3）如果表达式中最高精度是 long 型整数，则按 long 精度进行运算。

例如，表达式 12L+100+'a'的结果 209 是 long 型数据。

（4）如果表达式中最高精度低于 int 型整数，则按 int 精度进行运算。

例如，表达式（byte）10+'a' 和 5/2 的结果分别为 107 和 2，都是 int 型数据。

3.1.4　关系运算符与关系表达式

关系运算符用来比较两个值的关系。与 C 语言不同的是，Java 中关系运算符的运算结果是 boolean 型，当运算符对应的关系成立时，运算结果是 true，否则是 false。例如，10<9 的结果是 false，5>1 的结果是 true，3!=5 的结果是 true，10>20-17 的结果为 true，因为算术运算符的级别高于关系运算符，10>20-17 相当于 10>（20-17），其结果是 true。

结果为数值型的变量或表达式可以通过关系运算符（见表 3.1）形成关系表达式，例如，4>8，(x+y)>80 都是关系表达式。

表 3.1　关系运算符

运 算 符	优 先 级	用 法	含 义	结 合 方 向
>	6	op1>op2	大于	左到右
<	6	op1<op2	小于	左到右
>=	6	op1>=op2	大于等于	左到右
<=	6	op1<=op2	小于等于	左到右
==	7	op1==op2	等于	左到右
!=	7	op1!=op2	不等于	左到右

3.1.5　逻辑运算符与逻辑表达式

逻辑运算符包括&&，||，!。其中&&、||为二目运算符，实现逻辑与、逻辑或;! 为单目运算符，实现逻辑非。逻辑运算符的操作元必须是 boolean 型数据，逻辑运算符可以用来连接关系表达式。

结果为 boolean 型的变量或表达式可以通过逻辑运算符形成逻辑表达式。表 3.2 给出了逻辑运算符的用法和含义。

表 3.2　用逻辑运算符进行逻辑运算

op1	op2	op1&&op2	op1||op2	!op1
true	true	true	true	false
true	false	false	true	false

续表

op1	op2	op1&&op2	op1||op2	!op1
false	true	false	true	True
false	false	false	false	true

例如，2>8&&9>2 的结果为 false，2>8||9>2 的结果为 true。由于关系运算符的级别高于&&、||的级别，2>8&&8>2 相当于（2>8）&&（9>2）。

逻辑运算符“&&”和“||”也称做短路逻辑运算符，这是因为当 op1 的值是 false 时，“&&”运算符在进行运算时不再去计算 op2 的值，直接就得出 op1&&op2 的结果是 false；当 op1 的值是 true 时，“||”运算符在进行运算时不再去计算 op2 的值，直接就得出 op1||op2 的结果是 true。

3.1.6 赋值运算符与赋值表达式

赋值运算符=是二目运算符，左面的操作元必须是变量，不能是常量或表达式。设 x 是一个整型变量，y 是一个 boolean 型变量，x=20 和 y = true 都是正确的赋值表达式，赋值运算符的优先级较低，结合方向为从右到左。

赋值表达式的值就是“=”左面变量的值。例如，假如 a，b 是两个 int 型变量，那么表达式“b=12”和“a=b=100”的值分别是 12 和 100。

注意，不要将赋值运算符“=”与等号关系运算符“= =”混淆，例如，“12=12”是非法的表达式，而表达式“12= =12”的值是 true。

3.1.7 位运算符

整型数据在内存中以二进制的形式表示，如一个 int 型变量在内存中占 4 个字节共 32 位，int 型数据 7 的二进制表示是：

```
00000000 00000000 00000000  00000111
```

左面最高位是符号位，最高位是 0 表示正数，是 1 表示负数。负数采用补码表示，如-8 的补码表示是：

```
111111111 111111111 1111111 11111000
```

这样就可以对两个整型数据实施位运算，即对两个整型数据对应的位进行运算得到一个新的整型数据。

1．“按位与”运算

“按位与”运算符“&”是双目运算符，对两个整型数据 a，b 按位进行运算，运算结果是一个整型数据 c。运算法则是如果 a，b 两个数据对应位都是 1，则 c 的该位是 1，否则是 0。如果 b 的精度高于 a，那么结果 c 的精度和 b 相同。

例如：

```
    a:  00000000  00000000  00000000  00000111
-----------------------------------------------
&   b:  10000001  10100101  11110011  10101011
    c:  00000000  00000000  00000000  00000011
```

2．“按位或”运算

“按位或”运算符“|”是二目运算符，对两个整型数据 a，b 按位进行运算，运算结果是一个整型数据 c。运算法则是如果 a，b 两个数据对应位都是 0，则 c 的该位是 0，否则是 1。如果 b 的

精度高于 a，那么结果 c 的精度和 b 相同。

3. “按位非”运算

“按位非”运算符“~”是单目运算符，对一个整型数据 a 按位进行运算，运算结果是一个整型数据 c。运算法则是如果 a 对应位是 0，则 c 的该位是 1，否则是 0。

4. “按位异或”运算

“按位异或”运算符“^”是二目运算符，对两个整型数据 a，b 按位进行运算，运算结果是一个整型数据 c。运算法则是如果 a，b 两个数据对应位相同，则 c 的该位是 0，否则是 1。如果 b 的精度高于 a，那么结果 c 的精度和 b 相同。

3.1.8 instanceof 运算符

该运算符是二目运算符，左面的操作元是一个对象，右面是一个类。当左面的对象是右面的类或子类创建的对象时，该运算符运算的结果是 true，否则是 false。

3.1.9 运算符综述

Java 的表达式就是用运算符连接起来的符合 Java 语法规则的式子。运算符的优先级决定了表达式中运算执行的先后顺序。例如，x<y&&!z 相当于(x<y)&&(!z)。没有必要去记忆运算符的优先级别，在编写程序时尽量使用括号运算符号来实现想要的运算次序，以免产生难以阅读或含糊不清的计算顺序。运算符的结合性决定了并列的相同级别运算符的先后顺序，例如，加减的结合性是从左到右，8-5+3 相当于（8-5）+3；逻辑否运算符！的结合性是右到左，!! x 相当于!(!x)。表 3.3 是 Java 所有运算符的优先级和结合性，有些运算符和 C 语言相同，不再赘述。

表 3.3 运算符的优先级和结合性

优 先 级	描 述	运 算 符	结 合 性
1	分隔符	[] () . , ;	
2	对象归类，自增自减运算，逻辑非	instanceof ++ -- !	右到左
3	算术乘除运算	* / %	左到右
4	算术加减运算	+ -	左到右
5	移位运算	>> << >>>	左到右
6	大小关系运算	< <= > >=	左到右
7	相等关系运算	== !=	左到右
8	按位与运算	&	左到右
9	按位异或运算	^	左到右
10	按位或	|	左到右
11	逻辑与运算	&&	左到右
12	逻辑或运算	||	左到右
13	三目条件运算	? :	左到右
14	赋值运算	=	右到左

3.2 语 句 概 述

Java 里的语句可分为以下 6 类。

1. 方法调用语句

如：

```
System.out.println(" Hello");
```

2. 表达式语句

由一个表达式构成一个语句，即表示式尾加上分号，如赋值语句：

```
x=23;
```

3. 复合语句

可以用{ }把一些语句括起来构成复合语句，如：

```
{   z=123+x;
    System.out.println("How are you");
}
```

4. 空语句

一个分号也是一条语句，称做空语句。

5. 控制语句

控制语句分为条件分支语句、开关语句和循环语句，将在后面的 3.3 节、3.4 节和 3.5 节介绍。

6. package 语句和 import 语句

package 语句和 import 语句和类、对象有关，将在第 4 章讲解。

3.3 if 条件分支语句

条件分支语句按照语法格式可细分为 3 种形式，以下是这 3 种形式的详细讲解。

3.3.1 if 语句

if 语句是单条件分支语句，即根据一个条件来控制程序执行的流程。

if 语句的语法格式：

```
if(表达式){
    若干语句
}
```

if 语句的流程图如图 3.1 所示。与 C 语言不同的是，在 if 语句中，关键字 if 后面的一对小括号（ ）内的表达式的值必须是 boolean 类型，当值为 true 时，则执行紧跟着的复合语句，结束当前 if 语句的执行；如果表达式的值为 false，则结束当前 if 语句的执行。

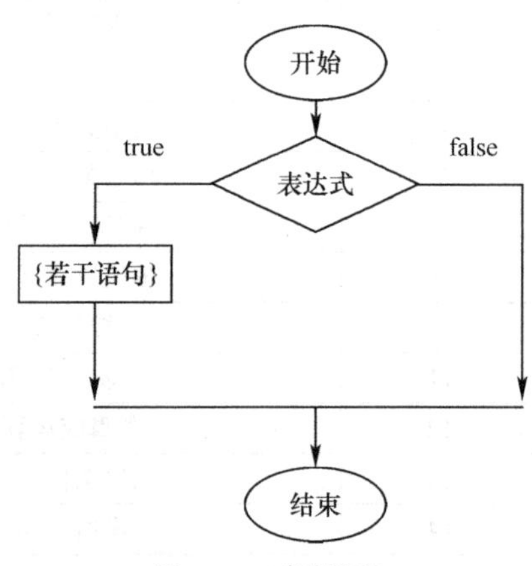

图 3.1　if 条件语句

需要注意的是，在 if 语句中，其中的复合语句中如果只有一条语句，{ }可以省略不写，但为了增强程序的可读性最好不要省略（这是一个很好的编程风格）。

3.3.2 if-else 语句

if-else 语句是单条件分支语句，即根据一个条件来控制程序执行的流程。

if-else 语句的语法格式：

```
if(表达式) {
     若干语句
}
else {
     若干语句
}
```

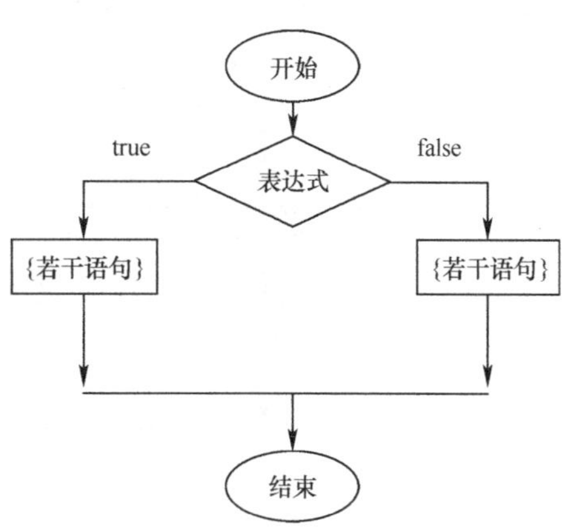

图 3.2　if-else 条件语句

if-else 语句的流程图如图 3.2 所示。在 if-else 语句中，关键字 if 后面的一对小括号（ ）内的表达式的值必须是 boolean 类型，当值为 true 时，则执行紧跟着的复合语句，结束当前 if-else 语句的执行；如果表达式的值为 false，则执行关键字 else 后面的复合语句，结束当前 if-else 语句的执行。

下列是有语法错误的 if-else 语句：

```
if(x>0)
  y=10;
  z=20;
else
  y=-100;
```

正确的写法是：

```
if(x>0){
   y=10;
   z=20;
}
else
   y=100;
```

需要注意的是，在 if-else 语句中，其中的复合语句中如果只有一条语句，{ }可以省略不写，但为了增强程序的可读性最好不要省略（这是一个很好的编程风格）。

3.3.3　if-else if-else 语句

if-else if-else 语句是多条件分支语句，即根据多个条件来控制程序执行的流程。

if-else if-else 语句的语法格式：

```
if(表达式) {
     若干语句
}
else if(表达式) {
     若干语句
}
… …
else {
     若干语句
}
```

if-else if-else 语句的流程图如图 3.3 所示。在 if-else if-else 语句中，if 以及多个 else if 后面的一对小括号（ ）内的表达式的值必须是 boolean 类型。程序执行 if-else if-else 时，按该语句中表达式的顺序，首先计算第 1 个表达式的值，如果计算结果为 true，则执行紧跟着的复合语句，结束当前 if-else if-else 语句的执行；如果计算结果为 false，则继续计算第 2 个表达式的值；依此类推，假设计算第 m 个表达式的值为 true，则执行紧跟着的复合语句，结束当前 if-else if-else 语句的执行，否则继续计算第 m+1 个表达式的值，如果所有表达式的值都为 false，则执行关键字 else 后面的复合语句，结束当前 if-else if-else 语句的执行。

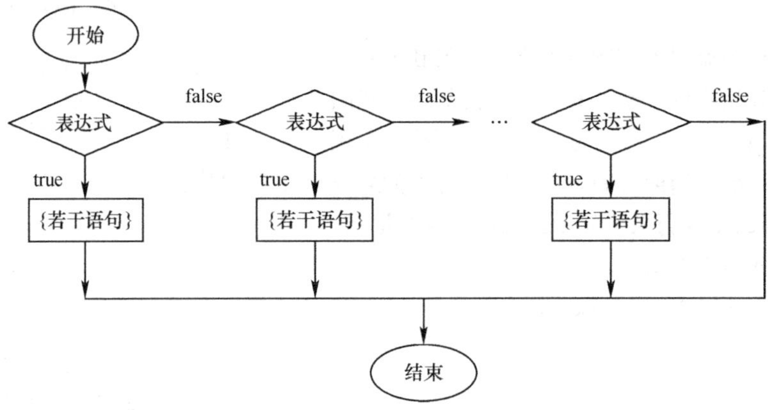

图 3.3　if-else if-else 多条件语句

if-else if-else 语句中的 else 部分是可选项，如果没有 else 部分，当所有表达式的值都为 false 时，结束当前 if-else if-else 语句的执行（该语句什么都没有做）。

需要注意的是，在 if-else if-else 语句中，其中的复合语句中如果只有一条语句，{ }可以省略不写，但为了增强程序的可读性最好不要省略。

在下面的例 3-1 中，Number 类创建的对象可以将 3 个整数从小到大排序，主类负责让用户从键盘输入 3 个整数，然后让 Number 类创建的对象对用户输入的整数进行排序，程序运行效果如图 3.4 所示。

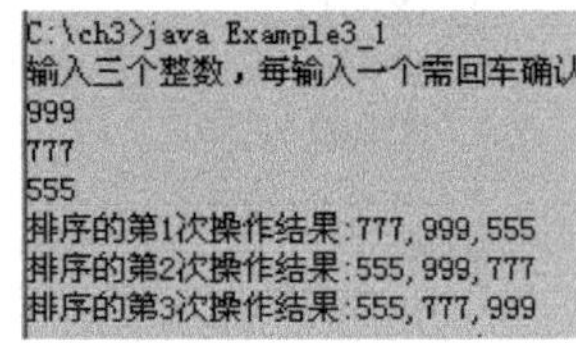

图 3.4　排序整数

例 3-1

Number.java

```
public class Number {
   void sort(int a,int b,int c) {
      int count=0;
      int temp=0;
      if(b<a) {
         temp=a;
         a=b;
         b=temp;
         count++;
         System.out.println("排序的第"+count+"次操作结果:"+a+","+b+","+c);
      }
      if(c<a) {
         temp=a;
         a=c;
         c=temp;
         count++;
```

```
            System.out.println("排序的第 "+count+"次操作结果:"+a+","+b+","+c);
         }
         if(c<b) {
            temp=b;
            b=c;
            c=temp;
            count++;
            System.out.println("排序的第"+count+"次操作结果:"+a+","+b+","+c);
         }
         if(count==0) {
            System.out.println("排序的第"+count+"次操作结果:"+a+","+b+","+c);
         }
      }
   }
```

Example3_1.java

```
   import java.util.Scanner;
   public class Example3_1 {
      public static void main(String args[]) {
         Scanner reader = new Scanner(System.in);
         System.out.println("输入三个整数，每输入一个需回车确认");
         int x = reader.nextInt();
         int y = reader.nextInt();
         int z = reader.nextInt();
         Number number = new Number();
         number.sort(x,y,z);
      }
   }
```

3.4　switch 开关语句

switch 语句是单条件多分支的开关语句，它的一般格式定义如下（其中 break 语句是可选的）：

```
switch(表达式)
{
   case 常量值 1:
              若干个语句
              break;
   case  常量值 2:
              若干个语句
              break;
   …
   case  常量值 n:
             若干个语句
             break;
   default:
         若干语句
}
```

switch 语句中“表达式”的值必须为 byte，short、int、char 型或枚举类型（枚举类型见 7.5 节）；“常量值 1”到“常量值 n”必须也是 byte，short、int、char 型或枚举类型常量，而且要互不相同。

switch 语句首先计算表达式的值，如果表达式的值和某个 case 后面的常量值相等，就执行该 case 里的若干个语句直到碰到 break 语句为止。如果某个 case 中没有使用 break 语句，一旦表达式的值和该 case 后面的常量值相等，程序不仅执行该 case 里的若干个语句，而且继续执行后继的 case 里的若干个语句，直到碰到 break 语句为止。若 switch 语句中的表达式的值不与任何 case 的常量值相等，则执行 default 后面的若干个语句。switch 语句中的 default 是可选的，如果它不存在，并且 switch 语句中表达式的值不与任何 case 的常量值相等，那么 switch 语句就不会进行任何处理。

下面例 3-2 中的 Administrator 类创建的对象可以根据彩票（不含有数字 0）的末尾号码来判断是否中奖，例如，末尾号码为 1，3 和 9 为三等奖，末尾后 2 位是 29，46 和 21 为二等奖，末尾后 3 位是 875，326 和 596 为一等奖。主类负责让用户从键盘输入彩票号（一个 5 位且不含有数字 0 的正整数），然后让 Administrator 类创建的对象判断彩票的中奖情况，程序运行效果如图 3.5 所示。

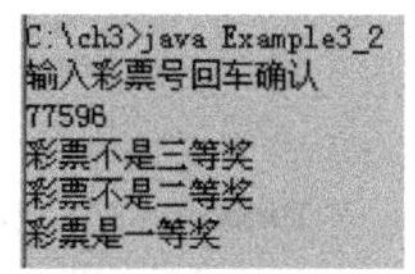

图 3.5　判断中奖

例 3-2

Administrator.java

```
public class Administrator {
   void giveMess(int number) {
      if(number/10000<=0||number/10000>=10) {
         System.out.println("请给出 5 位数的彩票号码");
      }
      else {
         int d1 = number%10;  // 尾号
         int d2 = number%100 ; // 后 2 位数
         int d3 = number%1000 ;// 后 3 位数
         switch(d1) {
           case 9 :
           case 3 :
           case 1 :  System.out.println("彩票是三等奖");
                     break;
           default:  System.out.println("彩票不是三等奖");
         }
         switch(d2) {
           case 29 :
           case 46 :
           case 21 :  System.out.println("彩票是二等奖");
                      break;
           default:   System.out.println("彩票不是二等奖");
         }
         switch(d3) {
           case 875 :
           case 326 :
           case 596 :  System.out.println("彩票是一等奖");
                       break;
           default:    System.out.println("彩票不是一等奖");
         }
      }
   }
```

```
    }
```

Example3_2.java

```
import java.util.Scanner;
public class Example3_2 {
   public static void main(String args[]) {
      Scanner reader = new Scanner(System.in);
      System.out.println("输入彩票号回车确认");
      int number = reader.nextInt();
      Administrator person = new Administrator();
      person.giveMess(number);
   }
}
```

3.5 循环语句

循环语句是根据条件，要求程序反复执行某些操作，直到程序“满意”为止。

3.5.1 for 循环语句

for 语句的语法格式：

```
for (表达式 1; 表达式 2; 表达式 3) {
     若干语句
}
```

for 语句由关键字 for、一对小括号 ( ) 中用分号分割的 3 个表达式，以及一个复合语句组成，其中的“表达式 2”必须是一个求值为 boolean 型数据的表达式，而复合语句称作循环体。循环体只有一条语句时，大括号“{}”可以省略，但最好不要省略，以便增加程序的可读性。“表达式 1”负责完成变量的初始化；“表达式 2”是值为 boolean 型的表达式，称为循环条件；“表达式 3”用来修整变量，改变循环条件。for 语句的执行规则是：

（1）计算“表达式 1”，完成必要的初始化工作。

（2）判断“表达式 2”的值，若“表达式 2”的值为 true，则进行（3），否则进行（4）。

（3）执行循环体，然后计算“表达式 3”，以便改变循环条件，进行（2）。

（4）结束 for 语句的执行。

for 语句执行流程如图 3.6 所示。

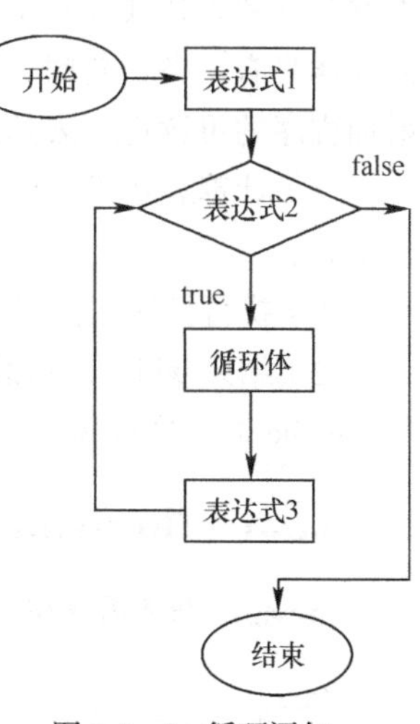

图 3.6　for 循环语句

下面例 3-3 中的 ComputerSum 类创建的对象可以计算 a+aa.+aaa+…的连续和，例如，计算 8+88+888+8888… …的前 10 项和。

例 3-3

ComputerSum.java

```
public class ComputerSum {
   void giveSum(int number,int length) {
```

```
            if(number<=9&&number>=1) {
               long sum=0,a=number,item=a,n=length,i=1;
               for(i=1;i<=n;i++) {
                 sum=sum+item;
                 item=item*10+a;
               }
               System.out.println(sum);
            }
            else {
               System.out.println("请给出正确的数字");
            }
         }
      }
```

Example3_3.java

```
      public class Example3_3 {
         public static void main(String args[]) {
             ComputerSum computer = new ComputerSum();
             computer.giveSum(8,10);
         }
      }
```

3.5.2 while 循环

while 语句的语法格式：

```
while (表达式) {
      若干语句
}
```

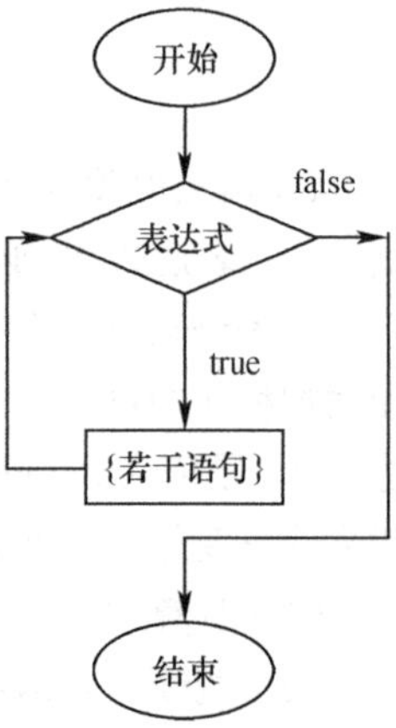

while 语句由关键字 while、一对括号（ ）中的一个求值为 boolean 类型数据的表达式和一个复合语句组成，其中的复合语句称为循环体，循环体只有一条语句时，大括号{}可以省略，但最好不要省略，以便增加程序的可读性。表达式称为循环条件。while 语句的执行规则是：

（1）计算表达式的值，如果该值是 true 时，就进行（2），否则执行（3）。

（2）执行循环体，再进行（1）。

（3）结束 while 语句的执行。

while 语句执行流程如图 3.7 所示。

图 3.7　while 循环语句

3.5.3 do-while 循环

do-while 循环语法格式如下：

```
do {
     若干语句
} while(表达式);
```

do-while 循环和 while 循环的区别是：do-while 的循环体至少被执行一次，执行流程如图 3.8 所示。

下面的例 3-4 用 while 语句计算 1+1/2!+1/3!+1/4! … 的前 20 项和。

例 3-4

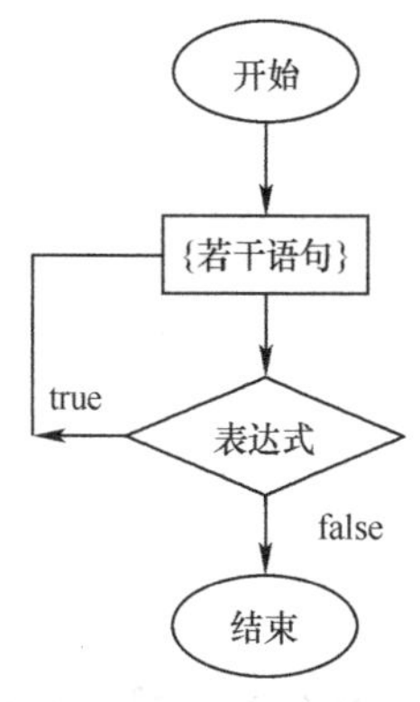

图 3.8　do-while 循环语句

Example3_4.java

```
public class Example3_4 {
   public static void main(String args[]) {
      double sum=0,item=1;
      int i=1,n=20;
      while(i<=n) {
          sum=sum+item;
          i=i+1;
          item=item*(1.0/i);
      }
      System.out.println("sum="+sum);
   }
}
```

3.6　break 和 continue 语句

break 和 continue 语句是用关键字 break 或 continue 加上分号构成的语句，例如：

```
break;
```

在循环体中可以使用 break 语句和 continue 语句。在一个循环中，例如循环 50 次的循环语句中，如果在某次循环中执行了 break 语句，那么整个循环语句就结束。如果在某次循环中执行了 continue 语句，那么本次循环就结束，即不再执行本次循环体中 continue 语句后面的语句，而转入进行下一次循环。

```
C:\ch3>java Example3_5
bcdefghijklnopqrstuvwxy
满足1+2+...+n<=1931918的最大整数n为1965
```

图 3.9　在循环语句中使用 break 和 continue

下面的例 3-5 在 for 循环语句中使用 continue 语句输出了英文字母表中除了字母 a，m 和 z 的全部字母；在 while 语句中使用 break 语句计算了满足 1+2+...+n<=1931918 的最大整数 n，程序运行效果如图 3.9 所示。

例 3-5

Example3_5.java

```
public class Example3_5 {
   public static void main(String args[]) {
      for(char c='a';c<='z';c++) {
          switch(c) {
              case 'a' :
              case 'z' :
              case 'm' : continue;
          }
          System.out.print(c);
      }
      System.out.println("");
      long sum=0,i=1,max=1931918,N=0;
      while(true) {
         sum=sum+i;
         if(sum>max) {
           N=i-1;
           break;
```

```
            }
            i++;
        }
        System.out.println("满足 1+2+...+n<="+max+"的最大整数 n 为"+N);
    }
}
```

3.7 上机实践

3.7.1 实验 1 计算电费

1. 实验目的

本实验的目的是让学生掌握使用 if~else if 多分支语句。

2. 实验要求

为了节约用电，将用户的用电量分成 3 个区间，针对不同的区间给出不同的收费标准。对于 1 至 90 千瓦时（度）的电量，每千瓦时 0.6 元；对于 91 至 150 千瓦时的电量，每千瓦时 1.1 元；对于大于 151 千瓦时的电量，每千瓦时 1.7 元。编写一个 Java 应用程序。在主类的 main 方法中，输入用户的用电量，程序输出电费。程序运行参考效果如图 3.10 所示。

```
输入电量:128
电费:95.80
```

图 3.10 计算电费

3. 程序模板

请按模板要求，将【代码】替换为 Java 程序代码。

Computer.java

```
import java.util.Scanner;
public class Computer {
   public static void main(String args[]) {
      Scanner reader=new Scanner(System.in);
      double amount = 0;  //存放电量
      double price = 0;   //用户需要交纳的电费
      System.out.print("输入电量:");
      amount =reader.nextDouble();
      if(amount <= 90 && amount>=1){
            【代码 1】//计算 price 的值
      }
      else if(amount <= 150 && amount>=91){
            【代码 2】//计算 price 的值
      }
      else if(amount>150){
            【代码 3】//计算 price 的值
      }
      else {
          System.out.println("输入电量:"+amount+"不合理");
      }
      System.out.printf("电费:%5.2f",price);
   }
}
```

4. 实验指导

【代码 1】的商业逻辑比较简单，因此【代码 1】应该是 price = amount*0.6;，但是【代码 2】,【代码 3】就略微复杂一些，需要考虑不同的收费区间，因此【代码 2】应该是 price = 90*0.6+(amount-90)*1.1;,【代码 3】应该是 price = 90*0.6+(150-90)*1.1+(amount-150)*1.7;。

需要特别注意的是，if 语句中的条件表达式的值必须是 boolen 类型，这一点和 C 语言有很大的不同，例如，在 Java 中下列是错误的 if 语句：

```
if(100) {
}
```

5. 实验后的练习

某商场为了答谢顾客，在节日里优惠促销。购买的商品的总金额（moneyAmount）小于 100 元没有优惠。购买的商品的总金额（moneyAmount）大于等于 100、小于 200 元，优惠额度是（moneyAmount-100）×0.9，即顾客实际支付的金额是 100+（moneyAmount-100）×0.9。购买的商品的总金额（moneyAmount）大于 200 元、小于 500 元，优惠额度是（200-100）×0.9+（moneyAmount-200）×0.8，即顾客实际支付的金额是 100+（200-100）×0.9+（moneyAmount-200）×0.8。购买的商品的总金额（moneyAmount）大于等于 500 元，优惠额度是（200-100）×0.9+（500-200）×0.8+（moneyAmount-500）×0.7，即顾客实际支付的金额是 100+（200-100）×0.9+（500-200）×0.8+（moneyAmount-500）×0.7。

编写一个 Java 应用程序。在主类的 main 方法中，输入用户购买商品的总金额，程序输出顾客支付的金额以及节省的金额。

3.7.2 实验 2 猜数字游戏

1. 实验目的

本实验的目的是让学生使用 if~else 分支和 while 循环语句解决问题。

2. 实验要求

编写一个 Java 应用程序，在主类的 main 方法中实现下列功能：

- 程序随机分配给客户一个 1 至 100 之间的整数。
- 用户输入自己的猜测。
- 程序返回提示信息，提示信息分别是“猜大了”、“猜小了”和“猜对了”。
- 用户可根据提示信息再次输入猜测，直到提示信息是“猜对了”。

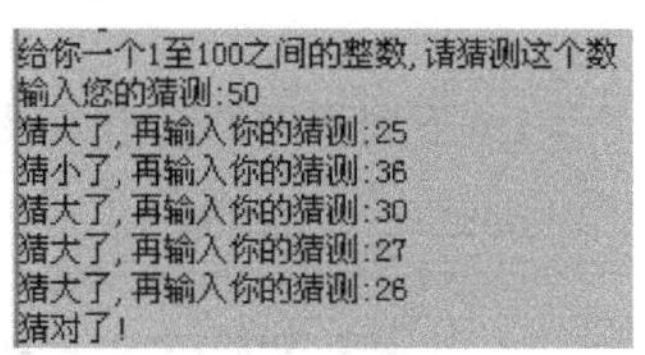

图 3.11 猜数字

程序运行参考效果如图 3.11 所示。

3. 程序模板

请按模板要求，将【代码】替换为 Java 程序代码。

GreekAlphabet.java

```
GuessNumber.java
import java.util.Scanner;
import java.util.Random;
public class GuessNumber {
   public static void main (String args[]) {
      Scanner reader = new Scanner(System.in);
      Random random = new Random();
```

```
        System.out.println("给你一个 1 至 100 之间的整数,请猜测这个数");
        int realNumber = random.nextInt(100)+1;//random.nextInt(100)是[0,100)中随机整数
        int yourGuess = 0;
        System.out.print("输入您的猜测:");
        yourGuess = reader.nextInt();
        while(【代码 1】) //循环条件
        {
           if(【代码 2】)   //猜大了的条件代码
           {
              System.out.print("猜大了,再输入你的猜测:");
              yourGuess = reader.nextInt();
           }
           else if(【代码 3】) //猜小了的条件代码
           {
              System.out.print("猜小了,再输入你的猜测:");
              yourGuess = reader.nextInt();
           }
        }
        System.out.println("猜对了!");
    }
}
```

4. 实验指导

我们经常使用 while 循环"强迫"程序重复执行一段代码,【代码 1】必须是值为 boolean 型数据的表达式，只要【代码 1】的值为 true 就让用户继续输入猜测,比如【代码 1】可以是 yourGuess!=realNumber。只要用户的输入能使得循环语句结束，就说明用户已经猜对了。

5. 实验后的练习

用 yourGuess>realNumber 替换【代码 1】可以吗？语句：System.out.println("猜对了!");为何要放在 while 循环语句之后？放在 while 语句的循环体中合理吗？

习 题 3

1. 下列程序的输出结果是什么？if-else 语句的书写是否规范？

```
public class E {
   public static void main (String args[]) {
      int x=10,y=5,z=100,result=0;
      if(x>y)
         x=z;
      else
         y=x;
      z=y;
      result=x+y+z;
      System.out.println(result);
   }
}
```

2. 下列程序的输出结果是什么？

```
public class E {
   public static void main (String args[]) {
```

```
        char c='\0';
        for(int i=1;i<=4;i++) {
          switch(i) {
            case 1:  c='不';
                     System.out.print(c);
            case 2:  c='正';
                     System.out.print(c);
                     break;
            case 3:  c='歪';
                     System.out.print(c);
            default: System.out.print("!");
          }
        }
    }
}
```

3. 参考例 3-2，在应用程序中使用 if-else if-else 多条件分支语句代替 switch 语句来判断彩票中奖情况，允许彩票号码中含有数字 0。

4. 编写一个应用程序，用 for 循环输出俄文的“字母表”。

5. 编写一个应用程序求 1!+2!+…+20!。

6. 一个数如果恰好等于它的因子之和，这个数就称为“完数”。编写一个应用程序求 1000 之内的所有完数。

7. 编写一个应用程序求满足 1+2!+3!…+n!<=9999 的最大整数 n。

第4章 类与对象

主要内容

- 从抽象到类
- 类
- 构造方法与对象的创建
- 参数传值
- 有理数的类封装
- 对象的组合
- 实例成员与类成员
- 方法重载与多态
- this 关键字
- 包
- import 语句
- 访问权限
- 基本类型的类包装
- 自编译和文档生成器

难点

- 参数传值

面向对象语言有3个重要特性：封装、继承和多态。学习面向对象编程要掌握怎样通过抽象得到类，继而学习怎样编写类的子类来体现继承和多态。本章主要讲述类和对象，即学习面向对象的第一个特性——封装，第5、6章学习和继承、多态有关的子类与接口。

4.1 从抽象到类

抽象的关键是抓住事物的两个方面：属性和行为。例如，在实际生活中，我们每时每刻都与具体的实物在打交道，如我们用的钢笔、骑的自行车、乘坐的公共汽车等。现在就对经常见到的卡车、公共汽车、轿车进行抽象，找出它们共有的属性和行为，但是为了便于教学上的描述，只列出最重要的共有属性和行为。

- 属性：运行速度、发动机的功率。
- 行为：加速、减速、获取运行速度、设置发动机功率、获取发动机功率。

抽象的目的是从具体的实例中抽取共有属性和行为形成一种数据类型，如 Vehicle 类(机动车类)，那么一个具体的轿车就是 Vehicle 类的一个实例，即对象。一个对象将自己的数据和对这些数据的操作合理有效地封装在一起，如每辆轿车调用“减速”行为改变的都是自己的运行速度。下面就根据抽象用 Java 语言的语法给出 Vehicle 类。

4.2　类

类是组成 Java 程序的基本要素。类封装了一类对象的属性和行为。类是用来产生对象的一种数据类型。

类的实现包括两部分：类声明和类体。基本格式为：

```
class 类名 {
    类体的内容
}
```

class 是关键字，用来定义类。“class 类名”是类的声明部分，类名必须是合法的 Java 标识符。两个大括号以及之间的内容是类体。

4.2.1　类声明

为了给出 Vehicle 类，需要进行类声明，例如：

```
class Vehicle {
     …
}
```

其中的“class Vehicle”称作类声明；“Vehicle”是类名。类的名字要符合标识符规定，即名字可以由字母、下划线、数字或美元符号组成，并且第一个字符不能是数字（这是语法所要求的）。给类命名时，遵守下列编程风格（这不是语法要求的，但应当遵守）。

（1）如果类名使用拉丁字母，那么名字的首字母使用大写字母，如 Hello，Time，Dog 等。

（2）类名最好容易识别、见名知意。当类名由几个“单词”复合而成时，每个单词的首字母使用大写，如 BeijingVehicle，AmericanVehicle，HelloChina 等。

4.2.2　类体

写类的目的是根据抽象描述一类事物共有的属性和行为，给出用于创建具体实例的一种数据类型，描述过程由类体来实现。类声明之后的一对大括号“{”，“}”以及它们之间的内容称作类体，大括号之间的内容称作类体的内容。

类体的内容由两部分构成：一部分是变量的声明，用来刻画属性；另一部分是方法的定义，用来刻画行为。

下面的例 4-1 中有一个名为 Vehicle 的类，类体内容的变量声明部分给出了一个 double 类型的变量 speed 和一个 int 型变量 power；方法定义部分定义了 speedUp()、speedDown()等方法。

例 4-1

Vehicle.java

```
public class Vehicle {
   double speed;                //变量声明部分,刻画速度
   int power;                   //变量声明部分,刻画功率
   void speedUp(int s) {        //方法定义,刻画加速功能
      speed=speed+s;
```

```
        }
        void speedDown(int d) {        //方法定义,刻画减速功能
          speed=speed-d;
        }
        void setPower(int p) {
          power=p;
        }
        int getPower() {
          return power;
        }
        double getSpeed() {
          return speed;
        }
    }
```

4.2.3 成员变量

类体分为两部分：一部分是变量的声明，另一部分是方法的定义。变量声明部分所声明的变量被称作域变量或成员变量。

1. 成员变量的类型

成员变量的类型可以是 Java 中的任何一种数据类型，包括基本类型：整型、浮点型、字符型；引用类型：数组、对象和接口（对象和接口见后续内容）。例如：

```
class Factory {
   float a[];
   Workman zhang;
}
class Workman {
   double x;
}
```

Factory 类的成员变量 a 是类型为 float 的数组，zhang 是 Student 类声明的变量，即对象。

2. 成员变量的有效范围

成员变量在整个类内都有效，其有效性与它在类体中书写的先后位置无关。例如，前述的 Vehicle 类也可以写成：

```
public class Vehicle {
   void  speedUp(int s) {            //方法定义,刻画加速行为
     spead=spead+s;
   }
   void  speedDown(int d) {          //方法定义,刻画减速行为
     spead=spead-d;
   }
   void setPower(int p) {
     power=p;
   }
   int getPower() {
     return power;
   }
   double getSpead() {
     return spead;
   }
   double spead;                     //变量声明部分,刻画速度
   int power;                        //变量声明部分,刻画功率
}
```

不提倡把成员变量的定义分散地写在方法之间或类体的最后，人们习惯先介绍属性再介绍行为。

3. 编程风格

（1）一行只声明一个变量。我们已经知道，尽管可以使用一种数据类型，并用逗号分隔来声明若干个变量，比如：

```
double height,width;
```

但是，在编码时却不提倡这样做（本书中某些代码可能没有严格遵守这个风格，其原因是减少代码行数，减少书的页码），其原因是不利于给代码增添注释内容，提倡的风格是：

```
double height;  //矩形的高
double width;  //矩形的宽
```

（2）变量的名字除了符合标识符规定外，名字的首单词的首字母使用小写；如果变量的名字由多个单词组成，从第 2 个单词开始的其他单词的首字母使用大写。

（3）变量名字见名知意，避免使用诸如 m1，n1 等作为变量的名字，尤其是名字中不要将小写的英文字母 l 和数字 1 相邻接，人们很难区分“l1”和“ll”。

4.2.4 方法

我们已经知道一个类的类体由两部分组成：变量的声明和方法的定义。方法的定义包括两部分，方法声明和方法体。一般格式为：

```
方法声明部分 {
    方法体的内容
}
```

1. 方法声明

最基本的方法声明包括方法名和方法的返回类型，如：

```
double getSpeed() {
    return speed;
}
```

根据程序的需要，方法返回的数据类型可以是 Java 中的任何数据类型之一，当一个方法是 void 类型时，可以不返回数据。很多的方法声明中都给出方法的参数，参数是用逗号隔开的一些变量声明。方法的参数可以是任意的 Java 数据类型。

方法的名字必须符合标识符规定，方法命名的习惯与变量命名的习惯类似。例如，名字如果使用拉丁字母，首写字母使用小写，如果名字由多个单词组成，从第 2 个单词开始的其他单词的首字母使用大写。

2. 方法体

方法声明之后的一对大括号“{”，“}”以及之间的内容称作方法的方法体。方法体的内容包括局部变量的声明和 Java 语句，即方法体内可以对成员变量和该方法体中声明的局部变量进行操作。在方法体中声明的变量和方法的参数被称作局部变量，如：

```
int getSum(int n) {                    //参数变量 n 是局部变量
    int sum=0;                         // 声明局部变量 sum
    for(int i=1;i<=n;i++) {            // for 循环语句
        sum=sum+i;
    }
```

```
        return sum;                         // return 语句
    }
```

与类的成员变量不同的是，局部变量只在声明它的方法内有效，而且与其声明的位置有关。方法的参数在整个方法内有效，方法内的局部变量从声明它的位置之后开始有效。如果局部变量的声明是在一个复合语句中，那么该局部变量的有效范围是该复合语句，即仅在该复合语句中有效，如果局部变量的声明是在一个循环语句中，那么该局部变量的有效范围是该循环语句，即仅在该循环语句中有效。例如：

```
public class A {
          int m=10,sum=0;          //成员变量，在整个类中有效
  void f() {
          if(m>9) {
            int z=10;              //z 仅仅在该复合语句中有效
            z=2*m+z;
          }
          for(int i=0;i<m;i++) {
            sum=sum+i;             // i 仅仅在该循环语句中有效
          }
          m=sum;                   //合法，因为 m 和 sum 有效
          z=i+sum;                 //非法，因为 i 和 z 已无效
      }
}
```

写一个方法和在 C 语言中写一个函数类似，只不过在面向对象语言中称作方法，因此如果有比较好的 C 语言基础，编写方法的方法体就不再是难点。

3. 区分成员变量和局部变量

如果局部变量的名字与成员变量的名字相同，则成员变量被隐藏，即这个成员变量在这个方法内暂时失效。例如：

```
class Tom {
   int x=10,y;
    void f() {
       int x=5;
       y=x+x;    //y 得到的值是 10，不是 20。如果方法 f 中没有“int x=5;”，y 的值将是 20
    }
}
```

方法中的局部变量的名字如果与成员变量的名字相同，那么方法就隐藏了成员变量，如果想在该方法中使用被隐藏的成员变量，必须使用关键字 this（在 4.8 节还会详细讲解 this 关键字），例如：

```
class Tom {
   int x=10,y;
    void f() {
       int x=5;
       y=x+this.x;    //y 得到的值是 15
    }
}
```

4.2.5 需要注意的问题

对成员变量的操作只能放在方法中，方法可以对成员变量和该方法体中声明的局部变量进行操作。在声明成员变量时可以同时赋予初值，如：

```
class A {
      int a=12;
      float b=12.56f;
}
```

但是不可以这样做：

```
class A {
      int a;
      float b;
      a=12;              //非法，这是赋值语句（语句不是变量的声明，只能出现在方法体中）
      b=12.56f;          //非法
}
```

4.2.6　类的 UML 类图

UML(Unified Modeling Language Diagram)图属于结构图，常被用于描述一个系统的静态结构。一个 UML 中通常包含有类（Class）的 UML 图，接口（Interface）的 UML 图以及泛化关系（Generalization）的 UML 图、关联关系（Association）的 UML 图、依赖关系（Dependency）的 UML 图和实现关系（Realization）的 UML 图。

本节介绍类的 UML 图，后续章节会结合相应的内容介绍其余的 UML 图。

在类的 UML 图中，使用一个长方形描述一个类的主要构成，将长方形垂直地分为 3 层。

顶部第 1 层是名字层，如果类的名字是常规字形，表明该类是具体类，如果类的名字是斜体字形，表明该类是抽象类（抽象类在第 6 章讲述）。

第 2 层是变量层，也称为属性层，列出类的成员变量及类型，格式是“变量名字：类型”。在用 UML 表示类时，可以根据设计的需要只列出最重要的成员变量的名字。

第 3 层是方法层，也称为操作层，列出类中的方法，格式是“方法名字（参数列表）：类型”。在用 UML 表示类时，可以根据设计的需要只列出最重要的方法。

如图 4.1 所示为例 4-1 中 Vehicle 类的 UML 图。

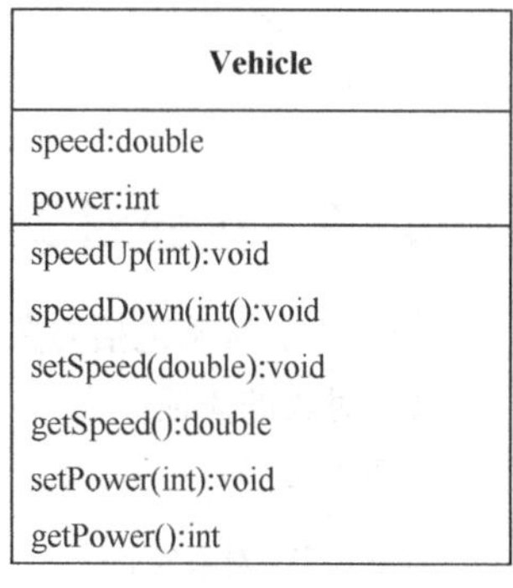

图 4.1　Vehicle 类的 UML 图

4.3　构造方法与对象的创建

类是面向对象语言中最重要的一种数据类型，那么就可以用它来声明变量。在面向对象语言中，用类声明的变量被称作对象。和基本数据类型不同，在用类声明对象后，还必须要创建对象，即为声明的对象分配（成员）变量，当使用一个类创建一个对象时，也称为给出了这个类的一个实例。通俗地讲，类是创建对象的“模板”，没有类就没有对象。

构造方法和对象的创建密切相关，以下将详细讲解构造方法和对象的创建。

4.3.1　构造方法

构造方法是类中的一种特殊方法，当程序用类创建对象时需使用它的构造方法。类中的构造方法的名字必须与它所在的类的名字完全相同，而且没有类型。允许一个类中编写若干个构造方法，但必须保证它们的参数不同，即参数的个数不同，或者是参数的类型不同。

需要注意的是，如果类中没有编写构造方法，系统会默认该类只有一个构造方法，该默认的构造方法是无参数的，且方法体中没有语句。例如，例 4-1 中的 Vehicle 类就有一个默认的构造方法：

```
Vehicle() {
}
```

如果类里定义了一个或多个构造方法，那么 Java 不提供默认的构造方法，例如，下列“梯形”类有两个构造方法。

```
class 梯形 {
   float 上底,下底,高;
    梯形() {      //构造方法
       上底=60;
       下底=100;
       高=20;
    }
    梯形(float x,int y,float h) {  //构造方法
        上底=x;
        下底=y;
        高=h;
    }
}
```

4.3.2 创建对象

创建一个对象包括对象的声明和为对象分配变量两个步骤。

1. 对象的声明

一般格式为：

```
类的名字  对象名字;
```

如：

```
Vehicle car;
```

这里 Vehicle 是一个类的名字，car 是我们声明的对象的名字。

2. 为声明的对象分配变量

使用 new 运算符和类的构造方法为声明的对象分配变量，即创建对象。如果类中没有构造方法，系统会调用默认的构造方法，默认的构造方法是无参数的，且方法体中没有语句。如：

```
car=new Vehiclee();
```

以下的例 4-2 使用例 4-1 中的 Vehicle 类创建对象 car（需要将例 4-1 中的 Vehicle 类的字节码文件或源文件和例 4-2 中的源文件保存在相同目录中，如 C:\ch4 中），程序运行效果如图 4.2 所示。

```
C:\ch4>java Example4_1
car1的功率是：128
car2的功率是：76
car1目前的速度：80.0
car2目前的速度：100.0
car1目前的速度：70.0
car2目前的速度：80.0
```

图 4.2 Vehicle 类创建的对象

例 4-2

```
Example4_2.java
    public class Example4_2 {
```

```
    public static void main(String args[]) {
      Vehicle car1,car2;          //声明 2 个对象
          car1 = new Vehicle(); //为对象 car1 分配变量，使用 new 运算符和默认的构造方法
      car2 = new Vehicle();       //为对象 car2 分配变量，使用 new 运算符和默认的构造方法
      car1.setPower(128);
      car2.setPower(76);
      System.out.println("car1 的功率是: "+car1.getPower());
      System.out.println("car2 的功率是: "+car2.getPower());
      car1.speedUp(80);
      car2.speedUp(100);
      System.out.println("car1 目前的速度: "+car1.getSpeed());
      System.out.println("car2 目前的速度: "+car2.getSpeed());
      car1.speedDown(10);
      car2.speedDown(20);
      System.out.println("car1 目前的速度: "+car1.getSpeed());
      System.out.println("car2 目前的速度: "+car2.getSpeed());
    }
  }
```

3. 对象的内存模型

我们使用例 4-2 来说明对象的内存模型。

（1）声明对象时的内存模型。当用 Vehicle 类声明变量 car1，即对象 car1 时，car1 的内存中还没有任何数据，内存模型如图 4.3 所示。这时的 car1 是空对象，空对象不能使用，因为它还没有得到任何“实体”。必须再进行为对象分配变量的步骤，即为对象分配实体。

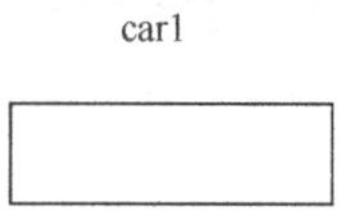

car1

图 4.3　未分配变量的对象

（2）为对象分配变量后的内存模型。类是一种数据类型，因此，Java 系统会根据类的结构来构造该类所声明的变量，即对象。当系统见到：

```
car1 = new Vehicle();
```

时，就会做以下两件事。

① Vehicle 类中的成员变量 speed 和 power 被分配内存空间，然后执行构造方法中的语句。如果成员变量在声明时没有指定初值，所使用的构造方法也没有对成员变量进行初始化操作，那么，对于整型变量，默认初值是 0；对于浮点型，默认初值是 0.0；对于 boolean 型，默认初值是 false；对于引用型，默认初值是 null。

② 给出一个信息，确保对象 car1 被分配了名字为 speed 和 power 的变量。为了做到这一点，new 运算符在为变量 speed 和 power 分配内存后，将得到一个引用，引用就是一个十六进制数，包含有给这些成员变量所分配的内存位置等重要信息，如果将该引用赋值到对象变量 car1 中(car1 = new Vehicle())，就确保 car1 得到了名字为 speed 和 power 的变量。不妨就认为引用就是 car1 在内存里的名字，而且这个名字（引用）是 Java 系统确保分配给 car1 的变量，将由 car1 负责“操作管理”。

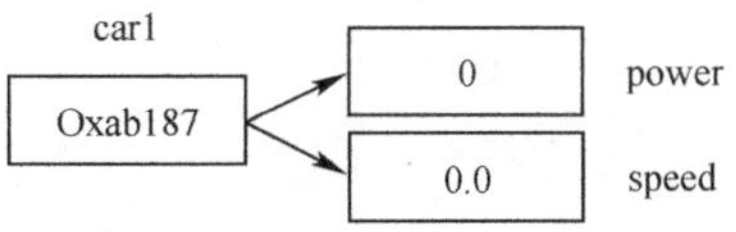

car1　Oxab187　0　power　0.0　speed

图 4.4　为对象分配变量后的内存模型

为对象 car1 分配变量后，car1 的内存模型由声明对象时的模型——图 4.3 所示形式变成图 4.4 所示形式，箭头所给示意是对象可以操作这些属于它的变量。

4. 创建多个不同的对象

一个类通过使用 new 运算符可以创建多个不同的对象，不同对象被分配的变量占有不同

的内存空间，因此，改变其中一个对象的变量不会影响其他对象的变量，即改变其中一个对象的状态不会影响其他对象的状态。例如，可以在上述例 4-2 中创建了对象 car1 后，又创建了对象 car2：

```
car2 = new Vehicle();
```

当再创建一个对象 car2 时，Vehicle 类中的成员变量 spead 和 power 会再一次被分配内存空间，并返回一个引用给 car2。分配给 car2 的变量所占据的内存空间和分配给 car1 的变量所占据的内存空间是互不相同的位置。car1 和 car2 的内存模型如图 4.5 所示。

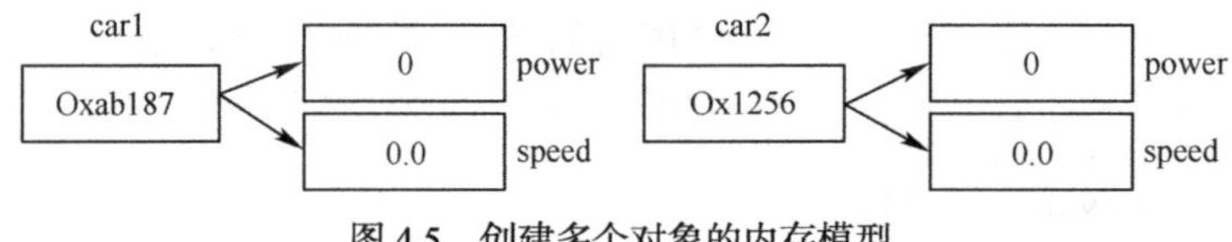

图 4.5　创建多个对象的内存模型

4.3.3　使用对象

抽象的目的是产生类，而类的目的是创建具有属性和功能的对象。对象不仅可以操作自己的变量改变状态，而且能调用类中的方法产生一定的行为。

通过使用运算符"."，对象可以实现对自己变量的访问和方法的调用。

1. 对象操作自己的变量（对象的属性）

对象创建之后，就有了自己的变量，即对象的实体。通过使用运算符"."，对象可以实现对自己变量的访问，访问格式为：

```
对象.变量;
```

2. 对象调用类中的方法（对象的功能）

对象创建之后，可以使用运算符"."调用创建它的类中的方法，从而产生一定的行为功能，调用格式为：

```
对象.方法;
```

3. 体现封装

当对象调用方法时，方法中出现的成员变量就是指分配给该对象的变量。在讲述类的时候我们讲过：类中的方法可以操作成员变量。当对象调用方法时，方法中出现的成员变量就是指分配给该对象的变量。例如，例 4-2 中，执行代码：

```
car1.setPower(128);
car2.setPower(76);
car1.speedUp(80);
car2.speedUp(100);
```

之后，car1 和 car2 的内存模型如图 4.6 所示。

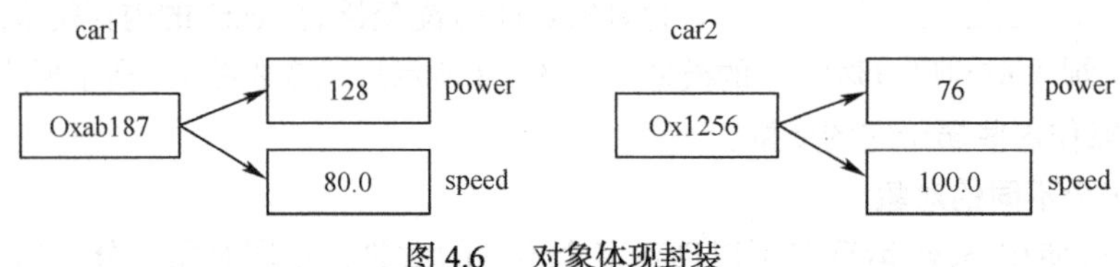

图 4.6　对象体现封装

当对象调用方法时，方法中的局部变量被分配内存空间。方法执行完毕，局部变量即刻释放内存。需要注意的是，局部变量声明时如果没有初始化，就没有默认值，因此在使用局部变量之前，要事先为其赋值。

4.3.4 对象的引用和实体

通过前面的学习我们已经知道，类是体现封装的一种数据类型，类声明的变量称作对象，对象中负责存放引用，以确保对象可以操作分配给该对象的变量以及调用类中的方法。分配给对象的变量习惯地称作对象的实体。

1. 避免使用空对象

没有实体的对象称作空对象，空对象不能使用，即不能让一个空对象去调用方法产生行为。假如程序中使用了空对象，程序在运行时会出现异常：NullPointerException。由于对象是动态地分配实体，所以 Java 的编译器对空对象不做检查。因此，在编写程序时要避免使用空对象。

2. 垃圾收集

一个类声明的两个对象如果具有相同的引用，那么二者就具有完全相同的实体，而且 Java 有所谓“垃圾收集”机制，这种机制周期地检测某个实体是否已不再被任何对象所拥有（引用），如果发现这样的实体，就释放实体占有的内存。

再以例 4-1 中的 Vehicle 类为例，假如某个应用中，分别使用 Vehicle 类创建了两个对象 carOne 和 carTwo。

```
Vehicle carOne  =  new Vehicle ();
Vehicle carTwo  =  new Vehicle );
```

并且让 carOne 和 carTwo 分别调用方法改变了各自的速度，即各自改变了分配给自己的 speed 变量的值：

```
carOne.speedUp(60);
carTwo.speedUp(90);
```

那么内存模型如图 4.7 所示。

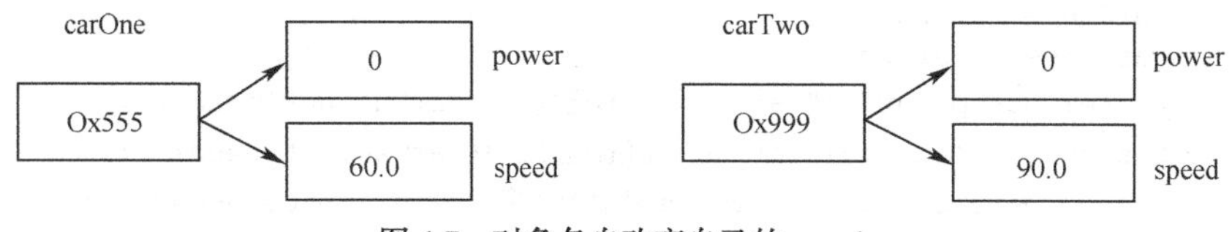

图 4.7 对象各自改变自己的 speed

假如在程序中使用了如下的赋值语句：

```
carOne = carTwo
```

即把 carTwo 中的引用赋给了 carOne，因此 carOne 和 carTwo 本质上是一样的。虽然在源程序中 carOne 和 carTwo 是两个名字，但在系统看来它们的名字是一个：0x999，系统将取消原来分配给 carOne 的变量（如果这些变量没有其他对象继续引用）。这时，如果输出 carOne.speed 的结果是 90，而不是 60。即 carOne 和 carTwo 有相同的实体，则内存模型由图 4.7 变成图 4.8 所示。

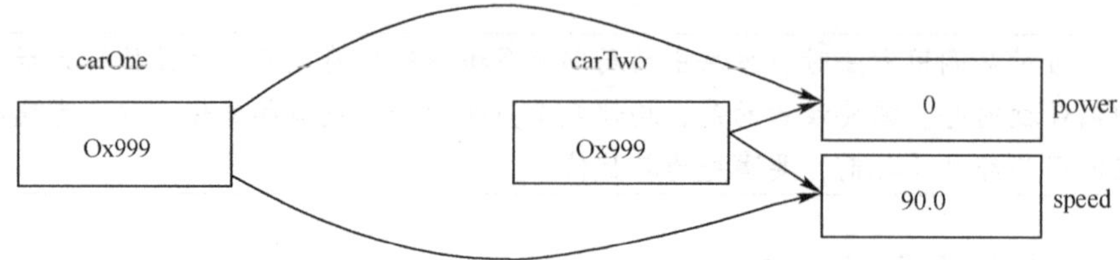

图 4.8 catOne 和 carTwo 具有同样的引用

和 C++不同的是，在 Java 语言中，类有构造方法，但没有析构方法，Java 运行环境有“垃圾收集”机制，因此不必像 C++程序员那样，要时刻自已检查哪些对象应该使用析构方法释放内存。因此 Java 很少出现“内存泄露”，即由于程序忘记释放内存所导致的内存溢出。

如果希望 Java 虚拟机立刻进行“垃圾收集”操作，可以让 Sysytem 类调用 gc()方法。请读者仔细阅读下面的例 4-3，并注意分析程序的运行结果（见图 4.9）。\

```
C:\ch4>java Example4_3
carOne目前的速度：60.0
carTwo目前的速度：90.0
carOne目前的速度：90.0
carTwo目前的速度：90.0
carThree目前的速度：90.0
Exception in thread "main" java.lang.NullPointerException
        at Example4_3.main(Example4_3.java:16)
```

图 4.9 程序运行效果

例 4-3

Example4_3.java

```
public class Example4_3 {
  public static void main(String args[]) {
    Vehicle carOne,carTwo,carThree;
    carOne = new Vehicle();
    carTwo = new Vehicle();
    carOne.speedUp(60);
    carTwo.speedUp(90);
    System.out.println("carOne 目前的速度: "+carOne.getSpeed());
    System.out.println("carTwo 目前的速度: "+carTwo.getSpeed());
    carOne = carTwo;
    carThree = carTwo;
    System.out.println("carOne 目前的速度: "+carOne.getSpeed());
    System.out.println("carTwo 目前的速度: "+carTwo.getSpeed());
    System.out.println("carThree 目前的速度: "+carOne.getSpeed());
    carOne=null;       //carOne 成为一个空对象
    System.out.println("carOne 目前的速度: "+carOne.getSpeed());
    //发生 NullPointerException 异常
  }
}
```

4.4 参数传值

方法中最重要的部分之一就是方法的参数，参数属于局部变量，当对象调用方法时，参数被分配内存空间，并要求调用者向参数传递值，即方法被调用时，参数变量必须有具体的值。

4.4.1　传值机制

在 Java 中，方法的所有参数都是“传值”的，也就是说，方法中参数变量的值是调用者指定的值的拷贝。例如，如果向方法的 int 型参数 x 传递一个 int 值，那么参数 x 得到的值是传递的值的拷贝。因此，方法如果改变参数的值，不会影响向参数“传值”的变量的值，反之亦然。参数得到的值类似生活中的“原件”的“复印件”，那么改变“复印件”不影响“原件”，反之亦然。

4.4.2　基本数据类型参数的传值

对于基本数据类型的参数，向该参数传递的值的级别不可以高于该参数的级别。例如，不可以向 int 型参数传递一个 float 值，但可以向 double 型参数传递一个 float 值。

在下面的例 4-4 中有两个源文件 Circle.java 和 Example4_4.java，其中 Circle.java 中的 Circle 类负责创建对象，Example4_4.java 含有主类。在主类的 main 方法中使用 Circle 类来创建圆对象，该圆对象可以调用 setRadius（double r）设置自己的半径，因此，圆对象在调用 setRadius（double r）方法时，必须向方法的参数 r 传递值。程序运行效果如图 4.10 所示。

```
C:\ch4>java Example4_4
圆的半径：12.76
圆的面积：511.24726400000003
更改向方法参数r传递值的w的值为100
w=100.0
圆的半径：12.76
```

图 4.10　基本数据类型参数的传值

例 4-4

Circle.java

```
public class Circle {
   double radius,area;
   void setRadius(double r) {
      if(r>0){
         radius=r;
      }
   }
   double getRadius(){
      return radius;
   }
   double getArea(){
      area=3.14*radius*radius;
      return area;
   }
}
```

Example4_4.java

```
public class Example4_4 {
   public static void main(String args[]) {
      Circle circle=new Circle();
      double w=12.76;
      circle.setRadius(w);
      System.out.println("圆的半径："+circle.getRadius());
      System.out.println("圆的面积："+circle.getArea());
      System.out.println("更改向方法参数 r 传递值的 w 的值为 100");
      w=100;
      System.out.println("w="+w);
      System.out.println("圆的半径："+circle.getRadius());
   }
```

```
}
```

4.4.3 引用类型参数的传值

Java 的引用型数据包括前面刚刚学习的对象，以及后面将要学习的数组和接口。当参数是引用类型时，“传值”传递的是变量中存放的“引用”，而不是变量所引用的实体。

需要注意的是，对于两个同类型的引用型变量，如果具有同样的引用，就会用同样的实体，因此，如果改变参数变量所引用的实体，就会导致原变量的实体发生同样的变化。但是，改变参数中存放的“引用”不会影响向其传值的变量中存放的“引用”，反之亦然，如图 4.11 所示。

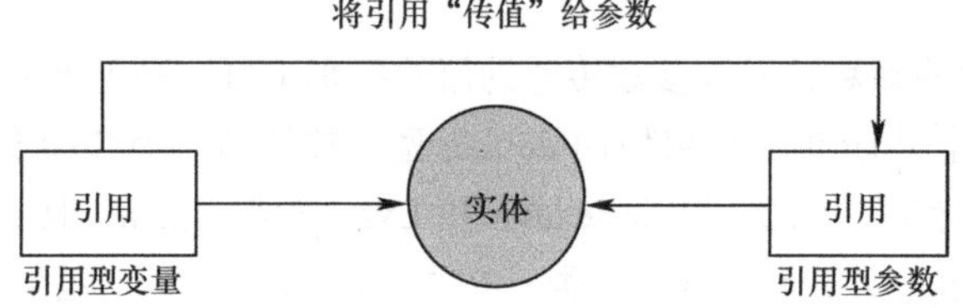

图 4.11 引用类型参数的传值

下面的例 4-5 中模拟了某人买一台电视，即某人将电视作为自己的一个成员，并通过调用一个方法将某个电视的引用传递给自己的电视成员。例 4-5 中有 3 个源文件：TV.java、Chinese.java 和 Example4_5.java，其中 TV.java 中的 TV 类负责创建“电视”对象，Chinese.java 中的 Chinese 类负责创建“人物”对象，Example4_5.java 是主类。在主类的 main 方法中首先使用 TV 类创建一个对象：haierTV，然后使用 Chinese 类再创建一个对象：zhangsan，并将先前 TV 类的实例：haierTV 的引用传递给 zhangsan 对象的成员变量 homeTV。由于 haierTV 和 zhangsan 对象的成员变量 homeTV 具有相同的引用，因此其中一个 TV 对象改变了所引用的实体，如更改了频道，那么另一个自然也就更改了频道，程序运行效果如图 4.12 所示。

```
C:\ch4>java Example4_5
卖给用户的haierTV目前的频道是5
zhangsan开始看电视节目
体育频道
用户买回的电视是在5频道
zhangsan用遥控器将买回的电视更改到2频道
现在卖给用户的haierTV目前的频道是2
zhangsan再看电视节目
经济频道
用户买回的电视是在2频道
```

图 4.12 向参数传递对象的引用

例 4-5

TV.java

```
public class TV {
   int channel; //电视频道
   void setChannel(int m) {
      if(m>=1){
         channel=m;
      }
   }
   int getChannel(){
      return channel;
   }
   void showProgram(){
      switch(channel) {
         case 1 : System.out.println("综合频道");
                  break;
         case 2 : System.out.println("经济频道");
                  break;
         case 3 : System.out.println("文艺频道");
                  break;
```

```
            case 4 : System.out.println("国际频道");
                     break;
            case 5 : System.out.println("体育频道");
                     break;
            default : System.out.println("不能收看"+channel+"频道");
         }
      }
   }
```

Chineses.java

```
public class Chineses {
   TV homeTV;
   void buyTV(TV tv) {
      homeTV=tv;
   }
   void remoteControl(int m) {
      homeTV.setChannel(m);
   }
   void seeTV() {
      homeTV.showProgram();
      System.out.println("用户买回的电视是在"+homeTV.getChannel()+"频道");
   }
}
```

Example4_5.java

```
public class Example4_5 {
   public static void main(String args[]) {
      TV haierTV = new TV();
      haierTV.setChannel(5);
      System.out.println("卖给用户的 haierTV 目前的频道是"+haierTV.getChannel());
      Chineses zhangsan = new Chineses();
      zhangsan.buyTV(haierTV);
      System.out.println("zhangsan 开始看电视节目");
      zhangsan.seeTV();
      int m=2;
      System.out.println("zhangsan 用遥控器将买回的电视更改到"+m+"频道");
      zhangsan.remoteControl(m);
      System.out.println("现在卖给用户的 haierTV 目前的频道是"+haierTV.getChannel());
      System.out.println("zhangsan 再看电视节目");
      zhangsan.seeTV();
   }
}
```

4.4.4 可变参数

可变参数（The variable arguments）是 JDK 1.5 新增的功能。可变参数是指在声明方法时不给出参数列表中从某项直至最后一项参数的名字和个数，但这些参数的类型必须相同。可变参数使用“...”表示若干个参数，这些参数的类型必须相同，最后一个参数必须是参数列表中的最后一个参数。例如：

```
public void f(int ... x)
```

那么，方法 f 的参数列表中，从第 1 个至最后一个参数都是 int 型，但连续出现的 int 型参数的个数不确定。称 x 是方法 f 的参数列表中的可变参数的“参数代表”。

再如：

```
public void g(double a,int … x)
```

那么，方法 g 的参数列表中，第 1 个参数是 double 型，第 2 个至最后一个参数是 int 型，但连续出现的 int 型参数的个数不确定。称 x 是方法 g 的参数列表中的可变参数的“参数代表”。

参数代表可以通过下标运算来表示参数列表中的具体参数，即 x[0]，x[1]…x[m]分别表示 x 代表的第 1 个至第 m 个参数。例如，对于上述方法 g，x[0]，x[1]就是方法 g 的整个参数列表中的第 2 个参数和第 3 个参数。对于一个参数代表，如 x，那么 x.length 等于 x 所代表的参数的个数。参数代表非常类似于我们自然语言中的“等等”，英语中的 and so on。

对于类型相同的参数，如果参数的个数需要灵活的变化，那么使用参数代表可以使方法的调用更加灵活。例如，如果需要经常计算若干个整数的和，如：

```
1203+78+556, 1+2+3+4+5, 31+202+1101+1309+257+88
```

由于整数的个数经常需要变化，又无规律可循，那么就可以使用下列带不变参数的方法来计算它们的和：

```
int getSum (int … x);
```

那么，

```
getSum (203,178,56,2098);
```

就可以返回 203,178,56,2098 的和。

在下面的例 4-6 中，有两个 Java 源文件 Computer.java 和 Example2_6.java，其中 Computer 类中的 getSumt()方法使用了参数代表，可以计算若干个整数的和，运行效果如图 4.13 所示。

```
C:\ch4>java Example4_6
1203,178,56,2098的和:2535
66,12,5,89,2,51的和:225
```

图 4.13　使用可变参数

例 4-6

Computer.java

```
public class Computer {
   public int getSum(int... x) {//x 可变参数的参数代表
      int sum=0;
      for(int i=0;i<x.length;i++) {
         sum=sum+x[i];
      }
      return sum;
   }
}
```

Example4_6.java

```
public class Example4_6 {
   public static void main(String args[]) {
      Computer computer=new Computer();
      int result=computer.getSum(203,178,56,2098);
      System.out.println("1203,178,56,2098 的和:"+result);
      result=computer.getSum(66,12,5,89,2,51);
     System.out.println("66,12,5,89,2,51 的和:"+result);
   }
}
```

对于可变参数，Java 也提供了增强的 for 语句，允许按如下方式使用 for 语句遍历参数代表所代表的参数：

```
for(声明循环变量：参数代表) {
    …
}
```

上述 for 语句的作用就是，对于循环变量依次取参数代表所代表的每一个参数的值。因此，可以将上述例 4-6 中 Computer 类中的 for 循环语句改为：

```
for(int param:x) {
    sum=sum+param;
}
```

4.5　有理数的类封装

通过前面几节的学习，我们已经知道，面向对象编程核心思想之一就是将数据和对数据的操作封装在一起，即通过抽象从具体的实例中抽取共同的性质形成类的概念，再由类创建具体的对象，然后对象调用方法产生行为以达到程序所要实现的目的。

本节对我们熟悉的有理数进行类封装，以便巩固前面所学的知识。

分数也称作有理数，是我们很熟悉的一种数。有时希望程序能对分数进行四则运算，而且两个分数四则运算的结果仍然是分数（不希望看到 1/6+1/6 的结果是小数的近似值 0.333，而是 1/3）。

以下用类实现对有理数的封装。有理数有两个重要的成员，分子和分母，另外还有重要的四则运算。Rational（有理数）类应当具有如下属性（成员变量）和功能（方法）。

- Rational 类有 2 个 int 型的成员变量，例如，名字分别为 numerator（分子）和 denominator（分母）。
- 提供 Rational add(Rational r)方法，即有理数调用该方法和参数指定的有理数做加法运算，并返回一个 Rational 对象。
- 提供 Rational sub(Rational r)方法，即有理数调用该方法和参数指定的有理数做减法运算，并返回一个 Rational 对象。
- 提供 Rational muti(Rational r)方法，即有理数调用该方法和参数指定的有理数做乘法运算，并返回一个 Rational 对象。
- 提供 Rational div(Rational r)方法，即有理数调用该方法和参数指定的有理数做除法运算，并返回一个 Rational 对象。

根据以上分析，下面的例 4-7 中给出了 Rational 类，主类 Example4_7 使用 Rational 对象进行两个分数的四则运算，运行效果如图 4.14 所示。

```
C:\ch4>java Example4_7

3/5+3/2 = 21/10
3/5+3/2 = -9/10
3/5+3/2 = 9/10
3/5+3/2 = 6/15
```

图 4.14　有理数的类封装

例 4-7

Rational.java

```
public class Rational {
   int numerator;                                              //分子
   int denominator;                                            //分母
   void setNumeratorAndDenominator(int fenzi,int fenmu) {      //设置分子和分母
      int m=1,n=1;
      if(fenzi<0)
         m=-1*fenzi;
      if(fenmu<0)
```

```
        n=-1*fenmu;
      if(fenzi==0){
        numerator=0;
        denominator=1;
        return;
      }
      int c=f(m,n);                                    //计算最大公约数
      numerator=fenzi/c;
      denominator=fenmu/c;
      if(numerator<0&&denominator<0) {
          numerator=-numerator;
          denominator=-denominator;
      }
   }
   int getNumerator() {
      return numerator;
   }
   int getDenominator() {
     return denominator;
   }
   int f(int a,int b) {                                //求 a 和 b 的最大公约数
      if(a<b) {
         int c=a;
         a=b;
         b=c;
      }
      int r=a%b;
      while(r!=0) {
         a=b;
         b=r;
         r=a%b;
      }
      return b;
   }
   Rational add(Rational r) {                          //加法运算
      int a=r.getNumerator();
      int b=r.getDenominator();
      int newNumerator=numerator*b+denominator*a;
      int newDenominator=denominator*b;
      Rational result=new Rational();
      result.setNumeratorAndDenominator(newNumerator,newDenominator);
      return result;
   }
   Rational sub(Rational r) {                          //减法运算
      int a=r.getNumerator();
      int b=r.getDenominator();
      int newNumerator=numerator*b-denominator*a;
      int newDenominator=denominator*b;
      Rational result=new Rational();
      result.setNumeratorAndDenominator(newNumerator,newDenominator);
      return result;
   }
   Rational muti(Rational r) {                         //乘法运算
      int a=r.getNumerator();
      int b=r.getDenominator();
      int newNumerator=numerator*a;
```

```
        int newDenominator=denominator*b;
        Rational result=new Rational();
        result.setNumeratorAndDenominator(newNumerator,newDenominator);
        return result;
    }
    Rational div(Rational r)  {                        //除法运算
        int a=r.getNumerator();
        int b=r.getDenominator();
        int newNumerator=numerator*b;
        int newDenominator=denominator*a;
        Rational result=new Rational();
        result.setNumeratorAndDenominator(newNumerator,newDenominator);
        return result;
    }
}
```

Example4_7.java

```
public class Example4_7 {
    public static void main(String args[]) {
        Rational r1=new Rational();
        Rational r2=new Rational();
        r1.setNumeratorAndDenominator(3,5);
        int r1Fenzi=r1.getNumerator();
        int r1Fenmu=r1.getDenominator();
        r2.setNumeratorAndDenominator(3,2);
        int r2Fenzi=r2.getNumerator();
        int r2Fenmu=r2.getDenominator();
        Rational result=r1.add(r2);
        int resultFenzi=result.getNumerator();
        int resultFenmu=result.getDenominator();
        System.out.printf("\n%d/%d+%d/%d = %d/%d",
                      r1Fenzi,r1Fenmu,r2Fenzi,r2Fenmu,resultFenzi,resultFenmu);
        result=r1.sub(r2);
        resultFenzi=result.getNumerator();
        resultFenmu=result.getDenominator();
        System.out.printf("\n%d/%d+%d/%d = %d/%d",
                     r1Fenzi,r1Fenmu,r2Fenzi,r2Fenmu,resultFenzi,resultFenmu);
        result=r1.muti(r2);
        resultFenzi=result.getNumerator();
        resultFenmu=result.getDenominator();
        System.out.printf("\n%d/%d+%d/%d = %d/%d",
                     r1Fenzi,r1Fenmu,r2Fenzi,r2Fenmu,resultFenzi,resultFenmu);
        result=r1.div(r2);
        resultFenzi=result.getNumerator();
        resultFenmu=result.getDenominator();
        System.out.printf("\n%d/%d+%d/%d = %d/%d",
                     r1Fenzi,r1Fenmu,r2Fenzi,r2Fenmu,resultFenzi,resultFenmu);
    }
}
```

4.6　对象的组合

我们已经知道，一个类的成员变量可以是 Java 允许的任何数据类型，因此，一个类可以把对象作为自己的成员变量，如果用这样的类创建对象，那么该对象中就会有其他对象，也就是说该对象将其他对象作为自己的组成部分（这就是人们常说的 Has-A），如前面 4.4 节中的例 4-5 中的 zhangsan 就将一个 TV 对象作为自己的成员，即 zhangsan 有一台电视。

4.6.1 圆锥体

现在，让我们对圆锥体作一个抽象。

- 属性：底圆，高。
- 行为：计算体积。

那么圆锥体的底圆应当是一个对象，如 Circle 类声明的对象，圆锥体的高可以是 double 型的变量，即圆锥体将 Circle 类的对象作为自己的成员。

下面的例 4-8 中的 Circular.java 中的 Circular 类负责创建“圆锥体”对象，Example4_8.java 是主类。在主类的 main 方法中首先使用例 4-4 中的 Circle 类创建一个“圆”对象 circle，使用 Circular 类再创建一个“圆锥”对象，然后“圆锥”对象调用 setBottom(Circle c)方法将 circle 的引用传递给圆锥对象的成员变量 bottom。程序运行效果如图 4.15 所示。

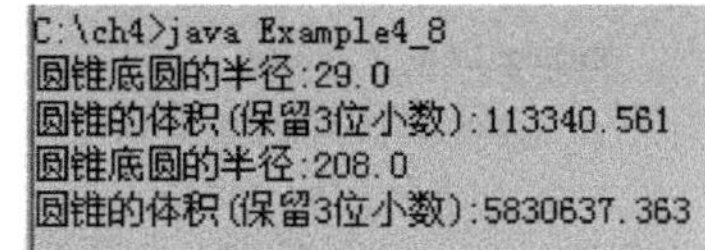

图 4.15 圆锥体组合了圆对象

例 4-8

Circular.java

```
public class Circular {
    Circle bottom;
    double height;
    void setBottom(Circle c) {
        bottom=c;
    }
    void setHeight(double h) {
        height=h;
    }
    double getVolme() {
       return bottom.getArea()*height/3.0;
    }
    double getBottomRadius() {
       return bottom.getRadius();
    }
    public void setBottomRadius(double r){
       bottom.setRadius(r);
    }
}
```

Example4_8.java

```
public class Example4_8 {
   public static void main(String args[]) {
      Circle circle = new Circle();
      circle.setRadius(29);
      Circular circular = new Circular();
      circular.setBottom(circle);
      circular.setHeight(128.76);
      System.out.println("圆锥底圆的半径:"+circular.getBottomRadius());
      System.out.printf("圆锥的体积(保留 3 位小数):%5.3f\n",circular.getVolme());
      circular.setBottomRadius(208);
      System.out.println("圆锥底圆的半径:"+circular.getBottomRadius());
```

```
            System.out.printf("圆锥的体积(保留 3 位小数):%5.3f\n",circular.getVolme());
        }
    }
```

4.6.2　关联关系和依赖关系的 UML 图

1. 关联关系

如果 A 类中成员变量是用 B 类声明的对象，那么 A 和 B 的关系是关联关系，称 A 关联于 B 或 A 组合了 B。如果 A 关联于 B，那么 UML 使用一个实线连接 A 和 B 的 UML 图，实线的起始端是 A 的 UML 图，终点端是 B 的 UML 图，但终点端使用一个指向 B 的 UML 图的方向箭头表示实线的结束。

如图 4.16 所示为例 4-8 中 Circular 类关联于 Circle 类的 UML 图。

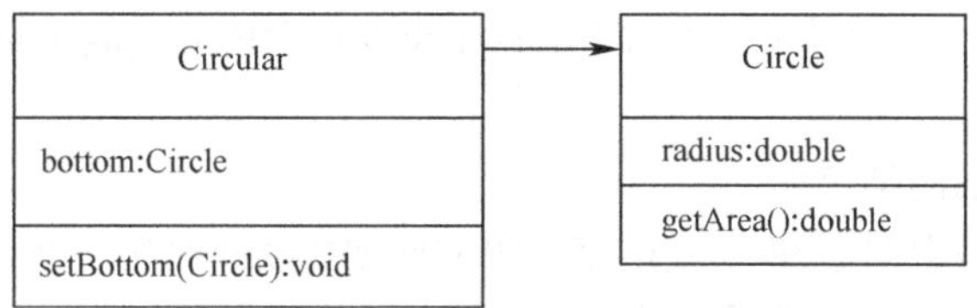

图 4.16　关联关系的 UML 图

2. 依赖关系

如果 A 类中某个方法的参数是用 B 类声明的对象，或某个方法返回的数据类型是 B 类对象，那么 A 和 B 的关系是依赖关系，称 A 依赖于 B。如果 A 依赖于 B，那么 UML 使用一个虚线连接 A 和 B 的 UML 图，虚线的起始端是 A 的 UML 图，终点端是 B 的 UML 图，但终点端使用一个指向 B 的 UML 图的方向箭头表示虚线的结束。

图 4.17 所示为 ClassRoom 依赖于 Student 的 UML 图。

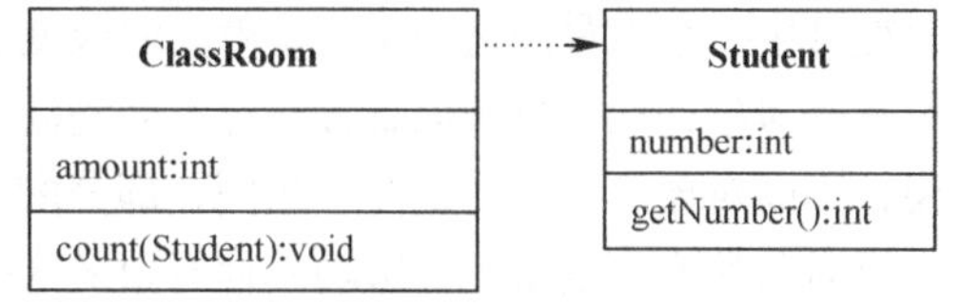

图 4.17　依赖关系的 UML 图

在 Java 中，习惯上将 A 关联于 B 称作 A 依赖于 B，当需要强调 A 是通过方法参数依赖于 B 时，就在 UML 图中使用虚线连接 A 和 B。

4.7　实例成员与类成员

4.7.1　实例变量和类变量的声明

在讲述类的时候我们讲过：类体中包括成员变量的声明和方法的定义，而成员变量又可细分为实例变量和类变量。在声明成员变量时，用关键字 static 给予修饰的称作类变量，否则称作实例变量（类变量也称为 static 变量，静态变量），例如：

```
class Dog {
   float x;                //实例变量
   static int y;           //类变量
}
```

Dog 类中，x 是实例变量，而 y 是类变量。需要注意的是，static 需放在变量的类型的前面，以下讲解实例变量和类变量的区别。

4.7.2 实例变量和类变量的区别

1. 不同对象的实例变量互不相同

我们已经知道，一个类通过使用 new 运算符可以创建多个不同的对象，这些对象将被分配不同的（成员）变量，说得准确些就是：分配给不同对象的实例变量占有不同的内存空间，改变其中一个对象的实例变量不会影响其他对象的实例变量。

2. 所有对象共享类变量

如果类中有类变量，当使用 new 运算符创建多个不同的对象时，分配给这些对象的这个类变量占有相同的一处内存，改变其中一个对象的这个类变量会影响其他对象的这个类变量。也就是说对象共享类变量。

3. 通过类名直接访问类变量

我们知道，当 Java 程序执行时，类的字节码文件被加载到内存，如果该类没有创建对象，类中的实例变量不会被分配内存。但是，类中的类变量，在该类被加载到内存时，就分配了相应的内存空间。如果该类创建对象，那么不同对象的实例变量互不相同，即分配不同的内存空间，而类变量不再重新分配内存，所有的对象共享类变量，即所有对象的类变量占用相同的一处内存空间，直到程序退出运行，类变量才释放所占有的内存。

类变量是与类相关联的数据变量，也就是说，类变量是和该类创建的所有对象相关联的变量，改变其中一个对象的这个类变量就同时改变了其他对象的这个类变量。因此，类变量不仅可以通过某个对象访问，也可以直接通过类名访问。实例变量仅仅是和相应的对象关联的变量，也就是说，不同对象的实例变量互不相同，即分配不同的内存空间，改变其中一个对象的实例变量不会影响其他对象的这个实例变量。实例变量可以通过对象访问，不能使用类名访问。

下面例 4-9 中的 Lader.java 中的 Lader 类创建的梯形对象共享一个下底。程序运行效果如图 4.18 所示。

```
C:\ch4>java Example4_9
laderOne的上底:28.0
laderOne的下底:100.0
laderTwo的上底:66.0
laderTwo的下底:100.0
```

图 4.18 梯形共享下底

例 4-9

Lader.java

```
public class Lader {
    double 上底,高;              //实例变量
    static double 下底;          //类变量
    void 设置上底(double a) {
         上底 = a;
    }
    void 设置下底(double b) {
         下底 = b;
    }
    double 获取上底() {
       return 上底;
    }
    double 获取下底() {
       return 下底;
```

```
    }
}
```

Example4_9.java

```
public class Example4_8 {
   public static void main(String args[]) {
      Lader.下底=100;      //Lader 的字节码被加载到内存,通过类名操作类变量
      Lader laderOne=new Lader();
      Lader laderTwo=new Lader();
      laderOne.设置上底(28);
      laderTwo.设置上底(66);
      System.out.println("laderOne 的上底:"+laderOne.获取上底());
      System.out.println("laderOne 的下底:"+laderOne.获取下底());
      System.out.println("laderTwo 的上底:"+laderTwo.获取上底());
      System.out.println("laderTwo 的下底:"+laderTwo.获取下底());
   }
}
```

例 4-9 从 Example4_8.java 中的主类的 main 方法开始运行，当执行：

```
Lader 下底=100;
```

时，Java 虚拟机首先将 Lader 的字节码加载到内存，同时为类变量“下底”分配了内存空间，并赋值 100，如图 4.19 所示。

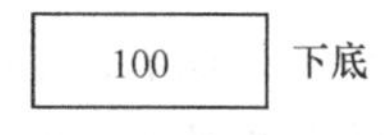

图 4.19　下底分配内存

当执行：

```
Lader laderOne = new Lader();
Lader laderTwo = new Lader();
```

时，实例变量“上底”和“高”都两次被分配内存空间，分别被对象 laderOne 和 laderTwo 所引用，而类变量“下底”不再分配内存，直接被对象 laderOne 和 laderTwo 引用、共享，如图 4.20 所示。

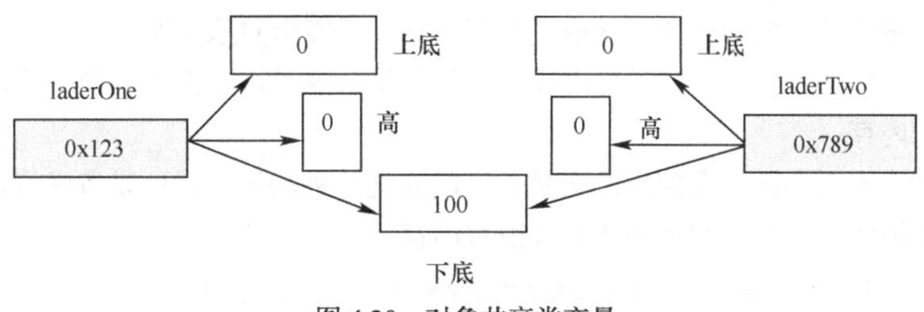

图 4.20　对象共享类变量

类变量似乎破坏了封装性，其实不然，当对象调用实例方法时，该方法中出现的类变量也是该对象的变量，只不过这个变量和所有的其他对象共享而已。

4.7.3　实例方法和类方法的定义

类中的方法也可分为实例方法和类方法。方法声明时，方法类型前面不加关键字 static 关键字修饰的是实例方法，加 static 关键字修饰的是类方法（静态方法）。如：

```
class A {
   int a;
```

```
    float max(float x,float y) {          //实例方法
      …
    }
    static float jerry() {                //类方法
      …
    }
    static void speak(String s) {         //类方法
      …
    }
}
```

A 类中的 jerry 方法和 speak 方法是类方法，max 方法是实例方法。需要注意的是，static 需放在方法的类型前面。以下讲解实例方法和类方法的区别。

4.7.4 实例方法和类方法的区别

1. 对象调用实例方法

当类的字节码文件被加载到内存时，类的实例方法不会被分配入口地址，只有该类创建对象后，类中的实例方法才分配入口地址，从而实例方法可以被类创建的任何对象调用执行。需要注意的是，当我们创建第一个对象时，类中的实例方法就分配了入口地址，当再创建对象时，不再分配入口地址，也就是说，方法的入口地址被所有的对象共享，当所有的对象都不存在时，方法的入口地址才被取消。

实例方法中不仅可以操作实例变量，也可以操作类变量。当对象调用实例方法时，该方法中出现的实例变量就是分配给该对象的实例变量;该方法中出现的类变量也是分配给该对象的变量，只不过这个变量和所有其他对象共享而已。

2. 类名调用类方法

对于类中的类方法，在该类被加载到内存时，就分配了相应的入口地址。从而类方法不仅可以被类创建的任何对象调用执行，也可以直接通过类名调用。类方法的入口地址直到程序退出才被取消。需要注意的是，实例方法不能通过类名调用，只能由对象来调用。

和实例方法不同的是，类方法不可以操作实例变量，这是因为在类创建对象之前，实例成员变量还没有分配内存。

如果一个方法不需要操作实例成员变量就可以实现某种功能，就可以考虑将这样的方法声明为类方法。这样做的好处是，避免创建对象浪费内存。

在下面的例 4-10 中，Sum 类中的 getContinueSum 方法是类方法。

例 4–10

Example4_10.java

```
class Sum {
   int x,y,z;
   static int getContinueSum(int start,int end) {
      int sum=0;
      for(int i=start;i<=end;i++) {
        sum=sum+i;
      }
      return sum;
   }
}
public class Example4_10 {
```

```
    public static void main(String args[]) {
        int result=Sum.getContinueSum(0,100);
        System.out.println(result);
    }
}
```

4.8　方法重载与多态

Java 中存在两种多态：重载（Overload）和重写（Override），重写是和继承有关的多态，将在第 5 章讨论。

方法重载是两种多态中的一种，如你让一个人执行“求面积”操作时，他可能会问你求什么面积？所谓功能多态性是指可以向功能传递不同的消息，以便让对象根据相应的消息来产生相应的行为。对象的功能通过类中的方法来体现，那么功能的多态性就是方法的重载。方法重载的意思是，一个类中可以有多个方法具有相同的名字，但这些方法的参数必须不同，即或者是参数的个数不同，或者是参数的类型不同。下面的 A 类中 add 方法是重载方法。

```
class A {
    float add(int a,int b) {
        return a+b;
    }
    float add(long a,int b) {
        return a+b;
    }
    double add(double a,int b) {
        return a+b;
    }
}
```

方法的返回类型和参数的名字不参与比较，也就是说，如果两个方法的名字相同，即使类型不同，也必须保证参数不同。

下面例 4-11 中 People 类中的 computerArea 方法是重载方法，另外，除了 Tixing、People 类和主类外，例 4-11 还用到了例 4-4 中的 Circle 类。程序运行效果如图 4.21 所示。

```
C:\ch4>java Example4_11
zhang计算圆的面积：
121699.48226600002
zhang计算梯形的面积：
108.0
```

图 4.21　方法重载

例 4-11

Tixing.java

```
public class Tixing {
    double above,bottom,height;
    Tixing(double a,double b,double h) {
        above = a;
        bottom = b;
        height = h;
    }
    double getArea() {
        return (above+bottom)*height/2;
    }
}
```

People.java

```
public class People {
   double computerArea(Circle c) {
      double area=c.getArea();
      return area;
   }
   double computerArea(Tixing t) {
      double area=t.getArea();
      return area;
   }
}
```

Example4_11.java

```
public class Example4_11 {
  public static void main(String args[]) {
      Circle circle = new Circle();
      circle.setRadius(196.87);
      Tixing lader = new Tixing(3,21,9);
      People zhang = new People();
      System.out.println("zhang 计算圆的面积: ");
      double result=zhang.computerArea(circle);
      System.out.println(result);
      System.out.println("zhang 计算梯形的面积: ");
      result=zhang.computerArea(lader);
      System.out.println(result);
   }
}
```

4.9　this 关键字

this 是 Java 的一个关键字，表示某个对象。this 可以出现在实例方法中，但不可以出现在类方法中。实例方法只能通过对象来调用，不能用类名来调用，因此当 this 关键字出现在实例方法中时，代表正在调用该方法的当前对象。

实例方法可以操作类的成员变量，当实例成员变量在实例方法中出现时，默认的格式是：

```
this.成员变量。
```

当 static 成员变量在实例方法中出现时，默认的格式是：

```
类名.成员变量。
```

如：

```
class A {
   int x;
   static int y;
   void f() {
      this.x=100;
      A.y=200;
   }
}
```

上述 A 类中的实例方法 f 中出现了 this，this 就代表使用 f 的当前对象。所以，“this.x”就表示当前对象的变量 x，当对象调用方法 f 时，将 100 赋给该对象的变量 x。因此，当一个对象调用方法时，方法中的实例成员变量就是指分配给该对象的实例成员变量，而 static 变量则和其他对象共享。因此，通常情况下，可以省略实例成员变量名字前面的“this.”，以及 static 变量前面的“类名”。

如：

```
class A {
   int x;
   static int y;
   void f() {
     x=100;
     y=200;
   }
}
```

但是，当实例成员变量的名字和局部变量的名字相同时，成员变量前面的“this.”或“类名.”就不可以省略。

this 不能出现在类方法中，这是因为，类方法可以通过类名直接调用，这时，可能还没有任何对象诞生。

4.10　包

包是 Java 语言中有效地管理类的一个机制。不同 Java 源文件中可能出现名字相同的类，如果想区分这些类，就需要使用包名。包名的目的是有效地区分名字相同的类，不同 Java 源文件中两个类名字相同时，它们可以通过隶属不同的包来相互区分。

4.10.1　包语句

通过关键字 package 声明包语句。package 语句作为 Java 源文件的第一条语句，指明该源文件定义的类所在的包，即为该源文件中声明的类指定包名。package 语句的一般格式为：

```
package 包名;
```

如果源程序中省略了 package 语句，源文件中所定义命名的类被隐含地认为是无名包的一部分，只要这些类的字节码被存放在相同的目录中，那么它们就属于同一个包，但没有包名。

包名可以是一个合法的标识符，也可以是若干个标识符加“.”分割而成，如：

```
package sunrise;
package sun.com.cn;
```

4.10.2　有包名的类的存储目录

如果一个类有包名，那么就不能在任意位置存放它，否则虚拟机将无法加载这样的类。

程序如果使用了包语句，例如：

```
package tom.jiafei;
```

那么存储文件的目录结构中必须包含有如下的结构：

```
…\tom\jiafei
```

如

```
C: \1000\tom\jiafei
```

并且要将源文件编译得到的类的字节码文件保存在目录 c:\1000\tom\jiafei 中（源文件可以任意存放）。

当然，可以将源文件保存在 c:\1000\tom\jiafe 中，然后进入到 tom\jiafei 的上一层目录 1000 中编译源文件：

```
C:\1000 javac tom\jiafei\源文件
```

那么得到的字节码文件默认地保存在当前目录 c:\1000\tom\jiafe 中。

4.10.3 运行有包名的主类

如果主类的包名是 tom.jiafei，那么主类的字节码一定存放在…\tom\jiefei 目录中，那么必须到 tom\jiefei 的上一层(即 tom 的父目录)目录中去运行主类。假设 tom\jiefei 的上一层目录是 1000，那么，必须使用如下格式来运行：

```
C:\1000> java tom.jiafei.主类名
```

即运行时，必须写主类的全名。因为使用了包名，主类全名是："包名.主类名"（类似于大连的全名是："中国.辽宁.大连"）。

下面的例 4-12 中的 Student.java 和 Example4_12.java 使用了包语句。

例 4-12

Student.java

```
package tom.jiafei;
public class Student{
   int number;
   Student(int n){
      number=n;
   }
   void speak(){
      System.out.println("Student 类的包名是 tom.jiafei,我的学号: "+number);
   }
}
```

Example4_12.java

```
package tom.jiafei;
public class Example4_11 {
   public static void main(String args[]){
      Student stu=new Student(10201);
      stu.speak();
      System.out.println("主类的包名也是 tom.jiafei");
   }
}
```

由于 Example4_11.java 用到了同一包中的 Student 类，所以在编译 Example4_12.java 时，需在包的上一层目录使用 javac 来编译 Example4_12.java。以下说明怎样编译和运行例 4-12。

1. 编译

保存上述两个源文件保存到 c:\1000\tom\jiafei 中，然后进入到 tom\jiafei 的上一层目录 1000

中编译两个源文件：

```
C:\1000> javac tom\jiafei\Student.java
C:\1000> javac tom\jiafei\Example4_12.java
```

编译通过后，c:\1000\tom\jiafei 目录中就会有相应的字节码文件：Student.class 和 Example4_12.class。

也可以进入到 c:\1000\tom\jiafei 目录中，使用统配符“*”编译全部的源文件：

```
C:\1000\tom\jiafei>javac *.java
```

2. 运行

运行程序时必须到 tom\jiafei 的上一层目录 1000 中来运行，如：

```
C:\1000> java  tom.jiafei.Example4_11
```

例 4-12 的编译、运行效果如图 4.22 所示。

```
C:\1000\tom\jiafei>javac *.java

C:\1000\tom\jiafei>cd..

C:\1000\tom>cd..

C:\1000>java tom.jiafei.Example4_11
Student类的包名是tom.jiafei,我的学号：10201
主类的包名也是tom.jiafei
```

图 4.22　运行有包名的主类

包名的目的是用来有效地区分名字相同的类，那么就会涉及怎样区分包名。但要做到这一点似乎很困难，因为全世界有很多 Java 开发程序员，你无法知道他们用了哪些包名。因此，你可以根据你的项目的范围来决定你的包名，也许你需要在某个组织内部避免包名冲突。如果你的包需要在全世界是唯一的，Sun 公司建议大家使用自己所在公司的 Internet 域名倒置后做包名，如将域名“sina.com.cn”的倒置为“cn.com.sina”做包名。

注意

Java 语言不允许用户程序使用 java 作为包名的第一部分，如 java.bird 是非法的包名（发生运行异常）。

4.11　import 语句

一个类可能需要另一个类声明的对象作为自己的成员或方法中的局部变量，如果这两个类在同一个包中，当然没有问题，前面的许多例子中涉及的类都是无名包，只要存放在相同的目录中，它们就是在同一包中；对于包名相同的类，如前面的例 4-12，它们必然按着包名的结构存放在相应的目录中。但是，如果一个类想要使用的那个类和它不在一个包中，它怎样才能使用这样的类呢？这正是 import 语句要帮助完成的使命。以下详细讲解 import 语句。

4.11.1　引入类库中的类

用户编写的类肯定和类库中的类不在一个包中。如果用户需要类库中的类就必须使用 import 语句。

使用 import 语句可以引入包中的类。在编写源文件时，除了自己编写类外，经常需要使用 Java 提供的许多类，这些类可能在不同的包中。在学习 Java 语言时，使用已经存在的类，避免一切从头做起，这是面向对象编程的一个重要方面。

为了能使用 Java 提供给我们的类，可以使用 import 语句引入包中的类。在一个 Java 源程序中可以有多个 import 语句，它们必须写在 package 语句（假如有 package 语句的话）和源文件中类的定义之间。Java 为我们提供了大约 130 多个包（在后续章节中我们将需要一些重要包中的类），如：

java.lang	包含所有的基本语言类（见第 7 章，第 13 章）
javax.swing	包含抽象窗口工具集中的图形、文本、窗口 GUI 类（见第 15 章）
java.io	包含所有的输入输出类（见第 10 章）
java.until	包含实用类（见第 9 章，第 12 章）
java.sql	包含操作数据库的类（见第 11 章）
java.net	包含所有实现网络功能的类（见第 14 章）
java.applet	包含所有的实现 Java applet 的类（见第 16 章）

如果要引入一个包中的全部类，则可以用统配符号星号（*）来代替，如：

```
import java.util.*;
```

表示引入 java.util 包中所有的类，而

```
import java.until.Date;
```

只是引入 java.until 包中的 Date 类。

例如，如果用户编写一个程序，并想使用 java.util 中的 Date 类创建对象来显示本地的时间，那么就可以使用 import 语句引入 java.util 中的 Date 类。下面的例 4-13 中的 Example4_13.java 使用了 import 语句，运行效果如图 4.23 所示。

```
C:\ch4>java Example4_13
本地机器的时间:
Wed May 06 14:35:11 CST 2009
```

图 4.23　引入类库中的类

例 4-13

Example4_13.java

```
import java.util.Date;
public class Example4_12 {
   public static void main(String args[]) {
      Date date=new Date();
      System.out.println("本地机器的时间:");
      System.out.println(date);
   }
}
```

① java.lang 包是 Java 语言的核心类库，它包含了运行 Java 程序必不可少的系统类，系统自动为程序引入 java.lang 包中的类（如 System 类，Math 类等），因此不需要再使用 import 语句引入该包中的类。

② 如果使用 import 语句引入了整个包中的类，那么可能会增加编译时间。但绝对不会影响程序运行的性能，因为当程序执行时，只是将你真正使用的类的字节码文件加载到内存。

4.11.2　引入自定义包中的类

用户程序也可以使用 import 语句引入非类库中有包名的类，如：

```
import tom.jiafei.*;
```

用户为了能使自己的程序使用 tom.jiafei 包中的类，可以在 classpath 中指明 tom.jiafei 包的位置，假设包 tom.jafei 的位置是 C:\1000，即包名为 tom.jafei 的类的字节码存放在 C:\1000\tom\jiafei 目录中。用户可以更新 classpath 的设置，如在命令行执行如下命令：

```
set classpath=c:\jdk1.6\jre\lib\rt.jar;.;c:\1000
```

其中的“C:\1000”就表示可以加载 C:\1000 目录中的无名包类，而且 C:\1000 目录下的子孙目录可以作为包的名字来使用。也可以将上述命令添加到 classpath 值中。对于 Windows2000，用鼠标右键单击“我的电脑”，弹出菜单，然后选择属性，弹出“系统特性”对话框，再单击该对话框中的高级选项，然后单击按钮“环境变量”。

如果用户不希望更新 classpath 的值，一个简单、常用的办法是，在用户程序所在目录下建立和包相对应的子目录结构，如用户程序中某个类所在目录是 C:\ch4，该类想使用 import 语句 tom.jiafei 包中的类，那么根据包名建立如下的目录结构：

```
C:\ch4\tom\jiafei
```

那么，就不必去修改 classpath 的值，因为默认的 classpath 的值是：

```
C:\jdk1.6\jre\lib\rt.jar;.;
```

其中的“. ;”就表示指可以加载应用程序当前目录中的无名包类，而且当前目录下的子孙目录可以作为包的名字来使用。

编写一个有价值的类是令人高兴的事情，可以将这样的类打包(自定义包)，形成有价值的“软件产品”，供其他软件开发者使用。

下面的例 4-14 中的 Triangle.java 含有一个 Triangle 类，该类可以创建“三角形”对象，一个需要三角形的用户，可以使用 import 语句引用 Triangle 类。将例 4-14 中的 Triangle.java 源文件保存到 C:\ch4\tom\jiafei 中，并编译通过，以便使得 ch4 目录下的类能使用 import 语句引入 Triangle 类。

例 4-14

Triangle.java

```
package tom.jiafei;
public class Triangle {
   double sideA,sideB,sideC;
   boolean isTriange;
   public Triangle(double a,double b,double c) {
      sideA=a;
      sideB=b;
      sideC=c;
      if(a+b>c&&a+c>b&&c+b>a) {
         isTriange=true;
      }
      else {
         isTriange=false;
      }
   }
   public void 计算面积() {
      if(isTriange) {
         double p=(sideA+sideB+sideC)/2.0;
         double area=Math.sqrt(p*(p-sideA)*(p-sideB)*(p-sideC)) ;
         System.out.println("是一个三角形,面积是:"+area);
      }
      else {
         System.out.println("不是一个三角形,不能计算面积");
      }
```

```
    }
    public void 修改三边(double a,double b,double c) {
      sideA=a;
      sideB=b;
      sideC=c;
      if(a+b>c&&a+c>b&&c+b>a) {
        isTriange=true;
      }
      else {
        isTriange=false;
      }
    }
}
```

下面例 4-15 中的 Example4_15.java 中的主类（无包名）使用 import 语句引如 tom.jiafei 包中的 Triangle 类，以便创建三角形，并计算三角形的面积。将 Example4_15.java 保存在 C:\ch4 目录中（因为 ch4 下有 tom\jiafei 子目录）。程序运行效果如图 4.24 所示。

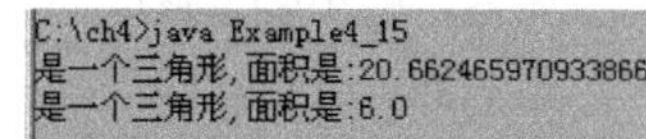

图 4.24　引入自定义包中的类

例 4-15

Example4_15.java

```
import tom.jiafei.Triangle;
public class Example4_14 {
    public static void main(String args[]) {
        Triangle tri=new Triangle(67,10);
        tri.计算面积();
        tri.修改三边(3,4,5);
        tri.计算面积();
    }
}
```

4.11.3　使用无包名的类

之前，我们在源文件中一直没有使用包语句，因此各个源文件得到的类都没有包名。如果一个源文件中的类想使用无名包中的类，只要将这个无包名的类的字节码和当前类保存在同一目录中即可（之前章节的许多例子都是这样做的）。

下面的例 4-16 涉及两个源文件，A.java 和 Example4_16.java。A.java 省略了包语句，Example4_16.java 和 A.java 存放在同一目录中。首先编译 A.java，然后编译、运行 Example4_16.java。

例 4-16

A.java

```
public class A {
 public void hello() {
      System.out.println("Hello");
   }
}
```

Example4_16.java

```
public class Example4_16 {
   public static void main(String args[]) {
        A a=new A();
```

```
            a.hello();
        }
    }
```

4.11.4　避免类名混淆

当我们在一个源文件使用一个类时，只要不引起混淆，就可以省略该类的包名。但在某些特殊情况下就不能省略包名。

1. 区分无包名和有包名的类

如果一个源文件使用了一个无名包中的 A 类，同时又用 import 语句引入了某个有包名的同名的类，如 tom.jiafei 中的 A 类，就可能引起类名的混淆。

如果源文件明确地引入了该类，如：

```
import tom.jiafei.A;
```

当使用 A 类时，如果省略包名，那么源文件使用的是 tom.jiafei 包中的 A 类，也就是说源文件将无法使用无名包中的 A 类。如果想同时使用 tom.jiafei 包中的 A 类和无名包中的 A 类，就不能省略包名。例如：

```
A a1=new A();
tom.jiafei.A a2=new tom.jiafei.A();
```

那么，a1 是无包名 A 类创建的对象；a2 是 tom.jiafei 包中的 A 类创建的对象。

如果源文件使用通配符*引入了包中全部的类：

```
import tom.jiafei.*;
```

当使用 A 类时，如果省略包名，那么源文件使用的是无名包中的 A 类，也就是说源文件将无法使用 tom.jiafei 中的 A 类。如果想同时使用 tom.jiafei 包中的 A 类和无名包中的 A 类，就不能省略包名。例如：

```
A a1=new A();
tom.jiafei.A a2=new tom.jiafei.A();
```

那么，a1 是无包名 A 类创建的对象；a2 是 tom.jiafei 包中的 A 类创建的对象。

2. 区分有包名的类

如果一个源文件引入了两个包中同名的类，那么在使用该类时，不允许省略包名，例如，引入了 tom.jiafei 包中的 A 类和 sun.com 包中的 A 类，那么程序在使用 A 类时必须要写全名：

```
tom.jiafei.A  bird=new tom.jiafei.A();
sun.com.A  goat=new sun.com.A();
```

4.12　访 问 权 限

我们已经知道：当用一个类创建了一个对象之后，该对象可以通过“.”运算符操作自己的变量，使用类中的方法，但对象操作自己的变量和使用类中的方法是有一定限制的。

4.12.1　何谓访问权限

所谓访问权限是指对象是否可以通过“.”运算符操作自己的变量或通过“.”运算符使用类中

的方法。访问限制修饰符有 private、protected 和 public，都是 Java 的关键字，用来修饰成员变量或方法。下面来说明这些修饰符的具体作用。

需要特别注意的是，在编写类的时候，类中的实例方法总是可以操作该类中的实例变量和类变量；类方法总是可以操作该类中的类变量，与访问限制符没有关系。

4.12.2 私有变量和私有方法

用关键字 private 修饰的成员变量和方法称为私有变量和私有方法。如：

```
class Tom {
   private float weight;                         //weight 是 private 的 float 型变量
   private float f(float a,float b) {            //方法 f 是 private 方法
      return a+b;
   }
}
```

当在另外一个类中用类 Tom 创建了一个对象后，该对象不能访问自己的私有变量和私有方法。如：

```
class Jerry {
   void g() {
      Tom cat=new Tom();
      cat.weight=23f;                            //非法
      float sum=cat.f(3,4);                      //非法
   }
}
```

如果 Tom 类中的某个成员是私有类变量（静态成员变量），那么在另外一个类中，也不能通过类名 Tom 来操作这个私有类变量。如果 Tom 类中的某个方法是私有的类方法，那么在另外一个类中，也不能通过类名 Tom 来调用这个私有的类方法。

当我们用某个类在另外一个类中创建对象后，如果不希望该对象直接访问自己的变量，即通过“.”运算符来操作自己的成员变量，就应当将该成员变量访问权限设置为 private。面向对象编程提倡对象应当调用方法来改变自己的属性，类应当提供操作数据的方法，这些方法可以经过精心的设计，使得对数据的操作更加合理，如下面的例 4-17 所示。

例 4-17

Yuan.java

```
public class Yuan {
   private double radius;
   public void setRadius(double r) {
      if(r>=0) {
         radius=r;
      }
   }
   public double getRadius() {
      return radius;
   }
   double getArea() {
      return 3.14*radius*radius;
   }
}
```

Example4_17.java

```
public class Example4_17 {
   public static void main(String args[]) {
      Yuan circle=new Yuan();
      circle.setRadius(123);
      System.out.println("circle 的半径："+circle.getRadius());
      //circle.radius=-523;是非法的，因为 circle 不在 Student 类中
      circle.setRadius(-523);
      System.out.println("circle 的半径："+circle.getRadius());
   }
}
```

4.12.3　共有变量和共有方法

用 public 修饰的成员变量和方法被称为共有变量和共有方法，如：

```
class Tom {
   public float weight;                      //weight 是 public 的 float 型变量
   public float f(float a,float b) {         //方法 f 是 public 方法
       return a+b;
   }
}
```

当我们在任何一个类中用类 Tom 创建了一个对象后，该对象能访问自己的 public 变量和类中的 public 方法。如：

```
class Jerry {
  void g() {
      Tom cat=new Tom();
       cat.weight=23f;                       //合法
       float sum=cat.f(3,4);                 //合法
   }
}
```

如果 Tom 类中的某个成员是 public 类变量，那么在另外一个类中，也可以通过类名 Tom 来操作 Tom 的这个成员变量。如果 Tom 类中的某个方法是 public 类方法，那么我们在另外一个类中，也可以通过类名 Tom 来调用 Tom 类中的这个 public 类方法。

4.12.4　友好变量和友好方法

不用 private、public 、protected 修饰的成员变量和方法被称为友好变量和友好方法，如：

```
class Tom {
      float weight;                          //weight 是友好的 float 型变量
      float f(float a,float b) {             //方法 f 是友好方法
        return a+b;
    }
}
```

当在另外一个类中用类 Tom 创建了一个对象后，如果这个类与 Tom 类在同一个包中，那么该对象能访问自己的友好变量和友好方法。在任何一个与 Tom 同一包中的类中，也可以通过 Tom 类的类名访问 Tom 类的类友好成员变量和类友好方法。

假如 Jerry 与 Tom 是同一个包中的类，那么，下述 Jerry 类中的 cat.weight、cat.f(3,4)都是合法的。例如：

```
class Jerry {
   void g() {
        Tom cat=new Tom();
        cat.weight=23f;                              //合法
        float sum=cat.f(3,4);                        //合法
    }
}
```

在源文件中编写命名的类总是在同一包中的。如果源文件使用 import 语句引入了另外一个包中的类，并用该类创建了一个对象，那么该类的这个对象将不能访问自己的友好变量和友好方法。

4.12.5 受保护的成员变量和方法

用 protected 修饰的成员变量和方法被称为受保护的成员变量和受保护的方法，如：

```
class Tom {
      protected  float weight;                       //weight 是 protected 的 float 型变量
      protected float f(float a,float b) {           //方法 f 是 protected 方法
         return a+b;
      }
}
```

当在另外一个类中用类 Tom 创建了一个对象后，如果这个类与类 Tom 在同一个包中，那么该对象能访问自己的 protected 变量和 protected 方法。在任何一个与 Tom 同一包中的类中，也可以通过 Tom 类的类名访问 Tom 类的 protected 类变量和 protected 类方法。

假如 Jerry 与 Tom 是同一个包中的类，那么，Jerry 类中的 cat.weight、cat.f(3,4)都是合法的。例如：

```
class Jerry {
   void g() {
        Tom cat=new Tom();
        cat.weight=23f;                              //合法
        float sum=cat.f(3,4);                        //合法
    }
}
```

在后面讲述子类时，将讲述“受保护（protected）”和“友好”之间的区别。

4.12.6 public 类与友好类

类声明时，如果在关键字 class 前面加上 public 关键字，就称这样的类是一个 public 类，如：

```
public class A
{ …
}
```

可以在另外一个类中，使用 public 类创建对象。如果一个类不加 public 修饰，如：

```
class A
{…
}
```

这样的类被称作友好类，那么另外一个类中使用友好类创建对象时，要保证它们是在同一包中。

① 不能用 protected 和 private 修饰类。

② 访问限制修饰符按访问权限从高到低的排列顺序是：public、protected、友好的、private。

4.13 基本类型的类包装

Java 的基本数据类型包括：byte、int、short、long、float、double、char。Java 同时也提供了基本数据类型相关的类，实现了对基本数据类型的封装。这些类在 java.lang 包中，分别是 Byte、Integer、Short、Long、Float、Double 和 Character 类。

4.13.1 Double 和 Float 类

Double 类和 Float 类实现了对 double 和 float 基本型数据的类包装。

可以使用 Double 类的构造方法：

```
Double(double num)
```

创建一个 Double 类型的对象；使用 Float 类的构造方法：

```
Float(float num)
```

创建一个 Float 类型的对象。Double 对象调用 doubleValue()方法可以返回该对象含有的 double 型数据；Float 对象调用 floatValue()方法可以返回该对象含有的 float 型数据。

4.13.2 Byte、Short、Integer、Long 类

下述构造方法分别可以创建 Byte、Integer、Short 和 Long 类型的对象：

```
Byte(byte num)
Short(short num)
Integer(int num)
Long(long num)
```

Byte、Short、Integer 和 Long 对象分别调用 byteValue ()、shortValue()、intValue()和 longValue ()方法返回该对象含有的基本型数据。

4.13.3 Character 类

Character 类实现了对 char 基本型数据的类包装。

可以使用 Character 类的构造方法：

```
Character(char c)
```

创建一个 Character 类型的对象。Character 对象调用 charValue()方法可以返回该对象含有的 char 型数据。

4.14 反编译和文档生成器

4.14.1 javap 反编译

使用 JDK 提供的反编译器 javap.exe 可以将字节码反编译为源码，查看源码类中的 public 方法名字和 public 成员变量的名字。例如：

```
javap java.util.Date
```

将列出 Date 中的 public 方法和 public 成员变量。下列命令

```
javap-privae javax.swing.JButton
```

将列出 JButton 中的全部方法和成员变量。

4.14.2 javadoc 制作文档

使用 JDK 提供的 javadoc.exe 可以制做源文件的 html 格式文档。

假设 D:\test 有源文件 Example.java，用 javadoc 生成 Example.java 的 html 格式文挡：

```
javadoc Example.java
```

这时在文件夹 test 中将生成若干个 html 文挡,查看这些文档可以知道源文件中类的组成结构，如类中的方法和成员变量。

使用 javadoc 时，也可以使用参数-d 指定生成文挡所在的目录。例如：

```
javadoc  -d  C:\document  Example.java
```

4.15 上机实践

4.15.1 实验 1 用类描述坦克

1. 实验目的

类是 Java 中最重要的数据类型。类的目的是抽象出一类事物的共有属性和行为，即抽象出数据以及在数据上所进行的操作。类的类体由两部分组成：变量的声明和方法的定义，其中的构造方法（方法名与类名相同，无类型）用于创建对象，其他的方法供该类创建的对象调用。

本实验的目的是让学生使用类来封装对象的属性和行为。

2. 实验要求

编写一个 Java 应用程序，该程序中有两个类：Tank（用于刻画坦克）和 Fight（主类）。具体要求如下。

（1）Tank 类有一个 double 类型的变量 speed，用于刻画坦克的速度，一个 int 型变量 bulletAmount，用于刻画坦克的炮弹数量。在 Tank 类中定义 speedUp()和 speedDown()方法，用于体现坦克有加速、减速行为，定义 setBulletAmount(int p)方法，用于设置坦克炮弹的数量，定义 fire()方法，体现坦克有开炮行为。

（2）在主类 Fight 的 main 方法中用 Tank 类创建两辆坦克，并让坦克调用方法设置炮弹的数量，显示坦克的加速、减速和开炮等行为。

程序运行参考效果如图 4.25 所示。

```
tank1的炮弹数量：10
tank2的炮弹数量：10
tank1目前的速度：80.0
tank2目前的速度：90.0
tank1目前的速度：65.0
tank2目前的速度：60.0
tank1开火：
打出一发炮弹
tank2开火：
打出一发炮弹
打出一发炮弹
tank1的炮弹数量：9
tank2的炮弹数量：8
```

图 4.25 Tank 类创建对象

3. 程序模板

请按模板要求，将【代码】替换为 Java 程序代码。

Tank.java

```
public class Tank {
    【代码 1】//声明 double 型变量 speed,刻画速度
    【代码 2】//声明 int 型变量 bulletAmount,刻画炮弹数量
    void speedUp(int s) {
        【代码 3】   //将 s+speed 赋值给 speed
    }
    void speedDown(int d) {
        if(speed-d>=0)
            【代码 4】  //将 speed-d 赋值给 speed
        lse
          speed = 0;
    }
    void setBulletAmount(int m) {
        bulletAmount = m;
    }
    int getBulletAmount() {
        return bulletAmount;
    }
    double getSpeed() {
        return speed;
    }
    void fire() {
        if(bulletAmount>=1){
            【代码 5】  //将 bulletAmount-1 赋值给 bulletAmount
            System.out.println("打出一发炮弹");
        }
        else {
            System.out.println("没有炮弹了,无法开火");
        }
    }
}
```

Fight.java

```
public class Fight {
    public static void main(String args[]) {
        Tank tank1,tank2;
        tank1 = new Tank();
        tank2 = new Tank();
        tank1.setBulletAmount(10);
        tank2.setBulletAmount(10);
        System.out.println("tank1 的炮弹数量: "+tank1.getBulletAmount());
        System.out.println("tank2 的炮弹数量: "+tank2.getBulletAmount());
        tank1.speedUp(80);
        tank2.speedUp(90);
        System.out.println("tank1 目前的速度: "+tank1.getSpeed());
        System.out.println("tank2 目前的速度: "+tank2.getSpeed());
```

```
            tank1.speedDown(15);
            tank2.speedDown(30);
            System.out.println("tank1 目前的速度："+tank1.getSpeed());
            System.out.println("tank2 目前的速度："+tank2.getSpeed());
            System.out.println("tank1 开火：");
            tank1.fire();
            System.out.println("tank2 开火：");
            tank2.fire();
            tank2.fire();
            System.out.println("tank1 的炮弹数量："+tank1.getBulletAmount());
            System.out.println("tank2 的炮弹数量："+tank2.getBulletAmount());
        }
    }
```

4. 实验指导

创建一个对象时，成员变量被分配内存空间，这些内存空间称为该对象的实体或变量，而对象中存放着引用，以确保这些变量由该对象操作使用。需要注意的是，没有被创建的对象是空对象，不能让一个空对象去调用方法产生行为。假如程序中使用了空对象，在运行时会出现异常：NullPointerException。对象是动态地分配实体的，Java 的编译器对空对象不做检查。因此，在编写程序时要避免使用空对象。

5. 实验后的练习

改进 Tank 类中的 speedUP 方法，使得 Tank 类的对象加速时 speed 值不能超过 220。在 Tank 类中增加一个刹车方法：void brake()，Tank 类的对象调用它能将 speed 的值变成 0。

4.15.2 实验 2 学校与教师

1. 实验目的

类的成员变量可以是某个类的对象，如果用这样的类创建对象，那么该对象中就会有其他对象，也就是说该类的对象将其他对象作为自己的组成部分，这就是人们常说的 Has-A。一个对象 a 通过组合对象 b 来复用对象 b 的方法，即对象 a 委托对象 b 调用其方法。当前对象随时可以更换所组合的对象，使得当前对象与所组合的对象是弱耦合关系。本实验的目的是让学生掌握对象的组合以及参数传递。

2. 实验要求

编写一个 Java 应用程序，模拟学校和教师的关系，即学校将教师作为自己的一个成员变量。具体要求如下。

（1）有三个源文件：School.java、Teacher.java 和 MainClass.java，其中 Teacher.java 中的 Teacher 类负责创建“教师”对象。School.java 中的 School 类负责创建“学校”对象,School 有类型是 Teacher、名字是 mathTeacher 和 musicTeacher 的成员变量。School 用类中的 void setTeacher(Teacher t1,Teacher t2)方法将参数 t1 和 t2 的值赋值给 mathTeacher 和 musicTeacher。MainClass.java 中含有主类。

（2）在主类 MainClass 的 main 方法中首先使用 Teacher 类创建 2 个对象：zhang 和 wang，然后使用 School 类创建一个"实验中学"对象，"实验中学" 对象调用 setTeacher(Teacher t1,Teacher t2)方法将 zhang 和 wang 的引用传递给"实验中学" 对象的 mathTeacher 和 musicTeacher。

```
课程的内容是二次方程
课程的内容是学唱五线谱
```

图 4.26 学校与教师

程序运行参考效果如图 4.26 所示。

3. 程序模板

请按模板要求，将【代码】替换为 Java 程序代码。

Teacher.java

```
public class Teacher {
   int teacherType;
   public void speak() {
      if(teacherType ==1 ) {
        System.out.println("课程的内容是二次方程");
      }
      else if(teacherType ==2 ) {
        System.out.println("课程的内容是学唱五线谱");
      }
   }
}
```

School.java

```
public class School {
    Teacher mathTeacher,musicTeacher;
    void setTeacher(Teacher t1,Teacher t2) {
       mathTeacher = t1;
       musicTeacher = t2;
    }
    void startMathLesson() {
       mathTeacher.speak();
    }
    void startMusicLesson() {
       musicTeacher.speak();
    }
}
```

MainClass.java

```
public class MainClass {
   public static void main(String args[]) {
      【代码1】        //用 Teacher 类声明名字是 zhang 和 wang 的对象
      【代码2】        //创建 zhang
      wang = new Teacher();
      zhang.teacherType=1;
      wang.teacherType=2;
      School 实验中学 = new School();
      【代码3】//实验中学调用 setTeacher(Teacher t1,Teacher t2)方法将 zhang 和 wang 值传
               递给参数 t1 和 t2。
      实验中学.startMathLesson();
      实验中学.startMusicLesson();
   }
}
```

4. 实验指导

通过组合对象来复用方法也称“黑盒”复用，因为当前对象只能委托所包含的对象调用其方法，这样一来，当前对象对所包含的对象的方法的细节是一无所知的。

5. 实验后的练习

将主类中的代码：

实验中学.startMathLesson();

放到【代码 3】之前可以吗?

4.15.3 实验 3 共同的森林

1. 实验目的

类变量是与类相关联的数据变量，而实例变量是仅仅和对象相关联的数据变量。不同对象的实例变量将被分配不同的内存空间，如果类中有类变量，那么所有对象的这个类变量都分配给相同的一处内存，改变其中一个对象的这个类变量会影响其他对象的这个类变量。也就是说，对象共享类变量。类中的方法可以操作成员变量，当对象调用方法时，方法中出现的成员变量就是指分配给该对象的变量，方法中出现的类变量也是该对象的变量，只不过这个变量和所有的其他对象共享而已。实例方法可操作实例成员变量和静态成员变量，静态方法只能操作静态成员变量。

本实验的目的是让学生掌握类变量与实例变量，以及类方法与实例方法的区别。

2. 实验要求

编写程序模拟两个村庄共同拥有一片森林。编写一个 Village 类，该类有一个静态的 int 型成员变量 treeAmount 用于模拟森林中树木的数量。在主类 MainClass 的 main 方法中创建两个村庄，一个村庄改变了 treeAmount 的值，另一个村庄查看 treeAmount 的值。程序运行参考效果如图 4.27 所示。

```
森林中有 200 颗树
赵庄植树50颗
森林中有 250 颗树
马家河子伐树70颗
森林中有 180 颗树
赵庄的人口:100
赵庄增加了12人
赵庄的人口:112
马家河子的人口:150
马家河子增加了10人
马家河子的人口:160
```

图 4.27 村庄共享森林

3. 程序模板

请按模板要求，将【代码】替换为 Java 程序代码。

Village.java

```
class Village {
      static int treeAmount;          //模拟森林中树木的数量
      int peopleNumber;               //村庄的人数
      String name;                    //村庄的名字
      Village(String s) {
           name = s;
      }
      void treePlanting(int n){
           treeAmount = treeAmount+n;
           System.out.println(name+"植树"+n+"颗");
      }
      void  fellTree(int n){
           if(treeAmount-n>=0){
                treeAmount = treeAmount-n;
                System.out.println(name+"伐树"+n+"颗");
           }
           else {
               System.out.println("无树木可伐");
           }
      }
      static int lookTreeAmount() {
           return treeAmount;
      }
```

```
        void addPeopleNumber(int n) {
             peopleNumber = peopleNumber+n;
             System.out.println(name+"增加了"+n+"人");
        }
}
```

MainClass.java

```
public class MainClass {
   public static void main(String args[]) {
      Village zhaoZhuang,maJiaHeZhi;
      zhaoZhuang = new Village("赵庄");
      maJiaHeZhi = new Village("马家河子");
      zhaoZhuang.peopleNumber=100;
      maJiaHeZhi.peopleNumber=150;
      【代码 1】 //用类名 Village 访问 treeAmount,并赋值 200
      int leftTree =Village.treeAmount;
      System.out.println("森林中有 "+leftTree+" 颗树");
     【代码 2】//zhaoZhuang 调用 treePlanting(int n),并向参数传值 50
      leftTree =【代码 3】//maJiaHeZhi 调用 lookTreeAmount()方法得到树木的数量
      System.out.println("森林中有 "+leftTree+" 颗树");
      【代码 4】maJiaHeZhi 调用 fellTree(int n),并向参数传值 70
      leftTree = Village.lookTreeAmount();
      System.out.println("森林中有 "+leftTree+" 颗树");
      System.out.println("赵庄的人口:"+zhaoZhuang.peopleNumber);
      zhaoZhuang.addPeopleNumber(12);
      System.out.println("赵庄的人口:"+zhaoZhuang.peopleNumber);
      System.out.println("马家河子的人口:"+maJiaHeZhi.peopleNumber);
      maJiaHeZhi.addPeopleNumber(10);
      System.out.println("马家河子的人口:"+maJiaHeZhi.peopleNumber);
   }
}
```

4. 实验指导

对象共享类变量，在【代码 1】之前已经有了 zhaoZhuang 对象，这个时候，【代码 1】用 Village.treeAmount=200;或 zhaoZhuang.treeAmount=200;替换都是正确的。

5. 实验后的练习

【代码 2】是否可以写成 Village.treePlanting(50);

习 题 4

1. 类中的实例变量在什么时候会被分配内存空间?
2. 什么叫方法的重载? 构造方法可以重载吗?
3. 类中的实例方法可以操作类变量（static 变量）吗? 类方法（static 方法）可以操作实例变量吗?
4. 类中的实例方法可以用类名直接调用吗?
5. 简述类变量和实例变量的区别。
6. 下列哪些类声明是错误的?

A. class A　　B. public class A

C. protected class A　　D. private class A

7. 下列 A 类的类体中，【代码 1】~【代码 5】哪些是错误的？

```
class Tom {
  private int x=120;
  protected int y=20;
  int z=11;
  private void f() {
     x=200;
     System.out.println(x);
  }
  void g() {
    x=200;
    System.out.println(x);
  }
}
public class A {
   public static void main(String args[]) {
      Tom tom=new Tom();
       tom.x=22;   //【代码 1】
       tom.y=33;   //【代码 2】
       tom.z=55;   //【代码 3】
       tom.f();    //【代码 4】
       tom.g();    //【代码 5】
   }
}
```

8. 请说出 A 类中 System.out.println 的输出结果。

```
class B
{  int x=100,y=200;
   public void setX(int x)
   {  x=x;
   }
   public void setY(int y)
   { this.y=y;
   }
   public int getXYSum()
   { return x+y;
   }
}
public class A
{  public static void main(String args[])
   {  B b=new B();
      b.setX(-100);
      b.setY(-200);
      System.out.println("sum="+b.getXYSum());
   }
}
```

9. 请说出 A 类中 System.out.println 的输出结果。

```
class B {
  int n;
   static int sum=0;
```

```
    void setN(int n) {
      this.n=n;
    }
    int getSum() {
      for(int i=1;i<=n;i++)
         sum=sum+i;
       return sum;
    }
}
public class A {
   public static void main(String args[]) {
      B b1=new B(),b2=new B();
      b1.setN(3);
      b2.setN(5);
      int s1=b1.getSum();
      int s2=b2.getSum();
      System.out.println(s1+s2);
   }
}
```

10. 请说出 E 类中 System.out.println 的输出结果。

```
class A {
  int f(int x,byte y) {
    return x+y;
  }
  int f(int x,int y) {
     return x*y;
  }
}
public class E {
   public static void main(String args[]) {
       A a=new A();
       System.out.println("**"+a.f(10,(byte)10));
       System.out.println("##"+a.f(10,10));
  }
}
```

第 5 章 子类与继承

主要内容

- 子类与父类
- 子类的继承性
- 子类对象的特点
- 成员变量的隐藏和方法重写
- super 关键字
- final 关键字
- 对象的上转型对象
- 继承与多态
- abstract 类与 abstract 方法
- 面向抽象编程
- 开-闭原则

难点

- 成员变量的隐藏和方法重写
- 开-闭原则

在第 4 章学习了怎样从抽象得到类，体现了面向对象最重要的一个方面，数据的封装。本章将讲述面向对象另外两方面的重要内容，继承与多态。

5.1 子类与父类

在生活中我们向别人介绍一个大学生的基本情况时可能不想从头说起，如介绍大学生所具有的人的属性等，因为人们已经知道大学生肯定是一个人，已经具有了人的属性，我们只要介绍大学生独有的属性就可以了。

当我们准备编写一个类的时候，发现某个类已经有了我们所需要的成员变量和方法，假如我们想复用这个类中的成员变量和方法，即在所编写的类中不用声明成员变量就相当于有了这个成员变量，不用定义方法就相当于有了这个方法，那么我们可以将编写的类声明为这个类的子类。

在类的声明中，通过使用关键字 extends 来声明一个类的子类，格式如下：

```
class 子类名 extends 父类名 {
    …
}
```

例如：

```
class Student extends People {
    …
}
```

把 Student 类声明为 People 类的子类，People 类是 Student 类的父类。

如果一个类的声明中没有使用 extends 关键字，这个类被系统默认为是 Object 的子类。Object 是 java.lang 包中的类。

5.2　子类的继承性

当编写一个子类时可以声明成员变量和方法，但有一些成员不用声明就相当于声明了一样，有一些方法不用声明就相当于声明了一样，那么这些成员变量和方法正是从父类继承来的。那么，什么叫继承呢？所谓子类继承父类的成员变量作为自己的一个成员变量，就好像它们是在子类中直接声明一样，可以被子类中自己定义的任何实例方法操作，所谓子类继承父类的方法作为子类中的一个方法，就像它们是在子类中直接定义了一样，可以被子类中自己定义的任何实例方法调用。也就是说，如果子类中定义的实例方法不能操作父类的某个成员变量或方法，那么该成员变量或方法就没有被子类继承。

子类不仅可以从父类继承成员变量和方法，而且根据需要还可以声明它自己的新成员变量、定义新的方法。

5.2.1　子类和父类在同一包中的继承性

在第 4 章的 4.11 节曾学习了访问限制修饰符，访问限制修饰符不仅限制了对象对自己成员变量的操作和方法的调用，也限制了继承性。当子类和父类在同一个包中时，父类中的 private 访问权限的成员变量不会被子类继承，也就是说，子类继承父类中的除 private 访问权限以外的其他成员变量作为子类的成员变量；同样，子类继承父类中的除 private 访问权限以外的其他方法作为子类的方法。

下面的例 5-1 中有 4 个类：People，Student.java，UniverStudent.java 和 Example5_1，这些类都没有包名（需要分别打开文本编辑器编写、保存这些类的源文件，如保存到 C:\ch5 目录中），其中，UniverStudent 类是 Student 的子类，Student 是 People 的子类。程序运行效果如图 5.1 所示。

```
C:\ch5>java Example5_1
我的体重和身高:73.80kg,177.00cm
我的学号是:100101
zhang会做加减：12+18=30 12-18=-6
我的体重和身高:67.90kg,170.00cm
我的学号是:6609
geng会做加减乘除：12+18=30        12-18=-6        12×18=216        12÷18=0.666667
```

图 5.1　子类的继承性

例 5-1

People.java

```
    public class People {
```

```
    double height=170,weight=67.9;
    protected void tellHeightAndWeight() {
      System.out.printf("我的体重和身高:%2.2fkg,%2.2fcm\n",weight,height);
    }
}
```

Student.java

```
public class Student extends People {
  int number;
  void tellNumber() {
     System.out.println("我的学号是:"+number);
  }
  int add(int x,int y) {
     return x+y;
  }
  int sub(int x,int y) {
     return x-y;
  }
}
```

UniverStudent.java

```
public class UniverStudent extends Student {
  int multi(int x,int y) {
     return x*y;
  }
  double div(double x,double y) {
     return x/y;
  }
}
```

Example5_1.java

```
public class Example5_1 {
  public static void main(String args[]) {
     int x=12,y=18;
     Student zhang = new Student();
     zhang.weight=73.8;
     zhang.height=177;
     zhang.number=100101;
     zhang.tellHeightAndWeight();
     zhang.tellNumber();
     System.out.print("zhang 会做加减: ");
     int result=zhang.add(x,y);
     System.out.printf("%d+%d=%d\t",x,y,result);
     result=zhang.sub(x,y);
     System.out.printf("%d-%d=%d\n",x,y,result);
     UniverStudent geng = new UniverStudent();
     geng.number=6609;
     geng.tellHeightAndWeight();
     geng.tellNumber();
     System.out.print("geng 会做加减乘除: ");
     result=geng.add(x,y);
     System.out.printf("%d+%d=%d\t",x,y,result);
     result=geng.sub(x,y);
     System.out.printf("%d-%d=%d\t",x,y,result);
     result=geng.multi(x,y);
     System.out.printf("%d×%d=%d\t",x,y,result);
     double re=geng.div(x,y);
     System.out.printf("%d÷%d=%f\n",x,y,re);
  }
}
```

5.2.2　子类和父类不在同一包中的继承性

当子类和父类不在同一个包中时，父类中的 private 和友好访问权限的成员变量不会被子类继承，也就是说，子类只继承父类中的 protected 和 public 访问权限的成员变量作为子类的成员变量；同样，子类只继承父类中的 protected 和 public 访问权限的方法作为子类的方法。

5.2.3　protected 的进一步说明

一个类 A 中的 protected 成员变量和方法可以被它的直接子类和间接子类继承，如 B 是 A 的子类，C 是 B 的子类，D 又是 C 的子类，那么 B、C 和 D 类都继承了 A 类的 protected 成员变量和方法。在没有讲述子类之前，我们曾对访问修饰符 protected 进行了讲解，现在需要对 protected 总结得更全面些。如果用 D 类在 D 中创建了一个对象，那么该对象总是可以通过"."运算符访问继承的或自己定义的 protected 变量和 protected 方法的，但是，如果在另外一个类中，如在 Other 类中用 D 类创建了一个对象 object，该对象通过"."运算符访问 protected 变量和 protected 方法的权限如下列（1）、（2）所述。

（1）对于子类 D 中声明的 protected 成员变量和方法，如果 object 要访问这些 protected 成员变量和方法，只要 Other 类和 D 类在同一个包中就可以了。

（2）如果子类 D 的对象的 protected 成员变量或 protected 方法是从父类继承的，那么就要一直追溯到该 protected 成员变量或方法的"祖先"类，即 A 类，如果 Other 类和 A 类在同一个包中，那么 object 对象能访问继承的 protected 变量和 protected 方法。

5.2.4　继承关系（Generalization）的 UML 图

如果一个类是另一个类的子类，那么 UML 通过使用一个实线连接两个类的 UML 图来表示二者之间的继承关系，实线的起始端是子类的 UML 图，终点端是父类的 UML 图，但终点端使用一个空心的三角形表示实线的结束。

图 5.2 所示为例 5-1 中 People 类和 Student、UniverStudent 类之间的继承关系的 UML 图。

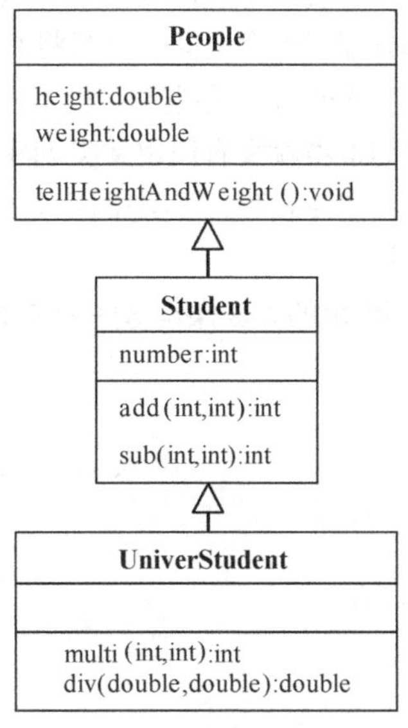

图 5.2　继承关系的 UML 图

5.2.5　关于 instanceof 运算符

在第 2 章曾简单提到 instanceof 运算符，但未做任何讨论，因为掌握该运算符号需要类和子类的知识。instanceof 运算符是 Java 独有的运算符号，在许多项目设计中都可能涉及使用该运算符。

instanceof 是双目运算符，其左面的操作元是对象，右面的操作元是类，当左面的操作元是右面的类或子类所创建的对象时，instanceof 运算的结果是 true，否则是 false。例如，对于例 5-1 中的 People、Student 和 UniverStudent 类，如果 zhang 和 zhaoqiang 分别是 Student 和 UniverStudent 创建的对象，那么

```
zhaoqiang instanceof People
zhaoqiang instanceof Student
zhang instanceof Student
zhang instanceof People
```

4 个表达式的结果都是 true，而

```
zhang instanceof UniverStudent;
```

表达式的结果是 false。

5.3　子类对象的特点

当用子类的构造方法创建一个子类的对象时，不仅子类中声明的成员变量被分配了内存，而且父类的成员变量也都分配了内存空间，但只将其中一部分（子类继承的那部分）作为分配给子类对象的变量。也就是说，父类中的 private 成员变量尽管分配了内存空间，也不作为子类对象的变量，即子类不继承父类的私有成员变量。同样，如果子类和父类不在同一包中，尽管父类的友好成员变量分配了内存空间，但也不作为子类的成员变量，即如果子类和父类不在同一包中，子类不继承父类的友好成员变量。

通过上面的讨论，我们有这样的感觉：子类创建对象时似乎浪费了一些内存，因为当用子类创建对象时，父类的成员变量也都分配了内存空间，但只将其中一部分作为分配给子类对象的变量，如父类中的 private 成员变量尽管分配了内存空间，也不作为子类对象的变量，当然，它们也不是父类某个对象的变量，因为我们根本就没有使用父类创建任何对象。这部分内存似乎成了垃圾一样，但实际情况并非如此，我们需注意到，子类中还有一部分方法是从父类继承的，这部分方法却可以操作这部分未继承的变量。

下面的例 5-2 中，子类对象调用继承的方法操作这些未被子类继承却分配了内存空间的变量。程序运行效果如图 5.3 所示。

```
C:\ch5>java Example5_2
子类对象未继承的x的值是:888
子类对象的实例变量y的值是:12.678
```

图 5.3　子类对象调用方法

例 5-2

A.java

```
public class A {
   private int x;
   public void setX(int x) {
     this.x=x;
   }
   public int getX() {
     return x;
```

```
        }
    }
```

B.java

```
    public class B extends A {
        double y=12;
        public void setY(int y)
        {   //this.y=y+x; 非法，子类没有继承 x
        }
        public double getY() {
           return y;
        }
    }
```

Example5_2.java

```
    public class Example5_2 {
      public static void main(String args[]) {
         B b=new B();
         b.setX(888);
         System.out.println("子类对象未继承的 x 的值是:"+b.getX());
         b.y=12.678;
         System.out.println("子类对象的实例变量 y 的值是:"+b.getY());
      }
    }
```

5.4 成员变量的隐藏和方法重写

5.4.1 成员变量的隐藏

在编写子类时，我们仍然可以声明成员变量，一种特殊的情况就是，如果所声明的成员变量的名字和从父类继承来的成员变量的名字相同（声明的类型可以不同），在这种情况下，子类就会隐藏掉所继承的成员变量，即子类对象以及子类自己声明定义的方法操作与父类同名的成员变量是指子类重新声明定义的这个成员变量。需要注意的是，子类对象仍然可以调用从父类继承的方法操作隐藏的成员变量。

假设一般货物按重量计算价格，但重量计算的精度是 double 型，对客户的优惠程度较小。打折货物决定重量不计小数，按整数值计算价格，给用户更多的优惠。

在下面的例 5-3 中，Goods 有一个名字为 weight 的 double 型成员变量，本来子类 CheapGoods 可以继承这个成员变量，但是子类 CheapGoods 又重新声明了一个 int 型的名字为 weight 的成员变量，这样就隐藏了继承的 double 型的名字为 weight 的成员变量。但是，子类对象可以调用从父类继承的方法操作隐藏的 double 型成员变量，按 double 型重量计算价格，子类新定义的方法将按 int 型重量计算价格。程序运行效果如图 5.4 所示。

例 5-3

Goods.java

```
    public class Goods {
       public double weight;
       public void oldSetWeight(double w) {
          weight=w;
          System.out.println("double 型的 weight="+weight);
```

```
        }
        public double oldGetPrice() {
            double price = weight*10;
            return price;
        }
    }
```

CheapGoods.java

```
    public class CheapGoods extends Goods {
        public int weight;
        public void newSetWeight(int w) {
           weight=w;
           System.out.println("int 型的 weight="+weight);
        }
        public double newGetPrice() {
            double price = weight*10;
            return price;
        }
    }
```

Example5_3.java

```
    public class Example5_3 {
      public static void main(String args[]) {
         CheapGoods cheapGoods=new CheapGoods();
         //cheapGoods.weight=198.98; 是非法的，因为子类对象的 weight 已经不是 int 型
         cheapGoods.newSetWeight(198);
         System.out.println("对象 cheapGoods 的 weight 的值是:"+cheapGoods.weight);
         System.out.println("cheapGoods 用子类新增的优惠方法计算价格："+
                                    cheapGoods.newGetPrice());
         cheapGoods.oldSetWeight(198.987); //子类对象调用继承的方法操作隐藏的 double 型变量
                                                    weight
         System.out.println("cheapGoods 使用继承的方法（无优惠）计算价格："+
                                     cheapGoods.oldGetPrice());
      }
    }
```

```
C:\ch5>java Example5_3
int型的weight=198
对象cheapGoods的weight的值是:198
cheapGoods用子类新增的优惠方法计算价格：1980.0
double型的weight=198.987
cheapGoods使用继承的方法（无优惠）计算价格：1989.87
```

图 5.4　子类隐藏继承的成员变量

5.4.2　方法重写（Override）

子类通过重写可以隐藏已继承的实例方法（方法重写也被称做方法覆盖）。

1. 重写的语法规则

如果子类可以继承父类的某个实例方法，那么子类就有权利重写这个方法。方法重写是指，子类中定义一个方法，这个方法的类型和父类的方法的类型一致或者是父类的方法的类型的子类型（所谓子类型是指，如果父类的方法的类型是“类”，那么允许子类的重写方法的类型是“子类”），并且这个方法的名字、参数个数、参数的类型和父类的方法完全相同。子类如此定义的方法称作子类重写的方法（不属于新增的方法）。

2. 重写的目的

子类通过方法的重写可以隐藏继承的方法，把父类的状态和行为改变为自身的状态和行为。如果父类的方法 f 可以被子类继承，子类就有权利重写 f，一旦子类重写了父类的方法 f，就隐藏了继承的方法 f，那么子类对象调用方法 f 时调用的一定是重写方法 f。重写方法既可以操作继承的成员变量、继承的方法，也可以操作子类新声明的成员变量、新定义的其他方法，但无法操作被子类隐藏的成员变量和方法。如果子类想使用被隐藏的方法或成员变量，必须使用关键字 super，我们将在 5.5 节讲述 super 的用法。

例如，高考入学考试课程为三门，每门满分为 100 分。在高考招生时，大学录取规则为录取最低分数线是 200 分，而重点大学重写录取规则录取最低分数线是 245 分。

在下面的例 5-4 中，ImportantUniversity 是 University 类的子类，子类重写了父类的方法 enterRule()，运行效果如图 5.5 所示。

```
C:\ch5>java Example5_4
考分206.5未达到重点大学最低录取线
考分255.0达到重点大学最低录取线
```

图 5.5　重写录取规则

例 5-4

University.java

```
public class University {
   void enterRule(double math,double english,double chinese) {
      double total=math+english+chinese;
      if(total>=200)
        System.out.println("考分"+total+"达到大学最低录取线");
      else
        System.out.println("考分"+total+"未达到大学最低录取线");
   }
}
```

ImportantUniversity.java

```
public class ImportantUniversity extends University{
   void enterRule(double math,double english,double chinese) {
      double total=math+english+chinese;
      if(total>=245)
        System.out.println("考分"+total+"达到重点大学最低录取线");
      else
        System.out.println("考分"+total+"未达到重点大学最低录取线");
   }
}
```

Example5_4.java

```
public class Example5_4 {
   public static void main(String args[]) {
      double math=64,english=76.5,chinese=66;
      ImportantUniversity univer = new  ImportantUniversity();
      univer.enterRule(math,english,chinese); //调用重写的方法
      math=89;
      english=80;
      chinese=86;
      univer = new  ImportantUniversity();
      univer.enterRule(math,english,chinese); //调用重写的方法
   }
}
```

下面我们再看一个简单的重写的例子，并就该例子讨论一些重写的注意事项。在下面的例 5-5 中，子类 B 重写了父类的 computer()方法，运行效果如图 5.6 所示。

例 5-5

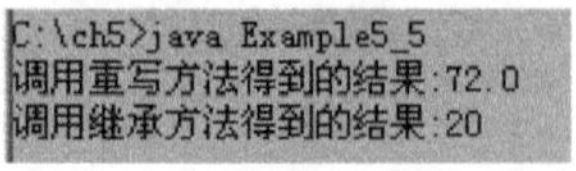

C:\ch5>java Example5_5
调用重写方法得到的结果:72.0
调用继承方法得到的结果:20

图 5.6　方法重写

Example5_5.java

```
class A {
   float computer(float x,float y) {
      return x+y;
   }
   public int g(int x,int y) {
      return x+y;
   }
}
class B extends A {
   float computer(float x,float y) {
      return x*y;
   }
}
public class Example5_5 {
   public static void main(String args[]) {
     B b=new B();
     double result=b.computer(8,9);          //b 调用重写的方法
     System.out.println("调用重写方法得到的结果:"+result);
     int m=b.g(12,8);                        //b 调用继承的方法
     System.out.println("调用继承方法得到的结果:"+m);
   }
}
```

在上面的例 5-5 中，如果子类按如下方式重写方法 computer 将产生编译错误。

```
double computer(float x,float y) {
        return x*y;
}
```

其原因是，父类的方法 computer 的类型是 float，子类的重写方法 computer 没有和父类的方法 computer 保持类型一致，这样子类就无法隐藏继承的方法，导致子类出现 2 个方法的名字相同，参数也相同，这是不允许的。

请读者思考，如果子类按如下方式定义方法 computer，是否属于重写方法呢？编译可以通过吗？运行结果怎样？

```
float computer (float x,float y,double z) {
      return x*y;
}
```

3. JDK 1.5 对重写的改进

子类在重写可以继承的方法时，可以完全按照自己的意图编写新的方法体，以便体现重写方法的独特的行为（学习后面的 5.7 节后，会更深刻理解重写方法在设计上的意义）。在 JDK 1.5 版本之后，允许重写方法的类型可以是父类方法的类型的子类型，即不必完全一致（JDK 1.5 版本之前要求必须一致），也就是说，如果父类的方法的类型是“类”（类是面向对象语言中最重要的一种数据类型，类声明的变量称做对象，见 4.3 节），重写方法的类型可以是“子类”。

例如，家用电器类有电视子类和冰箱子类，工厂类有制作家电的方法，该方法的类型是家用电器类。工厂的子类电视机厂重写制造家电的方法来生产电视机，即重写方法的类型是家用电器类的电视机子类，工厂的子类冰箱厂重写制造家电的方法来生产冰箱，即重写方法的类型是家用电器类的冰箱子类。

在下面的例 5-6 中，有 4 个 Java 源文件：HomeEletricity.java，Television.java、Icebox.java 和 Example5_6.java。其中 Television 类和 Icebox 是 HomeEletricity 类的子类。Example5_6.java 中的 Factory 类的 make()方法的类型是 HomeEletricity 类，Factory 类的子类 TVFactory 重写了父类的 make()方法，重写方法的类型是 Television 类，子类 IceboxFactory 重写了父类的 make()方法，重写方法的类型是 Icebox 类。

例 5-6 中类的 UML 图如图 5.7 所示，运行效果如图 5.8 所示。

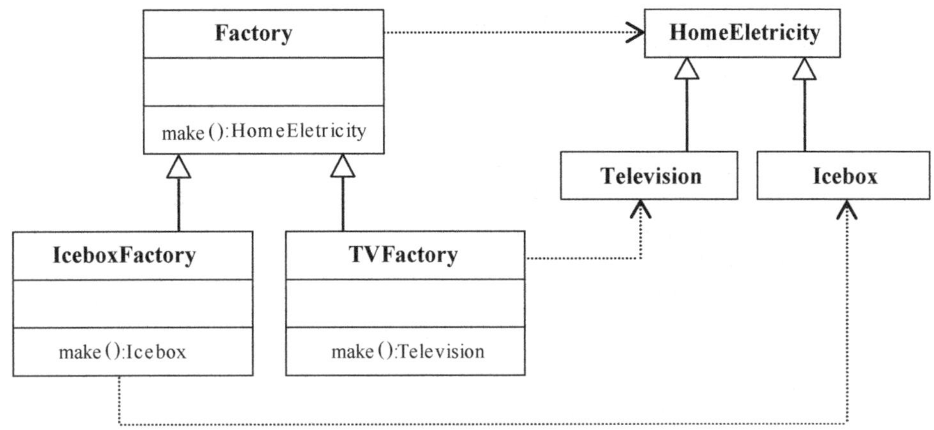

图 5.7 类的 UML 图

```
C:\ch5>java Example5_6
我是电视机，重量是21kg
我是冰箱，重量是67kg
```

图 5.8 重写方法的类型是“子类”

例 5-6

HomeEletricity.java

```
public class HomeEletricity {
   int weight;
   public void setWeight(int w) {
      weight=w;
   }
   public void showMess(){
      System.out.println("我是家用电器");
   }
}
```

Television.java

```
public class Television extends HomeEletricity {
   public void showMess(){
      System.out.println("我是电视机,重量是"+weight+"kg");
   }
}
```

Icebox.java

```
public class Icebox extends HomeEletricity {
   public void showMess(){
      System.out.println("我是冰箱,重量是"+weight+"kg");
   }
```

```
    }
```

Example5_6.java

```
    class Factory {
        public HomeEletricity make() { //方法的类型是 HomeEletricity 类
            HomeEletricity machine=new HomeEletricity();
            return machine;
        }
    }
    class TVFactory extends Factory {
        public Television make() {  //重写方法的类型是 HomeEletricity 类的子类:Television
            Television tv=new Television();
            tv.setWeight(21);
            return tv;
        }
    }
    class IceboxFactory extends Factory {
        public Icebox make() {  //重写方法的类型是 HomeEletricity 类的子类:Icebox
            Icebox icebox=new Icebox();
            icebox.setWeight(67);
            return icebox;
        }
    }
    public class Example5_6 {
        public static void main(String args[]) {
          TVFactory factory1=new TVFactory();
          Television tv=factory1.make();   //factory1 调用重写的方法
          tv.showMess();
          IceboxFactory factory2=new IceboxFactory();
          Icebox icebox=factory2.make();   //factory2 调用重写的方法
          icebox.showMess();
        }
    }
```

4. 重写的注意事项

重写父类的方法时，不可以降低方法的访问权限。下面的代码中，子类重写父类的方法 f，该方法在父类中的访问权限是 protected 级别，子类重写时不允许级别低于 protected，如：

```
class A {
   protected  float f(float x,float y) {
       return x-y;
   }
}
class B extends A {
   float f(float x,float y) {              //非法，因为降低了访问权限
        return x+y ;
   }
}
class C extends A {
   public float f(float x,float y) {     //合法，提高了访问权限
        return x*y ;
   }
}
```

子类不可以将父类的 static 方法重写为实例方法，也不可以将实例方法重写为 static 方法。

5.5　super 关键字

5.5.1　用 super 操作被隐藏的成员变量和方法

子类一旦隐藏了继承的成员变量，那么子类创建的对象就不再拥有该变量，该变量将归关键字 super 所有，同样子类一旦隐藏了继承的方法，那么子类创建的对象就不能调用被隐藏的方法，该方法的调用由关键字 super 负责。因此，如果在子类中想使用被子类隐藏的成员变量或方法就需要使用关键字 super。如 super.x、super.play()就是访问和调用被子类隐藏的成员变量 x 和方法 play()。

假设银行已经有了按整年 year 计算利息的一般方法，其中 year 只能取正整数。如按整年计算的方法：

```
double computerInterest() {
    interest=year*0.35*savedMoney;
    return interest;
}
```

建设银行准备隐藏继承的成员变量 year 和重写计算利息的方法，即自己声明一个 double 型的 year 变量，如当 year 取值是 5.216 时，表示要计算 5 年零 216 天的利息，但希望首先按银行的方法计算出整 5 年的利息，然后再另外计算 216 天的利息。那么，建设银行就必须把 5.216 的整数部分赋给隐藏的 n，并让 super 调用隐藏的按整年计算利息的方法。

在下面的例 5-7 中，ConstructionBank 和 BankOfDalian 是 Bank 类的子类，ConstructionBank 和 BankOfDalian 都使用 super 调用隐藏的成员变量和方法，运行效果如图 5.9 所示。

```
C:\ch5>java Example5_7
5000元存在银行5年的利息:875.000000元
5000元存在建设银行5年零216天的利息:983.000000元
5000元存在银行5年的利息:875.000000元
5000元存在大连银行5年零216天的利息:1004.600000元
两个银行利息相差21.600000元
```

图 5.9　super 调用隐藏的方法

例 5-7

Bank.java

```
public class Bank {
   int savedMoney;
   int year;
   double interest;
   public double computerInterest() {
      interest=year*0.035*savedMoney;
      System.out.printf("%d元存在银行%d年的利息:%f元\n",
                        savedMoney,year,interest);
      return interest;
   }
}
```

ConstructionBank.java

```
public class ConstructionBank extends Bank {
   double year;
   public double computerInterest() {
      super.year=(int)year;
      double remainNumber=year-(int)year;
      int day=(int)(remainNumber*1000);
      interest=super.computerInterest()+day*0.0001*savedMoney;
      System.out.printf("%d元存在建设银行%d年零%d天的利息:%f元\n",
                        savedMoney,super.year,day,interest);
```

```
        return interest;
    }
}
```

BankOfDalian.java

```
public class BankOfDalian extends Bank {
    double year;
    public double computerInterest() {
        super.year=(int)year;
        double remainNumber=year-(int)year;
        int day=(int)(remainNumber*1000);
        interest=super.computerInterest()+day*0.00012*savedMoney;
        System.out.printf("%d 元存在大连银行%d 年零%d 天的利息:%f 元\n",
                         savedMoney,super.year,day,interest);
        return interest;
    }
}
```

Example5_7.java

```
public class Example5_7 {
    public static void main(String args[]) {
        int amount=5000;
        ConstructionBank bank1=new ConstructionBank();
        bank1.savedMoney=amount;
        bank1.year=5.216;
        double interest1=bank1.computerInterest();
        BankOfDalian bank2=new BankOfDalian();
        bank2.savedMoney=amount;
        bank2.year=5.216;
        double interest2=bank2.computerInterest();
        System.out.printf("两个银行利息相差%f 元\n",interest2-interest1);
    }
}
```

5.5.2 使用 super 调用父类的构造方法

当用子类的构造方法创建一个子类的对象时，子类的构造方法总是先调用父类的某个构造方法，也就是说，如果子类的构造方法没有明显地指明使用父类的哪个构造方法，子类就调用父类的不带参数的构造方法，即如果在子类的构造方法中，没有明显地写出 super 关键字来调用父类的某个构造方法，那么默认地有：

```
super();
```

子类不继承父类的构造方法，因此，子类在其构造方法中需使用 super 来调用父类的构造方法，而且 super 必须是子类构造方法中的头一条语句。

在下面的例 5-8 中，Card（贺卡）类有 title（标题）成员变量，该 title 的值可以是“新年好”、“工作顺利”等内容，但 Card 没有 content（内容）成员变量，Car 类的子类 ChristmasCard（圣诞卡）有 content 成员变量。ChristmasCard 类在创建对象时首先调用父类的构造方法设置 title 的值，然后再设置自己独有的 content 的值，运行效果如图 5.10 所示。

```
C:\ch5>java Example5_8
*****Happy New Year To You******
          牛年耕耘
          谷穗满仓
          出生牛犊
          喜迎虎年
```

图 5.10 super 调用父类构造方法

例 5-8

Card.java

```
public class Card {
    String title;
```

```
        Card() {
            title = "新年快乐!";
        }
        Card(String title) {
            this.title = title;
        }
        public String getTitle() {
            return title;
        }
    }
```

ChristmasCard.java

```
    public class ChristmasCard extends Card {
        String content;  //子类新增的 content
        ChristmasCard(String title,String content) {
            super(title);  //调用父类的构造方法，即执行 Card(title)
            this.content = content;
        }
        public void showCard() {
            System.out.println("*****"+getTitle()+"******");
            System.out.printf("%s",content);
        }
    }
```

Example5_8.java

```
    public class Example5_8 {
        public static void main(String args[]) {
            String title = "Happy New Year To You";
            String content = "\t 牛年耕耘\n\t 谷穗满仓\n\t 出生牛犊\n\t 喜迎虎年\n";
            ChristmasCard card=new ChristmasCard(title,content);
            card.showCard();
        }
    }
```

我们已经知道，如果类里定义了一个或多个构造方法，那么 Java 不提供默认的构造方法（不带参数的构造方法），因此，当我们在父类中定义多个构造方法时，应当包括一个不带参数的构造方法（如上述例 5-8 中的 Card 类），以防子类省略 super 时出现错误。

请读者思考，如果上述例 5-8 中，ChristmasCard 类的构造方法中省略 super，程序的运行效果是怎样的。

5.6 final 关键字

final 关键字可以修饰类、成员变量和方法中的局部变量。

5.6.1 final 类

可以使用 final 将类声明为 final 类。final 类不能被继承，即不能有子类。如：

```
final class A {
…
}
```

A 就是一个 final 类，将不允许任何类声明成 A 的子类。有时候是出于安全性的考虑，将一些类修饰为 final 类。例如，Java 提供的 String 类，它对于编译器和解释器的正常运行有很重要的作用，对它不能轻易改变，它被修饰为 final 类。

5.6.2 final 方法

如果用 final 修饰父类中的一个方法，那么这个方法不允许子类重写，也就是说，不允许子类隐藏可以继承的 final 方法（老老实实继承，不许做任何篡改）。

5.6.3 常量

如果成员变量或局部变量被修饰为 final，那么它就是常量。常量在声明时没有默认值，所以在声明常量时必须指定该常量的值，而且不能再发生变化。

下面的例 5-9 使用了 final 关键字。

例 5-9

Example5_9.java

```
class A {
  final double PI=3.1415926;// PI 是常量
  public double getArea(final double r) {
     return PI*r*r;
  }
  public final void speak() {
     System.out.println("您好，How's everything here ?");
  }
}
public class Example5_9 {
   public static void main(String args[]) {
      A a=new A();
      System.out.println("面积："+a.getArea(100));
      a.speak();
   }
}
```

5.7 对象的上转型对象

我们可以说“美国人是人”、“中国人是人”和“法国人是人”等，这样说当然正确，但是，当说“美国人是人”或“中国人是人”时，是在有意强调人的属性和功能，忽略美国人或中国人独有的属性和功能，如忽略美国人具有的 speakEnglish()功能或中国人具有的 speakChinese()功能。从人的思维方式上看，说“美国人是人”属于上溯思维方式，以下就讲解和这种思维方式很类似的 Java 语言中的对象的上转型对象。

假设，A 类是 B 类的父类，当用子类创建一个对象，并把这个对象的引用放到父类的对象中时，如：

```
A a;
a=new B();
```

或

```
A a;
B b=new B();
a=b;
```

这时，称对象 a 是对象 b 的上转型对象（就像说“美国人是人”）。

对象的上转型对象的实体是子类负责创建的，但上转型对象会失去原对象的一些属性和功能（上转型对象相当于子类对象的一个“简化”对象）。上转型对象具有如下特点（见图 5.11）。

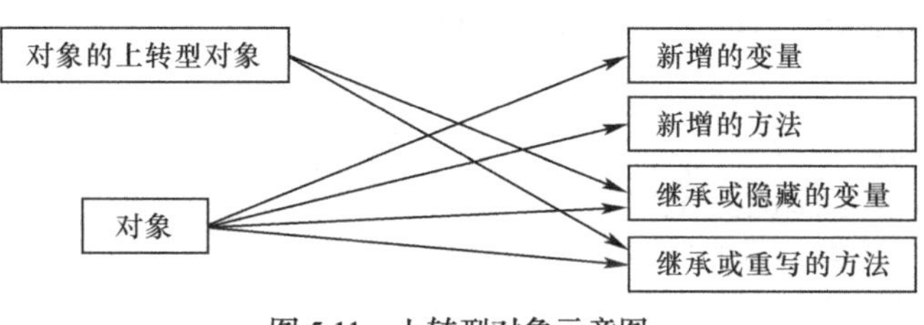

图 5.11　上转型对象示意图

（1）上转型对象不能操作子类新增的成员变量（丢失了这部分属性）；不能调用子类新增的方法（丢失了一些功能）。

（2）上转型对象可以访问子类继承或隐藏的成员变量，也可以调用子类继承的方法或子类重写的实例方法。上转型对象操作子类继承的方法或子类重写的实例方法，其作用等价于子类对象去调用这些方法。因此，如果子类重写了父类的某个实例方法后，当对象的上转型对象调用这个实例方法时一定是调用了子类重写的实例方法。

① 不要将父类创建的对象和子类对象的上转型对象混淆。

② 可以将对象的上转型对象再强制转换到一个子类对象，这时，该子类对象又具备了子类所有属性和功能。

③ 不可以将父类创建的对象的引用赋值给子类声明的对象（不能说“人是美国人”）。

下面的例 5-10 中，People 类声明的对象是 American 类创建的对象和 Chinese 类创建的对象的上转型对象，运行效果如图 5.12 所示。

```
C:\ch5>java Example5_10
bodyHeight:187cm bodyWeight:78.67kg
吃饭、睡觉......饮水
身高: 177cm    体重:68.59kg
吃饭、睡觉......饮水
我是中国人
```

图 5.12　使用上转型对象

例 5-10

People.java

```
public class People {
   int height;
   double weight;
   void showBodyMess() {
      System.out.printf("*********\n");
   }
   void mustDoingThing() {
      System.out.println("吃饭、睡觉... ...饮水");
   }
}
```

American.java

```
public class American extends People {
   void showBodyMess() {
      System.out.println("bodyHeight:"+height+"cm"+" bodyWeight:"+weight+"kg");
   }
   void speakEnglish() {
      System.out.println("I am Amerian");
```

```
        }
    }
```

Chinese.java

```
    public class Chinese extends People {
      void showBodyMess() {
        System.out.printf("身高:%5dcm\t 体重:%3.2fkg\n",height,weight);
      }
      void speakChinese() {
        System.out.println("我是中国人");
      }
    }
```

Example5_10.java

```
    public class Example5_10 {
      public static void main(String args[]) {
        People people=null;
        American Johnson = new American();
        people = Johnson;              //people 是 Johnson 对象的上转型对象
        people.height = 187;           //同于 Johnson.height=187
        people.weight = 78.67;
        people.showBodyMess();         //等同于 Johnson 调用重写的 showBodyMess()方法
         //people.speakEnglish();      //非法,因为 speakEnglish()是子类新增的方法
        people.mustDoingThing();
        Chinese zhang = new Chinese();
        people = zhang;                //people 是 zhang 对象的上转型对象。
        people.height = 177;           //同于 zhang.height=187
        people.weight = 68.59;
        people.showBodyMess();         //等同于 Johnson 调用重写的 showBodyMess()方法
         //people.speakChinese();      //非法,因为 speakChinese()是子类新增的方法
        people.mustDoingThing();
        zhang = (Chinese)people;
        zhang.speakChinese();
      }
    }
```

如果子类重写了父类的静态方法，那么子类对象的上转型对象不能调用子类重写的静态方法，只能调用父类的静态方法。

5.8 继承与多态

我们经常说：“特种汽车有各式各样的警示声”，警车、救护车和消防车都有各自的警示声，这就是警示声的多态。

当一个类有很多子类时，并且这些子类都重写了父类中的某个实例方法，那么当我们把子类创建的对象的引用放到一个父类的对象中时，就得到了该对象的一个上转型对象，那么这个上转型对象在调用这个实例方法时就可能具有多种形态，因为不同的子类在重写父类的实例方法时可能产生不同的行为。多态性就是指父类的某个实例方法被其子类重写时，可以各自产生自己的功能行为。

下面的例 5-11 展示了警示声的多态，运行效果如图 5.13 所示。

```
C:\ch5>java Example5_11
zhua..zhua..zhua...
jiu..jiu..jiu...
huo..huo..huo...
```

图 5.13　多态

例 5-11

Example5_11.java

```
class  EspecialCar {
   void cautionSound() {
   }
}
class PoliceCar extends EspecialCar {
   void cautionSound() {
      System.out.println("zhua..zhua..zhua…");
   }
}
class AmbulanceCar extends EspecialCar {
   void cautionSound() {
      System.out.println("jiu..jiu..jiu…");
   }
}
class FireCar extends EspecialCar {
   void cautionSound() {
      System.out.println("huo..huo..huo…");
   }
}
public class Example5_11 {
   public static void main(String args[]) {
      EspecialCar car=new PoliceCar();        //car 是警车的上转型对象
      car.cautionSound();
      car=new AmbulanceCar();                 //car 是救护车的上转型对象
      car.cautionSound();
      car=new FireCar();                      //car 是消防车的上转型对象
      car.cautionSound();
   }
}
```

5.9　abstract 类和 abstract 方法

用关键字 abstract 修饰的类称为 abstract 类（抽象类）。如：

```
abstract class A {
   …
}
```

用关键字 abstract 修饰的方法称为 abstract 方法（抽象方法）。对于 abstract 方法，只允许声明，不允许实现，而且不允许使用 final 和 abstract 同时修饰一个方法，例如：

```
abstract int min(int x,int y);
```

1. abstract 类中可以有 abstract 方法

和普通的类相比，abstract 类可以有 abstract 方法（抽象方法），也可以有非 abstract 方法。下面的 A 类中的 min()方法是 abstract 方法，max()方法是普通方法。

```
abstract class A {
   abstract int min(int x,int y);
```

```
    int max(int x,int y) {
        return x>y?x:y;
    }
}
```

2. abstract 类不能用 new 运算创建对象

对于 abstract 类，我们不能使用 new 运算符创建该类的对象。如果一个非抽象类是某个抽象类的子类，那么它必须重写父类的抽象方法，给出方法体，这就是为什么不允许使用 final 和 abstract 同时修饰一个方法的原因。

abstract 类也可以没有 abstract 方法。

如果一个 abstract 类是 abstract 类的子类，它可以重写父类的 abstract 方法，也可以继承这个 abstract 方法。

下面的例 5-12 使用了 abstract 类。

例 5-12

Example5_12.java

```
abstract class A {
   abstract int sum(int x,int y);
   int sub(int x,int y) {
      return x-y;
   }
}
class B extends A {
   int sum(int x,int y) {                     //子类必须重写父类的 sum 方法
      return x+y;
   }
}
public class Example5_12 {
   public static void main(String args[]) {
      B b=new B();
      int sum=b.sum(30,20);                   //调用重写的方法
      int sub=b.sub(30,20);                   //调用继承的方法
      System.out.println("sum="+sum);         //输出结果为 sum=50
      System.out.println("sum="+sub);         //输出结果为 sum=10
   }
}
```

5.10 面向抽象编程

在设计程序时，经常会使用 abstract 类，其原因是，abstract 类只关心操作，但不关心这些操作具体实现的细节，可以使程序的设计者把主要精力放在程序的设计上，而不必拘泥于细节的实现（将这些细节留给子类的设计者），即避免设计者把大量的时间和精力花费在具体的算法上。例如，在设计地图时，首先考虑地图最重要的轮廓，不必去考虑诸如城市中的街道牌号等细节，细

节应当由抽象类的非抽象子类去实现，这些子类可以给出具体的实例，来完成程序功能的具体实现。在设计一个程序时，可以通过在 abstract 类中声明若干个 abstract 方法，表明这些方法在整个系统设计中的重要性，方法体的内容细节由它的非 abstract 子类去完成。

使用多态进行程序设计的核心技术之一是使用上转型对象，即将 abstract 类声明对象作为其子类的上转型对象，那么这个上转型对象就可以调用子类重写的方法。

所谓面向抽象编程，是指当设计一个类时，不让该类面向具体的类，而是面向抽象类，即所设计类中的重要数据是抽象类声明的对象，而不是具体类声明的对象。

以下通过一个简单的问题来说明面向抽象编程的思想。

例如，我们已经有了一个 Circle 类，该类创建的对象 circle 调用 getArea()方法可以计算圆的面积，Circle 类的代码如下：

Circle.java

```
public class Circle {
   double r;
   Circle(double r){
      this.r=r;
   }
   public double getArea() {
      return(3.14*r*r);
   }
}
```

现在要设计一个 Pillar 类（柱类），该类的对象调用 getVolume()方法可以计算柱体的体积，Pillar 类的代码如下：

Pillar.java

```
public class Pillar {
   Circle bottom;       //bottom是用具体类Circle声明的对象
   double height;
   Pillar (Circle bottom,double height) {
         this.bottom=bottom;this.height=height;
   }
   public double getVolume() {
        return bottom.getArea()*height;
   }
}
```

上述 Pillar 类中，bottom 是用具体类 Circle 声明的对象，如果不涉及用户需求的变化，上面 Pillar 类的设计没有什么不妥，但是在某个时候，用户希望 Pillar 类能创建出底是三角形的柱体。显然上述 Pillar 类无法创建出这样的柱体，即上述设计的 Pillar 类不能应对用户的这种需求。

现在我们重新来设计 Pillar 类。首先，我们注意到柱体计算体积的关键是计算出底面积，一个柱体在计算体积时不应该关心它的底是怎样形状的具体图形，应该只关心这种图形是否具有计算面积的方法。因此，在设计 Pillar 类时不应当让它的底是某个具体类声明的对象，一旦这样做，Pillar 类就依赖该具体类，缺乏弹性，难以应对需求的变化。

下面我们将面向抽象重新设计 Pillar 类。首先编写一个抽象类 Geometry，该抽象类中定义了一个抽象的 getArea()方法，Geometry 类如下：

Geometry.java

```
public abstract class Geometry  {
```

```
        public abstract double getArea();
    }
```

现在 Pillar 类的设计者可以面向 Geometry 类编写代码，即 Pillar 类应当把 Geometry 对象作为自己的成员，该成员可以调用 Geometry 的子类重写的 getArea()方法。这样一来，Pillar 类就可以将计算底面积的任务指派给 Geometry 类的子类的实例。

以下 Pillar 类的设计不再依赖具体类，而是面向 Geometry 类，即 Pillar 类中的 bottom 是用抽象类 Geometry 声明的对象，而不是具体类声明的对象。重新设计的 Pillar 类的代码如下：

Pillar.java

```
public class Pillar {
   Geometry  bottom;   //bottom是抽象类Geometry声明的对象
   double height;
   Pillar (Geometry bottom,double height) {
          this.bottom=bottom; this.height=height;
   }
   public double getVolume() {
        return bottom.getArea()*height; //bottom可以调用子类重写的getArea方法
   }
}
```

下列 Circle 和 Rectangle 类都是 Geometry 的子类，二者都必须重写 Geometry 类的 getArea()方法来计算各自的面积。

Circle.java

```
public class Circle extends Geometry {
   double r;
   Circle(double r) {
          this.r=r;
   }
   public double getArea() {
         return(3.14*r*r);
   }
}
```

Rectangle.java

```
public class Rectangle extends Geometry {
   double a,b;
   Rectangle(double a,double b) {
        this.a=a;
        this.b=b;
   }
   public double getArea() {
        return a*b;
   }
}
```

现在，我们就可以用 Pilla 类创建出具有矩形底或圆形底的柱体了，如下面的 Application.java 所示，程序运行效果如图 5.14 所示。

Application.java

```
public class Application{
   public static void main(String args[]){
      Pillar pillar;
      Geometry bottom;
      bottom=new Rectangle(12,22);
```

```
C:\ch5>java Application
矩形底的柱体的体积15312.0
圆形底的柱体的体积18212.0
```

图 5.14 计算柱体体积

```
        pillar =new Pillar (bottom,58);  //pillar是具有矩形底的柱体
        System.out.println("矩形底的柱体的体积"+pillar.getVolume());
        bottom=new Circle(10);
        pillar =new Pillar (bottom,58); //pillar是具有圆形底的柱体
        System.out.println("圆形底的柱体的体积"+pillar.getVolume());
    }
}
```

通过面向抽象来设计 Pillar 类，使得该 Pillar 类不再依赖具体类，因此每当系统增加新的 Geometry 的子类时，如增加一个 Triangle 子类，那么我们不需要修改 Pillar 类的任何代码，就可以使用 Pillar 创建出具有三角形底的柱体。

5.11 开-闭原则

所谓“开-闭原则”（Open-Closed Principle）就是让设计的系统应当对扩展开放，对修改关闭。怎么理解对扩展开放，对修改关闭呢？实际上这句话的本质是指当系统中增加新的模块时，不需要修改现有的模块。在设计系统时，应当首先考虑到用户需求的变化，将应对用户变化的部分设计为对扩展开放，而设计的核心部分是经过精心考虑之后确定下来的基本结构，这部分应当是对修改关闭的，即不能因为用户的需求变化而再发生变化，因为这部分不是用来应对需求变化的。如果系统的设计遵守了“开-闭原则”，那么这个系统一定是易维护的，因为在系统中增加新的模块时，不必去修改系统中的核心模块。例如，在 5.10 节给出的设计中有 4 个类，UML 类图如图 5.15 所示。

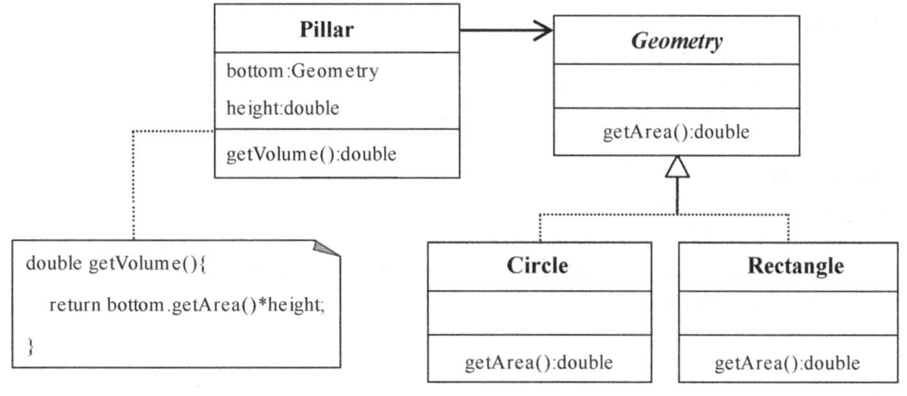

图 5.15　UML 类图

该设计中的 Geometry 和 Pillar 类就是系统中对修改关闭的部分，而 Geometry 的子类是对扩展开放的部分。当向系统再增加任何 Geometry 的子类时（对扩展开放），不必修改 Pillar 类，就可以使用 Pillar 创建出具有 Geometry 的新子类指定的底的柱体。

通常我们无法让设计的每个部分都遵守“开-闭原则”，甚至不应当这样去做，应当把主要精力集中在应对设计中最有可能因需求变化而需要改变的地方，然后想办法应用“开-闭原则”。

当设计某些系统时，经常需要面向抽象来考虑系统的总体设计，不要考虑具体类，这样就容易设计出满足“开-闭原则”的系统。在系统设计好后，首先对 abstract 类的修改关闭，否则，一旦修改 abstract 类，将可能导致它的所有子类都需要做出修改；应当对增加 abstract 类的子类开放，即再增加新子类时，不需要修改其他面向抽象类而设计的重要类。

为了进一步理解“开-闭原则”，我们给出下列问题：

设计一个动物声音“模拟器”，希望设计的模拟器可以模拟许多动物的叫声。

1. 问题的分析

如果设计的创建模拟器类中用某个具体动物，如狗类，声明了对象，那么模拟器就缺少弹性，无法模拟各种动物的声音，因为一旦用户需要模拟器模仿猫的声音，就需要修改模拟器类的代码，如增加用猫类声明的成员变量。

如果每当用户有新的需求，就会导致修改类的某部分代码，那么就应当将这部分代码从该类中分割出去，使它和类中其他稳定的代码之间是松耦合关系（否则系统缺乏弹性，难以维护），即将每种可能的变化对应地交给抽象类的子类去负责完成。

2. 设计抽象类

根据以上对问题的分析，首先设计一个抽象类 Animal，该抽象类有 2 个抽象方法 cry()和 getAnimaName()，那么 Animal 的子类必须实现 cry()和 getAnimalName()方法，即要求各种具体的动物给出自己的叫声和种类名称。

3. 设计模拟器类

然后设计 Simulator 类（模拟器），该类有一个 playSound（Animal animal）方法，该方法的参数是 Animal 类型。显然，参数 animal 可以是抽象类 Animal 的任何一个子类对象的上转型对象，即参数 animal 可以调用 Animal 的子类重写的 cry()方法播放具体动物的声音，调用子类重写的 getAnimalName()方法显示动物种类的名称。

例 5-13 中除了主类外，还有 Animal 类及其子类：Dog，Cat 和 Simulator（模拟器）类。

例 5-13

Animal.java

```
public abstract class Animal {
   public abstract void cry();
   public abstract String getAnimalName();
}
```

Simulator.java

```
public class Simulator {
  public void playSound(Animal animal) {
     System.out.print("现在播放"+animal.getAnimalName()+"类的声音:");
     animal.cry();
  }
}
```

Dog.java

```
public class Dog extends Animal {
  public void cry() {
    System.out.println("汪汪…汪汪");
  }
  public String getAnimalName() {
    return "狗";
  }
}
```

Cat.java

```
public class Cat extends Animal {
  public void cry() {
    System.out.println("喵喵…喵喵");
  }
```

```
        public String getAnimalName() {
            return "猫";
        }
    }
```

Application.java

```
    public class Application {
        public static void main(String args[]) {
            Simulator simulator = new Simulator();
            simulator.playSound(new Dog());
            simulator.playSound(new Cat());
        }
    }
```

图 5.16 所示为 Animal、Dog、Cat 和 Simulator 的 UML 图，程序运行效果如图 5.17 所示。

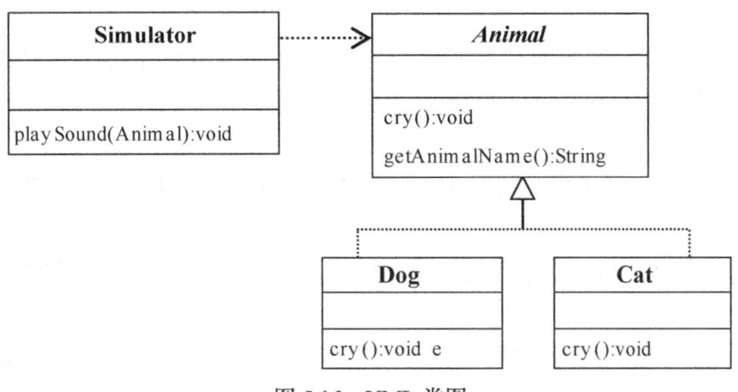

图 5.16　UML 类图

4. 满足"开–闭原则"

在例 5-13 中，如果再增加一个 Java 源文件（对扩展开放），该源文件有一个 Animal 的子类 Tiger（负责模拟老虎的声音），那么模拟器 Simulator 类不需要做任何修改（对 Simulator 类的修改关闭），应用程序 Application.java 就可以使用代码：

```
C:\ch5>java Application
现在播放狗类的声音:汪汪...汪汪
现在播放猫类的声音:喵喵...喵喵
```

图 5.17　体现"开-闭"原则

```
simulator.playSound(new Tiger());
```

模拟老虎的声音。

如果将例 5-13 中的 Animal 类、Simulator 类以及 Dog 和 Cat 类看作是一个小的开发框架，将 Application.java 看作是使用该框架进行应用开发的用户程序，那么框架满足"开-闭原则"，该框架相对用户的需求就比较容易维护，因为，当用户程序需要模拟老虎的声音时，系统只需简单地扩展框架，即在框架中增加一个 Animal 的 Tiger 子类，而无需修改框架中的其他类，如图 5.18 所示。

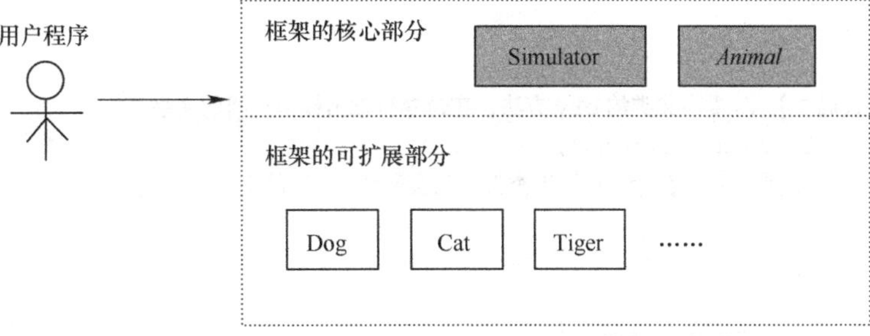

图 5.18　满足开-闭原则的框架

5.12 上机实践

5.12.1 实验 1 猫与狗

1. 实验目的

由继承而得到的类称为子类，被继承的类称为父类（超类），Java 不支持多重继承，即子类只能有一个父类。人们习惯地称子类与父类的关系是“is-a”关系。本实验的目的是让学生巩固“子类的继承性”、“子类对象的创建过程”、“方法的继承与重写”等知识点。

2. 实验要求

编写程序模拟猫和狗。程序中有 4 个类：Animal、Dog、Cat 和主类 MainClass 类。要求如下。

（1）Animal 类有权限是 protected 的 String 型成员变量 name，以及 public void cry()、public void showName()方法。

（2）Dog 类是 Animal 的子类，新增 public void swimming()方法，重写父类的 public void cry()方法。

（3）Cat 类是 Animal 的子类，新增 public void climbUpTree()方法，重写父类的 public void cry()方法。

（4）在主类 MainClass 中使用 Dog 和 Cat 类创建对象。

程序运行参考效果如图 5.19 所示。

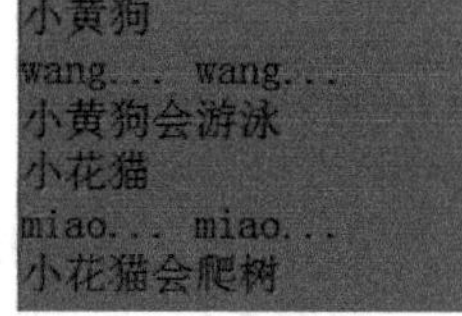

图 5.19　子类创建对象

3. 程序模板

请按模板要求，将【代码】替换为 Java 程序代码。

```
Animal.java

   class Animal {
      protected String name;
      public void showName() {
         System.out.println(name);
      }
      public void cry() {
         System.out.println("不同动物的叫声是有区别的");
      }
   }
Dog.java
   class Dog extends Animal {
      Dog(String s) {
        name = s;
      }
      【代码 1】 //重写父类的 cry 方法，在命令行输出模拟狗叫的文字
      public void swimming() {
          【代码 2】//在命令行输出类似“狗会游泳...”的文字
      }
   }
Cat.java
   class Cat extends Animal {
       Cat() {
```

```
            name = "猫";
        }
        Cat(String s) {
            name = s;
        }
        【代码 3】 //重写父类的 cry 方法，在命令行输出模拟狗叫的文字
        public void climbUpTree(){
            System.out.println(name+"会爬树");
        }
    }
MainClass.java
    public class MainClass {
        public static void main(String args[]) {
            Dog dog = new Dog("小黄狗");
            Cat cat = new Cat("小花猫");
            dog.showName();
            dog.cry();
            dog.swimming();
            cat.showName();
            cat.cry();
            cat.climbUpTree();
        }
}
```

4. 实验指导

如果子类可以继承父类的方法，子类就有权利重写这个方法，子类通过重写父类的方法可以改变方法的具体行为。比如，【代码 1】就可以是：

```
public void cry() {  //重写父类的 cry 方法，在命令行输出模拟狗叫的文字
        System.out.println("wang... wang...");
}
```

重写方法时一定要保证方法的名字、类型、参数个数和类型同父类的某个方法完全相同，只有这样，子类继承的这个方法才被隐藏。子类在重写方法时，不可以将实例方法更改成类方法；也不可以将类方法更改为实例方法，即如果重写的方法是 static 方法，static 关键字必须要保留；如果重写的方法是实例方法，重写时不可以用 static 修饰该方法。

5. 实验后的练习

参考在主类中是否可以如下创建 Dog 对象：

```
Dog dog = new Dog();
```

在主类中是否可以如下创建 Cat 对象：

```
Cat cat = new Cat();
```

5.15.2 实验 2　图形的面积和

1. 实验目的

上转型对象可以访问子类继承或隐藏的成员变量，也可以调用子类继承的方法或子类重写的实例方法。上转型对象操作子类继承的方法或子类重写的实例方法，其作用等价于子类对象去调用这些方法。因此，如果子类重写了父类的某个实例方法后，当对象的上转型对象调用这个实例方法时一定是调用了子类重写的实例方法。本实验的目的是让学生掌握上转型对象的使用，理解

不同对象的上转型对象调用同一方法可能产生不同的行为，即理解上转型对象在调用方法时可能具有多种形态（多态）。

2. 实验要求

（1）编写一个 abstract 类，类名为 Geometry，该类有一个 abstract 方法：

```
public abstract getArea();
```

（2）编写 Geometry 的若干个子类，比如 Circle 子类和 Rect 子类。

（3）编写 Student 类，该类定义一个 public double area(Geometry ...p)方法，该方法的参数是可变参数（有关知识点见 4.4.4 小节），即参数的个数不确定，但类型都是 Geometry。该方法返回根据参数计算的面积之和。

（4）在主类 MainClass 的 main 方法中创建一个 Student 对象，让该对象调用 public double area(Geometry ...p)计算若干个矩形和若干个圆的面积之和。

程序运行参考效果如图 5.20 所示。

```
2个圆和1个矩形图形的面积和:
  543.338
```

图 5.20 计算面积和

3. 程序模板

请按模板要求，将【代码】替换为 Java 程序代码。

Geometry.java

```
public abstract class Geometry  {
    public abstract double getArea();
}
```

Rect.java

```
public class Rect extends Geometry {
   double a,b;
   Rect(double a,double b) {
      this.a = a;
      this.b = b;
   }
   【代码 1】 //重写 getArea()方法,返回矩形面积
}
```

Circle.java

```
public class Circle extends Geometry {
   double r;
   Circle(double r) {
      this.r = r;
   }
   【代码 2】 //重写 getArea()方法,返回圆面积
}
```

Student.java

```
public class Student {
   public double area(Geometry ...p) {
      double sum=0;
      for(int i=0;i<p.length;i++) {
          sum=sum+p[i].getArea();
      }
      return sum;
   }
}
```

MainClass.java

```
public class E{
  public static void main(String args[]) {
    Student zhang = new Student();
```

```
        double area =
        zhang.area(new Rect(2,3),new Circle(5.2),new Circle(12));
        System.out.printf("2 个圆和 1 个矩形图形的面积和: \n%10.3f",area);
    }
}
```

4. 实验指导

尽管 abstract 类不能创建对象，但 abstract 类声明的对象可以存放子类对象的引用，即成为子类对象的上转型对象。由于 abstract 类可以有 abstract 方法，这样就保证子类必须要重写这些 abstract 方法。由于 Student 类的 area 方法的参数类型是 Geomerty，因此可以将其子类的对象的引用传递给 area 方法的参数。因此 area 方法可以通过循环语句让每个参数调用 getArea 方法，计算各自的面积。

可变参数（The variable arguments）是 JDK 1.5 版本后新增的功能。可变参数是指在声明方法时不给出参数列表中从某项直至最后一项参数的名字和个数，但这些参数的类型必须相同。可变参数使用“...”表示若干个参数，这些参数的类型必须相同，最后一个参数必须是参数列表中的最后一个参数。例如：

```
public void f(int … x)
```

那么，方法 f 的参数列表中，从第 1 个至最后一个参数都是 int 型，但连续出现的 int 型参数的个数不确定。称 x 是方法 f 的参数列表中的可变参数的“参数代表”。参数代表可以通过下标运算来表示参数列表中的具体参数，即 x[0]，x[1]...x[m]分别表示 x 代表的第 1 个至第 m 个参数。

对于 Student 类中的 area(Geometry ...p)方法中的可变参数 p，p[i]就是第 i 个参数。

5. 实验后的练习

编写一个 Geometry 的子类 Triangle，可以计算三角形的面积，在主类中让 Student 类的对象 zhang 调用 area 方法计算 1 个三角形和 2 个圆的面积之和。

习 题 5

1. 子类将继承父类的哪些成员变量和方法？子类在什么情况下隐藏父类的成员变量和方法？
2. 父类的 final 方法可以被子类重写吗？
3. 什么类中可以有 abstract 方法？
4. 什么叫对象的上转型对象？
5. 下列叙述哪些是正确的？
   A. final 类不可以有子类。
   B. abstract 类中只可以有 abstract 方法。
   C. abstract 类中可以有非 abstract 方法，但该方法不可以用 final 修饰。
   D. 不可以同时用 final 和 abstract 修饰一个方法。
6. 请说出 E 类中 System.out.println 的输出结果。

```
class A {
  double f(double x,double y) {
    return x+y;
  }
```

```
}
class B extends A {
  double f(int x,int y) {
    return x*y;
 }
}
public class E {
  public static void main(String args[]) {
     B b=new B();
     System.out.println(b.f(3,5));
     System.out.println(b.f(3.0,5.0));
  }
}
```

7. 请说出 E 类中 System.out.println 的输出结果。

```
class A {
    double f(double x,double y) {
       return x+y;
    }
    static int g(int n) {
       return n*n;
    }
}
class B extends A {
  double f(double x,double y) {
     double m=super.f(x,y);
     return m+x*y;
  }
  static int g(int n) {
        int m=A.g(n);
        return m+n;
 }
}
public class E {
  public static void main(String args[]) {
     B b=new B();
     System.out.println(b.f(10.0,8.0));
     System.out.println(b.g(3));
  }
}
```

8. 请说出 E 类中【代码 1】~【代码 3】的输出结果。

```
class A {
   int m;
   int getM() {
     return m;
   }
   int seeM() {
      return m;
   }
}
class B extends A {
    int m ;
    int getM() {
```

```
        return m+100;
    }
}
public class E {
public static void main(String args[]) {
    B b = new B();
    b.m = 20;
    System.out.println(b.getM());  //【代码 1】
    A a = b;
    a.m = -100;             // 上转型对象访问的是被隐藏的 m
    System.out.println(a.getM()); //【代码 2】注意 a.getM()等同于 b.getM();
    System.out.println(b.seeM()); //【代码 3】子类继承的 seeM()操作的 m 是被子类隐藏的 m
  }
}
```

第 6 章 接口与多态

主要内容

- 接口
- 接口回调
- 面向接口编程

难点

- 面向接口编程

第 5 章主要学习了子类和继承的有关知识，其重点是讨论了方法的重写、对象的上转型对象以及和继承有关的多态，尤其强调了面向抽象编程的思想。本章将介绍 Java 语言中另一种重要的数据类型——接口，以及和接口有关的多态。

6.1 接　　口

Java 除了平台无关的特点外，从语言的角度看，Java 的接口是该语言的又一特色。Java 舍弃了 C++语言中多重继承的机制，使得编写的代码更加健壮和便于维护，因为多继承不符合人的思维模式，就像生活中，人只有一个父亲，而不是多个，尽管多继承可以使编程者更灵活地设计程序，但程序难于阅读和维护。

Java 不支持多继承性，即一个类只能有一个父类。单继承性使得 Java 简单，易于管理和维护。Java 的接口更加符合人的思维方式，例如，人们常说，计算机实现了鼠标接口、USB 接口等，而不是说计算机是鼠标，计算机是 USB 等（C++语言可以这样做）。

6.1.1 接口的声明与使用

使用关键字 interface 来定义一个接口。接口的定义和类的定义很相似，分为接口的声明和接口体。

1. 接口声明

接口通过使用关键字 interface 来声明，格式：

```
interface 接口的名字
```

2. 接口体

接口体中包含常量的声明（没有变量）和方法定义两部分。接口体中只有抽象方法，没有普通的方法，而且接口体中所有常量都是 static 常量、访问权限一定都是 public（允许省略 public、final 和 static 修饰符），所有的抽象方法的访问权限一定都是 public（允许省略 public、abstract 修饰符），如：

```
interface Printable {
   public final static int MAX=100;  //等价写法：int MAX=100;
   public abstract void add();   //等价写法：void add();
   public abstract float sum(float x ,float y);
}
```

3. 接口的使用

就像鼠标接口由计算机来使用一样，在 Java 语言中，接口由类去实现以便使用接口中的方法。一个类可以实现多个接口，类通过使用关键字 implements 声明自己实现一个或多个接口。如果实现多个接口，则用逗号隔开接口名，如 A 类实现 Printable 和 Addable 接口：

```
class A implements Printable,Addable
```

再如 Animal 的子类 Dog 类实现 Eatable 和 Sleepable 接口：

```
class Dog extends Animal implements Eatable,Sleepable
```

如果一个类实现了某个接口，那么这个类必须重写该接口的所有方法。需要注意的是，重写接口的方法时，接口中的方法一定是 public abstract 方法，所以类在重写接口方法时不仅要去掉 abstract 修饰给出的方法体，而且方法的访问权限一定要明显地用 public 来修饰（否则就降低了访问权限，这是不允许的）。

实现接口的类一定要重写接口的方法，因此也称这个类实现了接口中的方法。

Java 提供的接口都在相应的包中，通过 import 语句不仅可以引入包中的类，也可以引入包中的接口，例如，

```
import java.io.*;
```

不仅引入了 java.io 包中的类，也同时引入了该包中的接口。

我们也可以自己定义接口，一个 Java 源文件就是由类和接口组成的。

下面的例 6-1 中，Animal.java 中定义了一个接口。程序运行效果如图 6.1 所示。

```
C:\ch6>java Example6_1
zhang的学号128,zhang求和结果5050
henlu的学号114,henlu求和结果146
```

图 6.1　接口的使用

例 6-1

Animal.java

```
public interface Computable {
  int MAX=100;
  int f(int x);
}
```

China.java

```
public class China implements Computable {  //China 类实现 Computable 接口
  int number;
  public int f(int x) { //不要忘记 public 关键字
    int sum=0;
    for(int i=1;i<=x;i++) {
      sum=sum+i;
    }
    return sum;
  }
```

```
}
```

Japan.java

```
public class Japan implements Computable { ////Japan 类实现 Computable 接口
  int number;
  public int f(int x) {
     return 46+x;
  }
}
```

Example6_1.java

```
public class Example6_1 {
   public static void main(String args[]) {
      China zhang;
      Japan henlu;
      zhang=new China();
      henlu=new Japan();
      zhang.number=28+Computable.MAX;
      henlu.number=14+Computable.MAX;
      System.out.println("zhang 的学号"+zhang.number+",zhang 求和结果"+zhang.f(100));
      System.out.println("henlu 的学号"+henlu.number+",henlu 求和结果"+henlu.f(100));
   }
}
```

类重写的接口方法以及接口中的常量可以被类的对象调用，而且常量也可以用类名或接口名直接调用。

接口声明时，如果关键字 interface 前面加上 public 关键字，就称这样的接口是一个 public 接口。public 接口可以被任何一个类实现。如果一个接口不加 public 修饰，就称做友好接口类，友好接口可以被与该接口在同一包中的类实现。

如果父类实现了某个接口，那么子类也就自然实现了该接口，子类不必再显式地使用关键字 implements 声明实现这个接口。

接口也可以被继承，即可以通过关键字 extends 声明一个接口是另一个接口的子接口。由于接口中的方法和常量都是 public 的，子接口将继承父接口中的全部方法和常量。

如果一个类声明实现一个接口，但没有重写接口中的所有方法，那么这个类必须是 abstract 类，例如：

```
interface Computable {
   final int MAX=100;
    void speak(String s);
    int f(int x);
    float g(float x,float y);
}
abstract class A implements Computable {
   public  int f(int x) {
       int sum=0;
       for(int i=1;i<=x;i++) {
         sum=sum+i;
       }
      return sum;
    }
}
```

6.1.2　理解接口

接口的语法规则很容易记住，但真正理解接口却更重要。读者可能注意到，在上述例 6-1 中如果去掉接口，并把程序中的 Li.MAX、Henlu.MAX 去掉，上述程序的运行没有任何问题。那么为什么要用接口呢?

接口只关心操作，并不关心操作的具体实现，即只关心方法的类型，名称和参数，但不关心方法的具体行为（接口中只有 abstract 方法）。实现同一个接口的两个类就会具有接口所规定的方法，但方法的内部细节（方法体的内容）可能不同。比如，如果希望电视机和录音机类都必须有 void on()和 void off()这样的方法，那么就可以要求二者实现同样的接口，该接口中有 void on()和 void off()两个抽象方法。

不同的类可以实现相同的接口，同一个类也可以实现多个接口。当不希望某些类通过继承使得它们具有一些相同的方法时，就可以考虑让这些类去实现相同的接口而不是把它们声明为同一个类的子类。如“客车类”实现一个接口，该接口中有一个“收取费用”的方法，那么这个“客车类”必须具体给出怎样收取费用的操作，即给出方法的方法体，不同车类都可以实现“收取费用”，但“收取费用”的手段可能不相同。但是，如果我们事先在机动车类中定义 2 个抽象方法“收取费用”、“调节温度”，那么所有的子类都要重写这 2 个方法，即给出方法体，产生各自的收费或控制温度的行为。这显然不符合人们的思维逻辑，因为拖拉机可能不需要有“收取费用”或“调节温度”的功能，而其他的一些类，如飞机、轮船等可能也需要具体实现“收取费用”、“调节温度”。再比如，各式各样的商品，它们可能隶属于不同的公司，工商部门要求都必须具有显示商标的功能（实现同一接口），但商标的具体制作由各个公司自己去实现。

下面的例 6-2 说明了根据需要让类实现相应的接口。

例 6-2

Example6_2.java

```
interface 收费 {
    public void 收取费用();
}
interface 调节温度 {
   public void controlTemperature();
}
class 公共汽车 implements 收费 {
   public void 收取费用() {
      System.out.println("公共汽车:一元/张,不计算公里数");
   }
}
class 出租车 implements 收费, 调节温度 {
   public void 收取费用() {
      System.out.println("出租车:3.20元/公里,起价3公里");
   }
    public void controlTemperature() {
      System.out.println("安装了Hair空调");
   }
}
class 电影院 implements 收费,调节温度 {
```

```
    public void 收取费用() {
        System.out.println("电影院:门票,十元/张");
     }
     public void  controlTemperature() {
        System.out.println("安装了中央空调");
     }
}
public class Example6_2 {
    public static void main(String args[]) {
        公共汽车 七路=new 公共汽车();
        出租车   天宇=new 出租车();
        电影院   红星=new 电影院();
        七路.收取费用();
        天宇.收取费用();
        红星.收取费用();
        天宇.controlTemperature();
        红星.controlTemperature();
     }
}
```

6.1.3 接口的 UML 图

表示接口的 UML 图和表示类的 UML 图类似，使用一个长方形描述一个接口的主要构成，将长方形垂直地分为 3 层。

顶部第 1 层是名字层，接口的名字必须是斜体字形，而且需要用<<interface>>修饰名字，并且该修饰和名字分列在两行。

第 2 层是常量层，列出接口中的常量及类型，格式是“常量名字：类型”。

第 3 层是方法层，也称操作层，列出接口中的方法及返回类型，格式是“方法名字（参数列表）：类型”。

图 6.2 是接口 Computable 的 UML 图。

如果一个类实现了一个接口，那么类和接口的关系是实现关系，称为类实现接口。UML 通过使用虚线连接类和它实现的接口，虚线起始端是类，虚线的终点端是它实现的接口，终点端使用一个空心的三角形表示虚线的结束。

图 6.3 是 ClassOne 和 ClassTwo 类实现 Create 接口的 UML 图。

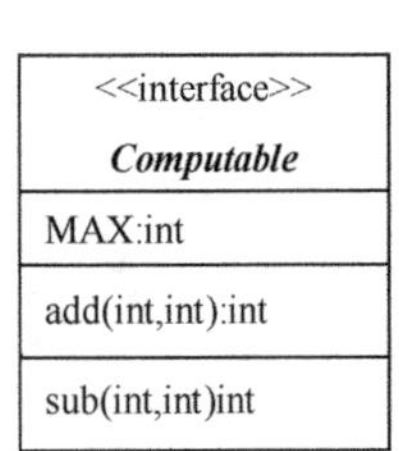

图 6.2　接口 UML 图

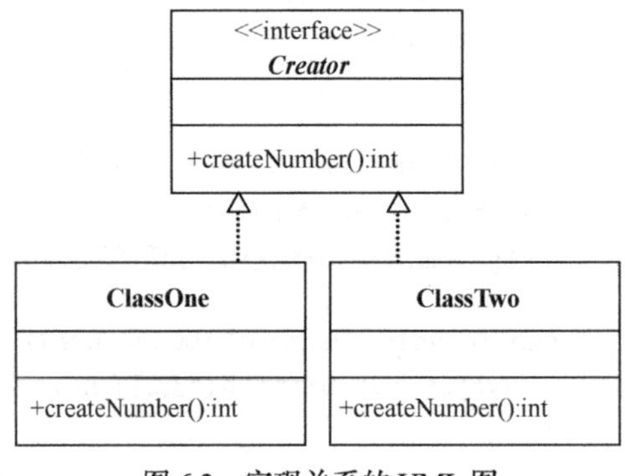

图 6.3　实现关系的 UML 图

6.2　接口回调

6.2.1　接口变量与回调机制

和类一样，接口也是 Java 中一种重要的数据类型，用接口声明的变量称为接口变量。那么接口变量中可以存放怎样的数据呢？

接口属于引用型变量，接口变量中可以存放实现该接口的类的实例的引用。例如，假设 Com 是一个接口，那么就可以用 Com 声明一个变量：

```
Com com;
```

内存模型如图 6.4 所示，称此时的 com 是一个空接口，因为 com 变量中还没有存放实现该接口的类的实例的引用。

假设 ImpleCom 类是实现 Com 接口的类，用 ImpleCom 创建名字为 object 的对象，那么 object 对象不仅可以调用 ImpleCom 类中原有的方法，而且也可以调用 ImpleCom 类实现的接口方法，如图 6.5 所示。

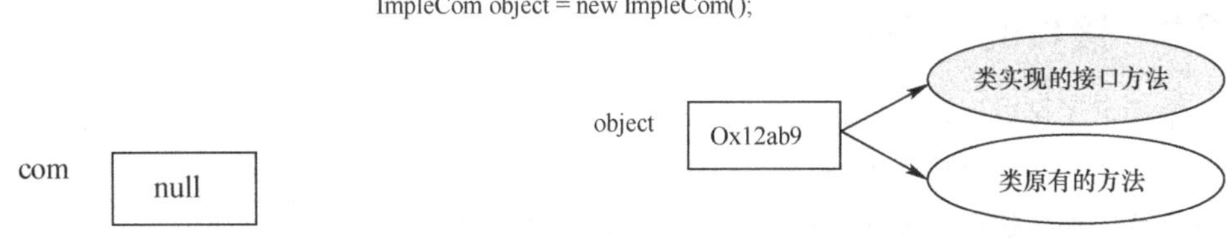

图 6.4　空接口的内存模型　　图 6.5　对象调用方法的内存模型

“接口回调”一词是借用了 C 语言中指针回调的术语，表示一个变量的地址在某一个时刻存放在一个指针变量中，那么指针变量就可以操作该变量中存放的数据。

在 Java 语言中，接口回调是指，可以把实现某一接口的类创建的对象的引用赋给该接口声明的接口变量中，那么该接口变量就可以调用被类实现的接口方法。实际上，当接口变量调用被类实现的接口方法时，就是通知相应的对象调用这个方法。

例如，将上述 object 对象的引用赋值给 com 接口，那么内存模型如图 6.6 所示，箭头示意接口 com 变量可以调用（称作接口回调）类实现的接口方法。

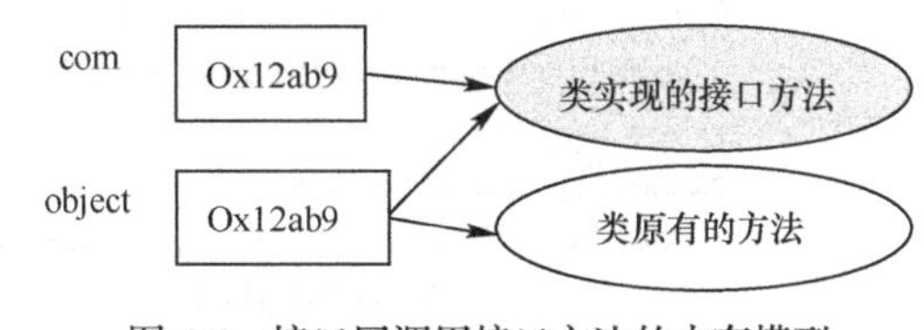

图 6.6　接口回调用接口方法的内存模型

接口回调非常类似于我们在 5.7 节介绍的上转型对象调用子类的重写方法。

接口无法调用类中的其他非接口方法。

下面的例 6-3 使用了接口的回调技术。

例 6-3

Example6_3.java

```
    interface  ShowMessage {
```

```
    void 显示商标(String s);
}
class TV implements ShowMessage {
    public void 显示商标(String s) {
        System.out.println(s);
    }
}
class PC implements ShowMessage {
    public void 显示商标(String s) {
      System.out.println(s);
    }
}
public class Example6_3 {
    public static void main(String args[]) {
        ShowMessage sm;                          //声明接口变量
        sm=new TV();                             //接口变量中存放对象的引用
        sm.显示商标("长城牌电视机");             //接口回调。
        sm=new PC();                             //接口变量中存放对象的引用
        sm.显示商标("联想奔月 5008PC 机");       //接口回调
    }
}
```

6.2.2 接口的多态性

上一节学习了接口回调，即把实现接口的类的实例的引用赋值给接口变量后，该接口变量就可以回调类重写的接口方法。由接口产生的多态就是指不同的类在实现同一个接口时可能具有不同的实现方式，那么接口变量在回调接口方法时就可能具有多种形态。

体操比赛计算选手成绩的办法是去掉一个最高分和最低分后再计算平均分，而学校考查一个班级的某科目的考试情况时，是计算全班同学的平均成绩。在下面的例 6-4 中，Gymnastics 类和 School 类都实现了 ComputerAverage 接口，但实现的方式不同。程序运行效果如图 6.7 所示。

```
C:\ch6>java Example6_4
体操选手最后得分9.757
班级考试平均分数:76.0
```

图 6.7 接口与多态

例 6-4

Example6_4.java

```
interface CompurerAverage {
    public double average(double ... x);
}
class Gymnastics implements CompurerAverage {
    public double average(double ... x) {
        int count=x.length;
        double aver=0,temp=0;
        for(int i=0;i<count;i++) {
            for(int j=i;j<count;j++) {
                if(x[j]<x[i]) {
                  temp=x[j];
                  x[j]=x[i];
                  x[i]=temp;
                }
            }
        }
        for(int i=1;i<count-1;i++) {
```

```
            aver=aver+x[i];
        }
        if(count>2)
            aver=aver/(count-2);
        else
            aver=0;
        return aver;
    }
}
class School implements CompurerAverage {
    public double average(double ... x) {
        int count=x.length;
        double aver=0;
        for(double param:x) {
            aver=aver+param;
        }
        aver=aver/count;
        return aver;
    }
}
public class Example6_4 {
    public static void main(String args[]) {
        CompurerAverage computer;
        computer=new Gymnastics();
        double result= computer.average(9.87,9.76,9.99,9.12,9.67,9.73);
        System.out.printf("体操选手最后得分%5.3f\n",result);
        computer=new School();
        result=computer.average(65,89,76,56,88,90,98,46);
        System.out.println("班级考试平均分数:"+result);
    }
}
```

6.2.3 abstract 类与接口的比较

abstract 类和接口的比较如下。

（1）abstract 类和接口都可以有 abstract 方法。

（2）接口中只可以有常量，不能有变量；而 abstract 类中既可以有常量也可以有变量。

（3）abstract 类中也可以有非 abstract 方法，接口不可以。

在设计程序时应当根据具体的分析来确定是使用抽象类还是接口。abstract 类除了提供重要的需要子类重写的 abstract 方法外，也提供了子类可以继承的变量和非 abstract 方法。如果某个问题需要使用继承才能更好地解决，例如，子类除了需要重写父类的 abstract 方法，还需要从父类继承一些变量或继承一些重要的非 abstact 方法，就可以考虑用 abstract 类。如果某个问题不需要继承，只是需要若干个类给出某些重要的 abstract 方法的实现细节，就可以考虑使用接口。

6.3 面向接口编程

在第 5 章的 5.10 节曾介绍了面向抽象编程的思想，主要是涉及怎样面向抽象类去思考问题。由于抽象类最本质的特性就是可以包含有抽象方法，这一点和接口类似，只不过接口中只有抽象方法而已。抽象类将其抽象方法的实现交给其子类，而接口将其抽象方法的实现交给实现该接口的类。

本节的思想和 5.10 节中的类似，在设计程序时，学习怎样面向接口去设计程序。

接口只关心操作，但不关心这些操作的具体实现细节，可以使我们把主要精力放在程序的设计上，而不必拘泥于细节的实现。也就是说，可以通过在接口中声明若干个 abstract 方法，表明这些方法的重要性，方法体的内容细节由实现接口的类去完成。使用接口进行程序设计的核心思想是使用接口回调，即接口变量存放实现该接口的类的对象的引用，从而接口变量就可以回调类实现的接口方法。

利用接口也可以体现程序设计的“开-闭”原则（见 5.11 节），即对扩展开放，对修改关闭。比如，程序的主要设计者可以设计出如图 6.8 所示的一种结构关系。

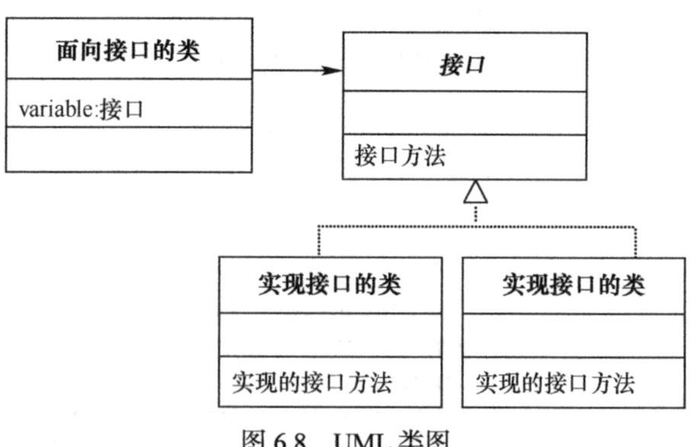

图 6.8　UML 类图

从该图可以看出，当程序再增加实现接口的类（由其他设计者去实现），接口变量 variable 所在的类不需要做任何修改，就可以回调类重写的接口方法。

当然，在程序设计好后，首先应当对接口的修改“关闭”，否则，一旦修改接口，例如，为它再增加一个 abstract 方法，那么实现该接口的类都需要做出修改。但是，程序设计好后，应当对增加实现接口的类“开放”，即在程序中再增加实现接口的类时，不需要修改其他重要的类。

为了进一步理解面向接口编程，我们给出下列问题：

设计一个广告牌，希望所设计的广告牌可以展示许多公司的广告词。

1．问题的分析

如果我们设计的创建广告牌类中用某个具体公司类，如联想公司类，声明了对象，那么我们的广告牌就缺少弹性，因为一旦用户需要广告牌展示其他公司的广告词时，就需要广告牌类的代码，如用长虹公司声明成员变量。

如果每当用户有新的需求，就会导致修改类的某部分代码，那么就应当将这部分代码从该类中分割出去，使它和类中其他稳定的代码之间是松耦合关系（否则系统缺乏弹性、难以维护），即将每种可能的变化对应地交给实现接口的类（或抽象类的子类，见 5.10 节）去负责完成。

2．设计接口

根据以上对问题的分析，首先设计一个接口 Avertisemen，该接口有 2 个方法 show Advertisement()和 getCorpName()，那么实现 Avertisement 接口的类必须重写 showAdvertisement()和 getCorpName()方法，即要求各个公司给出具体的广告词和公司的名称。

3．设计广告牌类

然后我们设计 AdvertisementBoard 类（广告牌），该类有一个 show(Advertisement adver)方法，该方法的参数 adver 是 Avertisement 接口类型（就像人们常说的，广告牌对外留有接口）。显然，该参数 adver 可以存放任何实现 Avertisement 接口的类的对象的引用，并回调类重写的接口方法 showAdvertisement()来显示公司的广告词，回调类重写的接口方法 getCorpName()来显示公司的名称。

下面的例 6-5 中除了主类外，还有 Avertisemen 接口及实现该接口的 WhiteCloudCorp（白云有限公司）和 BlackLandCorp（黑土集团），以及面向接口的 AdvertisementBoard 类（广告牌）。图 6.9 是相关的 UML 图，程序运行效果如图 6.10 所示。

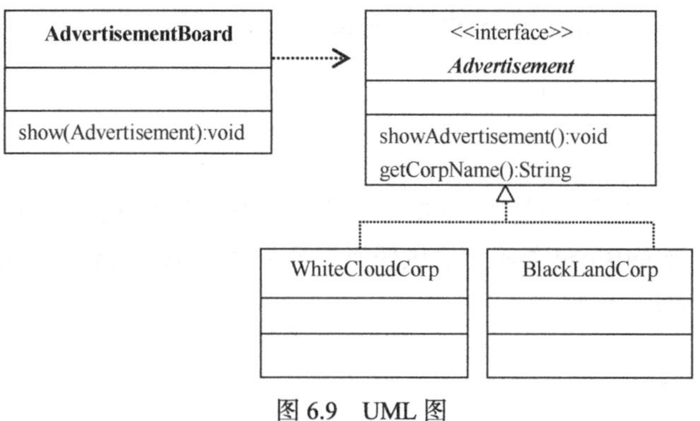

图 6.9 UML 图

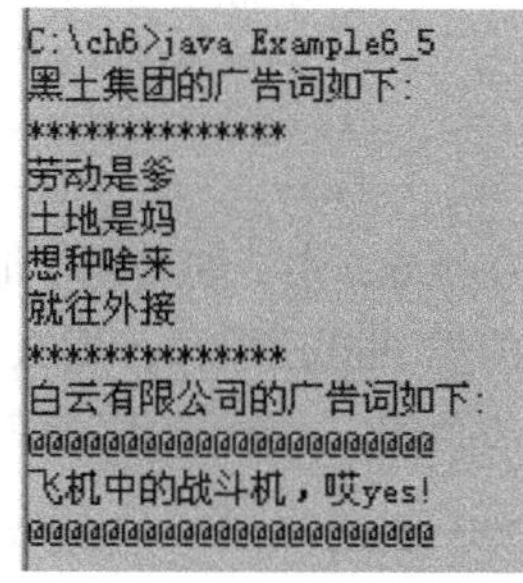

图 6.10 体现“开-闭”原则

例 6-5

Advertisement.java

```
public interface Advertisement { //接口
    public void showAdvertisement();
    public String getCorpName();
}
```

AdvertisementBoard.java

```
public class AdvertisementBoard { //负责创建广告牌
  public void show(Advertisement adver) {
     System.out.println(adver.getCorpName()+"的广告词如下:");
     adver.showAdvertisement(); //接口回调
  }
}
```

WhiteCloudCorp.java

```
public class WhiteCloudCorp implements Advertisement { //PhilipsCorp实现Avertisement
接口
  public void showAdvertisement(){
    System.out.println("@@@@@@@@@@@@@@@@@@@@@@@");
    System.out.printf("飞机中的战斗机，哎 yes!\n");
    System.out.println("@@@@@@@@@@@@@@@@@@@@@@@");
  }
  public String getCorpName() {
    return "白云有限公司" ;
  }
}
```

BlackLandCorp.java

```
public class BlackLandCorp implements Advertisement {
  public void showAdvertisement(){
    System.out.println("**************");
    System.out.printf("劳动是爹\n 土地是妈\n 想种啥来\n 就往外接\n");
    System.out.println("**************");
  }
  public String getCorpName() {
    return "黑土集团" ;
```

```
    }
  }
```

Example6_5.java

```
public class Example6_5 {
   public static void main(String args[]) {
      AdvertisementBoard board = new AdvertisementBoard();
      board.show(new BlackLandCorp());
      board.show(new WhiteCloudCorp());
   }
}
```

在例 6-5 中，如果再增加一个 Java 源文件（对扩展开放），该源文件有一个实现 Advertisement 接口的类 PhilipsCorp，那么 AdvertisementBoard 类不需要做任何修改（对 AdvertisementBoard 类的修改关闭），应用程序的主类就可以使用代码：

```
board.show(new IBMCorp());
```

显示 Philips 公司的广告词。

如果将例 6-5 中的 Advertisement 接口、AdvertisementBoard 类以及 WhiteCloudCorp 和 BlackLandCorp 类看作是一个小的开发框架，将 Example6_5 看作是使用该框架的用户程序，那么框架满足“开-闭”原则，该框架相对用户的需求就比较容易维护，因为，当用户程序需要使用广告牌显示 Philips 公司的广告词时，只需简单地扩展框架，即在框架中增加一个实现 Advertisement 接口的 PhilipsCorp 类，而无需修改框架中的其他类。

6.4 上机实践

6.4.1 实验 1 作战命令

1. 实验目的

接口回调是多态的另一种体现，接口回调是指：可以把使用某一接口的类创建的对象的引用赋给该接口声明的接口变量中，那么该接口变量就可以调用被类实现的接口中的方法，当接口变量调用被类实现的接口中的方法时，就是通知相应的对象调用接口的方法，这一过程称为对象功能的接口回调。本实验的目的是让学生掌握接口回调技术。

2. 实验要求

司令部要下达作战命令，但不允许司令部直接与师长、旅长等负责具体战斗任务的直接接触，要求司令部通过下达一道“命令”来指挥师长。编写程序模拟司令部通过下达作战命令指挥作战。

（1）编写一个接口 Commander，该接口的方法是 void battle(String mess)。

（2）编写一个 LeaderHeader 类，该类负责创建司令部。LeaderHeader 类有方法：

```
giveCommand(Commander com);
```

在该方法中的参数是 Commander 接口类型（模拟司令部不直接和师长接触），该方法让参数 com 回调接口方法 battle。

（3）编写负责创建师长和旅长的 ShiZhang 类和 LvZhang 类，二者必须要实现 Commander 接口。

（4）在主类 MainClass 中创建一个名字为 leader 的司令部和名字是 oneShi 和 oneLv 的师长和旅长，leader 调用 giveCommand 指挥师长和旅长作战（将 oneShi 或 oneLv 传递给该方法的参数即可。

程序运行参考效果如图 6.11 所示。

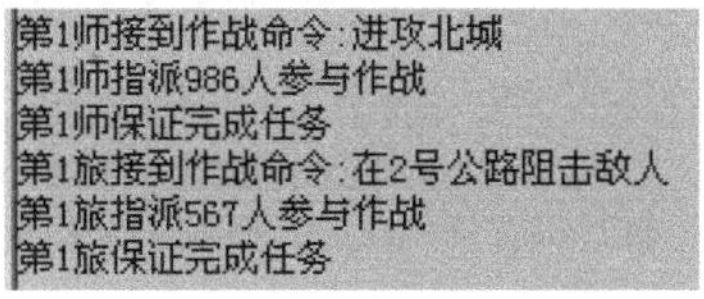

```
第1师接到作战命令:进攻北城
第1师指派986人参与作战
第1师保证完成任务
第1旅接到作战命令:在2号公路阻击敌人
第1旅指派567人参与作战
第1旅保证完成任务
```

图 6.11　司令部指挥作战

3. 程序模板

请按模板要求，将【代码】替换为 Java 程序代码。

Commander.java

```
public interface Commander {
     public void battle(String mess);
}
```

LeaderHeader.java

```
public class LeaderHeader {
     String battleContent;
     public void giveCommand(Commander com){
          【代码】 //com 回调接口方法，并将 battleContent 传递给接口方法的参数
     }
     public void setBattleContent(String s) {
        battleContent = s;
     }
}
```

ShiZhang.java

```
class ShiZhang implements Commander {
    final int MAXSoldierNumber=1000;
    int soldierNumber=1;
    String name;
    ShiZhang(String s){
       name=s;
    }
    public void battle(String mess) {
       System.out.println(name+"接到作战命令:"+mess);
       System.out.println(name+"指派"+soldierNumber+"人参与作战");
       System.out.println(name+"保证完成任务");
    }
    void setSoldierNumber(int m) {
       if(m>MAXSoldierNumber) {
            soldierNumber=MAXSoldierNumber;
       }
       else if(m<MAXSoldierNumber&&m>0) {
            soldierNumber = m;
       }
    }
}
```

LvZhang.java

```
class LvZhang implements Commander {
    final int MAXSoldierNumber=800;
    int soldierNumber=1;
    String name;
    LvZhang(String s){
      name=s;
    }
    public void battle(String mess) {
      System.out.println(name+"接到作战命令:"+mess);
```

```
            System.out.println(name+"指派"+soldierNumber+"人参与作战");
            System.out.println(name+"保证完成任务");
        }
        void setSoldierNumber(int m) {
            if(m>MAXSoldierNumber) {
                soldierNumber=MAXSoldierNumber;
            }
            else if(m<MAXSoldierNumber&&m>0) {
                soldierNumber = m;
            }
        }
    }
```

MainClass.java

```
public class MainClass{
    public static void main(String args[]) {
        LeaderHeader leader =new LeaderHeader();
        ShiZhang oneShi=new ShiZhang("第 1 师");
        oneShi.setSoldierNumber(986);
        leader.setBattleContent("进攻北城");
        leader.giveCommand(oneShi);
        LvZhang oneLv=new LvZhang("第 1 旅");
        oneLv.setSoldierNumber(567);
        leader.setBattleContent("在 2 号公路阻击敌人");
        leader.giveCommand(oneLv);
    }
}
```

4. 实验指导

接口变量可以存放任何实现了该接口的类的实例，而且一旦存放了实现了该接口的类的实例，那么该接口变量就可以帮助该实例调用类所实现的接口方法。因此，实验中的【代码】就是：

```
com.battle(battleContent);
```

5. 实验后的练习

请在实验的基础上再编写一个实现 Commander 接口的类，该类负责创建团长，一个团的兵力限制在 500 以内。

6.4.2 实验 2 小狗的状态

1. 实验目的

所谓面向接口编程，是指当设计某种重要的类时，不让该类面向具体的类，而是面向接口，即所设计类中的重要数据是接口声明的变量，而不是具体类声明的对象。本实验的目的是让学生掌握面向接口编程的思想。

2. 实验要求

小狗在不同环境条件下可能呈现不同的状态表现，要求用接口封装小狗的状态。具体要求如下。

（1）编写一个接口 DogState，该接口有一个名字为 void showState()的方法。

（2）编写 Dog 类，该类中有一个 DogState 接口声明的变量 state。另外，该类有一个 cry()方法，在该方法中让接口 state 回调 showState()方法。即 Dog 对象通过 cry()方法来体现自己目前的状态。

（3）编写若干个实现 DogState 接口的类，负责刻画小狗的各种状态。

（4）编写主类，在主类中用 Dog 创建小狗，并让小狗调用 cry 方法体现自己的状态。程序运行参考效果如图 6.12 所示。

```
在主人面前，听主人的命令
遇到敌人狂叫，并冲向去很咬敌人
遇到朋友晃动尾巴，表示欢迎
```

图 6.12 小狗的状态

3. 程序模板

请按模板要求，将【代码】替换为 Java 程序代码。

CheckDogState.java

```
interface DogState {
   public void showState();
}
class SoftlyState implements DogState {
   【代码 1】 //重写 public void showState()
}
class MeetEnemyState implements DogState {
   【代码 2】 //重写 public void showState()
}
class MeetFriendState implements DogState {
   【代码 3】 //重写 public void showState()
}
class Dog {
  DogState  state;
  public void cry() {
    state.showState();
  }
  public void setState(DogState s) {
    state = s;
  }
}
public class E {
  public static void main(String args[]) {
    Dog yellowDog =new Dog();
    yellowDog.setState(new SoftlyState());
    yellowDog.cry();
    yellowDog.setState(new MeetEnemyState());
    yellowDog.cry();
    yellowDog.setState(new MeetFriendState());
    yellowDog.cry();
  }
}
```

4. 实验指导

接口 DogState 规定了状态的方法名称，因此，实现该接口的类，比如 MeetEnemyState 类，必须具体实现接口中的方法 public void showState()，以便体现小狗遇到敌人时是怎样的状态，比如，程序中的【代码 2】可以是：

```
public void showState() {
      System.out.println("遇到敌人狂叫，并冲向去很咬敌人");
}
```

5. 实验后的练习

由于 Dog 类是面向 DogState 接口，并让小狗通过 cry 方法来体现自己的状态，因此当再增加一个实现 DogState 接口的类后（即给小狗增加一种状态），Dog 类不需要进行修改。请增加如下的类：

```
class MeetAnotherDog implements DogState {
   public void showState() {
         System.out.println("嬉戏");
   }
}
```

并在主类中测试小狗遇到同类时调用 cry()的效果。

习　题　6

1. 接口中能声明变量吗？
2. 接口中能定义非抽象方法吗？
3. 什么是接口的回调？
4. 请说出 E 类中 System.out.println 的输出结果。

```
interface A {
   double f(double x,double y);
}
class B implements A {
  public double f(double x,double y) {
     return x*y;
  }
  int g(int a,int b) {
     return a+b;
  }
}
public class E {
public static void main(String args[]) {
      A a=new B();
      System.out.println(a.f(3,5));
      B b=(B)a;
      System.out.println(b.g(3,5));
  }
}
```

5. 请说出 E 类中 System.out.println 的输出结果。

```
interface Com {
   int add(int a,int b);
}
abstract class A {
   abstract int add(int a,int b);
}
class B extends A implements Com{
   public int add(int a,int b) {
      return a+b;
   }
}
```

```
public class E {
public static void main(String args[]) {
    B b =new B();
    Com com = b;
    System.out.println(com.add(12,6));
    A a =b;
    System.out.println(a.add(10,5));
  }
}
```

第 7 章 数组与枚举

主要内容

- 数组的基本语法
- 遍历数组
- 复制数组
- 排序与二分查找
- 枚举

难点

- 枚举

在第 2 章我们学习了诸如 int、char、double 等简单数据类型，第 4 章和第 6 章分别学习了类和接口等数据类型。本章将学习数组和枚举。

7.1 创建数组

如果程序需要若干个类型相同的变量，如需要 8 个 int 型变量，应当怎样做呢？按照第 2 章所学知识，可以声明如下 8 个 int 型变量：

```
int x1,x2,x3,x4,x5,x6,x7,x8;
```

如果程序需要更多的 int 型变量，以这种方式来声明变量是不可取的，这就促使我们学习使用数组。数组是相同类型的变量按顺序组成的一种复合数据类型，我们将这些相同类型的变量称为数组的元素或单元。数组通过数组名加索引来使用数组的元素。

数组属于引用型变量，创建数组需要经过声明数组和为数组分配变量 2 个步骤。

7.1.1 声明数组

声明数组包括数组变量的名字（简称数组名）、数组的类型。

声明一维数组有下列两种格式：

```
数组的元素类型  数组名[];
数组的元素类型 []  数组名;
```

声明二维数组有下列两种格式：

```
数组的元素类型  数组名[][];
```

```
数组的元素类型 [][] 数组名;
```

例如：

```
float  boy[];
char  cat[][];
```

那么数组 boy 的元素都是 float 类型的变量，可以存放 float 型数据，数组 cat 的元素都是 char 型变量，可以存放 char 型数据。

数组元素的类型可以是 Java 的任何一种类型。例如，Dog 是一个类，那么可以按如下方式声明一个数组：

```
Dog tom[];
```

数组 tom 的元素可以存放 Dog 对象的引用。

与 C/C++不同，Java 不允许在声明数组中的方括号内指定数组元素的个数。若声明：

```
int a[12];
```

或

```
int [12] a;
```

将导致语法错误。

7.1.2　为数组分配元素

声明数组仅仅是给出了数组变量的名字和元素的数据类型，要想真正地使用数组还必须为它分配变量，即给数组分配元素。

为数组分配元素的格式如下：

```
数组名 = new  数组元素的类型[数组元素的个数];
```

例如：

```
boy= new float[4];
```

为数组分配元素后，数组 boy 获得 4 个用来存放 float 类型数据的变量，即 4 个 float 型元素。数组变量 boy 中存放着这些元素的首地址，该地址称作数组的引用，这样数组就可以通过索引操作这些内存单元。数组属于引用型变量，数组变量中存放着数组的首元素的地址，通过数组变量的名字加索引使用数组的元素（内存示意如图 7.1 所示），例如：

```
boy[0]=12;
boy[1]=23.901F;
boy[2]=100;
boy[3]=10.23f;
```

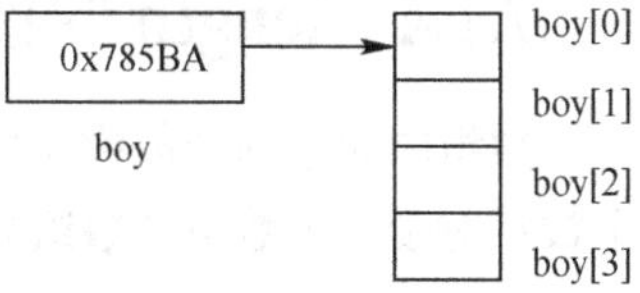

0x785BA → boy[0] boy[1] boy[2] boy[3]
boy

图 7.1　数组的内存模型

声明数组和创建数组可以一起完成，例如：

```
float boy[]=new float[4];
```

二维数组和一维数组一样，在声明之后必须用 new 运算符分配内存空间，例如：

```
int  mytwo[][];
mytwo=new int [3][4];
```

或

```
int mytwo[][]=new int[3][4];
```

Java 采用“数组的数组”来声明多维数组，一个二维数组是由若干个一维数组组成的，例如，上述创建的二维数组 mytwo 就是由 3 个长度为 4 的一维数组 mytwo[0]、mytwo[1]和 mytwo[2]构成的。

构成二维数组的一维数组不必有相同的长度，在创建二维数组时可以分别指定构成该二维数组的一维数组的长度，例如：

```
int a[][]=new int[3][];
```

创建了一个二维数组 a，a 由 3 个一维数组 a[0]、a[1]和 a[2]构成，但它们的长度还没有确定，即这些一维数组还没有分配元素，所以二维数组 a 还不能使用，必须要创建它的 3 个一维数组，例如：

```
a[0]=new int[6];
a[1]=new int[12];
a[2]=new int[8];
```

注意

和 C 语言不同的是，Java 允许使用 int 型变量的值指定数组的元素的个数，例如：

```
int  size=30;
double  number[]=new double[size];
```

7.1.3 数组元素的使用

一维数组通过索引符访问自己的元素，如 boy[0]，boy[1]等。需要注意的是，索引从 0 开始，因此，数组若有 7 个元素，那么索引到 6 为止，如果程序使用了如下语句：

```
boy[7]=384.98f;
```

程序可以编译通过，但运行时将发生 ArrayIndexOutOfBoundsException 异常，因此在使用数组时必须谨慎，防止索引越界。

二维数组也通过索引符访问自己的元素，如 a[0][1]，a[1][2]等。需要注意的是，索引从 0 开始，如声明创建了一个二维数组 a：

```
int a[][] = new int[2][3];
```

那么第一个索引的变化范围为从 0 到 1，第二个索引的变化范围为从 0 到 2。

7.1.4 length 的使用

数组中元素的个数称作数组的长度。对于一维数组，“数组名.length”的值就是数组中元素的个数；对于二维数组“数组名.length”的值是它含有的一维数组的个数。例如，对于

```
float a[] = new float[12];
int b[][] = new int[3][6];
```

a.length 的值 12；而 b.length 的值是 3。

7.1.5 数组的初始化

创建数组后，系统会给数组的每个元素一个默认的值，如 float 型是 0.0。

在声明数组的同时也可以给数组的元素一个初始值，如：

```
float boy[] = {21.3f,23.89f,2.0f,23f,778.98f};
```

上述语句相当于：

```
float boy[] = new float[5];
```

然后

```
boy[0] = 21.3f;boy[1]= 23.89f;boy[2] = 2.0f;boy[3]= 23f;boy[4] = 778.98f;
```

也可以直接用若干个一维数组初始化一个二维数组，这些一维数组的长度不尽相同，例如：

```
int a[][ ]= {{1}, {1,1},{1,2,1}, {1,3,3,1}, {1,4,6,4,1}};
```

7.1.6　数组的引用

数组属于引用型变量，因此两个相同类型的数组如果具有相同的引用，它们就有完全相同的元素。例如，对于

```
int a[] = {1,2,3},b[ ] = {4,5};
```

数组变量 a 和 b 分别存放着引用 0x35ce36 和 0x757aef，内存模型如图 7.2 所示。

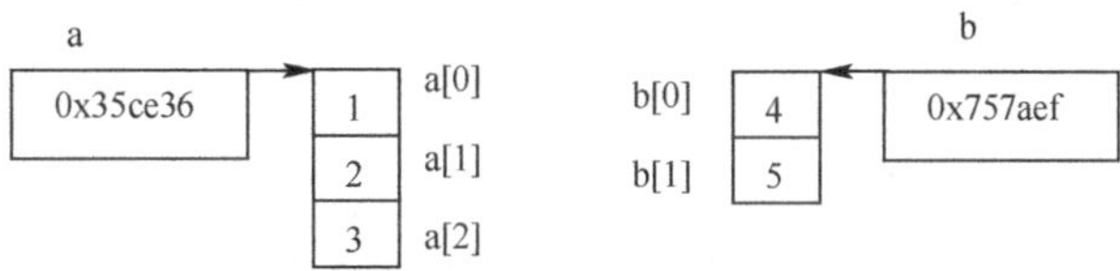

图 7.2　数组 a、b 的内存模型

如果使用了下列赋值语句（a 和 b 的类型必须相同）：

```
a=b;
```

那么，a 中存放的引用和 b 的相同，这时系统将释放最初分配给数组 a 的元素，使得 a 的元素和 b 的元素相同，a、b 的内存模型变成如图 7.3 所示。

下面的例 7-1 使用了数组，请读者注意程序的输出结果，运行效果如图 7.4 所示。

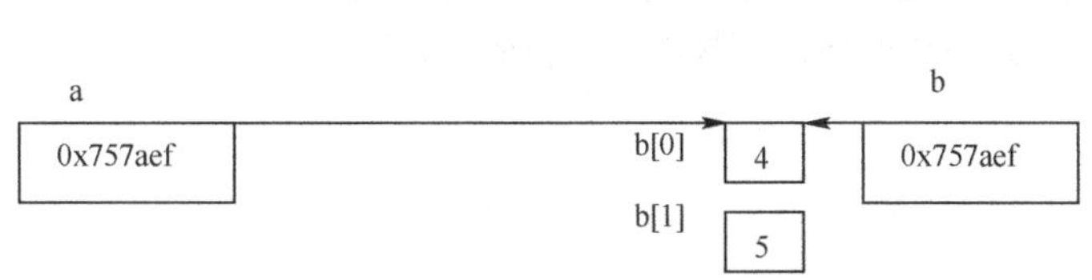

图 7.3　a=b 后的数组 a、b 的内存模型

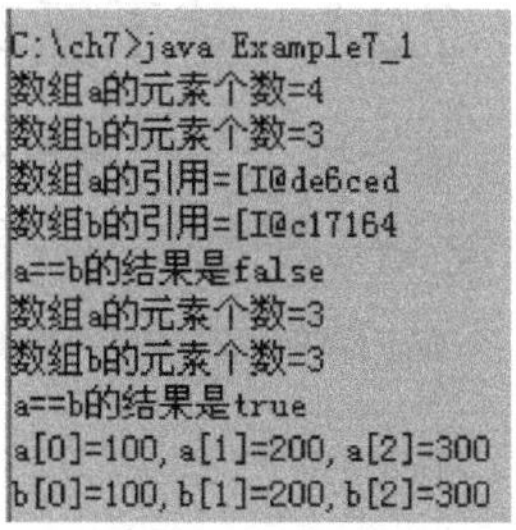

```
C:\ch7>java Example7_1
数组a的元素个数=4
数组b的元素个数=3
数组a的引用=[I@de6ced
数组b的引用=[I@c17164
a==b的结果是false
数组a的元素个数=3
数组b的元素个数=3
a==b的结果是true
a[0]=100, a[1]=200, a[2]=300
b[0]=100, b[1]=200, b[2]=300
```

图 7.4　使用数组

例 7-1

Example7_1.java

```
public class Example7_1 {
   public static void main(String args[]) {
      int a[]={1,2,3,4};
      int b[]={100,200,300};
      System.out.println("数组 a 的元素个数="+a.length);
```

```
        System.out.println("数组 b 的元素个数="+b.length);
        System.out.println("数组 a 的引用="+a);
        System.out.println("数组 b 的引用="+b);
        System.out.println("a==b 的结果是"+(a==b));
        a=b;
        System.out.println("数组 a 的元素个数="+a.length);
        System.out.println("数组 b 的元素个数="+b.length);
        System.out.println("a==b 的结果是"+(a==b));
        System.out.println("a[0]="+a[0]+",a[1]="+a[1]+",a[2]="+a[2]);
        System.out.print("b[0]="+a[0]+",b[1]="+b[1]+",b[2]="+b[2]);
    }
}
```

需要注意的是，对于 char 型数组 a，System.out.println(a)不会输出数组 a 的引用而是输出数组 a 的全部元素的值，例如，对于

```
char a[]={'中','国','科',大''};
```

下列

```
System.out.println(a);
```

的输出结果是：

```
中国科大
```

如果想输出 char 型数组的引用，必须让数组 a 和字符串做并置运算，例如：

```
System.out.println(""+a);
```

输出数组的引用：def879。

7.2 遍 历 数 组

7.2.1 基于循环语句的遍历

学习过 C 语言或其他语言的读者，一定非常熟悉使用循环语句输出数组元素的值。JDK1.5 对 for 语句的功能给予了扩充、增强，以便更好地遍历数组。语法格式如下：

```
for(声明循环变量：数组的名字) {
…
}
```

其中，声明的循环变量的类型必须和数组的类型相同。

这种形式的 for 语句类似自然语言中的“for each”语句，为了便于理解上述 for 语句，可以将这种形式的 for 语句中翻译成“对于循环变量依次取数组的每一个元素的值”。

下面的例 7-2 分别使用 for 语句的传统方法和改进方式遍历数组。

例 7-2

Example7_2.java

```
public class Example7_2 {
   public static void main(String args[]) {
```

```
        int a[]={1,2,3,4};
        char b[]={'a','b','c','d'};
        for(int n=0;n<a.length;n++) { //传统方式
           System.out.println(a[n]);
        }
        for(int n=0;n<b.length;n++) { //传统方式
           System.out.println(b[n]);
        }
        for(int i:a) {     //循环变量 i 依次取数组 a 的每一个元素的值(非传统方式)
           System.out.println(i);
        }
        for(char ch:b) { //循环变量 ch 依次取数组 b 的每一个元素的值(非传统方式)
          System.out.println(ch);
        }
     }
  }
```

需要特别注意的是：

```
for(声明循环变量:数组的名字)
```

中的“声明循环变量”必须是变量声明，不可以使用已经声明过的变量。例如，上述例 7-2 中的第一个非传统方式的 for 语句不可以按如下方式分开写成 2 条语句：

```
int i=0;
for(i:a) {
  System.out.println(i);
}
```

7.2.2　使用 toString()方法遍历数组

这里介绍 JDK1.5 版本后提供的一个简单的输出数组元素的值的方法。让 Arrays 类调用

```
public static String toString(int[] a)
```

方法，可以得到参数指定的一维数组 a 的如下格式的字符串表示：

```
[a[0],a[1] …a[a.length-1]]
```

例如，对于数组：

```
int []a = {1,2,3,4,5,6};
```

Arrays. toString(a)得到的字符串是：

```
[1, 2, 3, 5, 6]
```

7.3　复 制 数 组

通过 7.1 节的学习已经知道，数组属于引用类型。也就是说，如果两个类型相同的数组具有相同的引用，那么它们就有完全相同的元素。例如，对于：

```
int a[]={1,2}, b[];
```

如果执行

```
b=a;
```

那么 a 和 b 的值就相同，即 a 的引用与 b 的引用相同。这样，a[0]和 b[0]是相同的内存空间，同样 a[1]和 b[1]也是相同的内存空间。

有时想把一个数组的元素中的值复制到另一个数组中的元素中，后者元素值的改变不会影响到原数组元素的值，反之也是如此，如果想实现这样的目的，显然不能使用数组之间进行引用赋值的方式。

7.3.1 arraycopy 方法

一个办法就是利用循环语句把一个数组元素的值分别赋值给另一个数组中相应的元素（C 语言中经常使用的办法）。在这里介绍 Java 提供的更简练的数组之间的快速复制：让 System 类调用方法

```
public static void arraycopy(sourceArray,int index1,copyArray,int index2,int length)
```

可以将数组 sourceArray 从索引 index1 开始后的 length 个元素中的数据复制到数组 copyArray 中，即将数组 sourceArray 中索引值从 index1 到 index1+length-1 的元素中的数据复制到数组 copyArray 的某些元素中；接收数据的 copyArray 数组从第 index2 元素开始存放这些数据。如果接收数据的数组 copyArray 不能存放下待复制的数据，程序运行将发生异常。

```
C:\ch7>java Example7_3
数组 a 的各个元素中的值:
[A, B, C, D, E, F]
数组 b 的各个元素中的值:
[A, B, C, D, E, F]
数组 c 的各个元素中的值:
[-1, -2, -3, -4, -5, -6]
数组 d 的各个元素中的值:
[10, 20, -3, -4, -5, 60]
```

图 7.5 arraycopy 方法复制数组

下面的例 7-3 演示了 arraycopy 方法，运行效果如图 7.5 所示。

例 7-3

Example7_3.java

```
import java.util.Arrays;
public class Example7_3 {
   public static void main(String args[]) {
     char [] a = {'A','B','C', 'D','E','F'},
            b = {'1','2','3','4','5','6'};
     int [] c ={-1,-2,-3,-4,-5,-6},
           d = {10,20,30,40,50,60};
     System.arraycopy(a, 0, b, 0, a.length);
     System.arraycopy(c, 2, d, 2, c.length-3);
     System.out.println("数组 a 的各个元素中的值:");
     System.out.println(Arrays.toString(a));
     System.out.println("数组 b 的各个元素中的值:");
     System.out.println(Arrays.toString(b));
     System.out.println("数组 c 的各个元素中的值:");
     System.out.println(Arrays.toString(c));
     System.out.println("数组 d 的各个元素中的值:");
     System.out.println(Arrays.toString(d));
   }
}
```

7.3.2 copyOf 和 copyOfRange()方法

前面介绍的

```
public static void arraycopy(sourceArray,int index1,copyArray,int index2,int length)
```

方法有一个缺点，就是事先必须创建参数 copyArray 指定的数组。JDK1.6 后，Java 又提供了一个 copyOf()和 copyOfRange()方法。例如，Arrays 类调用

```
public static double[] copyOf(double[] original,int newLength)
```

方法可以把参数 original 指定的数组中从索引 0 开始的 newLength 个元素复制到一个新数组中，并返回这个新数组，且该新数组的长度为 newLength，如果 newLength 的值大于 original 的长度，copyOf 方法返回的新数组的第 newLength 索引后的元素取默认值。类似的方法还有：

```
public static float[] copyOf(float[] original,int newLength)
public static int[] copyOf(int[] original,int newLength)
public static char[] copyOf(char[] original,int newLength)
```

等。例如，对于：

```
int [] a={100,200,300,400};
int [] b=Arrays.copyOf(a,5);
```

那么 b[0]=100，b[1]=200，b[2]=300，b[3]=400，b[4]=0。即 b 的长度为 5，最后一个元素 b[4]取默认值 0。

另外，还有一个方法，可以把数组中部分元素的值复制到另一个数组中，例如：

```
public static double[] copyOfRange(double[] original,int from,int to)
```

方法可以把参数 original 指定的数组中从索引 from 至 to-1 的元素复制到一个新数组中，并返回这个新数组，即新数组的长度为 to-from。如果 to 的值大于数组 original 的长度，新数组第 original.length-from 索引开始的元素取默认值。类似的方法还有：

```
public static float[] copyOfRange(flaot[] original,int from,int to)
public static int[] copyOfRange(int[] original,int from,int to)
public static char[] copyOfRange(char[] original,int from,int to)
```

等。例如，对于：

```
int [] a={100,200,300,400,500,600};
int [] b=Arrays.copyOf(a,2,5);
```

那么数组 b 的长度为 3，b[0]=300，b[1]=400，,b[2]=500。

下面的例 7-4 使用 copyOf()和 copyOfRange()方法复制数组。运行效果如图 7.6 所示。

```
C:\ch7>java Example7_4
数组 a 的各个元素中的值:
[11, 22, 33, 44, 55]
数组 b 的各个元素中的值:
[11, 22, 33, 44, 55, 0, 0, 0]
数组 c 的各个元素中的值:
[44, 55]
数组 d 的各个元素中的值:
[22, 33, 44, 55, 0, 0]
```

图 7.6　copyOf 方法复制数组

例 7-4

Example7_4.java

```
import java.util.*;
public class Example7_4 {
  public static void main(String args[]){
    int [] a ={11,22,33,44,55},b,c,d;
    b=Arrays.copyOf(a,8);
    System.out.println("数组 a 的各个元素中的值:");
    System.out.println(Arrays.toString(a));
    System.out.println("数组 b 的各个元素中的值:");
    System.out.println(Arrays.toString(b));
    c=Arrays.copyOfRange(a,3,5);
    System.out.println("数组 c 的各个元素中的值:");
```

```
            System.out.println(Arrays.toString(c));
            d=Arrays.copyOfRange(a,1,7);
            System.out.println("数组 d 的各个元素中的值:");
            System.out.println(Arrays.toString(d));
        }
    }
```

7.4　排序与二分查找

可以使用循环语句实现对数组的排序，也可以使用循环语句查找某个数据是否在一个排序的数组中。Arrays 类调用相应的方法可以实现对数组的快速排序，例如，Array 类调用

```
public static void sort(double a[])
```

方法可以把参数 a 指定的 double 类型数组按升序排序。Array 类调用

```
public static void sort(double a[],int start,int end)
```

方法可以把参数 a 指定的 double 类型数组中索引 star 至 end-1 的元素的值按升序排序。Array 类调用（二分法）

```
public static int binarySearch(double[] a, double number)
```

方法判断参数 number 指定的数值是否在参数 a 指定的数组中，即 number 是否和数组 a 的某个元素的值相同，其中数组 a 必须是事先已排序的数组。如果 number 和数组 a 中某个元素的值相同，int binarySearch(double[] a, double number)方法返回（得到）该元素的索引，否则返回一个负数。

在下面的例 7-5 中，首先将一个数组排序，然后使用二分法判断用户从键盘输入的整数是否和数组中某个元素的值相同，即是否在数组中。运行效果如图 7.7 所示。

```
C:\ch7>java Example7_5
[6, 9, 12, 19, 23, 34, 34, 45, 45, 90, 123]
输入整数，程序判断该整数是否在数组中:
34
34和数组中索引为5的元素值相同
是否继续输入整数？输入任何非整数即可结束
19
19和数组中索引为3的元素值相同
是否继续输入整数？输入任何非整数即可结束
5
5不与数组中任何元素值相同
是否继续输入整数？输入任何非整数即可结束
0.111
```

图 7.7　排序与查找

例 7-5

Example7_5.java

```
import java.util.*;
public class Example7_5 {
   public static void main(String args[]) {
      Scanner scanner = new Scanner(System.in);
      int [] a={12,34,9,23,45,6,45,90,123,19,34};
      Arrays.sort(a);
      System.out.println(Arrays.toString(a));
      System.out.println("输入整数，程序判断该整数是否在数组中:");
      while(scanner.hasNextInt()) {
         int number = scanner.nextInt();
         int index=Arrays.binarySearch(a,number);
         if(index>=0){
            System.out.println(number+"和数组中索引为"+index+"的元素值相同");
         }
         else{
```

```
                System.out.println(number+"不与数组中任何元素值相同");
            }
            System.out.println("是否继续输入整数？输入任何非整数即可结束");
        }
    }
}
```

7.5　枚　　举

7.5.1　枚举类型的定义

JDK1.5 引入了一种新的数据类型：枚举类型。

枚举类型的定义包括枚举声明和枚举体，语法格式如下：

```
enum 枚举名
{ 常量列表
}
```

Java 使用关键字 enum 声明枚举类型，“enum 枚举名”是枚举声明，枚举声明给出了枚举类型的名字。枚举声明后的一对大括号之间的内容是枚举体，枚举体中的内容是用逗号分割的字符序列，称为枚举类型的常量，而且枚举类型的常量要符合标识符之规定，即由字母、下划线、美元符号和数字组成，并且第一个字符不能是数字字符。

例如：

```
enum Season
{  spring,summer,autumn,winter
}
```

声明了名字为 Season 的枚举类型，该枚举类型有 4 个常量。

7.5.2　枚举变量

声明了一个枚举类型后，就可以用该枚举类型的枚举名声明一个枚举变量，例如：

```
Season x;
```

声明了一个枚举变量 x。枚举变量 x 只能取值枚举类型中的常量。通过使用枚举名和“.”运算符获得枚举类型中的常量，例如：

```
x=Season.spring;
```

可以在一个 Java 源文件中只声明定义枚举类型，然后保存该源文件，然后单独编译这个源文件得到枚举类型的字节码文件，那么该字节码就可以被其他源文件中的类使用，如例 7-6 所示。

例 7-6 有两个 Java 源文件，需要两次打开文本编辑器，分别编辑、保存和编译这两个源文件。

例 7-6

Weekday.java

```
    public enum Weekday {
      星期一，星期二，星期三，星期四，星期五，星期六，星期日
```

```
    }
```

Example7_6.java

```
    public class Example7_6{
       public static void main(String args[]){
            Weekday x=Weekday.星期日;
            if(x==Weekday.星期日) {
              System.out.println(x);
              System.out.println("今天我休息");
            }
       }
    }
```

7.5.3 枚举类型与 for 语句和 switch 语句

1. 使用 for 语句遍历枚举常量

枚举类型可以用如下形式返回一个一维数组：

```
枚举类型的名字.values();
```

该一维数组元素的值和该枚举类型中常量依次相对应。例如，

```
WeekDay a[]=WeekDay.values();
```

那么，a[0]至 a[6]的值依次为：星期一，星期二，星期三，星期四，星期五，星期六，星期日。

JDK1.5 之后版本可以使用 for 语句遍历枚举类型中的常量。在下面的例 7-7 中，输出从红、黄、蓝 3 种颜色中取出两种不同颜色的排列（不是组合），运行效果如图 7.8 所示。

```
C:\ch7>java Example7_7
红,黄|红,绿|黄,红|黄,绿|绿,红|绿,黄|
```

图 7.8 排列两种颜色

例 7-7

Example7_7.java

```
    enum Color {
      红,黄,绿
    }
    public class Example7_7 {
       public static void main(String args[]) {
          for(Color a:Color.values()) {
             for(Color b:Color.values()) {
                if(a!=b)
                  System.out.print(a+","+b+"|");
             }
          }
       }
    }
```

2. switch 语句中使用枚举常量

JDK1.5 后的版本允许 switch 语句中表达式的值是枚举类型的常量。下面的例 7-8 结合 for 语句和 switch 语句显示了 5 种水果中部分水果的价格，其中 for 语句和 switch 语句都使用了枚举类型。

例 7-8

Example7_8.java

```
    enum Fruit {
       苹果,梨,香蕉,西瓜,芒果
    }
```

```
public class Example3_10 {
   public static void main(String args[]) {
      double price=0;
      boolean show=false;
      for(Fruit fruit:Fruit.values()) {
         switch(fruit) {
            case 苹果: price=1.5;
                       show=true;
                       break;
            case 芒果: price=6.8;
                       show=true;
                       break;
            case 香蕉: price=2.8;
                       show=true;
                       break;
            default:  show=false;
         }
         if(show) {
           System.out.println(fruit+"500 克的价格: "+price+"元");
         }
      }
   }
}
```

7.6 上 机 实 践

7.6.1 实验 1 遍历与复制数组

1. 实验目的

本实验的目的是让学生掌握使用 Array 类调用 static 方法操作数组。

2. 实验要求

编写一个 Java 应用程序，输出数组 a 的全部元素，并将数组 a 的全部或部分元素复制到其他数组中，然后改变其他数组的元素的值，再输出数组 a 的全部元素。程序运行参考效果如图 7.9 所示。

```
[1, 2, 3, 4, 500, 600, 700, 800]
[1, 2, 3, 4, 500, 600, 700, 800]
[1, 2, 3, 4]
[500, 600, 700, 800]
[1, 2, 3, 4, 500, 600, 700, 800]
```

图 7.9 输出、复制数组的元素

3. 程序模板

请按模板要求，将【代码】替换为 Java 程序代码。

InputArray.java

```
import java.util.Arrays;
public class CopyArray {
   public static void main (String args[ ]) {
      int [] a = {1,2,3,4,500,600,700,800};
      int [] b,c,d;
      System.out.println(Arrays.toString(a));
      b = Arrays.copyOf(a,a.length);
      System.out.println(Arrays.toString(b));
      c =【代码 1】//Arrays 调用 copyOf 方法复制数组 a 的前 4 个元素
      System.out.println(【代码 2】);//Arrays 调用 toString 方法返回数组 c 的元素值的表示格式
```

```
        d = 【代码 3】//Arrays 调用 copyOfRange 方法复制数组 a 的后 4 个元素
        System.out.println(Arrays.toString(d));
        【代码 4】  //将-100 赋给数组 c 的最后一个元素
        d[d.length-1] = -200;
        System.out.println(Arrays.toString(a));
    }
}
```

4. 实验指导

为了复制数组可以使用 Arrays 的 static int[] copyOf(int[] original,int newLength)方法。那么【代码 1】可以是 Arrays.copyOf(a,4); 为了复制数组也可以使用 Arrays 的 static int[] copyOfRange(int[] original,int from,int to)方法，那么【代码 3】可以是 Arrays.copyOfRange(a,4,a.length); 注意到数组 c 的最后一个元素的索引是 c.length-1，因此【代码 4】可以是 c[c.length-1] = -100;;

5. 实验后的练习

（1）在程序的【代码 4】之后增加语句：

```
int [] tom = Arrays.copyOf(c,6);
System.out.println(Arrays.toString(tom));
```

（2）在程序的最后一个语句之后增加语句：

```
int [] jerry = Arrays.copyOf(d,1,8);
System.out.println(Arrays.toString(jerry));
```

7.6.2 实验 2 公司与薪水

1. 实验目的

本实验的目的是掌握使用对象数组的方法。

2. 实验要求

要求有一个 abstract 类，类名为 Employee。Employee 的子类有 YearWorker 和 MonthWorker。YearWorker 对象按年领取薪水，MonthWorker 按月领取薪水。Employee 类有一个 abstract 方法：

```
public abstract earnings();
```

子类必须重写父类的 earnings()方法，给出各自领取报酬的具体方式。

有一个 Company 类，该类用 Employee 对象数组作为成员，Employee 对象数组的单元可以是 YearWorker 对象或 MonthWorker 对象的上转型对象。程序能输出 Company 对象一年需要支付的薪水总额。

3. 程序模板

请按模板要求，将【代码】替换为 Java 程序代码。

CompanySalary.java

```
abstract class Employee {
   public abstract double earnings();
}
class YearWorker extends Employee {
   public double earnings() {
      return 12000;
   }
}
class MonthWorker extends Employee {
   public double earnings() {
```

```
            return 12*6730;
        }
    }
    class Company {
        【代码 1】//声明一个名字是 employee 类型是 Employee 的数组
        double salaries=0;
        Company(Employee[] employee) {
            this.employee=employee;
        }
        public double salariesPay() {
            salaries=0;
            //【代码 2】 //计算 salaries。
            return salaries;
        }
    }
    public class CompanySalary {
        public static void main(String args[]) {
            Employee [] employee=new Employee[129]; //公司有 129 名雇员
            for(int i=0;i<employee.length;i++) {   //雇员简单地分成 2 类
                if(i%2==0)
                    employee[i]=new YearWorker();
                else if(i%2==1)
                    employee[i]=new MonthWorker();
            }
            Company company=new Company(employee);
            System.out.println("公司薪水总额:"+company.salariesPay()+"元");
        }
    }
```

4. 实验指导

因为声明一维数组有两种格式，因此【代码 1】可以是 Employee[] employee;或 Employee employee[];由于数组 employee 的每个单元都是某个子类对象的上转型对象，实验中的【代码 2】可以通过循环语句让数组 employee 的每个单元调用 earnings 方法，并将该方法返回的值累加到 salaries，如下所示：

```
for(int i=0;i<employee.length;i++) {
    salaries=salaries+employee[i].earnings();
}
```

5. 实验后的练习

再增加一种雇员，比如按周领取薪水的雇员，然后计算所有公司雇员一年的总薪水。

习　题　7

1. 怎样获取一维数组的长度？
2. 怎样获取二维数组中一维数组的个数？
3. 阅读下列程序，说出程序中标明的【代码 1】~【代码 6】的输出结果。

```
public class Xiti3 {
    public static void main(String args[]){
```

```
      double a[][]={{1,2,3},{4,5,6},{7,8,9}};
      double b[][]={{1.0,2.2,3.3,4.4},{5.5,6.6,7.7,8.8}};
      boolean boo=(a[0]==b[0]);
      System.out.println(boo); //【代码 1】
      boo=(a[0][0]==b[0][0]);
      System.out.println(boo); //【代码 2】
      a[0]=b[0];
      a[1]=b[1];
      System.out.println(a==b);//【代码 3】
      System.out.println(a.length); //【代码 4】
      System.out.println(a[0][3]);  //【代码 5】
      System.out.println(a[1][3]);  //【代码 6】
   }
}
```

4. 阅读下列程序，说出程序中标明的【代码 1】和【代码 2】的输出结果。

```
import java.util.*;
public class Copy {
   public static void main(String args[]){
      char [] a ={'b','i','r','d','c','a','r'};
      char [] b=Arrays.copyOf(a,4);
      System.out.println(b);  //【代码 1】
      char [] c=Arrays.copyOfRange(a,4,a.length);
      System.out.println(c); //【代码 2】
   }
}
```

5. 参考例 7-7，输出从红、黄、蓝、绿、黑 5 种颜色中取出 3 种不同颜色的排列。

第 8 章 内部类与异常类

主要内容

- 内部类
- 匿名类
- 异常类
- 断言

难点

- 异常类

8.1 内 部 类

我们已经知道，类可以有两种重要的成员：成员变量和方法，实际上 Java 还允许类可以有一种成员：内部类。

Java 支持在一个类中声明另一个类，这样的类称作内部类，而包含内部类的类称为内部类的外嵌类。内部类的外嵌类的成员变量在内部类中仍然有效，内部类中的方法也可以调用外嵌类中的方法。

内部类的类体中不可以声明类变量和类方法。外嵌类的类体中可以用内部类声明对象，作为外嵌类的成员。

内部类仅供它的外嵌类使用，其他类不可以用某个类的内部类声明对象。另外，由于内部类的外嵌类的成员变量在内部类中仍然有效，使得内部类和外嵌类的交互更加方便。

例如，某种类型的农场饲养了一种特殊种类的牛，但不希望其他农场饲养这种特殊种类的牛，那么这种类型的农场就可以创建这种特殊种牛的类作为自己的内部类。

下面的例 8-1 中有一个 RedCowForm（红牛农场）类，该类中有一个名字为 RedCow（红牛）的内部类。程序运行效果如图 8.1 所示。

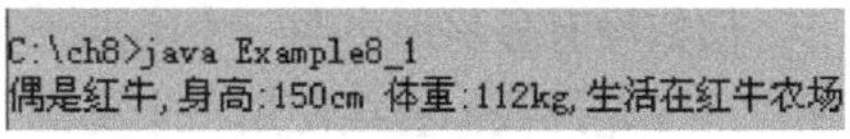

```
C:\ch8>java Example8_1
偶是红牛,身高:150cm 体重:112kg,生活在红牛农场
```

图 8.1 使用内部类

例 8-1

RedCowForm.java

```
public class RedCowForm {
   String formName;
   RedCow cow;  //内部类声明对象
   RedCowForm() {
   }
```

```
        RedCowForm(String s) {
           cow = new RedCow(150,112,5000);
           formName=s;
        }
        public void showCowMess() {
           cow.speak();
        }
        class RedCow {      //内部类的声明
           String cowName="红牛";
           int height,weight,price;
           RedCow(int h,int w,int p){
              height=h;
              weight=w;
              price=p;
           }
           void speak() {
              System.out.println("偶是"+cowName+",身高:"+height+
                                 "cm 体重:"+weight+"kg,生活在"+formName);
           }
        }
     }
```

Example8_1.java

```
     public class Example8_1 {
        public static void main(String args[]) {
           RedCowForm form = new RedCowForm("红牛农场");
           form.showCowMess();
        }
     }
```

需要特别注意的是，Java 编译器生成的内部类的字节码文件的名字和通常的类不同，内部类对应的字节码文件的名字格式是“外嵌类名$内部类名”，例如，例 8-1 中内部类的字节码文件是 RedCowForm$RedCow.class。因此，当需要把字节码文件复制给其他开发人员时，不要忘记内部类的字节码文件。

8.2 匿 名 类

8.2.1 和子类有关的匿名类

假如没有显示地声明一个类的子类，而又想用子类创建一个对象，那么该如何实现这一目的呢？Java 允许我们直接使用一个类的子类的类体创建一个子类对象，也就是说，创建子类对象时，除了使用父类的构造方法外还有类体，此类体被认为是一个子类去掉类声明后的类体，称作匿名类。匿名类就是一个子类，由于无名可用，所以不可能用匿名类声明对象，但却可以直接用匿名类创建一个对象。

假设 Bank 是类，那么下列代码就是用 Bank 的一个子类（匿名类）创建对象：

```
new Bank() {
       匿名类的类体
   };
```

因此，匿名类可以继承父类的方法也可以重写父类的方法。使用匿名类时，必然是在某个类中直接用匿名类创建对象，因此匿名类一定是内部类，匿名类可以访问外嵌类中的成员变量和方法，匿名类的类体中不可以声明 static 成员变量和 static 方法。

由于匿名类是一个子类，但没有类名，所以在用匿名类创建对象时，要直接使用父类的构造方法。

尽管匿名类创建的对象没有经过类声明步骤，但匿名对象的引用可以传递给一个匹配的参数，匿名类常用的方式是向方法的参数传值。

例如，用户程序中的一个对象需要调用如下方法：

```
void f(A a){
}
```

该方法的参数类型是 A 类，用户希望向方法传递 A 的子类对象，但系统没有提供符合要求的子类，那么用户在编写代码时就可以考虑使用匿名类。

下面的例 8-2 中，抽象类 InputAlphabet 有 input()方法，而且该类有一个 InputEnglish 子类，这个子类重写的 input()方法可以输出英文字母表。

例 8-2 中的 ShowBoard 类的 showMess（InputAlphabet show）方法的参数是 InputAlphabet 类型的对象，用户在编写程序时，希望使用 ShowBoard 类的对象调用 showMess(InputAlphabet show）输出英文字母表和希腊字母表，但系统没有提供输出希腊字母表的子类，因此用户在主类的 main 方法中，向 showMess 方法的参数传递了一个匿名类的对象，该对象负责输出希腊字母表。运行效果如图 8.2 所示。

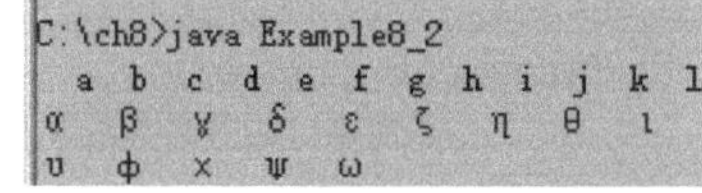

图 8.2　和子类有关的匿名类

例 8-2

InputAlphabet.java

```
    abstract class InputAlphabet {
       public abstract void input();
    }
```

InputEnglish.java

```
    public class InputEnglish extends InputAlphabet {
       public void input() {
          for(char c='a';c<='z';c++) {
             System.out.printf("%3c",c);
          }
       }
    }
```

ShowBoard.java

```
    public class ShowBoard {
       void showMess(InputAlphabet show) {
         show.input();
       }
    }
```

Example8_2.java

```
    public class Example8_2 {
       public static void main(String args[]) {
           ShowBoard board=new ShowBoard();
           board.showMess(new InputEnglish());     //向参数传递 InputAlphabet 的子类对象
           board.showMess(new InputAlphabet()      //向参数传递 InputAlphabet 的匿名子类对象
                        { public void input()
                          { for(char c='α';c<='ω';c++)  //输出希腊字母
```

```
                    System.out.printf("%3c",c);
                }
            }
        );
    }
}
```

8.2.2 和接口有关的匿名类

假设 Computable 是一个接口，那么，Java 允许直接用接口名和一个类体创建一个匿名对象，此类体被认为是实现了 Computable 接口的类去掉类声明后的类体，称作匿名类。下列代码就是用实现了 Computable 接口的类（匿名类）创建对象：

```
new Computable() {
    实现接口的匿名类的类体
};
```

如果某个方法的参数是接口类型，那么可以使用接口名和类体组合创建一个匿名对象传递给方法的参数，类体必须要重写接口中的全部方法。例如，对于

```
void f(ComPutable  x)
```

其中的参数 x 是接口，那么在调用 f 时，可以向 f 的参数 x 传递一个匿名对象，例如：

```
f(new ComPutable() {
      实现接口的匿名类的类体
})
```

在下面的例 8-3 中，演示了和接口有关的匿名类的用法，运行效果如图 8.3 所示。

```
C:\ch8>java Example8_3
hello,you are welcome!
你好，欢迎光临!
```

图 8.3　和接口有关的匿名类

例 8-3

Example8_3.java

```
interface SpeakHello {
    void speak();
}
class  HelloMachine {
   public void turnOn(SpeakHello hello) {
       hello.speak();
   }
}
public class Example8_3 {
   public static void main(String args[]) {
      HelloMachine machine = new HelloMachine();
      machine.turnOn( new SpeakHello(){
                          public void speak() {
                             System.out.println("hello,you are welcome!");
                          }
                      }
                    );
      machine.turnOn( new SpeakHello(){
                          public void speak() {
                              System.out.println("你好，欢迎光临!");
                          }
                      }
                    );
   }
}
```

8.3 异 常 类

所谓异常就是程序运行时可能出现的一些错误，如试图打开一个根本不存在的文件等，异常处理将会改变程序的控制流程，让程序有机会对错误作出处理。这一节将对异常给出初步的介绍，而 Java 程序中出现的具体异常问题在相应的章节中还将讲述。

Java 的异常出现在方法调用过程中，即在方法调用过程中抛出异常对象，终止当前方法的继续执行，同时导致程序运行出现异常，并等待处理。例如，流对象在调用 read 方法读取一个不存在的文件时，就会抛出 IOException 异常对象。异常对象可以调用如下方法得到或输出有关异常的信息：

```
public String getMessage();
public void printStackTrace();
public String toString();
```

8.3.1 try~catch 语句

Java 使用 try~catch 语句来处理异常，将可能出现的异常操作放在 try~catch 语句的 try 部分，当 try 部分中的某个方法调用发生异常后，try 部分将立刻结束执行，而转向执行相应的 catch 部分，所以程序可以将发生异常后的处理放在 catch 部分。try~catch 语句可以由几个 catch 组成，分别处理发生的相应异常。

try ~ catch 语句的格式如下：

```
try {
    包含可能发生异常的语句
}
catch(ExceptionSubClass1  e) {
    …
}
catch(ExceptionSubClass2  e) {
    …
}
```

各个 catch 参数中的异常类都是 Exception 的某个子类，表明 try 部分可能发生的异常，这些子类之间不能有父子关系，否则保留一个含有父类参数的 catch 即可。

java.lang 包中的 Integer 类调用其类方法：

```
public static int parseInt(String s)
```

可以将“数字”格式的字符串，如"6789"，转化为 int 型数据，但是当试图将字符串"ab89"转换成数字时，例如：

```
int number=Integer.parseInt("ab89");
```

```
C:\ch8>java Example8_4
发生异常:For input string: "ab89"
n=0, m=8888, t=1000
n=678, m=123, t=5555
```

图 8.4　处理异常

方法 parseInt()在执行过程中就会抛出 NumberFormatException 对象，即程序运行出现 NumberFormatException 异常。

下面的例 8-4 给出了 try~catch 语句的用法，程序运行效果如图 8.4 所示。

例 8-4

Example8_4.java

```
public class Example8_4 {
   public static void main(String args[ ]) {
      int n=0,m=0,t=1000;
      try{  m=Integer.parseInt("8888");
            n=Integer.parseInt("ab89"); //发生异常,转向 catch
            t=7777;  //t 没有机会被赋值
      }
      catch(NumberFormatException e) {
            System.out.println("发生异常:"+e.getMessage());
      }
      System.out.println("n="+n+",m="+m+",t="+t);
      try{  m=Integer.parseInt("123");
            n=Integer.parseInt("678");
            t=5555;  //t 被赋值
      }
      catch(NumberFormatException e) {
            System.out.println("发生异常:"+e.getMessage());
      }
      System.out.println("n="+n+",m="+m+",t="+t);
   }
}
```

下面讲解带 finally 子语句的 try~catch 语句。语法格式如下：

```
try{}
catch(ExceptionSubClass e){ }
finally{}
```

其执行机制是：在执行 try~catch 语句后，执行 finally 子语句，也就是说，无论在 try 部分是否发生过异常，finally 子语句都会被执行。

但需要注意以下两种特殊情况：

- 如果在 try~catch 语句中执行了 return 语句，那么 finally 子语句仍然会被执行。
- try~catch 语句中执行了程序退出代码，即执行 System.exit(0);，则不执行 finally 子语句（当然包括其后的所有语句）。

下面通过例 8-5 熟悉带 finally 子语句的 try~catch 语句。例 8-5 中模拟向货船上装载集装箱，如果货船超重，那么货船认为这是一个异常，将拒绝装载集装箱，但无论是否发生异常，货船都需要正点启航。运行效果如图 8.5 所示。

目前装载了600吨货物
目前装载了1000吨货物
超重
无法再装载重量是367吨的集装箱
货船将正点启航

图 8.5　货船装载集装箱

例 8-5

DangerException.java

```
public class DangerException extends Exception {
   final String message = "超重";
   public String warnMess() {
      return message;
   }
}
```

CargoBoat.java

```
public class CargoBoat {
```

```
        int realContent;  //装载的重量
        int maxContent;   //最大装载量
        public void setMaxContent(int c) {
           maxContent = c;
        }
        public void loading(int m) throws DangerException {
          realContent += m;
          if(realContent>maxContent) {
             throw new DangerException();
          }
          System.out.println("目前装载了"+realContent+"吨货物");
        }
     }
Example8_5.java
   public class Example8_5 {
      public static void main(String args[]) {
         CargoBoat ship = new CargoBoat();
         ship.setMaxContent(1000);
         int m = 600;
         try{
             ship.loading(m);
             m = 400;
             ship.loading(m);
             m = 367;
             ship.loading(m);
             m = 555;
             ship.loading(m);
         }
         catch(DangerException e) {
             System.out.println(e.warnMess());
             System.out.println("无法再装载重量是"+m+"吨的集装箱");
         }
         finally {
            System.out.printf("货船将正点启航");
         }
      }
   }
```

8.3.2 自定义异常类

在编写程序时可以扩展 Exception 类定义自己的异常类，然后根据程序的需要来规定哪些方法产生这样的异常。一个方法在声明时可以使用 throws 关键字声明要产生的若干个异常，并在该方法的方法体中具体给出产生异常的操作，即用相应的异常类创建对象，并使用 throw 关键字抛出该异常对象，导致该方法结束执行。程序必须在 try~catch 块语句中调用能发生异常的方法，其中 catch 的作用就是捕获 throw 方法抛出的异常对象。

throw 是 Java 的关键字，该关键字的作用就是抛出异常。throw 和 throws 是两个不同的关键字。

通常情况下，计算两个整数之和的方法不应当有任何异常放生，但是，对于某些特殊程序，可能不允许同号的整数做求和运算，如当一个整数代表收入，一个整数代表支出时，这两个整数就不能是同号。下面的例 8-6 中，Bank 类中有一个 income(int in,int out)方法，对象调用该方法时，必须向参数 in 传递正整数，向参数 out 传递负数，并且 int+out 必须大于等于 0，否则该方法就抛出异常。因此，Bank 类在声明 income(int in,int out)方法时，使用 throws 关键字声明要产生的异常。程序运行效果如图 8.6 所示。

```
C:\ch8>java Example8_5
本次计算出的纯收入是:100元
本次计算出的纯收入是:200元
本次计算出的纯收入是:300元
银行目前有600元
计算收益的过程出现如下问题:
入账资金200是负数或支出100是正数，不符合系统要求.
银行目前有600元
```

图 8.6　自定义异常

例 8-6

BankException.java

```
public class BankException extends Exception {
  String message;
  public BankException(int m,int n) {
     message="入账资金"+m+"是负数或支出"+n+"是正数，不符合系统要求.";
  }
  public String warnMess() {
     return message;
  }
}
```

Bank.java

```
public class Bank {
   int money;
   public void income(int in,int out) throws BankException {
     if(in<=0||out>=0||in+out<=0) {
        throw new BankException(in,out); //方法抛出异常，导致方法结束
     }
     int netIncome=in+out;
     System.out.printf("本次计算出的纯收入是:%d 元\n",netIncome);
     money=money+netIncome;
   }
   public int getMoney() {
     return money;
   }
}
```

Example8_6.java

```
public class Example8_6 {
  public static void main(String args[]) {
    Bank bank=new Bank();
    try{  bank.income(200,-100);
          bank.income(300,-100);
          bank.income(400,-100);
          System.out.printf("银行目前有%d 元\n",bank.money);
          bank.income(200, 100); //发生 BankException 异常，转向去执行 catch
          bank.income(99999,-100); //没有机会被执行
    }
    catch(BankException e) {
          System.out.println("计算收益的过程出现如下问题:");
          System.out.println(e.warnMess());
    }
    System.out.printf("银行目前有%d 元\n",bank.money);
  }
}
```

8.4 断　　言

断言语句在调试代码阶段非常有用，断言语句一般用于程序不准备通过捕获异常来处理的错误，例如，当发生某个错误时，要求程序必须立即停止执行。在调试代码阶段让断言语句发挥作用，这样就可以发现一些致命的错误。当程序正式运行时可以关闭断言语句，但仍把断言语句保留在源代码中，如果以后应用程序又需要调试，可以重新启用断言语句。

使用关键字 assert 声明一条断言语句，断言语句有以下两种格式：

```
assert booleanExpression;
assert booleanExpression:messageException;
```

其中 booleanExpression 必须是求值为 boolean 型的表达式；messageException 可以是求值为字符串的表达式。

如果使用

```
assert booleanExpression;
```

形式的断言语句，当 booleanExpression 的值是 false 时，程序从断言语句处停止执行；当 booleanExpression 的值是 true 时，程序从断言语句处继续执行。

如果使用

```
assert booleanExpression:messageException;
```

形式的断言语句，当 booleanExpression 的值是 false 时，程序从断言语句处停止执行，并输出 messageException 表达式的值，提示用户出现了怎样的问题；当 booleanExpression 的值是 truee 时，程序从断言语句处继续执行。

当使用 java 解释器直接运行应用程序时，默认为关闭断言语句，在调试程序时可以使用-ea 启用断言语句，例如

```
java  -ea  mainClass
```

下面的例 8-7 中，使用一个数组存放某学生 5 门课程的成绩，程序准备计算学生的成绩的总和。在调试程序时使用了断言语句，如果发现成绩有负数，程序立刻结束执行。程序调试运行效果如图 8.7 所示。

```
C:\ch8>java -ea Example8_6
Exception in thread "main" java.lang.AssertionError: 负数不能是成绩
        at Example8_6.main(Example8_6.java:7)
```

图 8.7　使用断言语句调试程序

例 8-7

Example8_7.java

```
import java.util.Scanner;
public class Example8_7 {
  public static void main (String args[ ]) {
       int [] score={-120,98,89,120,99};
       int sum=0;
       for(int number:score) {
          assert number>0:"负数不能是成绩";
```

```
            sum=sum+number;
        }
        System.out.println("总成绩:"+sum);
    }
}
```

8.5 上 机 实 践

8.5.1 实验 1 内部购物卷

1. 实验目的

内部类的外嵌类的成员变量在内部类中仍然有效，内部类中的方法也可以调用外嵌类中的方法。内部类的类体中不可以声明类变量和类方法。内部类仅供它的外嵌类使用，其他类不可以用某个类的内部类声明对象。本实验的目的是让学生掌握内部类的用法。

2. 实验要求

手机专卖店为了促销自己的产品，决定发行内部购物券，但其他商场不能发行该购物券。编写一个 MobileShop 类（模拟手机专卖店），该类中有一个名字为 InnerPurchaseMoney 的内部类（模拟内部购物券）。程序运行参考效果如图 8.8 所示。

手机专卖店目前有30部手机
用价值20000的内部购物卷买了6部手机
用价值10000的内部购物卷买了3部手机
手机专卖店目前有21部手机

图 8.8 内部购物卷

3. 程序模板

请按模板要求，将【代码】替换为 Java 程序代码。

MainClass.java

```
class MobileShop {
     【代码 1】//用内部类 InnerPurchaseMoney 声明对象 purchaseMoney1
     【代码 2】 //用内部类 InnerPurchaseMoney 声明对象 purchaseMoney1
    private int mobileAmount;  //手机的数量
    MobileShop(){
     【代码 3】 //创建价值为 20000 的 purchaseMoney1
     【代码 4】 //创建价值为 10000 的 purchaseMoney2
    }
    void setMobileAmount(int m) {
      mobileAmount = m;
    }
    int getMobileAmount() {
      return mobileAmount;
    }
    class InnerPurchaseMoney {
           int moneyValue;
           InnerPurchaseMoney(int m) {
                moneyValue = m;
           }
           void buyMobile() {
              if(moneyValue>=20000) {
                 mobileAmount = mobileAmount-6;
                 System.out.println("用价值"+moneyValue+"的内部购物券买了 6 部手机");
              }
              else if(moneyValue<20000&&moneyValue>=10000) {
```

```
                    mobileAmount = mobileAmount-3;
                    System.out.println("用价值"+moneyValue+"的内部购物券买了 3 部手机");
                }
            }
        }
    }
    public class MainClass
    {
      public static void main(String args[]) {
         MobileShop shop = new MobileShop();
         shop.setMobileAmount(30);
         System.out.println("手机专卖店目前有"+shop.getMobileAmount()+"部手机");
         shop.purchaseMoney1.buyMobile();
         shop.purchaseMoney2.buyMobile();
         System.out.println("手机专卖店目前有"+shop.getMobileAmount()+"部手机");
      }
  }
```

4. 实验指导

InnerPurchaseMoney 是 MobileShop 类中的一个内部类，因此【代码 1】可以是：

```
InnerPurchaseMoney purchaseMoney1;
```

【代码 3】可以是：

```
purchaseMoney1 = new InnerPurchaseMoney(20000);
```

5. 实验后的练习

参照本实验用内部类模拟一个实际问题。

8.5.2　实验 2　检查危险品

1. 实验目的

Java 使用 try~catch 语句来处理异常，将可能出现的异常操作放在 try~catch 语句的 try 部分，一旦 try 部分抛出异常对象，比如调用某个抛出异常的方法抛出了异常对象，那么，try 部分将立刻结束执行，而转向执行相应的 catch 部分。本实验的目的是让学生掌握使用 try~catch 语句。

2. 实验要求

车站都配备有检查危险品的设备，如果发现危险品会发出警告。编程模拟设备发现危险品。

（1）编写一个 Exception 的子类 DangerException，该子类可以创建异常对象，该异常对象调用 toShow()方法输出："属于危险品"。

（2）编写一个 Machine 类，该类的方法 checkBag(Goods goods)当发现参数 goods 是危险品时（goods 的 isDanger 属性是 true）将抛出 DangerException 异常。

（3）程序在主类的 main 方法中的 try~catch 语句的 try 部分让 Machine 类的实例调用 checkBag(Goods goods)方法，如果发现危险品，就在 try~catch 语句的 catch 部分处理危险品。程序运行参考效果如图 8.9 所示。

```
危险品！炸药被禁止！
苹果检查通过
```

图 8.9　检查危险品

3. 程序模板

请按模板要求，将【代码】替换为 Java 程序代码。

Check.java

```
    class Goods {
       boolean isDanger;
```

```
    String name;
    Goods(String name) {
       this.name = name;
    }
    public void setIsDanger(boolean boo) {
       isDanger = boo;
    }
    public boolean isDanger() {
       return isDanger;
    }
    public String getName() {
       return name;
    }
}
class DangerException extends Exception {
    String message;
    public DangerException() {
        message = "危险品!";
    }
    public void toShow() {
        System.out.print(message+" ");
    }
}
class Machine {
    public void checkBag(Goods goods) throws DangerException {
       if(goods.isDanger()) {
          DangerException  danger=new DangerException() ;
          【代码 1】 //抛出 danger
       }
    }
}
public class Check {
    public static void main(String args[]) {
       Machine machine = new Machine();
       Goods apple = new Goods("苹果");
       apple.setIsDanger(false);
       Goods explosive = new Goods("炸药");
       explosive.setIsDanger(true);
       try {
          machine.checkBag(explosive);
          System.out.println(explosive.getName()+"检查通过");
       }
       catch(DangerException e) {
          【代码 2】 //e 调用 toShow()方法
           System.out.println(explosive.getName()+"被禁止!");
       }
       try {
          machine.checkBag(apple);
          System.out.println(apple.getName()+"检查通过");
       }
       catch(DangerException e) {
          e.toShow();
          System.out.println(apple.getName()+"被禁止!");
       }
```

```
    }
  }
```

4. **实验指导**

throw 是 Java 的关键字，该关键字的作用就是抛出异常，因此【代码 1】应该是 throw(danger);

5. **实验后的练习**

是否可以将实验代码里 try-catch 语句的 catch 部分捕获的 DangerException 异常更改为 Exception?

是否可以将实验代码里 try-catch 语句的 catch 部分捕获的 DangerException 异常更改为 java.io.IOException?

习　题　8

1. 内部类的外嵌类的成员变量在内部类中仍然有效吗?
2. 内部类中的方法也可以调用外嵌类中的方法吗?
3. 内部类的类体中可以声明类变量和类方法吗?
4. 请说出下列程序的输出结果。

```
E.java
class Cry {
  public void cry() {
       System.out.println("大家好");
    }
}
public class E {
  public static void main(String args[]) {
       Cry hello=new Cry() {
                    public void  cry() {
                           System.out.println("大家好，祝工作顺利！");
                    }
                };
         hello.cry();
   }
}
```

5. 请说出 Xiti5 类中 System.out.println 的输出结果。

```
MyException.java
public class MyException extends Exception {
   String message;
   MyException(String str) {
      message=str;
   }
   public String getMessage() {
      return message;
   }
}
A.java
public  abstract class A {
abstract int f(int x,int y) throws MyException;
}
```

B.java

```
public  class B extends A {
int f(int x,int y) throws MyException {
     if(x>99||y>99) {
       throw new MyException("乘数超过 99");
     }
     return x*y;
  }
}
```

Xiti5.java

```
public class Xiti5 {
public static void main(String args[]) {
     A a;
     a=new B();
     try{  System.out.println(a.f(12,8));
           System.out.println(a.f(120,3));
     }
     catch(MyException e) {
        System.out.println(e.getMessage());
     }
  }
}
```

第 9 章 常用实用类

主要内容

- String 类
- StringBuffer 类
- StringTokenizer 类
- Date 类
- Clendar 类
- Math 与 BigInteger 类
- DecimalFormat 类
- Pattern 与 Match 类
- Scanner 类

难点

- Pattern 与 Match 类
- Scanner 类

9.1 String 类

C 语言没有专门处理字符串的变量，需使用字符数组或字符指针变量来处理 C 语言程序中的字符序列。由于在程序设计中经常涉及处理和字符序列有关的算法，Java 专门提供了用来处理字符序列的 String 类，因此，Java 程序可以使用 String 类的对象来处理有关字符序列。

String 类在 java.lang 包中，由于 java.lang 包中的类被默认引入，因此程序可以直接使用 String 类。需要注意的是，Java 把 String 类声明为 final 类，因此用户不能扩展 String 类，即 String 类不可以有子类。

9.1.1 构造字符串对象

可以使用 String 类来创建一个字符串变量，字符串变量是对象。

1. 常量对象

字符串常量对象是用双引号括起的字符序列，如"你好"、"12.97"、"boy"等。

2. 字符串对象

可以使用 String 类声明字符串对象，例如：

```
String s;
```

由于字符串是对象，那么就必须要创建字符串对象，使用 String 类的构造方法，例如：

```
s=new String("we are students");
```

也可以用一个已创建的字符串创建另一个字符串，例如：

```
String tom=new String(s);
```

String 类还有两个较常用的构造方法如下。

（1）String (char a[])：用一个字符数组 a 创建一个字符串对象，例如：

```
char a[]={'J','a','v','a'};
String s=new String(a);;
```

上述过程相当于：

```
String s = new String("Java");
```

（2）String(char a[],int startIndex,int count) 提取字符数组 a 中的一部分字符创建一个字符串对象，参数 startIndex 和 count 分别指定在 a 中提取字符的起始位置和从该位置开始截取的字符个数，例如：

```
char a[] = {'零','壹','贰','叁','肆','伍','陆','柒','捌','玖'};;
String s = new String(a,2,4);
```

相当于

```
String s = new String("贰叁肆伍");
```

3. 引用字符串常量对象

字符串常量是对象，因此可以把字符串常量的引用赋值给一个字符串变量，例如：

```
string s1,s2;
s1 = "how are you";
s2 = "how are you";
```

这样，s1、s2 具有相同的引用，因而具有相同的实体。s1、s2 的内存示意如图 9.1 所示。

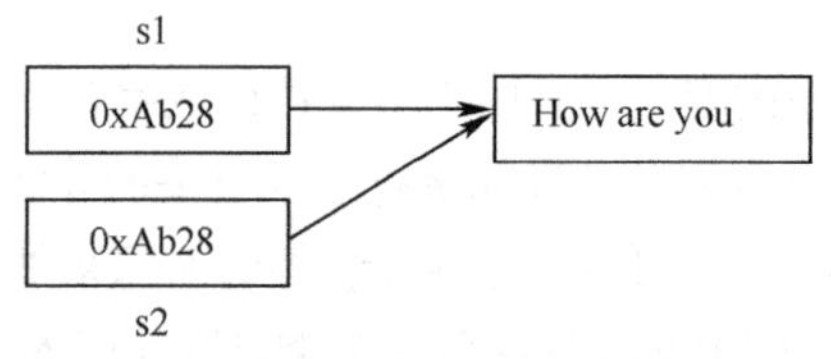

图 9.1 内存示意图

9.1.2 String 类的常用方法

1. public int length()

使用 String 类中的 length()方法可以获取一个字符串的长度，如：

```
String china = "欢度 60 周年国庆";
int n1,n2;
n1 = china.length();
n2 = "字母 abc".length();
```

那么 n1 的值是 8，n2 的值是 5。

2. public boolean equals（String s）

字符串对象调用 equals(String s)方法比较当前字符串对象的实体是否与参数 s 指定的字符串的实体相同，如：

```
String tom = new String("天道酬勤");
String boy = new String( "知心朋友");
String jerry = new String("天道酬勤");
```

那么，tom.equals(boy)的值是 false，tom.equals(jerry)的值是 true。

关系表达式 tom == jerry 的值是 false。因为字符串是对象，tom、jerry 中存放的是引用，内存示意如图 9.2 所示。

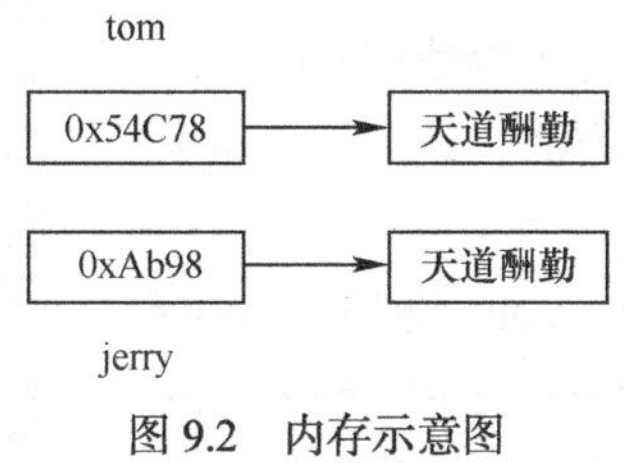

图 9.2　内存示意图

字符串对象调用 public boolean equalsIgnoreCase(String s)比较当前字符串对象与参数 s 指定的字符串是否相同，比较时忽略大小写。

下面的例 9-1 说明了 equals 的用法。

例 9-1

Example9_1.java

```
public class Example9_1 {
  public static void main(String args[]) {
      String s1,s2;
      s1=new String("天道酬勤");
      s2=new String("天道酬勤");
      System.out.println(s1.equals(s2));          //输出结果是：true
      System.out.println(s1==s2);                 //输出结果是：false
      String s3,s4;
      s3="勇者无敌";
      s4="勇者无敌";
      System.out.println(s3.equals(s4));          //输出结果是：true
      System.out.println(s3==s4);                 //输出结果是：true
   }
}
```

3. public boolean startsWith(String s)、public boolean endsWith(String s)方法

字符串对象调用 startsWith(String s)方法，判断当前字符串对象的前缀是否是参数 s 指定的字符串，如：

```
String tom = "天气预报，阴有小雨",jerry = "比赛结果，中国队赢得胜利";
```

那么，tom.startsWith("天气")的值是 true；jerry.startsWith("天气")的值是 false。

使用 endsWith(String s)方法，判断一个字符串的后缀是否为字符串 s，如：tom.endsWith("大雨")的值是 false；jerry.endsWith("胜利")的值是 true。

4. public int compareTo(String s)方法

字符串对象可以使用 String 类中的 compareTo(String s)方法，按字典序与参数 s 指定的字符串比较大小。如果当前字符串与 s 相同，该方法返回值 0；如果当前字符串对象大于 s，该方法返回正值；如果小于 s，该方法返回负值。例如：

```
String str = "abcde";
```

str.compareTo("boy")小于 0；str.compareTo("aba")大于 0；str.compareTo("abcde")等于 0。

按字典序比较两个字符串还可以使用 public int compareToIgnoreCase(String s)方法，该方法忽略大小写。

下面的例 9-2 中我们使用 java.util 包中的 Arrays 调用 sort 方法和自己编写 SotrString 类中的 sortString 方法将一个字符串数组按字典序排列，程序运行效果如图 9.3 所示。

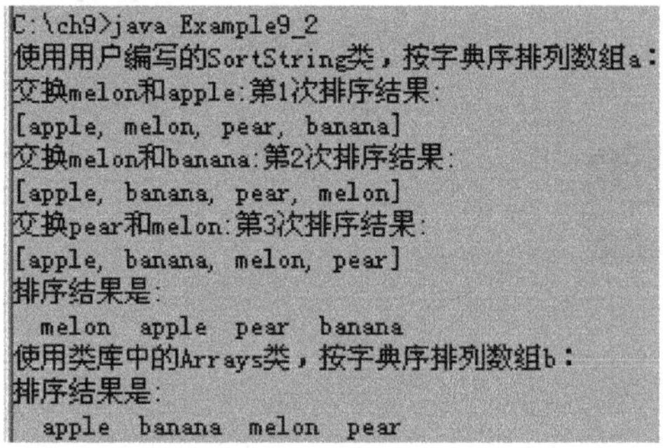

```
C:\ch9>java Example9_2
使用用户编写的SortString类，按字典序排列数组a：
交换melon和apple:第1次排序结果:
[apple, melon, pear, banana]
交换melon和banana:第2次排序结果:
[apple, banana, pear, melon]
交换pear和melon:第3次排序结果:
[apple, banana, melon, pear]
排序结果是:
 melon  apple  pear  banana
使用类库中的Arrays类，按字典序排列数组b：
排序结果是:
 apple  banana  melon  pear
```

图 9.3　按字典序排序

例 9-2

SortString.java

```
import java.util.Arrays;
public class SortString {
   public static void sort(String a[]) {
      int count=0;
      for(int i=0;i<a.length-1;i++) {
         for(int j=i+1;j<a.length;j++) {
            if(a[j].compareTo(a[i])<0) {
               count++;
               System.out.printf("交换%s 和%s:",a[i],a[j]);
               String temp=a[i];
               a[i]=a[j];
               a[j]=temp;
               System.out.println("第"+count+"次排序结果:");
               System.out.println(Arrays.toString(a));
            }
         }
      }
   }
}
```

Example9_2.java

```
import java.util.*;
public class Example9_2 {
   public static void main(String args[]) {
      String [] a={"melon","apple","pear","banana"};
      String [] b=Arrays.copyOf(a,a.length);
      System.out.println("使用用户编写的 SortString类，按字典序排列数组 a：");
```

```
        SortString.sort(a);
        System.out.println("排序结果是:");
        for(String s:b) {
          System.out.print("  "+s);
        }
        System.out.println("");
        System.out.println("使用类库中的Arrays类，按字典序排列数组b: ");
        Arrays.sort(b);
        System.out.println("排序结果是:");
        for(String s:b) {
          System.out.print("  "+s);
        }
      }
    }
```

5. public boolean contains(String s)

字符串对象调用 contains 方法，判断当前字符串对象是否含有参数指定的字符串 s，例如，tom="student"，那么 tom.contains(("stu")的值就是 true，而 tom.contains(("ok")的值是 false。

6. public int indexOf (String s)

字符串的索引位置从 0 开始，例如，对于 String tom="ABCD"，索引位置 0，1，2 和 3 位置上的字符分别是字符：A，B，C 和 D。字符串调用方法 indexOf(String s)从当前字符串的头开始检索字符串 s，并返回首次出现 s 的索引位置。如果没有检索到字符串 s，该方法返回的值是−1。字符串调用 indexOf(String s ,int startpoint)方法从当前字符串的 startpoint 位置处开始检索字符串 s，并返回首次出现 s 的索引位置。如果没有检索到字符串 s，该方法返回的值是−1。字符串调用 lastIndexOf (String s)方法从当前字符串的头开始检索字符串 s，并返回最后出现 s 的索引位置。如果没有检索到字符串 s，该方法返回的值是-1。

例如：

```
String tom = "I am a good cat";
tom.indexOf("a");//值是2
tom.indexOf("good",2);//值是7
tom.indexOf("a",7);//值是13
tom.indexOf("w",2);//值是-1
```

7. public String substring(int startpoint)

字符串对象调用该方法获得一个当前字符串的子串，该子串是从当前字符串的 startpoint 处截取到最后所得到的字符串。字符串对象调用 substring(int start ,int end)方法获得一个当前字符串的子串，该子串是从当前字符串的 star 索引位置截取到 end 索引位置所得到的字符串，但不包括 end 索引位置上的字符。例如：

```
String tom = "我喜欢篮球";
String s = tom.substring(1,3);
```

那么 s 是"喜欢"。

8. public String trim()

一个字符串 s 通过调用方法 trim()得到一个字符串对象，该字符串对象是 s 去掉前后空格后的字符串。

下面的例 9-3 使用了字符串的常用方法，如截取出文件路径中的文件名。

例 9-3

Example9_3.java

```
public class Example9_3 {
   public static void main(String args[]) {
      String path="c:\\book\\javabook\\Java Programmer.doc";
      int index=path.indexOf("\\");
      index=path.indexOf("\\",index);
      String sub=path.substring(index);
      System.out.println(sub);   //输出结果是：\book\javabook\Java Programmer.doc
      index=path.lastIndexOf("\\");
      sub=path.substring(index+1);
      System.out.println(sub);   //输出结果是：Java Programmer.doc
      System.out.println(sub.contains("Programmer"));//输出结果是：true
   }
}
```

9.1.3 字符串与基本数据的相互转化

java.lang 包中的 Integer 类调用其类方法：

```
public static int parseInt(String s)
```

可以将由“数字”字符组成的字符串，如"876"转化为 int 型数据，例如：

```
int x;
String s = "876";
x = Integer.parseInt(s);
```

类似地，使用 java.lang 包中的 Byte、Short、Long、Float、Double 类调用相应的类方法：

```
public static byte parseByte(String s) throws NumberFormatException
public static short parseShort(String s) throws NumberFormatException
public static long parseLong(String s) throws NumberFormatException
public static float parseFloat(String s) throws NumberFormatException
public static double parseDouble(String s) throws NumberFormatException
```

可以将由“数字”字符组成的字符串，转化为相应的基本数据类型。

可以使用 String 类的下列类方法：

```
public static String valueOf(byte n)
public static String valueOf(int n)
public static String valueOf(long n)
public static String valueOf(float n)
public static String valueOf(double n)
```

将形如 123、1232.98 等数值转化为字符串，如：

```
String str = String.valueOf(12313.9876);
```

现在举一个求若干个数之和的例子，若干个数从键盘输入。程序运行效果如图 9.4 所示。

```
C:\ch9>java Example9_4 12 25 125 98
sum=260.0
```

图 9.4 使用 main 方法的参数

例 9-4

Example9_4.java

```
public class Example9_4 {
   public static void main(String args[]) {
```

```
      double aver=0,sum=0,item=0;
      boolean computable=true;
      for(String s:args) {
         try{ item=Double.parseDouble(s);
              sum=sum+item;
         }
         catch(NumberFormatException e) {
              System.out.println("您键入了非数字字符:"+e);
              computable=false;
         }
      }
      if(computable)
         System.out.println("sum="+sum);
   }
}
```

在以前的应用程序中，未曾使用过 main 方法的参数。实际上应用程序中的 main 方法中的参数 args 能接收用户从键盘键入的字符串。例如，按如下方式使用解释器 java.exe 来执行主类（在主类的后面是空格分隔的若干个字符串）：

```
C:\ch9\>java Example9_5  12  25  125  98
```

这时，程序中的 args[0]、arg[1]、arg[2]和 arg[3]分别得到字符串"12"、"25"、"125" 和 "98"。程序输出结果如图 9.4 所示。

9.1.4　对象的字符串表示

在子类中我们讲过，所有的类都默认是 java.lang 包中 Object 类的子类或间接子类。Object 类有一个 public String toString()方法，一个对象通过调用该方法可以获得该对象的字符串表示。一个对象调用 toString()方法返回的字符串的一般形式为：

```
创建对象的类的名字@对象的引用的字符串表示
```

当然，Object 类的子类或间接子类也可以重写 toString()方法，例如，java.util 包中的 Date 类就重写了 toString 方法，重写的方法返回时间的字符串表示。

下面例 9-5 中的 TV 类重写了 toString()方法，并使用 super 调用隐藏的 toString()方法，程序运行效果如图 9.5 所示。

```
C:\ch9>java Example9_5
Fri Oct 09 22:20:10 CST 2009
TV@61de33
这是电视机，品牌是:长虹电视
```

图 9.5　重写 toString()方法

例 9-5

TV.java

```
public class TV {
   String name;
   public TV() {
   }
   public TV(String s) {
      name=s;
   }
   public String toString() {
      String oldStr=super.toString();
      return oldStr+"\n这是电视机，品牌是:"+name;
   }
}
```

Example9_5.java

```
import java.util.Date;
public class Example9_5 {
   public static void main(String args[]) {
      Date date = new Date();
      System.out.println(date.toString());
      TV tv = new TV("长虹电视");
      System.out.println(tv.toString());
   }
}
```

9.1.5 字符串与字符、字节数组

1. 字符串与字符数组

我们已经知道 String 类的构造方法是 String(char[])和 String(char[]，int offset，int length)分别用数组 a 中的全部字符和部分字符创建字符串对象。String 类也提供了将字符串存放到数组中的方法：

```
public void getChars(int start,int end,char c[],int offset )
```

字符串调用 getChars()方法将当前字符串中的一部分字符复制到参数 c 指定的数组中，将字符串中从位置 start 到 end-1 位置上的字符复制到数组 c 中，并从数组 c 的 offset 处开始存放这些字符。需要注意的是，必须保证数组 c 能容纳下要被复制的字符。

另外，还有一个简练的将字符串中的全部字符存放在一个字符数组中的方法：

```
public char[] toCharArray()
```

字符串对象调用该方法返回一个字符数组，该数组的长度与字符串的长度相等，第 i 单元中的字符刚好为当前字符串中的第 i 个字符。

下面的例 9-6 具体地说明了 getChars()和 toCharArray()方法的使用，运行效果如图 9.6 所示。

```
C:\ch9>java Example9_6
国庆
十一长假期间，学校都放假了
```

图 9.6 字符串与字符数组

例 9-6

Example9_6.java

```
public class Example9_6{
   public static void main(String args[]) {
      char [] a,b,c;
      String s="2009 年 10 月 1 日是国庆 60 周年";
      a=new char[2];
      s.getChars(11,13,a,0);
      System.out.println(a);
      c="十一长假期间，学校都放假了".toCharArray();
      for(char ch:c)
        System.out.print(ch);
   }
}
```

2. 字符串与字节数组

String 类的构造方法 String(byte[])用指定的字节数组构造一个字符串对象。String(byte[]，int offset，int length)构造方法用指定的字节数组的一部分，即从数组起始位置 offset 开始取 length 个字节构造一个字符串对象。

public byte[] getBytes()方法使用平台默认的字符编码，将当前字符串转化为一个字节数组。

public byte[] getBytes(String charsetName)使用参数指定字符编码，将当前字符串转化为一个字节数组。

如果平台默认的字符编码是 GB_2312（国标，简体中文），那么调用 getBytes()方法等同于调用 getBytes("GB2312")，但需要注意的是，带参数的 getBytes(String charsetName)抛出 Unsupported EncodingException 异常，因此，必须在 try ~ catch 语句中调用 getBytes(String charsetName)。

在下面的例 9-7 中，假设机器的默认编码是 GB2312。字符串“Java 你好”调用 getBytes()返回一个字节数组 d，其长度为 8，该字节数组的 d[0]，d[1]、d[2]和 d[3]单元分别是字符 J，a，v，a 的编码，第 d[4]和 d[5]单元存放的是字符“你”的编码（GB2312 编码中，一个汉字占 2 个字节），第 d[6]和 d[7]单元存放的是字符“好”的编码。程序运行效果如图 9.7 所示。

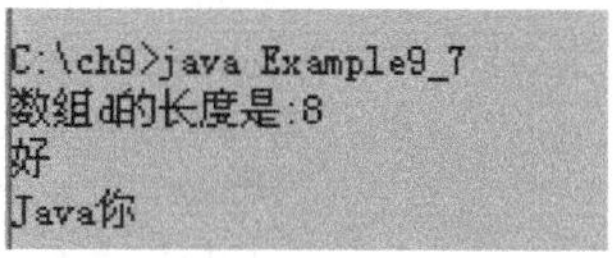

```
C:\ch9>java Example9_7
数组d的长度是:8
好
Java你
```

图 9.7　字符串与字节数组

例 9-7

Example9_7.java

```
public class Example9_7 {
   public static void main(String args[]) {
      byte d[]="Java 你好".getBytes();
      System.out.println("数组 d 的长度是:"+d.length);
      String s=new String(d,6,2);        //输出：好
      System.out.println(s);
      s=new String(d,0,6);
      System.out.println(s);             //输出：Java 你
   }
}
```

3. 字符串的加密算法

利用前面学习的字符串和数组的关系，使用一个字符串 password 作为密码对另一个字符串 sourceString 进行加密，操作过程如下。

将密码 password 存放到一个字符数组：

```
char [] p=password.toCharArray();
```

假设数组 p 的长度为 n，那么就将待加密的字符串 sourceString 按顺序以 n 个字符为一组（最后一组中的字符个数可小于 n），对每一组中的字符用数组 a 的对应字符做加法运算。例如，某组中的 n 个字符是：$a_0a_1...a_{n-1}$，那么按如下方式得到对该组字符的加密的结果 $c_0c_1...c_{n-1}$：

$c_0=(\text{char})(a_0+p[0])$，$c_1=(\text{char})(a_1+p[1])\ldots c_{n-1}=(\text{char})(a_{n-1}+p[n-1])$。

最后，将字符数组 c 转化为字符串得到 sourceString 的密文。

上述加密算法的解密算法是对密文做减法运算。

在下面的例 9-8 中，用户输入密码来加密“今晚十点进攻”，运行效果如图 9.8 所示。

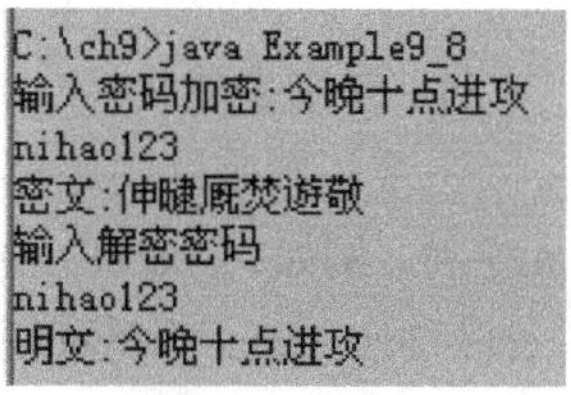

```
C:\ch9>java Example9_8
输入密码加密:今晚十点进攻
nihao123
密文:伸睫厩焚遊敬
输入解密密码
nihao123
明文:今晚十点进攻
```

图 9.8　加密字符串

例 9-8

EncryptAndDecrypt.java

```
public class EncryptAndDecrypt {
  String encrypt(String sourceString,String password) { //加密算法
     char [] p= password.toCharArray();
     int n = p.length;
```

```
      char [] c = sourceString.toCharArray();
      int m = c.length;
      for(int k=0;k<m;k++){
         int mima=c[k]+p[k%n];       //加密
         c[k]=(char)mima;
      }
      return new String(c);    //返回密文
   }
   String decrypt(String sourceString,String password) { //解密算法
      char [] p= password.toCharArray();
      int n = p.length;
      char [] c = sourceString.toCharArray();
      int m = c.length;
      for(int k=0;k<m;k++){
         int mima=c[k]-p[k%n];       //解密
         c[k]=(char)mima;
      }
      return new String(c);    //返回明文
   }
}
```

Example9_8.java

```
import java.util.Scanner;
public class Example9_8 {
   public static void main(String args[]) {
      String sourceString = "今晚十点进攻";
      EncryptAndDecrypt person = new EncryptAndDecrypt();
      System.out.println("输入密码加密:"+sourceString);
      Scanner scanner = new Scanner(System.in);
      String password = scanner.nextLine();
      String secret = person.encrypt(sourceString,password);
      System.out.println("密文:"+secret);
      System.out.println("输入解密密码");
      password = scanner.nextLine();
      String source = person.decrypt(secret,password);
      System.out.println("明文:"+source);
   }
}
```

9.1.6 正则表达式及字符串的替换与分解

1. 正则表达式

一个正则表达式是含有一些具有特殊意义字符的字符串，这些特殊字符称作正则表达式中的元字符。例如，“\\dcat” 中的\\d 就是有特殊意义的元字符，代表 0 到 9 中的任何一个。字符串 0cat，1cat，2cat...9cat 都是和正则表达式：\\dcat 匹配的字符串。

字符串对象调用

```
public boolean matches(String regex)
```

方法可以判断当前字符串对象是否和参数 regex 指定的正则表达式匹配。

表 9.1 中列出了常用的元字符及其意义。

表 9.1　　　　　　　　　　　　元字符

元　字　符	在正则表达式中的写法	意　　义
.	.	代表任何一个字符
\d	\\d	代表 0 至 9 的任何一个数字
\D	\\D	代表任何一个非数字字符
\s	\\s	代表空格类字符，'\t'、'\n'、'\x0B'、'\f'、'\r'
\S	\\S	代表非空格类字符
\w	\\w	代表可用于标识符的字符（不包括美元符号）
\W	\\W	代表不能用于标识符的字符
\p{Lower}	\\p{Lower}	小写字母[a-z]
\p{Upper}	\\p{Upper}	大写字母[A-Z]
\p{ASCII}	\\p{ASCII}	ASCII 字符
\p{Alpha}	\\p{Alpha}	字母
\p{Digit}	\\p{Digit}	数字字符，即[0-9]
\p{Alnum}	\\p{Alnum}	字母或数字
\p{Punct}	\\p{Punct}	标点符号：!"#$%&'()*+,-./:;<=>?@[\]^_`{|}~
\p{Graph}	\\p{Graph}	可视字符：\p{Alnum}\p{Punct}
\p{Print}	\\p{Graph}	可打印字符：\p{Graph}
\p{Blank}	\\p{Blank}	空格或制表符[\t]
\p{Cntrl}	\\p{Cntrl}	控制字符：[\x00-\x1F\x7F]

在正则表达式中可以用方括号扩起若干个字符来表示一个元字符，该元字符代表方括号中的任何一个字符。例如，regex= "[159]ABC"，那么"1ABC"、"5ABC"和"9ABC"都是和正则表达式 regex 匹配的字符串。方括号元字符的意义如下所示：

[abc]：代表 a、b、c 中的任何一个。

[^abc]：代表除了 a、b、c 以外的任何字符。

[a-zA-Z]：代表英文字母中的任何一个。

[a-d]：代表 a 至 d 中的任何一个。

另外，中括号里允许嵌套中括号，可以进行并、交、差运算，例如：

[a-d[m-p]]：代表 a 至 d，或 m 至 p 中的任何字符（并）。

[a-z&&[def]]：代表 d、e、或 f 中的任何一个（交）。

[a-f&&[^bc]]：代表 a、d、e、f（差）。

由于"."代表任何一个字符，所以在正则表达式中如果想使用普通意义的点字符，必须使用[.]或用\56 表示普通意义的点字符。

在正则表达式中可以使用限定修饰符。例如，对于限定修饰符？，如果 X 代表正则表达式中的一个元字符或普通字符，那么 X?就表示 X 出现 0 次或 1 次，例如：

```
regex = "hello[2468]?";
```

那么"hello"、"hello 2"、"hello 4"、"hello 6"、"hello 8"都是与正则表达式 regex 匹配的字符串。

表 9.2 中列出了常用的限定修饰符的用法。

表 9.2 限定符

带限定符号的模式	意　义
X?	X 出现 0 次或 1 次
X*	X 出现 0 次或多次
X+	X 出现 1 次或多次
X{n}	X 恰好出现 n 次
X{n,}	X 至少出现 n 次
X{n,m}	X 出现 n 次至 m 次
XY	X 后跟 Y
X|Y	X 或 Y

例如，regex= “@\\w{4}”，那么 “@abcd”、“@天道酬勤”、“@Java”、“@bird” 都是与正则表达式 regex 匹配的字符串。

有关正则表达式的细节可查阅 java.util.regex 包中的 Pattern 类。

在下面的例 9-9 中，程序判断用户从键盘输入的字符序列是否全部由英文字母所组成。

例 9-9

Example9_9.java

```
import java.util.Scanner;
public class Example9_9 {
   public static void main (String args[ ]) {
      String regex = "[a-zZ-Z]+";
      Scanner scanner = new Scanner(System.in);
      String str = scanner.nextLine();
      if(str.matches(regex)) {
         System.out.println(str+"中的字符都是英文字母");
      }
   }
}
```

2. 字符串的替换

JDK1.4 之后，字符串对象调用：

```
public String replaceAll(String regex,String replacement)
```

方法返回一个字符串，该字符串是当前字符串中所有和参数 regex 指定的正则表达式匹配的子字符串被参数 replacement 指定的字符串替换后的字符串，例如：

```
String result="12hello567".replaceAll("[a-zA-Z]+","你好");
```

那么 result 就是：

```
"12 你好 567"。
```

当前字符串调用 replaceAll()方法返回一个字符串，但不改变当前字符串。

在下面的例 9-10 中，字符串调用 replaceAll()方法剔除字符串中的网站链接地址（将网站链接地址替换为不含任何字符的字符串，即替换为""），运行效果如图 9.8。

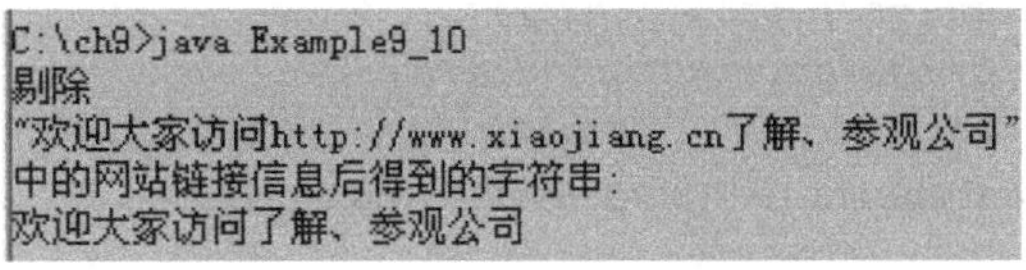

```
C:\ch9>java Example9_10
剔除
"欢迎大家访问http://www.xiaojiang.cn了解、参观公司"
中的网站链接信息后得到的字符串:
欢迎大家访问了解、参观公司
```

图 9.9 正则表达与字符串的替换

例 9-10

Example9_10.java

```
public class Example9_10 {
  public static void main (String args[ ]) {
    String str= "欢迎大家访问 http://www.xiaojiang.cn 了解、参观公司";
    String regex="(http://|www)\56?\\w+\56{1}\\w+\56{1}\\p{Alpha}+";
    System.out.printf("剔除\n\"%s\"\n 中的网站链接信息后得到的字符串:\n",str);
    str=str.replaceAll(regex,"");
    System.out.println(str);
  }
}
```

3. 字符串的分解

JDK1.4 之后，String 类提供了一个实用的方法：

```
public String[] split(String regex)
```

字符串调用该方法时，使用参数指定的正则表达式 regex 做为分隔标记分解出其中的单词，并将分解出的单词存放在字符串数组中。例如，对于字符串：

```
str="1931 年 09 月 18 日晚，日本发动侵华战争，请记住这个日子！";
```

如果准备分解出全部由数字字符组成的单词，就必须用非数字字符串做为分隔标记，因此，可以使用正则表达式：

```
String regex="\\D+";
```

作为分隔标记分解出 str 中的单词：

```
String digitWord[]=str.split(regex);
```

那么，digitWord[0]、digitWord[1]和 digitWord[2]就分别是"1931"、"09"和"18"。

下面的例 9-11 中，用户从键盘输入一行文本，程序输出其中的单词。用户从键盘输入“who are you(Caven?)”的运行效果如图 9.10 所示。

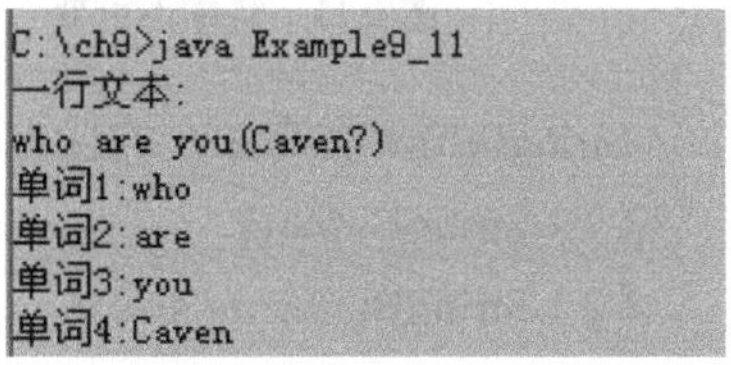

```
C:\ch9>java Example9_11
一行文本:
who are you(Caven?)
单词1:who
单词2:are
单词3:you
单词4:Caven
```

图 9.10 正则表达与字符串的分解

例 9-11

Example9_11.java

```
import java.util.Scanner;
public class Example9_11 {
  public static void main (String args[ ]) {
    System.out.println("一行文本:");
    Scanner reader=new Scanner(System.in);
```

```
        String str= reader.nextLine();
        //空格、数字和符号(!"#$%&'()*+,-./:;<=>?@[\]^_`{|}~)组成的正则表达式:
        String regex="[\\s\\d\\p{Punct}]+";
        String words[]=str.split(regex);
        for(int i=0;i<words.length;i++){
           int m=i+1;
           System.out.println("单词"+m+":"+words[i]);
        }
    }
}
```

9.2 StringBuffer 类

9.2.1 StringBuffer 对象的创建

前面我们学习了 String 字符串对象，String 类创建的字符串对象是不可修改的，也就是说，String 字符串不能修改、删除或替换字符串中的某个字符，即 String 对象一旦创建，那么实体是不可以再发生变化的，如图 9.11 所示。例如：

```
String s = new String("我喜欢散步");
```

在这一节，我们介绍 StringBuffer 类，该类能创建可修改的字符串序列，也就是说，该类对象的实体的内存空间可以自动地改变大小，便于存放一个可变的字符序列。例如，一个 StringBuffer 对象调用 append 方法可以追加字符序列，例如：

```
StringBuffer buffer = new StringBuffer("我喜欢");
```

那么，对象 s 可调用 append 方法追加一个字符串序列，如图 9.12 所示。

```
s.append("玩篮球");
```

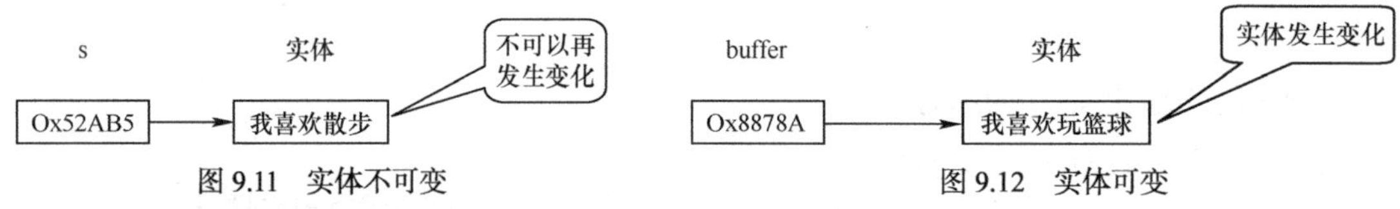

图 9.11　实体不可变　　　　图 9.12　实体可变

StringBuffer 类有 3 个构造方法：

（1）StringBuffer()

（2）StringBuffer(int size)

（3）StringBuffer(String s)

使用第 1 个无参数的构造方法创建一个 StringBuffer 对象，那么分配给该对象的实体的初始容量可以容纳 16 个字符，当该对象的实体存放的字符序列的长度大于 16 时，实体的容量自动地增加，以便存放所增加的字符。StringBuffer 对象可以通过 length()方法获取实体中存放的字符序列的长度，通过 capacity()方法获取当前实体的实际容量。

使用第 2 个构造方法创建一个 StringBuffer 对象，那么可以指定分配给该对象的实体的初始容量为参数 size 指定的字符个数，当该对象的实体存放的字符序列的长度大于 size 个字符时，实体的容量自动增加，以便存放所增加的字符。

使用第 3 个构造方法创建一个 StringBuffer 对象，那么可以指定分配给该对象的实体的初始容量为参数字符串 s 的长度额外再加 16 个字符。当该对象的实体存放的字符序列的长度大于 size 个字符时，实体的容量自动地增加，以便存放所增加的字符。

9.2.2 StringBuffer 类的常用方法

1. append 方法

使用 StringBuffer 类的 append 方法可以将其他 Java 类型的数据转化为字符串后，再追加到 StringBuffer 对象中。

StringBuffer append(String s)：将一个字符串对象追加到当前 StringBuffer 对象中，并返回当前 StringBuffer 对象的引用。

StringBuffer append(int n)：将一个 int 型数据转化为字符串对象后再追加到当前 StringBuffer 对象中，并返回当前 StringBuffer 对象的引用。

StringBuffer append(Object o)：将一个 Object 对象的字符串表示追加到当前 StringBuffer 对象中，并返回当前 StringBuffer 对象的引用。

类似的方法还有：

StringBuffer append(long n)，StringBuffer append(boolean n)，StringBuffer append(float n)，StringBuffer append(double n)，StringBuffer append(char n)。

2. public chat charAt()和 public void setCharAt(int n , char ch)

char charAt(int n) 得到参数 n 指定位置上的单个字符。当前对象实体中的字符串序列的第一个位置为 0，第二个位置为 1，依此类推。n 的值必须是非负的，并且小于当前对象实体中字符串序列的长度。

setCharAt (int n , char ch) 将当前 StringBuffer 对象实体中的字符串位置 n 处的字符用参数 ch 指定的字符替换。n 的值必须是非负的，并且小于当前对象实体中字符串序列的长度。

3. StringBuffer insert(int index, String str)

StringBuffer 对象使用 insert 方法将参数 str 指定的字符串插入到参数 index 指定的位置，并返回当前对象的引用。

4. public StringBuffer reverse()

StringBuffer 对象使用 reverse()方法将该对象实体中的字符翻转，并返回当前对象的引用。

5. StringBuffer delete(int startIndex, int endIndex)

delete(int startIndex, int endIndex)从当前 StringBuffer 对象实体中的字符串中删除一个子字符串，并返回当前对象的引用。这里 startIndex 指定了需删除的第一个字符的下标，而 endIndex 指定了需删除的最后一个字符的下一个字符的下标。因此要删除的子字符串为从 startIndex 到 endIndex-1。deleteCharAt(int index)方法删除当前 StringBuffer 对象实体的字符串中 index 位置处的一个字符。

6. StringBuffer replace(int startIndex ,int endIndex, String str)

replace(int startIndex ,int endIndex, String str)方法将当前 StringBuffer 对象实体中的字符串的一个子字符串用参数 str 指定的字符串替换。被替换的子字符串由下标 startIndex 和 endIndex 指定，即从 startIndex 到 endIndex-1 的字符串被替换。该方法返回当前 StringBuffer 对象的引用。

下面的例 9-12 使用 StringBuffer 类的常用方法，运行效果如图 9.13 所示。

```
C:\ch9>java Example9_12
str:大家好
length:3
capacity:16
we好
we are all好
we are all right
```

图 9.13　StringBuffer 类的常用方法

例 9-12

Example9_12.java

```
public class Example9_12 {
   public static void main(String args[]) {
      StringBuffer str=new StringBuffer();
      str.append("大家好");
      System.out.println("str:"+str);
      System.out.println("length:"+str.length());
      System.out.println("capacity:"+str.capacity());
      str.setCharAt(0 ,'w');
      str.setCharAt(1 ,'e');
      System.out.println(str);
      str.insert(2, " are all");
      System.out.println(str);
      int index=str.indexOf("好");
      str.replace(index,str.length()," right");
      System.out.println(str);
   }
}
```

可以使用 String 类的构造方法 String (StringBuffer bufferstring)创建一个字符串对象。

9.3　StringTokenizer 类

在 9.1.6 小节我们学习了怎样使用 String 类的 split()方法分解字符串。本节学习怎样使用 StringTokenizer 对象分解字符串。和 split()方法不同的是，StringTokenizer 对象不使用正则表达式做分隔标记。

有时需要分析字符串并将字符串分解成可被独立使用的单词，这些单词叫做语言符号。例如，对于字符串"You are welcome"，如果把空格作为该字符串的分隔标记，那么该字符串有 3 个单词（语言符号）。而对于字符串"You,are,welcome"，如果把逗号作为了该字符串的分隔标记，那么该字符串有 3 个单词（语言符号）。

当分析一个字符串并将字符串分解成可被独立使用的单词时，可以使用 java.util 包中的 StringTokenizer 类，该类有两个常用的构造方法。

- ✧ StringTokenizer（String s）：为字符串 s 构造一个分析器。使用默认的分隔标记，即空格符（若干个空格被看做一个空格）、换行符、回车符、Tab 符、进纸符做分隔标记。
- ✧ StringTokenizer(String s, String delim)：为字符串 s 构造一个分析器，参数 dilim 中的字符被作为分隔标记。

分隔标记的任意组合仍然是分隔标记。

例如：

```
StringTokenizer fenxi = new StringTokenizer("you are welcome");
StringTokenizer fenxi = new StringTokenizer("you,are ; welcome", ", ; ");
```

称一个 StringTokenizer 对象为一个字符串分析器，一个分析器可以使用 nextToken()方法逐个获取字符串中的语言符号（单词），每当调用 nextToken()时，都将在字符串中获得下一个语言符号，每当获取到一个语言符号，字符串分析器中的负责计数的变量的值就自动减一，该计数变量的初始值等于字符串中的单词数目。通常用 while 循环来逐个获取语言符号，为了控制循环，可以使用 StringTokenizer 类中的 hasMoreTokens()方法，只要字符串中还有语言符号，即计数变量的值大于 0，该方法就返回 true，否则返回 false。另外还可以随时让分析器调用 countTokens()方法得到分析器中计数变量的值。

下面的例 9-13 输出字符串中的单词，并统计出单词个数。

例 9-13

Example9_13.java

```
import java.util.*;
public class Example9_13 {
  public static void main(String args[]) {
    String s="you are welcome(thank you),nice to meet you";
    StringTokenizer fenxi=new StringTokenizer(s,"() ,");
    int number=fenxi.countTokens();
    while(fenxi.hasMoreTokens()) {
       String str=fenxi.nextToken();
       System.out.print(str+" ");
    }
    System.out.println("共有单词: "+number+"个");
  }
}
```

9.4 Scanner 类

在 9.1.6 小节学习了怎样使用 String 类的 split（String regex）来分解字符串，在 9.3 节学习了怎样使用 Stringtokenizer 类解析字符串中的单词。本节学习怎样使用 Scanner 类从字符串中解析程序所需要的数据。

1. 使用默认分隔标记解析字符串

创建 Scanner 对象，并将要解析的字符串传递给所构造的对象，例如，对于字符串：

```
String NBA = "I Love This Game";
```

为了解析出 NBA 中的单词，可以构造一个 Scanner 对象：

```
Scanner scanner = new Scanner(NBA);
```

那么 scanner 将空白作为分隔标记，调用 next()方法依次返回 NBA 中的单词，如果 NBA 最后一个单词已被 next()方法返回，scanner 调用 hasNext()将返回 false，否则返回 true。

另外，对于数字型的单词，如 618，168.98 等可以用 nextInt()或 nextDouble()方法来代替 next()方法，即 scanner 可以调用 nextInt()或 nextDouble()方法将数字型单词转化为 int 型或 double 型数

据返回，但需要特别注意的是，如果单词不是数字型单词，调用 nextInt()或 nextDouble()方法将发生 InputMismatchException 异常，在处理异常时可以调用 next()方法返回该非数字化单词。

在下面的例 9-14 中，使用 Scanner 对象解析出字符串："TV cost 876 dollar.Computer cost 2398 dollar.telephone cost 1278 dollar"中的全部价格数字（价格数字的前后需有空格），并计算了总消费。程序运行效果如图 9.14 所示。

```
C:\ch9>java Example9_20
876.0
2398.0
1278.0
总消费:4552.0元
```

图 9.14 解析字符串

例 9-14

Example9_14.java

```
import java.util.*;
public class Example9_14 {
   public static void main(String args[]) {
      String  cost= " TV cost 876 dollar.Computer cost 2398 dollar.telephone cost 
1278 dollar";
      Scanner scanner = new Scanner(cost);
      double sum=0;
      while(scanner.hasNext()){
         try{
             double price=scanner.nextDouble();
             sum=sum+price;
             System.out.println(price);
         }
         catch(InputMismatchException exp){
             String t=scanner.next();
         }
      }
      System.out.println("总消费:"+sum+"元");
   }
}
```

2. 使用正则表达式作为分隔标记解析字符串

在上面的例 9-14 中，Scanner 对象使用默认分隔标记解析出了字符串中的全部价格数据，那么就要求必须使用空格将字符串中的价格数据和其他字符分隔开，否则就无法解析出价格数据。实际上，Scanner 对象可以调用

```
useDelimiter(正则表达式);
```

方法将一个正则表达式作为分隔标记，即和正则表达式匹配的字符串都是分隔标记。

对于上述例 9-14 中提到的字符串，如果用非数字字符串作分隔标记，那么所有的价格数字就是单词。

下面的例 9-15 使用正则表达式（匹配所有非数字字符串）：

```
String regex="[^0123456789.]+";
```

作为分隔标记解析"话费清单：市话费 76.89 元，长途话费 167.38 元，短信费 12.68 元"中的全部价格数字，并计算了总的通信费用。程序运行效果如图 9.15 所示。

```
C:\ch9>java Example9_21
76.89
167.38
12.68
总通信费用:256.95元
```

图 9.15 使用正则表达式解析字符串

例 9-15

Example9_15.java

```
import java.util.*;
public class Example9_15 {
   public static void main(String args[]) {
```

```
        String cost = "话费清单：市话费 76.89 元，长途话费 167.38 元，短信费 12.68 元";
        Scanner scanner = new Scanner(cost);
        scanner.useDelimiter("[^0123456789.]+");
        double sum=0;
        while(scanner.hasNext()){
          try{
              double price=scanner.nextDouble();
              sum=sum+price;
              System.out.println(price);
          }
          catch(InputMismatchException exp){
              String t=scanner.next();
          }
        }
        System.out.println("总通信费用:"+sum+"元");
    }
}
```

9.5 Date 类

程序设计中可能需要日期、时间等数据，本节介绍 java.util 包中的 Date 类，该类的实例可用于处理和日期、时间相关的数据。

9.5.1 构造 Date 对象

1. 使用无参数构造方法

使用 Date 类的无参数构造方法创建的对象可以获取本地当前时间，例如：

```
Date nowTime=new Date();
```

那么，当前 nowTime 含有的日期、时间就是创建 nowTime 对象时的本地计算机的日期和时间。

2. 使用带参数的构造方法

计算机系统将其自身时间的“公元”设置在 1970 年 1 月 1 日 0 时（格林威治时间），可以根据这个时间使用 Date 的带参数的构造方法：

```
Date(long time)
```

来创建一个 Date 对象，例如：

```
Date date1=new Date(1000),
   date2=new Date(-1000);
```

其中的参数取正数表示公元后的时间，取负数表示公元前的时间，如 1000 表示 1000 毫秒，那么，date1 含有的日期、时间就是计算机系统公元后 1 秒时刻的日期、时间。如果运行 Java 程序的本地时区是北京时区，那么上述 date1 就是 1970 年 01 月 01 日 08 时 00 分 01 秒，date2 就是 1970 年 01 月 01 日 07 时 59 分 59 秒。

我们还可以用 System 类的静态方法 public long currentTimeMillis()获取系统当前时间，如果运行 Java 程序的本地时区是北京时区，这个时间是从 1970 年 1 月 1 日 08 点到目前时刻所走过的毫秒数（这是一个不小的数）。

Date 对象表示时间的默认顺序是：星期、月、日、小时、分、秒、年。例如：

```
Tue Aug 04 08:59:32 CST 2009。
```

9.5.2 日期格式化

我们可能希望按照某种习惯来输出时间，如时间的顺序：

```
年 月 星期 日
```

或

```
年 月 星期 日 小时 分 秒。
```

这时可以使用 java.text 包中的 DateFormat 的子类 SimpleDateFormat 来实现日期的格式化。SimpleDateFormat 有一个常用构造方法：

```
public SimpleDateFormat(String pattern);
```

该构造方法可以用参数 pattern 指定的格式创建一个对象，该对象调用：

```
public String format(Date date)
```

方法格式化时间对象 date。pattern 是由普通字符和一些称作格式符组成的字符序列。

例如，假如当前时间是 2009 年 10 月 11 日星期日，设

```
pattern= "yyyy-MM-dd"。
```

那么使用 pattern 格式化后的时间就是：

```
2009-10-11
```

format 方法在格式化 date 时，将用 date 中相应的时间替换相应的格式符，简单地说，format 方法返回的字符串就是把 pattern 中的格式符用相应时间替换后的字符序列。

以下是日期格式符及被替换的结果：

G 替换为公元标志，例如 AD 或“公元”。

y 替换为 2 位数字的年，例如，98。

M 替换为年中的月份，例如，July、Jul、7。

w 替换为年中的周数，例如，28。

W 替换为月份中的周数，例如，3。

D 替换为年中的天数，例如，189。

d 替换为月份中的天数，例如，26。

F 替换为月份中的星期，例如，2。

E 替换为星期中的天数，例如，Tuesday，Tue，星期二。

a 替换为 Am/pm 标记，例如，PM。

H 替换为一天中的小时数（0-23），例如，0。

k 替换为一天中的小时数（1-24），例如，24。

K 替换为 am/pm 中的小时数（0-11），例如，11。

h am/pm 中的小时数（1-12），例如，12。

m 替换为小时中的分钟数，例如，36。

s 替换为分钟中的秒数，例如，56。

S 替换为毫秒数，例如，678。

z 替换为时区，例如，CST。

某些格式符可以连续重复出现，例如，yyyy 用 4 位数字表示年，MMM 用汉字表示月。

对于 pattern 中的普通 ASCII 字符，必须要用单引号“'”字符括起，例如：

pattern= " 'time':yyyy-MM-dd"。

下面的例 9-16 使用 Date 类的实例输出时间，运行效果如图 9.16 所示。

```
Wed Nov 12 17:47:32 CST 2014
2014-11-12
公元 2014年十一月12日星期三 17时47分32秒CST
现在是公元后:1415785652795毫秒
```

图 9.16 格式化时间

例 9-16

Example9_16.java

```
import java.util.Date;
import java.text.SimpleDateFormat;
public class Example9_16 {
   public static void main(String args[]) {
      Date nowTime=new Date();
      System.out.println(nowTime);
      String pattern = "yyyy-MM-dd";
      SimpleDateFormat SDF= new SimpleDateFormat(pattern);
      String timePattern=SDF.format(nowTime);
      System.out.println(timePattern);
      pattern = "G yyyy年MMMd日E HH时mm分ss秒z";
      SDF=new SimpleDateFormat("G yyyy年MMMd日E HH时mm分ss秒z");
      timePattern=SDF.format(nowTime);
      System.out.println(timePattern);
      long time=System.currentTimeMillis();
      System.out.println("现在是公元后:"+time+"毫秒");
   }
}
```

9.6 Calendar 类

Calendar 类在 java.util 包中。使用 Calendar 类的 static 方法 getInstance()可以初始化一个日历对象，如：

```
Calendar calendar= Calendar.getInstance();
```

然后，calendar 对象可以调用方法：

```
public final void set(int year,int month,int date)
public final void set(int year,int month,int date,int hour,int minute)
public final void set(int year,int month, int date, int hour, int minute,int second)
```

将日历翻到任何一个时间，当参数 year 取负数时表示公元前。

calendar 对象调用方法：

```
public int get(int field)
```

可以获取有关年份、月份、小时、星期等信息，参数 field 的有效值由 Calendar 的静态常量指定，例如：

```
calendar.get(Calendar.MONTH);
```

返回一个整数，如果该整数是 0 表示当前日历是在一月，该整数是 1 表示当前日历是在二月等。例如：

```
calendar.get((DAY_OF_WEEK);
```

返回一个整数，如果该整数是 1 表示星期日，如果是 2 表示星期一，依此类推，如果是 7 表示是星期六。

日历对象调用

```
public long getTimeInMillis()
```

可以将时间表示为毫秒。

下面的例 9-17 使用了 Calendar 类，使用静态导入直接使用 Calendar 类的类常量，计算了 1949 年和 2009 年之间相隔的天数，运行效果如图 9.17 所示。

```
现在的时间是：
2014年11月12日 17时57分12秒
2015-10-1和1949-10-1
相隔24106天
```

图 9.17　使用 Clendar 类

例 9-17

Example9_17.java

```
import java.util.*;
//静态导入 Calendar 类的静态常量：
import static java.util.Calendar.*;
public class Example9_17 {
  public static void main(String args[]) {
      Calendar calendar=Calendar.getInstance();
      calendar.setTime(new Date());
      String  年=String.valueOf(calendar.get(YEAR)),
             月=String.valueOf(calendar.get(MONTH)+1),
             日=String.valueOf(calendar.get(DAY_OF_MONTH));
      int hour=calendar.get(HOUR_OF_DAY),
          minute=calendar.get(MINUTE),
          second=calendar.get(SECOND);
      System.out.println("现在的时间是：");
      System.out.print(""+年+"年"+月+"月"+日+"日");
      System.out.println(" "+hour+"时"+minute+"分"+second+"秒");
      int year1=1949,month1=9,day1=1;
      calendar.set(year1,month1-1,day1);  //将日历翻到 1949 年 10 月 1 日,注意 9 表示十月
      long time1=calendar.getTimeInMillis();
      int year2=2015;
      int month2=9;
      int day2=1;
      calendar.set(year2,month2-1,day2);  //将日历翻到 2015 年 10 月 1 日
      long time2=calendar.getTimeInMillis();
      long days=(time2-time1)/(1000*60*60*24);
      System.out.printf
        ("%d-%d-%d 和%d-%d-%d\n 相隔%d 天\n",
         year2,month2+1,day2,year1,month1+1,day1,days);
    }
}
```

下面的例 9-18 输出 2015 年 7 月的“日历”，效果如图 9.18 所示。

日	一	二	三	四	五	六
			1	2	3	4
5	6	7	8	9	10	11
12	13	14	15	16	17	18
19	20	21	22	23	24	25
26	27	28	29	30	31	

图 9.18　输出日历

例 9-18

Example9_18.java

```
public class Example9_18 {
  public static void main(String args[]) {
    CalendarBean cb=new CalendarBean();
    cb.setYear(2015);
    cb.setMonth(7);
    String [] a= cb.getCalendar();//返回号码的一维数组
    char [] str="日一二三四五六".toCharArray();
    for(char c:str) {
      System.out.printf("%3c",c);
    }
    for(int i=0;i<a.length;i++) {      //输出数组 a
      if(i%7==0)
         System.out.println("");  //换行
      System.out.printf("%4s",a[i]);
    }
  }
}
```

CalendaBean.java

```
import java.util.Calendar;
public class CalendarBean {
  String [] day;
  int year=0,month=0;
  public void setYear(int year) {
    this.year=year;
  }
  public void setMonth(int month) {
    this.month=month;
  }
  public String [] getCalendar() {
    String [] a=new String[42];
    Calendar rili=Calendar.getInstance();
    rili.set(year,month-1,1);
    int weekDay=rili.get(Calendar.DAY_OF_WEEK)-1; //计算出 1 号的星期
    int day=0;
    if(month==1||month==3||month==5||month==7||month==8||month==10||month==12)
       day=31;
    if(month==4||month==6||month==9||month==11)
      day=30;
    if(month==2) {
      if(((year%4==0)&&(year%100!=0))||(year%400==0))
        day=29;
      else
        day=28;
    }
   for(int i=0;i<weekDay;i++)
      a[i]=" ";
   for(int i=weekDay,n=1;i<weekDay+day;i++) {
      a[i]=String.valueOf(n) ;
      n++;
   }
```

```
        for(int i=weekDay+day;i<a.length;i++)
            a[i]=" ";
        return a;
    }
}
```

9.7 Math 和 BigInteger 类

9.7.1 Math 类

在编写程序时，可能需要计算一个数的平方根、绝对值，获取一个随机数等。java.lang 包中的 Math 类包含许多用来进行科学计算的类方法，这些方法可以直接通过类名调用。另外，Math 类还有两个静态常量，E 和 PI，它们的值分别是：

```
2.7182828284590452354
```

和

```
3.14159265358979323846。
```

以下是 Math 类的常用类方法。

- ✧ public static long abs(double a) 返回 a 的绝对值。
- ✧ public static double max(double a,double b) 返回 a、b 的最大值。
- ✧ public static double min(double a,double b) 返回 a、b 的最小值。
- ✧ public static double random() 产生一个 0 到 1 之间的随机数（不包括 0 和 1）。
- ✧ public static double pow(double a,double b) 返回 a 的 b 次幂。
- ✧ public static double sqrt(double a) 返回 a 的平方根。
- ✧ public static double log(double a) 返回 a 的对数。
- ✧ public static double sin(double a) 返回正弦值。
- ✧ public static double asin(double a) 返回反正弦值。

9.7.2 BigInteger 类

程序有时需要处理大整数，java.math 包中的 BigInteger 类提供任意精度的整数运算。可以使用构造方法：

```
public BigInteger(String val)
```

构造一个十进制的 BigInteger 对象。该构造方法可以发生 NumberFormatException 异常，也就是说，字符串参数 val 中如果含有非数字字符就会发生 NumberFormatException 异常。

以下是 BigInteger 类的常用方法。

- ✧ public BigInteger add(BigInteger val) 返回当前大整数对象与参数指定的大整数对象的和。
- ✧ public BigInteger subtract(BigInteger val) 返回当前大整数对象与参数指定的大整数对象的差。
- ✧ public BigInteger multiply(BigInteger val) 返回当前大整数对象与参数指定的大整数对象的积。

- ✧ public BigInteger divide(BigInteger val)　返回当前大整数对象与参数指定的大整数对象的商。
- ✧ public BigInteger remainder(BigInteger val)　返回当前大整数对象与参数指定的大整数对象的余。
- ✧ public int compareTo(BigInteger val) 返回当前大整数对象与参数指定的大整数的比较结果，返回值是 1、-1 或 0，分别表示当前大整数对象大于、小于或等于参数指定的大整数。
- ✧ public BigInteger abs() 返回当前大整数对象的绝对值。
- ✧ public BigInteger pow(int a) 返回当前大整数对象的 a 次幂。
- ✧ public String toString() 返回当前大整数对象十进制的字符串表示。
- ✧ public String toString(int p) 返回当前大整数对象 p 进制的字符串表示。

下面的例 9-19 计算 5 的平方根以及两个大整数的和与积，运行效果如图 9.19 所示。

```
5.0的平方跟:2.23606797749979
和:1111111110
积:121932631112635269
```

图 9.19　Math 类

例 9-19

Example9_19.java

```
import java.math.*;
public class Example9_19 {
   public static void main(String args[]) {
      double a=5.0;
      double st=Math.sqrt(a);
      System.out.println(a+"的平方跟:"+st);
      BigInteger result=new BigInteger("0"),
                 one=new BigInteger("123456789"),
                 two=new BigInteger("987654321");
       result=one.add(two);
       System.out.println("和:"+result);
       result=one.multiply(two);
       System.out.println("积:"+result);
   }
}
```

9.8　DecimalFormat 类

程序可能对数字型数据的输出格式有特殊的要求，即对输出的数字结果进行必要的格式化。例如，有些银行系统希望将数字的整数部分按“千”或“万”分组，如 1,234,567.809（按千）或 123,4567.809（按万）。有些系统对数字的小数部分或整数部分的表示有着特殊的要求，例如，对于 3.14356789，希望保留 3 位小数、整数部分至少要显示 3 位，即将 3.14356789 格式化为 003.144。

9.8.1　格式化数字

可以使用 java.text 包中的 DecimalFormat 类对数字进行格式化，以符合程序的要求。

1．格式化整数位和小数位

可以使用 DecimalFormat 类的构造方法，并将把一个由数字“0”和“.”组成（只能有一个“.”）的字符串，如“00.000”，传递给构造方法的参数来创建一个 DecimalFormat 对象。其中由数字“0”和“.”组成的字符串称做 DecimalFormat 对象中的数字格式化模式，那么 DecimalFormat 对象调用：

```
public final String format(double number);
```

对参数指定的数字进行格式化，并将格式化结果以 String 对象返回。例如：

```
DecimalFormat format=new DecimalFormat("00000.00");
```

那么

```
String result=format.format(6789.8765);
```

得到的 result 是"06789.88"。

DecimalFormat 对象使用的数字格式化模式中“.”前面“0”的个数表示格式化保留的最少整数位，“.”后面“0”的个数表示格式化保留的最多小数位，当被格式化的数字的整数位数不足时，该位用 0 替代。

2. 整数位的分组

当希望将数字的整数部分分组（用逗号分隔），如按“千”或“万”分组等，那么可以在 DecimalFormat 对象中的数字格式化模式前面增加分组作为前缀。

分组是用逗号做分隔的“#”组成的字符串，例如，“#,##,###”，这些被逗号做分隔的“#”组成的字符串称做分组中的分隔符。

分组通常用于千位，但是在某些国家中它用于分隔万位。分组所给出的分组大小决定数字中从左向右每隔多少位添加一个逗号，例如，123,456,789 是 3 位一组，1,2345,6789 则是 4 位一组。如果分组中具有多个分隔符，则最后一个分隔符和整数结尾之间的间隔才是分组的大小。所以"#,##,###,<u>####00</u>.00"，"########,<u>####00</u>.00"和"##,####,<u>####00</u>.00"是等同的，分组的大小都是 6（注意不是 4）。

例如：将

```
"123456789.9876543"
```

的整数部分按 4 位分组的一个格式化模式是：

```
“#,##, ###,##00.00”
```

使用该模式格式化上述数字的结果是：1,2345,6789.99。

3. 格式化为百分数或千分数

在 DecimalFormat 对象中的数字格式化模式尾加“%”，可以将数字格式化为百分数，尾加“\u2030”将数字格式化为千分数。

4. 格式化为科学计数

在 DecimalFormat 对象中的数字格式化模式尾加“E0”，可以将数字格式化为科学计数。

5. 格式化为货币值

在 DecimalFormat 对象中的数字格式化模式尾加货币符号，如“$”“￥”，可以将数字格式化为带货币符号的串。

需要注意的是，在格式化数字时，可以在模式的前后添加任意的普通字符串（不含有“#”、“,”、“.”、“0”），DecimalFormat 对象对这些字符串不做任何处理。例如，DecimalFormat 对象使用模式：

```
"你好#,##,#00.0000$我喜欢";
```

可以将数字 12345678.987654 格式化为：

```
"你好 12,345,678.9877$我喜欢"
```

9.8.2　将格式化字符串转化为数字

有时候，程序需要将形如"12,123,446"、"1,1234,5668.89$"样式的字符串转化为数字，如银行中货币值的常见写法是：1,123,898$，那么怎样将其转化为数字呢？

可以根据要转化的字符串创建一个 DecimalFormat 对象，并将适合该字符串的格式化模式传递给该对象，例如：

```
DecimalFormat df = new DecimalFormat("###,#00.000$");
```

那么，df 调用 parse(String s)方法将返回一个 Number 对象，例如：

```
Number num = df.parse("3,521,563.345$");
```

那么，Number 对象调用方法可以返回该对象中含有的数字，例如：

```
double d=number.doubleValue();
```

d 的值是 3521563.345。

下面的例 9-20 使用 DecimalFormat 对象格式化数字，并将形如"21,6578,5665.85￥"样式的字符串转化为数字，运行效果如图 9.20 所示。

```
98765.123456格式化为整数最少6位，小数最多3位:
098765.123
12345678.987654格式化为整数最少2位,小数最多4位(整数部分按千分组):
12,345,678.9877$
0.986796格式化为百分数和千分数:
98.6796%
986.7960‰
9,576,769.345￥转化成数字:
9576769.345
```

图 9.20　使用 DecimalFormat 类

例 9-20

Example9_20.java

```
import java.text.*;
public class Example9_20 {
  public static void main(String args[]){
    double number=98765.123456;
    System.out.println(number+"格式化为整数最少 6 位，小数最多 3 位:");
    DecimalFormat df=new DecimalFormat ("000000.000");
    String result=df.format(number);
    System.out.println(result);
    number=12345678.987654;
    System.out.printf("%f 格式化为整数最少 2 位，小数最多 4 位(整数部分按千分组):%n",number);
    df.applyPattern("#,##,#00.0000$");
    result=df.format(number);
    System.out.println(result);
    number=0.986796;
    System.out.println(number+"格式化为百分数和千分数:");
    df.applyPattern("0.0000%");
    result=df.format(number);
    System.out.println(result);
```

```
        df.applyPattern("0.0000\u2030");
        result=df.format(number);
        System.out.println(result);
        String money="9,576,769.345￥";
        System.out.println(money+"转化成数字:");
        df.applyPattern("#,##,##0.000");
        try {
            Number num = df.parse(money);
            System.out.println(num.doubleValue());
        }
        catch(Exception exp){}
    }
}
```

9.9 Pattern 与 Match 类

模式匹配就是检索和指定模式匹配的字符串。Java 提供了专门用来进行模式匹配的 Pattern 类和 Match 类，这些类在 java.util.regex 包中。

9.9.1 模式对象

进行模式匹配的第一步就是使用 Pattern 类创建一个对象，称作模式对象，模式对象是对正则表达式的封装。Pattern 类调用类方法 compile（String regex）返回一个模式对象，其中的参数 regex 是一个正则表达式（有关正则表达式的知识参见前面的 9.1.6），称作模式对象使用的模式。例如，使用正则表达式“hello\\d”建立一个模式对象 p：

```
Pattern p = Pattern.compile("hello\\d");
```

如果参数 regex 指定的正则表达式有错，complie 方法将抛出异常：PatternSyntaxException。

Pattern 类也可以调用类方法 compile（String regex, int flags）返回一个 Pattern 对象，参数 flags 可以取下列有效值：

```
Pattern .CASE_INSENSITIVE
Pattern.MULTILINE
Pattern.DOTALL
Pattern.UNICODE_CASE
Pattern.CANON_EQ
```

例如，flags 取值 Pattern .CASE_INSENSITIVE，模式匹配时将忽略大小写。

9.9.2 匹配对象

模式对象 p 调用 matcher（CharSequence input）方法返回一个 Matcher 对象 m，称作匹配对象，参数 input 可以是任何一个实现了 CharSequence 接口的类创建的对象，前面学习的 String 类和 StringBuffer 类都实现了 CharSequence 接口。

一个 Matcher 对象 m 可以使用下列 3 个方法寻找参数 input 指定的字符序列中是否有和模式 regex 匹配的子序列（regex 是创建模式对象 p 时使用的正则表达式）。

✧ public boolean find()：寻找 input 和 regex 匹配的下一子序列，如果成功该方法返回 true，

否则返回 false。m 首次调用该方法时，寻找 input 中第 1 个和 regex 匹配的子序列，如果 find()返回 true，m 再调用 find()方法时，就会从上一次匹配模式成功的子序列后开始寻找下一个匹配模式的子字符串。另外，当 find()方法返回 true 时，m 可以调用 start()方法和 end()方法可以得到该匹配模式子序列在 input 中的开始位置和结束位置。当 find()方法返回 true 时，m 调用 group()可以返回 find()方法本次找到的匹配模式的子字符串。

✧ public boolean matches()：判断 input 是否完全和 regex 匹配。

✧ public boolean lookingAt()：判断从 input 的开始位置是否有和 regex 匹配的子序列。若 lookingAt()方法返回 true，m 调用 start()方法和 end 方法可以得到 lookingAt()方法找到的匹配模式的子序列在 input 中的开始位置和结束位置。若 lookingAt()方法返回 true，m 调用 group()可以返回 lookingAt()方法找到的匹配模式的子序列。

下列几个方法也是 Matcher 对象 m 常用的方法。

✧ public boolean find(int start) 判断 input 从参数 start 指定位置开始是否有和 regex 匹配的子序列，参数 start 取值 0 时，该方法和 lookingAt()的功能相同。

✧ public String replaceAll(String replacement) Matcher 对象 m 调用该方法可以返回一个字符串，该字符串是通过把 input 中与模式 regex 匹配的子字符串全部替换为参数 replacement 指定的字符串得到的（注意，input 本身没有发生变化）。

✧ public String replaceFirst(String replacement) Matcher 对象 m 调用该方法可以返回一个字符串，该字符串是通过把 input 中第 1 个与模式 regex 匹配的子字符串替换为参数 replacement 指定的字符串得到的（注意，input 本身没有发生变化）。

下面的例 9-21 查找一个字符串中的网站地址组成的子串，然后将网站地址全部剔除得到一个新字符串。

例 9-21

Example9_21.java

```
import java.util.regex.*;
public class Example9_21 {
  public static void main(String args[ ]) {
    Pattern p;          //模式对象
    Matcher m;          //匹配对象
    String regex="(http://|www)\56?\\w+\56{1}\\w+\56{1}\\p{Alpha}+";
    p=Pattern.compile(regex);  //初试化模式对象
    String s=
    "清华大学网址:www.tsinghua.edu.cn,邮电出版社的网址:http://www.ptpress. com";
    m=p.matcher(s);  //用待匹配字符序列初始化匹配对象
    while(m.find()) {
       String str=m.group();
       System.out.println(str);
    }
    System.out.println("剔除字符串中的网站地址后得到的字符串:");
    String result=m.replaceAll("");
    System.out.println(result);
  }
}
```

9.10 System 类

java.lang 包中的 System 类中有许多类方法，这些方法用于设置和 Java 虚拟机相关的数据，我们在后续的章节中还会用到 System 类中的某些方法，本节介绍 System 类中的 exit()方法。

如果一个 Java 程序希望立刻关闭运行当前程序的 Java 虚拟机，那么就可以让 System 类调用 exit（int status），并向该方法的参数传递数字 0 或非 0 的数字。传递数字 0 表示是正常关闭虚拟机，否则表示非正常关闭虚拟机。需要注意的是，一个应用程序一旦关闭当前的虚拟机，将导致当前应用程序立刻结束执行。

在下面的例 9-22 中，ComputerSun 计算用户从键盘输入的整数之和，如果和超过 8000，就关闭当前虚拟机。

例 9-22

ComputerSum.java

```
import java.util.*;
public class ComputerSum {
   public static void main(String args[]) {
      Scanner scanner = new Scanner(System.in);
      int sum=0;
      System.out.println("输入一个整数");
      while(scanner.hasNextInt()){
          int item=scanner.nextInt();
          sum=sum+item;
          System.out.println("目前和"+sum);
          if(sum >= 8000)
             System.exit(0);
          System.out.println("输入一个整数(输入非整数结束输入)");
      }
      System.out.println("总和"+sum);
   }
}
```

9.11 上机实践

9.11.1 实验 1 检索简历

1. 实验目的

Java 使用 java.lang 包中的 String 类来创建一个字符串变量，因此字符串变量是一个对象。String 类提供了诸如 indexOf(int n)，substring(int index)的常用方法。String 类是 Final 类，不可以有子类。本实验的目的是让学生掌握 String 类的常用方法。

2. 实验要求

简历的内容如下：

"姓名：张三。出生时间：1989.10.16。个人网站：http://www.zhang.com。身高：185cm，体

重：72kg"。

编写一个 Java 应用程序，判断简历中的姓名是否姓“张”，单独输出简历中的出生日期和个人网站，判断简历中的身高是否大于 180cm、体重是否小于 75kg。

程序运行参考效果如图 9.21 所示。

```
简历中的姓名姓"张"
1989.10.16
http://www.zhang.com
简历中的身高185大于或等于180 cm
简历中的体重72小于75 kg
```

图 9.21　检索简历

3. 程序模板

请按模板要求，将【代码】替换为 Java 程序代码。

FindMess.java

```
public class FindMess {
   public static void main(String args[]) {
      String mess = "姓名:张三 出生时间:1989.10.16。个人网站:http://www.zhang.com。"+
               "身高:185 cm,体重:72 kg";
      int index =【代码 1】 //mess 调用 indexOf(String s)方法返回字符串中首次出现冒号的位置
      String name = mess.substring(index+1);
      if(name.startsWith("张")) {
          System.out.println("简历中的姓名姓\"张\"");
      }
      index=【代码 2】//mess 调用 indexOf(String s,int start)返回字符串中第 2 次出现冒号的位置
      String date = mess.substring(index+1,index+11);
      System.out.println(date);
      index = mess.indexOf(":",index+1);
      int heightPosition=【代码 3】//mess 调用 indexOf(String s)返回首次出现"身高"的位置
      String personNet = mess.substring(index+1,heightPosition-1);
      System.out.println(personNet);
      index =【代码 4】//mess 调用 indexOf(String s,int start)返回字符串中"身高"后面的冒号位置
      int cmPosition = mess.indexOf("cm");
      String height = mess.substring(index+1,cmPosition);
      height = height.trim();
      int h = Integer.parseInt(height);
      if(h>=180) {
         System.out.println("简历中的身高"+height+"大于或等于 180 cm");
      }
      else {
         System.out.println("简历中的身高"+height+"小于 180 cm");
      }
      index=【代码 5】//mess 调用 lastIndexOf(String s)返回字符串中最后一个冒号位置
      int kgPosition = mess.indexOf("kg");
      String weight = mess.substring(index+1,kgPosition);
      weight = weight.trim();
      int w = Integer.parseInt(weight);
      if(w>=75) {
         System.out.println("简历中的体重"+weight+"大于或等于 75 kg");
      }
      else {
         System.out.println("简历中的体重"+weight+"小于 75 kg");
      }
   }
}
```

4. 实验指导

字符串调用 indexOf(String s)返回参数 s 在当前字符串中首次出现的位置，因此【代码 1】

应该是：

```
mess.indexOf(":");
```

为了更快地检索某个字符串出现位置，字符串可以使用 indexOf(String s,int start)方法，【代码 2】可以是：

```
mess.indexOf(":",index+1);
```

5. 实验后的练习

（1）在程序的适当位置增加如下代码，注意输出的结果。

```
String str1=new String ("ABCABC"),
str2=null,
str3=null,
str4=null;
str2=str1.replaceAll("A","First");
str3=str2.replaceAll("B", "Second");
str4=str3.replaceAll("C", "Third");
System.out.println(str1);
System.out.println(str2);
System.out.println(str3);
System.out.println(str4);
```

（2）可以使用 Long 类中的下列 static 方法得到整数的各种进制的字符串表示：

```
public static String toBinaryString(long i)（返回整数 i 的二进制表示）
public static String toOctalString(long i) （返回整数 i 的八进制表示）
public static String toHexString(long i) （返回整数 i 的十六进制表示）
public static String toString(long i, int p) （返回整数 i 的 p 进制表示）
```

其中的 toString(long i,int p)返回整数 i 的 p 进制表示。请在适当位置添加代码输出 12345 的二进制、八进制和十六进制表示。

9.11.2 实验 2 购物小票

1. 实验目的

当分析一个字符串并将字符串分解成可被独立使用的单词时，可以使用 java.util 包中的 StringTokenizer 类。当我们想分解出字符串的有用的单词时，可以首先把字符串中不需要的单词都统一替换为空格或其他字符，比如“*”，然后再使用 StringTokenizer 类，并用“*”或空格做分隔标记分解出所需要的单词。本实验的目的是让学生掌握 StringTokenizer 类。

2. 实验要求

两张购物小票的内容如下。

```
"苹果 56.7元，香蕉：12元，芒果:19.8元";
"酱油 6.7元，精盐：0.8元，榨菜:9.8元";
```

编写程序分别输出两张购物小票的价格之和。程序运行参考效果如图 9.22 所示。

```
"苹果 56.7元，香蕉：12元，芒果:19.8元"价格总和:
88.500000元
"酱油 6.7元，精盐：0.8元，榨菜:9.8元"价格总和:
17.300000元
```

图 9.22 购物小票的价格

3. 程序模板

上机调试模板给出的程序，完成实验后的练习。

E.java

```
import java.util.*;
public class E {
   public static void main(String args[]) {
      String s1="苹果: 56.7元, 香蕉: 12元, 芒果:19.8元";
      String s2="酱油: 6.7元, 精盐: 0.8元, 榨菜:9.8元";
      ComputePice jisuan = new ComputePice();
      String regex = "[^0123456789.]+";//匹配所有非数字字符串
      String s1_number = s1.replaceAll(regex,"*");
      double priceSum = jisuan.compute(s1_number,"*");
      System.out.printf("\"%s\"价格总和:\n%f元\n",s1,priceSum);
      String s2_number = s2.replaceAll(regex,"#");
      priceSum = jisuan.compute(s2_number,"#");
      System.out.printf("\"%s\"价格总和:\n%f元\n",s2,priceSum);
   }
}
class ComputePice {
    double compute(String s,String fenge) {
       StringTokenizer fenxiOne=new StringTokenizer(s,fenge);
       double sum =0;
       double digitItem = 0;
       while(fenxiOne.hasMoreTokens()) {
          String str=fenxiOne.nextToken();
          digitItem = Double.parseDouble(str);
          sum = sum+digitItem ;
       }
       return sum;
    }
}
```

4. 实验指导

如果准备分解出"酱油 6.7 元，精盐：0.8 元，榨菜:9.8 元"的货品名称，即不要价格和价格单位以及标点符号，那么可以实现使用正则表达式"[0123456789.]+元"匹配诸如 ddddd.ddd 元的价格数据。那么对于 String temp = s1.replaceAll(re,"");temp 就是字符串：

```
"酱油:，精盐:，榨菜:"
```

那么再经过：

```
temp = temp.replaceAll(": "," ");
temp = temp.replaceAll(", "," ");
```

之后，temp 就是字符串：

```
"酱油 精盐 榨菜"
```

5. 实验后的练习

编写程序输出"酱油：6.7 元，精盐：0.8 元，榨菜：9.8 元"中的货品名称。

9.11.3 实验 3 成绩单

1. 实验目的

Scanner 类的实例从字符串中解析数据。默认情况下，Scanner 对象用空格做分隔标记解析字符串。Scanner 对象调用方法 useDelimiter(String regex)将正则表达式作为分隔标记，即 Scanner 对象在解析字符串时，把与正则表达式 regex 匹配的字符串作为分隔标记。本实验的目的是掌握怎样使用 Scanner 类的对象从字符串中解析程序所需要的数据。

2. 实验要求

有如三位同学的成绩单：

张三：数学 72，物理 67，英语 70.
李四：数学 92，物理 98，英语 88.
周明：数学 68，物理 80，英语 77.

编写程序输出每个同学的总成绩。程序运行参考效果如图 9.23 所示。

```
张三总成绩:209.0
李四总成绩:278.0
周明总成绩:225.0
```

图 9.23 成绩单

3. 程序模板

请按模板要求，将【代码】替换为 Java 程序代码。

E.java

```
import java.util.*;
public class E {
   public static void main(String args[]) {
      String [] student = { "张三:数学 72，物理 67，英语 70",
                            "李四:数学 92，物理 98，英语 88",
                            "周明:数学 68，物理 80，英语 77"};
      ComputeScore jisuan = new ComputeScore();
      for(String s:student) {
          double totalScore=jisuan.compute(s);
          String name = s.substring(0,s.indexOf(":"));
          System.out.println(name+"总成绩:"+totalScore);
      }
   }
}
class ComputeScore {
    double compute(String chengjiForm) {
       Scanner scanner = 【代码 1】//创建 scanner,将 chengjiForm 传递给构造方法的参数
       String regex = "[^0123456789.]+";
       【代码 2】 //scanner 调用 useDelimiter(String regex)，将 regex 传递给该方法的参数
       double sum=0;
       while(scanner.hasNext()){
         try{
              double price = 【代码 3】 //scanner 调用 nextDouble()返回数字单词
              sum = sum+price;
         }
         catch(InputMismatchException exp){
              String t = scanner.next();
         }
       }
       return sum;
    }
}
```

4. 实验指导

scanner 可以用 nextInt()或 nextDouble()方法解析字符串中的数字型的单词，即 scanner 可以调用 nextInt()或 nextDouble()方法将数字型单词转化为 int 或 double 数据返回。如果单词不是数字型单词，scanner 调用 nextInt()或 nextDouble()方法将发生 InputMismatchException 异常，必须在处理异常的语句中，将不是数字的单词返回（好比将子弹中的臭子弹出）。

5. 实验后的练习

编写程序输出菜单："北京烤鸭：189，西芹炒肉：12.9，酸菜鱼：69，铁板牛柳：32"的总价格。

习　题　9

1. 下列叙述哪些是正确的？
   A. String 类是 final 类，不可以有子类。
   B. String 类在 java.lang 包中。
   C. "abc"=="abc"的值是 false。
   D. "abc".equals("abc")的值是 true。
2. 请说出 E 类中 System.out.println 的输出结果。

```
import java.util.*;
class GetToken {
  String s[];
  public String getToken(int index,String str) {
    StringTokenizer fenxi=new StringTokenizer(str);
    int number=fenxi.countTokens();
    s=new String[number+1];
    int k=1;
    while(fenxi.hasMoreTokens()) {
      String temp=fenxi.nextToken();
       s[k]=temp;
       k++;
    }
    if(index<=number)
      return s[index];
    else
      return null;
  }
}
class E {
  public static void main(String args[]) {
     String str="We Love This Game";
     GetToken token=new GetToken();
     String s1=token.getToken(2,str),
            s2=token.getToken(4,str);
     System.out.println(s1+":"+s2);
   }
}
```

3. 请说出 E 类中 System.out.println 的输出结果。

```
public class E {
```

```
    public static void main(String args[]) {
        byte d[]="abc我们喜欢篮球".getBytes();
        System.out.println(d.length);
        String s=new String(d,0,7);
        System.out.println(s);
    }
}
```

4. 请说出 E 类中 System.out.println 的输出结果。

```
class MyString {
  public String getString(String s) {
      StringBuffer str=new StringBuffer();
      for(int i=0;i<s.length();i++) {
         if(i%2==0) {
            char c=s.charAt(i);
            str.append(c);
          }
      }
     return new String(str);
   }
}
public class E {
   public static void main(String args[ ]) {
       String s="1234567890";
       MyString ms=new MyString();
       System.out.println(ms.getString(s));
   }
}
```

5. 请说出 E 类中 System.out.println 的输出结果。

```
public class E {
  public static void main (String args[ ]) {
      String regex="\\djava\\w{1,}" ;
      String str1="88javaookk";
      String str2="9javaHello";
      if(str1.matches(regex)) {
          System.out.println(str1);
      }
      if(str2.matches(regex)) {
          System.out.println(str2);
      }
   }
}
```

6. 字符串调用 public String toUpperCase()方法返回一个字符串，该字符串把当前字符串中的小写字母变成大写字母；字符串调用 public String toLowerCase()方法返回一个字符串，该字符串把当前字符串中的大写字母变成小写字母。String 类的 public String concat（String str）方法返回一个字符串，该字符串是把调用该方法的字符串与参数指定的字符串连接。编写一个程序，练习使用这 3 个方法。

7. String 类的 public char charAt（int index）方法可以得到当前字符串 index 位置上的一个字符。编写程序使用该方法得到一个字符串中的第一个和最后一个字符。

8. 通过键盘输入年份和月份，程序输出相应的日历牌。

9. 计算某年、某月、某日和某年、某月、某日之间的天数间隔，要求年、月、日通过通过键盘输入到程序中。

10. 编程练习 Math 类的常用方法。

11. 参看例 9-19，编写程序剔除一个字符串中的全部非数字字符，例如，将形如“ab123you”的非数字字符全部剔除，得到字符串“123”。

12. 参看例 9-21，使用 Scanner 类的实例解析“数学 87 分，物理 76 分，英语 96 分”中的考试成绩，并计算出总成绩以及平均分数。

第 10 章 输入、输出流

主要内容

- 字节流与字符流
- 缓冲流
- 随机流
- 数组流
- 数据流
- 对象流
- 序列化与对象克隆
- 文件锁
- 使用 Scanner 解析文件

难点

- 序列化与对象克隆
- 使用 Scanner 解析文件

程序在运行期间，可能需要从外部的存储媒介或其他程序中读入所需要的数据，这就需要使用输入流对象。输入流的指向称作它的源，程序从指向源的输入流中读取源中的数据（见图 10.1）。另一方面，程序在处理数据后，可能需要将处理的结果写入到永久的存储媒介中或传送给其他的应用程序，这就需要使用输出流对象。输出流的指向称作它的目的地，程序通过向输出流中写入数据把数据传送到目的地（见图 10.2）。

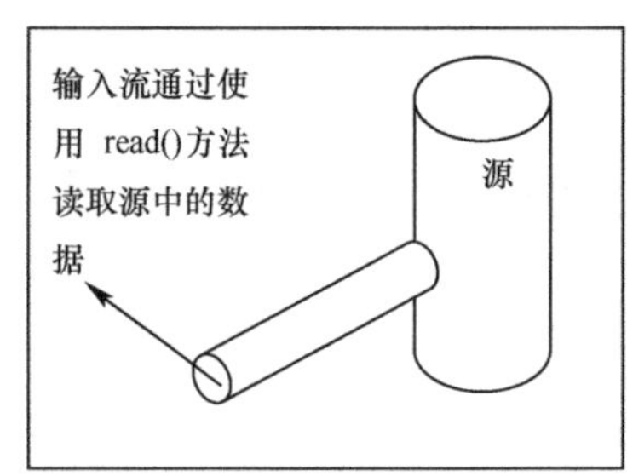

图 10.1 输入流示意图

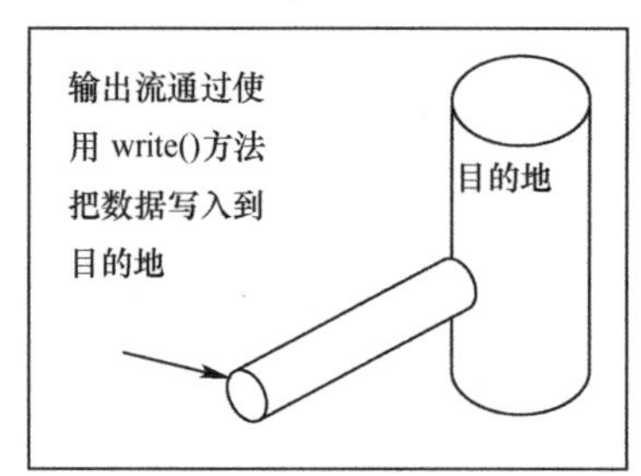

图 10.2 输出流示意图

10.1 File 类

程序可能经常需要获取磁盘上文件的有关信息或在磁盘上创建新的文件等，这就需要学习使用 File 类。需要注意的是，File 类的对象主要用来获取文件本身的一些信息，如文件所在的目录、文件的长度、文件读写权限等，不涉及对文件的读写操作。

创建一个 File 对象的构造方法有 3 个：

```
File(String filename);
File(String directoryPath,String filename);
File(File f, String filename);
```

其中，filename 是文件名字或绝对路径，directoryPath 是文件的绝对路径，f 是指定成一个目录的文件。例如：

```
File f = new File("E.java");
File f = new File("d:/1000/E.java");
File f = new File("d:/1000","E.java");
```

使用 File（String　filename）创建文件，当 filename 是文件名字时，该文件被认为与当前应用程序在同一目录中。

10.1.1　文件的属性

经常使用 File 类的下列方法获取文件本身的一些信息。

✧　public String getName() 获取文件的名字。

✧　public boolean canRead() 判断文件是否是可读的。

✧　public boolean canWrite() 判断文件是否可被写入。

✧　public boolean exits() 判断文件是否存在。

✧　public long length() 获取文件的长度（单位是字节）。

✧　public String getAbsolutePath() 获取文件的绝对路径。

✧　public String getParent() 获取文件的父目录。

✧　public boolean isFile() 判断文件是否是一个普通文件，而不是目录。

✧　public boolean isDirectroy() 判断文件是否是一个目录。

✧　public boolean isHidden() 判断文件是否是隐藏文件。

✧　public long lastModified() 获取文件最后修改的时间(时间是从 1970 年午夜至文件最后修改时刻的毫秒数)。

在下面的例 10-1 中，使用上述的一些方法，获取某些文件的信息，创建一个名字为 new.txt 的新文件。程序运行效果如图 10.3 所示。

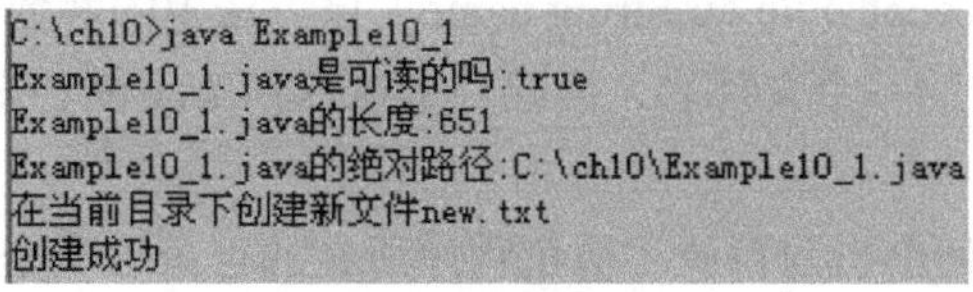

```
C:\ch10>java Example10_1
Example10_1.java是可读的吗:true
Example10_1.java的长度:651
Example10_1.java的绝对路径:C:\ch10\Example10_1.java
在当前目录下创建新文件new.txt
创建成功
```

图 10.3　获取文件的相关信息

例 10-1

Example10_1.java

```
import java.io.*;
public class Example10_1 {
  public static void main(String args[]) {
    File f = new File("C:\\ch10","Example10_1.java");
```

```
            System.out.println(f.getName()+"是可读的吗:"+f.canRead());
            System.out.println(f.getName()+"的长度:"+f.length());
            System.out.println(f.getName()+"的绝对路径:"+f.getAbsolutePath());
            File file = new File("new.txt");
            System.out.println("在当前目录下创建新文件"+file.getName());
            if(!file.exists()) {
              try {
                   file.createNewFile();
                   System.out.println("创建成功");
              }
              catch(IOException exp){}
            }
        }
    }
```

10.1.2 目录

1. 创建目录

File 对象调用方法 public boolean mkdir()创建一个目录，如果创建成功返回 true，否则返回 false（如果该目录已经存在将返回 false）。

2. 列出目录中的文件

如果 File 对象是一个目录，那么该对象可以调用下述方法列出该目录下的文件和子目录。

✧ public String[] list() 用字符串形式返回目录下的全部文件。

✧ public File [] listFiles() 用 File 对象形式返回目录下的全部文件。

有时需要列出目录下指定类型的文件，如.java，.txt 等扩展名的文件。可以使用 File 类的下述两个方法，列出指定类型的文件。

✧ public String[] list(FilenameFilter obj) 该方法用字符串形式返回目录下的指定类型的所有文件。

✧ public File [] listFiles(FilenameFilter obj) 该方法用 File 对象形式返回目录下的指定类型所有文件。

上述两个方法的参数 FilenameFilter 是一个接口，该接口有一个方法：

```
public boolean accept(File dir,String name);
```

使用 list 方法时，需向该方法传递一个实现 FilenameFilter 接口的对象，list 方法执行时，参数 obj 不断回调接口方法 accept(File dir,String name)，该方法中的参数 dir 为调用 list 的当前目录，参数 name 被实例化目录中的一个文件名，当接口方法返回 true 时，list 方法就将名字为 name 的文件存放到返回的数组中。

在下面的例 10-2 中，列出当前目录（应用程序所在的目录）下全部 java 文件的名字。

例 10-2

Example10_2.java

```
    import java.io.*;
    public class Example10_2 {
      public static void main(String args[]) {
        File dir=new File(".");
        FileAccept fileAccept=new FileAccept();
        fileAccept.setExtendName("java");
        String fileName[]=dir.list(fileAccept);
```

```
        for(String name:fileName) {
            System.out.println(name);
        }
    }
}
```

FileAccept.java

```
import java.io.*;
public class FileAccept implements FilenameFilter {
 private String extendName;
   public void setExtendName(String s) {
      extendName="."+s;
   }
   public boolean accept(File dir,String name) { //重写接口中的方法
      return name.endsWith(extendName);
   }
}
```

10.1.3　文件的创建与删除

当使用 File 类创建一个文件对象后，例如：

```
File file=new File("c:\\myletter","letter.txt");
```

如果 c:\myletter 目录中没有名字为 letter.txt 的文件，文件对象 file 调用方法：

```
public boolean createNewFile();
```

可以在 c:\myletter 目录中建立一个名字为 letter.txt 的文件。文件对象调用方法

```
public boolean delete()
```

可以删除当前文件，例如：

```
file.delete();
```

10.1.4　运行可执行文件

当要执行一个本地机上的可执行文件时，可以使用 java.lang 包中的 Runtime 类。首先使用 Runtime 类声明一个对象，如：

```
Runtime ec;
```

然后使用该类的 getRuntime()静态方法创建这个对象：

```
ec=Runtime.getRuntime();
```

ec 可以调用 exec（String command）方法打开本地计算机的可执行文件或执行一个操作。

下面的例 10-3 中，Runtime 对象打开 Windows 平台上的记事本程序和浏览器。

例 10-3

Example10_3.java

```
import java.io.*;
public class Example10_3 {
   public static void main(String args[]) {
      try{
          Runtime ce=Runtime.getRuntime();
          File file=new File("c:/windows","Notepad.exe");
          ce.exec(file.getAbsolutePath());
```

```
            file=new File("C:\\Program Files\\Internet Explorer","IEXPLORE www.sohu.com ");
            ce.exec(file.getAbsolutePath());
        }
        catch(Exception e) {
          System.out.println(e);
        }
    }
  }
```

10.2 字节流与字符流

java.io 包提供了大量的流类，Java 把 InputStream 抽象类的子类创建的流对象称作字节输入流，OutputStream 抽象类的子类创建的流对象称作字节输出流，Java 把 Reader 抽象类的子类创建的流对象称作字符输入流，Writer 抽象类的子类创建的流对象称作字符输出流。

针对不同的源或目的地，java.io 包为程序提供了相应的输入流或输出流，这些输入、输出流绝大部分都是 InputStream、OutputStream、Reader 或 Writer 的子类，例如，如果需要以字节为单位对磁盘上的文件进行读写操作，就可以分别使用 InputStream 和 OutputStream 的子类 FileInputStream 和 FileOutputStream 来创建文件输入流和文件输出流。本章的后续小节将陆续介绍 java.io 包提供的重要的、常用的输入、输出流。

10.2.1 InputStream 类与 OutputSream 类

InputStream 类提供的 read 方法以字节为单位顺序地读取源中的数据，只要不关闭流，每次调用 read 方法就顺序地读取源中的其余内容，直到源的末尾或输入流被关闭。

InputStream 类有如下常用的方法。

- int read()：输入流调用该方法从源中读取单个字节的数据，该方法返回字节值（0~255 之间的一个整数），如果未读出字节就返回-1。
- int read(byte b[])：输入流调用该方法从源中试图读取 b.length 个字节到 b 中，返回实际读取的字节数目。如果到达文件的末尾，则返回-1。
- int read(byte b[], int off, int len)：输入流调用该方法从源中试图读取 len 个字节到 b 中，并返回实际读取的字节数目。如果到达文件的末尾，则返回-1，参数 off 指定从字节数组的某个位置开始存放读取的数据。
- void close()：输入流调用该方法关闭输入流。
- long skip(long numBytes)：输入流调用该方法跳过 numBytes 个字节，并返回实际跳过的字节数目。

OutStream 流以字节为单位顺序地写文件，只要不关闭流，每次调用 write 方法就顺序地向目的地写入内容，直到流被关闭。

OutputStream 类有如下常用的方法。

- void write(int n)：向输出流写入单个字节。
- void write(byte b[])：向输出流写入一个字节数组。
- void write(byte b[],int off,int len)：从给定字节数组中起始于偏移量 off 处取 len 个字节写到输出流。

- void close()：关闭输出流。

10.2.2　Reader 类与 Writer 类

Reader 类提供的 read 方法以字符为单位顺序地读取源中的数据，只要不关闭流，每次调用 read 方法就顺序地读取源中的其余内容，直到源的末尾或输入流被关闭。

Reader 类有如下常用的方法。

- int read()：输入流调用该方法从源中读取一个字符，该方法返回一个整数（0~65535 之间的一个整数，Unicode 字符值），如果未读出字符就返回-1。
- int read(char b[])：输入流调用该方法从源中读取 b.length 个字符到字符数组 b 中，返回实际读取的字符数目。如果到达文件的末尾，则返回-1。
- int read(char b[], int off, int len)：输入流调用该方法从源中读取 len 个字符并存放到字符数组 b 中，返回实际读取的字符数目。如果到达文件的末尾，则返回-1。其中，off 参数指定 read 方法从字符数组 b 中的什么地方存放数据。
- void close()：输入流调用该方法关闭输入流。
- long skip(long numBytes)：输入流调用该方法跳过 numBytes 个字符，并返回实际跳过的字符数目。

OutStream 流以字符为单位顺序地写文件，只要不关闭流，每次调用 write 方法就顺序地向目的地写入内容，直到流被关闭。

Writer 类有如下常用的方法。

- void write(int n)：向输入流写入一个字符。
- void write(byte b[])：向输入流写入一个字符数组。
- void write(byte b[],int off,int length)：从给定字符数组中起始于偏移量 off 处取 len 个字符写到输出流。
- void close()：关闭输出流。

10.2.3　关闭流

流都提供了关闭方法 close()，尽管程序结束时会自动关闭所有打开的流，但是当程序使用完流后，显式地关闭任何打开的流仍是一个良好的习惯。如果没有关闭那些被打开的流，那么就可能不允许另一个程序操作这些流所用的资源。另外，需要注意的是，在操作系统把程序写到输出流上的那些字节保存到磁盘上之前，有时被存放在内存缓冲区中，通过调用 close()方法，可以保证操作系统把流缓冲区的内容写到它的目的地，即关闭输出流可以把该流所用的缓冲区的内容冲洗掉（通常冲洗到磁盘文件上）。

10.3　文件字节流

由于应用程序经常需要和文件打交道，所以 InputStream 专门提供了读写文件的子类：FileInputStream 和 FileOutputSream 类。如果程序对文件的操作比较简单，如果只是顺序地读写文件，那么就可以使用 FileInputStream 和 FileOutputSream 类创建的流对文件进行读写操作。

10.3.1 文件字节输入流

如果需要以字节为单位读取文件，就可以使用 FileInputStream 类来创建指向该文件的文件字节输入流。下面是 FileInputStream 类的两个构造方法：

```
FileInputStream(String name);
FileInputStream(File file);
```

第一个构造方法使用给定的文件名 name 创建一个 FileInputStream 对象，第二个构造方法使用 File 对象创建 FileInputStream 对象。参数 name 和 file 指定的文件称作输入流的源，输入流通过调用 read 方法读出源中的数据。

FileInpuStream 输入流打开一个到达文件的输入流（源就是这个文件，输入流指向这个文件）。当使用文件输入流构造方法建立通往文件的输入流时，可能会出现错误（也被称为异常）。例如，试图要打开的文件可能不存在。当出现 I/O 错误时，Java 生成一个出错信号，它使用一个 IOException（IO 异常）对象来表示这个出错信号。程序必须在 try-catch 语句中的 try 块部分创建输入流对象，在 catch（捕获）块部分检测并处理这个异常。例如，为了读取一个名为 hello.txt 的文件，建立一个文件输入流对象，如下所示：

```
try { FileInputStream in = new FileInputStream("hello.txt");  //创建文件字节输入流
}
catch (IOException e) {
   System.out.println("File read error:"+e );
}
```

文件字节流可以调用从父类继承 read 方法顺序地读取文件，只要不关闭流，每次调用 read 方法就顺序地读取文件中的其余内容，直到文件的末尾或文件字节输入流被关闭。

下面的例 10-4 使用文件字节输入流读取文件，将文件的内容显示在屏幕上。程序运行效果如图 10.4 所示。

```
C:\ch10>java Example10_4
import java.io.*;
public class Example10_4 {
  public static void main(Str
    int n=-1;
    byte [] a=new byte[100];
```

图 10.4　使用文件字节流读文件

例 10-4

Example10_4.java

```
import java.io.*;
public class Example10_4 {
   public static void main(String args[]) {
      int n=-1;
      byte [] a=new byte[100];
      try{  File f=new File("Example10_4.java");
            FileInputStream in = new FileInputStream(f);
            while((n=in.read(a,0,100))!=-1) {
               String s=new String (a,0,n);
               System.out.print(s);
            }
            in.close();
      }
      catch(IOException e) {
           System.out.println("File read Error"+e);
      }
   }
}
```

10.3.2　文件字节输出流

当程序需要把信息以字节为单位写入到文件时，可以使用 FileOutputStream 类来创建指向该文件的文件字节输出流。下面是 FileOutputStream 类的两个构造方法：

```
FileOutputStream(String name)
FileOutputStream(File file)
```

第一个构造方法使用给定的文件名 name 作为目的地创建一个 FileOutputStream 对象。第二个构造方法使用 File 对象作为目的地创建 FileOutputStream 对象。

FileOutputStream 流的目的地是文件，所以文件输出流调用 write（byte b[]）方法把字节写入到文件。FileOutStream 流顺序地向文件写入内容，即只要不关闭流，每次调用 write 方法就顺序地向文件写入内容，直到流被关闭。需要注意的是，如果 FileOutputStream 流要写的文件不存在，该流将首先创建要写的文件，然后再向文件写入内容；如果要写的文件已经存在，则刷新文件中的内容，然后再顺序地向文件写入内容。

下面的例 10-5 使用文件字节输出流写文件，将“国庆 60 周年”和“十一快乐”写入到名为 happy.txt 的文件中。

例 10-5

Example10_5.java

```
import java.io.*;
public class Example10_5 {
   public static void main(String args[]) {
      byte [] a = "国庆 60 周年".getBytes();
      byte [] b = "十一快乐".getBytes();
      try{
          FileOutputStream out=new FileOutputStream("happy.txt");
          out.write(a);
          out.write(b,0,b.length);
          out.close();
      }
      catch(IOException e) {
          System.out.println("Error "+e);
      }
   }
}
```

可以使用 FileOutputStream 类的下列能选择是否具有刷新功能的构造方法创建指向文件的输出流。

```
FileOutputStream(String name, boolean append);
FileOutputStream(File file, boolean append);
```

当用构造方法创建指向一个文件的输出流时，如果参数 append 取值为 true，输出流不会刷新所指向的文件（假如文件已存在），输出流的 wirie 的方法将从文件的末尾开始向文件写入数据，参数 append 取值 false，输出流将刷新所指向的文件（假如文件已存在）。

10.4　文件字符流

字节输入流和输出流的 read 和 write 方法使用字节数组读写数据，即以字节为基本单位处理数据。因此，字节流不能很好地操作 Unicode 字符，例如，一个汉字在文件中占用 2 个字节，如果使用字节流，读取不当会出现“乱码”现象。

与 FileInputStream、FileOutputStream 字节流相对应的是 FileReader、FileWriter 字符流，FileReader 和 FileWriter 分别是 Reader 和 Writer 的子类，其构造方法分别是：

```
FileReader(String filename); FileReader(File filename);
FileWriter (String filename); FileWriter (File filename);
FileWriter (String filename,boolean append);
FileWriter (File filename,boolean append);
```

字符输入流和输出流的 read 和 write 方法使用字符数组读写数据，即以字符为基本单位处理数据。

下面的例 10-6 使用字符输出流将一段文字存入文件，然后再使用字符输入流读取文件。

例 10-6

Example10_6.java

```
import java.io.*;
public class Example10_6 {
  public static void main(String args[]) {
    String content = "broadsword 勇者无敌";
    try{  File f=new File("hello.txt");
          char [] a = content.toCharArray();
          FileWriter out=new FileWriter(f);
          out.write(a,0,a.length);
          out.close();
          FileReader in=new FileReader(f);
          StringBuffer s=new StringBuffer();
          char tom[]=new char[10];
          int n=-1;
          while((n=in.read(tom,0,10))!=-1) {
            String temp=new String (tom,0,n);
            s.append(temp);
          }
          in.close();
          System.out.println(new String(s));
        }
    catch(IOException e) {
       System.out.println(e.toString());
    }
  }
}
```

对于 Writer 流，write 方法将数据首先写入到缓冲区，每当缓冲区溢出时，缓冲区的内容被自动写入到目的地，如果关闭流，缓冲区的内容会立刻被写入到目的地。流调用 flush()方法可以立刻冲洗当前缓冲区，即将当前缓冲区的内容写入到目的地。

10.5 缓 冲 流

BufferedReader 和 BufferedWriter 类创建的对象称作缓冲输入、输出流，二者增强了读写文件的能力。如 Student.txt 是一个学生名单，每个姓名占一行。如果我们想读取名字，那么每次必须读取一行，使用 FileReader 流很难完成这样的任务，因为我们不清楚一行有多少个字符，FileReader 类没有提供读取一行的方法。

Java 提供了更高级的流，BufferedReader 流和 BufferedWriter，二者的源和目的地必须是字符输入流和字符输出流。因此，如果把字符输入流作为 BufferedReader 流的源；把字符输出流作为 BufferedWriter 流的目的地，那么，BufferedReader 和 BufferedWriter 类创建的流将比字符输入流和字符输出流有更强的读写能力，例如，BufferedReader 流就可以按行读取文件。

BufferedReader 类和 BufferedWriter 的构造方法分别是：

```
BufferedReader(Reader in);
BufferedWriter (Writer out);
```

BufferedReader 流能够读取文本行，方法是 readLine()。

通过向 BufferedReader 传递一个 Reader 子类的对象（如 FileReader 的实例），来创建一个 BufferedReader 对象，如：

```
FileReader inOne = new FileReader("Student.txt")
BufferedReader inTwo = BufferedReader(inOne);
```

然后 inTwo 流调用 readLine()方法中读取 Student.txt，例如：

```
String strLine=inTwo.readLine();
```

类似地，可以将 BufferedWriter 流和 FileWriter 流连接在一起，然后使用 BufferedWriter 流将数据写到目的地，例如：

```
FileWriter tofile=new FileWriter("hello.txt");
BufferedWriter out= BufferedWriter(tofile);
```

然后 out 使用 BufferedReader 类的方法：

```
write(String s,int off,int len)
```

把字符串 s 写到 hello.txt 中，参数 off 是 s 开始处的偏移量，len 是写入的字符数量。

另外，BufferedWriter 流有一个自己独特的向文件写入一个回行符的方法：

```
newLine();
```

可以把 BufferedReader 和 BufferedWriter 称作上层流，把它们指向的字符流称作底层流。Java 采用缓存技术将上层流和底层流连接。底层字符输入流首先将数据读入缓存，BufferedReader 流再从缓存读取数据；BufferedWriter 流将数据写入缓存，底层字符输出流会不断地将缓存中的数据写入到目的地。当 BufferedWriter 流调用 flush()刷新缓存或调用 close()方法关闭时，即使缓存没有溢满，底层流也会立刻将缓存的内容写入目的地。

下面例 10-7 中使用 BufferedWriter 流把字符串按行写入文件，然后再使用 BufferedReader 流按行读取文件。程序运行效果如图 10.5 所示。

```
C:\ch10>java Example10_7
商品列表:
电视机,2567元/台
洗衣机,3562.元/台
冰箱,6573元/台
```

图 10.5 使用缓冲流读写文件

例 10-7

Example10_7.java

```
import java.io.*;
public class Example10_7 {
   public static void main(String args[]) {
      File file=new File("Student.txt");
      String content[]={"商品列表:","电视机,2567元/台","洗衣机,3562.元/台","冰箱,6573元/台"};
```

```
        try{
            FileWriter outOne=new FileWriter(file);
            BufferedWriter outTwo= new BufferedWriter(outOne);
            for(String str:content) {
                outTwo.write(str);
                outTwo.newLine();
            }
            outTwo.close();
            outOne.close();
            FileReader inOne=new FileReader(file);
            BufferedReader inTwo= new BufferedReader(inOne);
            String s=null;
            while((s=inTwo.readLine())!=null) {
              System.out.println(s);
            }
            inOne.close();
            inTwo.close();
          }
        catch(IOException e) {
          System.out.println(e);
        }
      }
    }
```

10.6 随 机 流

通过前面的学习我们知道,如果准备读文件,需要建立指向该文件的输入流;如果准备写文件,需要建立指向该文件的输出流。那么，能否建立一个流，通过该流既能读文件也能写文件呢？这正是本节要介绍的随机流。

RandomAccessFile 类创建的流称作随机流，与前面的输入、输出流不同的是，RandomAccessFile 类既不是 InputStream 类的子类，也不是 OutputStram 类的子类。但是 RandomAccessFile 类创建的流的指向既可以作为流的源，也可以作为流的目的地，换句话说，当准备对一个文件进行读写操作时，可以创建一个指向该文件的随机流即可，这样既可以从这个流中读取文件的数据，也可以通过这个流写入数据到文件。

以下是 RandomAccessFile 类的两个构造方法。

- RandomAccessFile(String name,String mode) 参数 name 用来确定一个文件名，给出创建的流的源，也是流的目的地。参数 mode 取 r（只读）或 rw（可读写），决定创建的流对文件的访问权利。
- RandomAccessFile(File file,String mode) 参数 file 是一个 File 对象，给出创建的流的源，也是流的目的地。参数 mode 取 r（只读）或 rw（可读写），决定创建的流对文件的访问权利。

RandomAccessFile 类中有一个方法：seek（long a），用来定位 RandomAccessFile 流的读写位置，其中参数 a 确定读写位置距离文件开头的字节个数。另外流还可以调用 getFilePointer()方法获取流的当前读写位置。RandomAccessFile 流对文件的读写比顺序读写更为灵活。

例 10-8 中把几个 int 型整数写入到一个名为 tom.dat 的文件中，然后按相反顺序读出这些数据。

例 10-8

Example10_8.java

```
import java.io.*;
public class Example10_8 {
   public static void main(String args[]) {
      RandomAccessFile inAndOut=null;
      int data[]={1,2,3,4,5,6,7,8,9,10};
      try{  inAndOut=new RandomAccessFile("tom.dat","rw");
             for(int i=0;i<data.length;i++) {
               inAndOut.writeInt(data[i]);
           }
           for(long i=data.length-1;i>=0;i--) { //一个int型数据占4个字节，inAndOut从
              inAndOut.seek(i*4);           //文件的第36个字节读取最后面的一个整数
              System.out.printf("\t%d",inAndOut.readInt()); //每隔4个字节往前读取一个整数
           }
           inAndOut.close();
      }
      catch(IOException e){}
   }
}
```

表 10.1 是 RandomAccessFile 流的常用方法。

表 10.1　　RandomAccessFile 类的常用方法

方　法	描　述
close()	关闭文件
getFilePointer()	获取当前读写的位置
length()	获取文件的长度
read()	从文件中读取一个字节的数据
readBoolean()	从文件中读取一个布尔值，0 代表 false；其他值代表 true
readByte()	从文件中读取一个字节
readChar()	从文件中读取一个字符（2 个字节）
readDouble()	从文件中读取一个双精度浮点值（8 个字节）
readFloat()	从文件中读取一个单精度浮点值（4 个字节）
readFully(byte b[])	读 b.length 字节放入数组 b，完全填满该数组
readInt()	从文件中读取一个 int 值（4 个字节）
readLine()	从文件中读取一个文本行
readlong()	从文件中读取一个长型值（8 个字节）
readShort()	从文件中读取一个短型值（2 个字节）
readUnsignedByte()	从文件中读取一个无符号字节（1 个字节）
readUnsignedShort()	从文件中读取一个无符号短型值（2 个字节）
readUTF()	从文件中读取一个 UTF 字符串
seek(long position)	定位读写位置
setLength(long newlength)	设置文件的长度
skipBytes(int n)	在文件中跳过给定数量的字节
write(byte b[])	写 b.length 个字节到文件

续表

方　法	描　述
writeBoolean(boolean v)	把一个布尔值作为单字节值写入文件
writeByte(int v)	向文件写入一个字节
writeBytes(String s)	向文件写入一个字符串
writeChar(char c)	向文件写入一个字符
writeChars(String s)	向文件写入一个作为字符数据的字符串
writeDouble(double v)	向文件写入一个双精度浮点值
writeFloat(float v)	向文件写入一个单精度浮点值
writeInt(int v)	向文件写入一个 int 值
writeLong(long v)	向文件写入一个长型 int 值
writeShort(int v)	向文件写入一个短型 int 值
writeUTF(String s)	写入一个 UTF 字符串

需要注意的是，RondomAccessFile 流的 readLine()方法在读取含有非 ASCII 字符的文件时（如含有汉字的文件）会出现“乱码”现象，因此，需要把 readLine()读取的字符串用“iso-8859-1”重新编码存放到 byte 数组中，然后再用当前机器的默认编码将该数组转化为字符串，操作如下。

1. 读取

```
String str=in.readLine();
```

2. 用“iso-8859-1”重新编码

```
byte b[]=str.getBytes("iso-8859-1");
```

3. 使用当前机器的默认编码将字节数组转化为字符串

```
String content=new String(b);
```

如果机器的默认编码是“GB2312”，那么

```
String content=new String(b);
```

等同于：

```
String content=new String(b, "GB2312");
```

例 10-9 中 RondomAccessFile 流使用 readLine()读取文件。

例 10-9

Example10_9.java

```
import java.io.*;
public class Example10_9 {
  public static void main(String args[]) {
    RandomAccessFile in=null;
    try{ in=new RandomAccessFile("Example10_9.java","rw");
        long length=in.length();  //获取文件的长度
        long position=0;
        in.seek(position);        //将读取位置定位到文件的起始
        while(position<length) {
          String str=in.readLine();
          byte b[]=str.getBytes("iso-8859-1");
```

```
                str=new String(b);
                position=in.getFilePointer();
                System.out.println(str);
            }
        }
        catch(IOException e){}
    }
}
```

10.7 数 组 流

流的源和目标除了可以是文件外，还可以是计算机内存。

1. 字节数组流

字节数组输入流 ByteArrayInputStream 和字节数组输出流 ByteArrayOutputStream 分别使用字节数组作为流的源和目标。ByteArrayInputStream 的构造方法如下：

```
ByteArrayInputStream(byte[] buf);
ByteArrayInputStream(byte[] buf,int offset,int length);
```

第一个构造方法构造的字节数组流的源是参数 buf 指定的数组的全部字节单元，第二个构造方法构造的字节数组流的源是 buf 指定的数组从 offset 处按顺序取 length 个字节单元。

字节数组输入流调用

```
public int read();
```

方法可以顺序地从源中读出一个字节，该方法返回读出的字节值；调用

```
public int read(byte[] b,int off,int len);
```

方法可以顺序地从源中读出参数 len 指定的字节数，并将读出的字节存放到参数 b 指定的数组中，参数 off 指定数组 b 存放读出字节的起始位置，该方法返回实际读出的字节个数。如果未读出字节 read 方法返回-1。

ByteArrayOutputStream 流的构造方法如下：

```
ByteArrayOutputStream();
ByteArrayOutputStream(int size);
```

第一个构造方法构造的字节数组输出流指向一个默认大小为 32 字节的缓冲区，如果输出流向缓冲区写入的字节个数大于缓冲区时，缓冲区的容量会自动增加。第二个构造方法构造的字节数组输出流指向的缓冲区的初始大小由参数 size 指定，如果输出流向缓冲区写入的字节个数大于缓冲区，缓冲区的容量会自动增加。

字节数组输出流调用

```
public void write(int b);
```

可以顺序地向缓冲区写入一个字节；调用

```
public void write(byte[] b,int off,int len);
```

可以将参数 b 中指定的 len 个字节顺序地写入缓冲区，参数 off 指定从 b 中写出的字节的起始位置；调用

```
public byte[] toByteArray();
```

可以返回输出流写入到缓冲区的全部字节。

2. 字符数组流

与数组字节流对应的是字符数组流 CharArrayReader 和 CharArrayWriter 类，字符数组流分别使用字符数组作为流的源和目标。

下面的例 10-10 使用数组流向内存（输出流的缓冲区）写入“国庆 60 周年”和“中秋快乐”，然后再从内存读取写入的数据。

例 10-10

Example10_10.java

```
import java.io.*;
public class Example10_10 {
  public static void main(String args[]) {
    try {
        ByteArrayOutputStream outByte=new ByteArrayOutputStream();
        byte [] byteContent="国庆 60 周年".getBytes();
        outByte.write(byteContent);
        ByteArrayInputStream inByte=new ByteArrayInputStream(outByte.toByteArray());
        byte backByte []=new byte[outByte.toByteArray().length];
        inByte.read(backByte);
        System.out.println(new String(backByte));
        CharArrayWriter outChar=new CharArrayWriter();
        char [] charContent="中秋快乐".toCharArray();
        outChar.write(charContent);
        CharArrayReader inChar=new CharArrayReader(outChar.toCharArray());
        char backChar []=new char[outChar.toCharArray().length];
        inChar.read(backChar);
        System.out.println(new String(backChar));
    }
    catch(IOException exp){}
  }
}
```

10.8 数 据 流

DataInputStream 和 DataOutputStream 类创建的对象称为数据输入流和数据输出流。这是很有用的两个流，它们允许程序按着机器无关的风格读取 Java 原始数据。也就是说，当读取一个数值时，不必再关心这个数值应当是多少个字节。

以下是 DataInputStream 和 DataOutputStream 的构造方法。

- DataInputStream（InputStream in）创建的数据输入流指向一个由参数 in 指定的底层输入流。
- DataOutputStream（OutnputStream out）创建的数据输出流指向一个由参数 out 指定的底层输出流。

表 10.2 是 DataInputStream 和 DataOutputStream 类的常用方法。

表 10.2　　　　DataInputStream 及 DataOutputSteam 类的部分方法

方　法	描　述
close()	关闭流
readBoolean()	读取一个布尔值
readByte()	读取一个字节
readChar()	读取一个字符
readDouble()	读取一个双精度浮点值
readFloat()	读取一个单精度浮点值
readInt()	读取一个 int 值
readlong()	读取一个长型值
readShort()	读取一个短型值
readUnsignedByte()	读取一个无符号字节
readUnsignedShort()	读取一个无符号短型值
readUTF()	读取一个 UTF 字符串
skipBytes(int n)	跳过给定数量的字节
writeBoolean(boolean v)	写入一个布尔值
writeBytes(String s)	写入一个字符串
writeChars(String s)	写入字符串
writeDouble(double v)	写入一个双精度浮点值
writeFloat(float v)	写入一个单精度浮点值
writeInt(int v)	写入一个 int 值
writeLong(long v)	写入一个长型值
writeShort(int v)	写入一个短型值
writeUTF(String s)	写入一个 UTF 字符串

下面的例 10-11 写了几个 Java 类型的数据到一个文件，然后再读出来。

例 10-11

Example10_11.java

```
import java.io.*;
public class Example10_11 {
  public static void main(String args[]) {
    File file=new File("apple.txt");
    try{  FileOutputStream fos=new FileOutputStream(file);
          DataOutputStream outData=new DataOutputStream(fos);
          outData.writeInt(100);
          outData.writeLong(123456);
          outData.writeFloat(3.1415926f);
          outData.writeDouble(987654321.1234);
          outData.writeBoolean(true);
          outData.writeChars("How are you doing ");
    }
    catch(IOException e){}
    try{ FileInputStream fis=new FileInputStream(file);
          DataInputStream inData=new DataInputStream(fis);
          System.out.println(inData.readInt());          //读取 int 数据
```

```
            System.out.println(inData.readLong());          //读取 long 数据
            System.out.println(+inData.readFloat());        //读取 float 数据
            System.out.println(inData.readDouble());        //读取 double 数据
            System.out.println(inData.readBoolean());       //读取 boolean 数据
            char c;
            while((c=inData.readChar())!='\0') {            //'\0'表示空字符
            System.out.print(c);
          }
        }
        catch(IOException e){}
    }
  }
```

下面的例 10-12 将字符串加密后写入文件，然后读取该文件，并解密内容，运行效果如图 10.6 所示。

```
C:\ch10>java Example10_12
加密命令:建泽恨斛晨陈昜?杭口?哄曁??烯
解密命令:度江总攻时间是4月22日晚10点
```

图 10.6　使用数据流加密信息

例 10-12

Example10_12.java

```
import java.io.*;
public class Example10_12 {
  public static void main(String args[]) {
    String command = "度江总攻时间是 4 月 22 日晚 10 点";
    EncryptAndDecrypt person = new EncryptAndDecrypt();
    String password = "Tiger";
    String secret = person.encrypt(command,password);  //加密
    File file=new File("secret.txt");
    try{ FileOutputStream fos=new FileOutputStream(file);
         DataOutputStream outData=new DataOutputStream(fos);
         outData.writeUTF(secret);
         System.out.println("加密命令:"+secret);
     }
     catch(IOException e){}
     try{ FileInputStream fis=new FileInputStream(file);
          DataInputStream inData=new DataInputStream(fis);
          String str = inData.readUTF();
          String mingwen = person.decrypt(str,password); //解密
          System.out.println("解密命令:"+mingwen);
     }
     catch(IOException e){}
  }
}
```

EncryptAndDecrypt.java

```
public class EncryptAndDecrypt {
  String encrypt(String sourceString,String password) { //加密算法
     char [] p= password.toCharArray();
     int n = p.length;
     char [] c = sourceString.toCharArray();
     int m = c.length;
     for(int k=0;k<m;k++){
         int mima=c[k]+p[k%n];      //加密
         c[k]=(char)mima;
     }
     return new String(c);    //返回密文
```

```
    }
    String decrypt(String sourceString,String password) { //解密算法
       char [] p= password.toCharArray();
       int n = p.length;
       char [] c = sourceString.toCharArray();
       int m = c.length;
       for(int k=0;k<m;k++){
          int mima=c[k]-p[k%n];        //解密
          c[k]=(char)mima;
       }
       return new String(c);     //返回明文
    }
}
```

10.9　对　象　流

ObjectInputStream 和 ObjectOutputStream 类分别是 InputStream 和 OutputStream 类的子类。ObjectInputStream 和 ObjectOutputStream 类创建的对象称为对象输入流和对象输出流。对象输出流使用 writeObject(Object obj)方法将一个对象 obj 写入到一个文件，对象输入流使用 readObject()读取一个对象到程序中。

ObjectInputStream 和 ObjectOutputStream 类的构造方法如下。

- ObjectInputStream(InputStream in)
- ObjectOutputStream(OutputStream out)

ObjectOutputStream 的指向应当是一个输出流对象，因此当准备将一个对象写入到文件时，首先用 OutputStream 的子类创建一个输出流，例如，用 FileOutputStream 创建一个文件输出流，如下列代码所示：

```
FileOutputStream fileOut=new FileOutputStream("tom.txt");
ObjectOutputStream objectOut=new ObjectOutputStream(fileOut);
```

同样 ObjectInputStream 的指向应当是一个输入流对象，因此当准备从文件中读入一个对象到程序中时，首先用 InputStream 的子类创建一个输入流，例如，用 FileInputStream 创建一个文件输入流，如下列代码所示：

```
FileInputStream fileIn=new FileInputStream("tom.txt");
ObjectInputStream objectIn=new ObjectInputStream(fileIn);
```

当使用对象流写入或读入对象时，要保证对象是序列化的。这是为了保证能把对象写入到文件，并能再把对象正确读回到程序中的缘故。

一个类如果实现了 Serializable 接口（java.io 包中的接口），那么这个类创建的对象就是所谓序列化的对象。Java 类库提供给我们的绝大多数对象都是所谓序列化的。需要强调的是，Serializable 接口中没有方法，因此实现该接口的类不需要实现额外的方法。另外需要注意的是，使用对象流把一个对象写入到文件时不仅要保证该对象是序列化的，而且该对象的成员对象也必须是序列化的。

Serializable 接口中的方法对程序是不可见的，因此实现该接口的类不需要实现额外的方法，当把一个序列化的对象写入到对象输出流时，JVM 就会实现 Serializable 接口中的方法，将一定格

式的文本（对象的序列化信息）写入到目的地。当 ObjectInputStream 对象流从文件读取对象时，就会从文件中读回对象的序列化信息，并根据对象的序列化信息创建一个对象。

下面的例 10-13 使用对象流读写 TV 类创建的对象。程序运行效果如图 10.7 所示。

```
C:\ch10>java Example10_13
changhong的名字:长虹电视
changhong的价格:5678
xinfei的名字:新飞电视
xinfei的价格:6666
```

图 10.7　使用对象流读写对象

例 10-13

TV.java

```
import java.io.*;
public class TV implements Serializable {
  String name;
  int price;
  public void setName(String s) {
    name=s;
  }
  public void setPrice(int n) {
    price=n;
  }
  public String getName() {
    return name;
  }
  public int getPrice() {
    return price;
  }
}{
```

Example10_13.java

```
import java.io.*;
public class Example10_13 {
  public static void main(String args[]) {
    TV changhong = new TV();
    changhong.setName("长虹电视");
    changhong.setPrice(5678);
    File file=new File("television.txt");
    try{
        FileOutputStream fileOut=new FileOutputStream(file);
        ObjectOutputStream objectOut=new ObjectOutputStream(fileOut);
        objectOut.writeObject(changhong);
        objectOut.close();
        FileInputStream fileIn=new FileInputStream(file);
        ObjectInputStream objectIn=new ObjectInputStream(fileIn);
        TV xinfei=(TV)objectIn.readObject();
        objectIn.close();
        xinfei.setName("新飞电视");
        xinfei.setPrice(6666);
        System.out.println("changhong 的名字:"+changhong.getName());
        System.out.println("changhong 的价格:"+changhong.getPrice());
        System.out.println("xinfei 的名字:"+xinfei.getName());
        System.out.println("xinfei 的价格:"+xinfei.getPrice());
     }
     catch(ClassNotFoundException event) {
        System.out.println("不能读出对象");
```

```
            }
            catch(IOException event) {
               System.out.println(event);
            }
         }
      }
```

请读者仔细观察例 10-13 中程序产生的 television.txt 文件中保存的对象序列化内容，尤其注意当 TV 类实现 Serializable 接口和不实现 Serializable 接口时，程序产生的 television.txt 文件在内容上的区别。

10.10　序列化与对象克隆

我们已经知道，一个类的两个对象如果具有相同的引用，那么它们就具有相同的实体和功能。例如，

```
A one=new A();
A two=one;
```

假设 A 类有名字为 x 的 int 型成员变量，那么，如果进行如下的操作：

```
two.x=100;
```

那么 one.x 的值也会是 100。再如，某个方法的参数是 People 类型：

```
public void f(People p) {
  p.x=200;
}
```

如果调用该方法时，将 People 的某个对象的引用，如 zhang，传递给参数 p，那么该方法执行后，zhang.x 的值也将是 200。

有时想得到对象的一个“复制品”，复制品实体的变化不会引起原对象实体发生变化，反之亦然。这样的复制品称为原对象的一个克隆对象或简称克隆。

使用对象流很容易获取一个序列化对象的克隆，只需将该对象写入对象输出流指向的目的地，然后将该目的地作为一个对象输入流的源，那么该对象输入流从源中读回的对象一定是原对象的一个克隆，即对象输入流通过对象的序列化信息来得到当前对象的一个克隆，例如，上述例 10-13 中的对象 xinfei 就是对象 changhong 的一个克隆。

当程序想以较快的速度得到一个对象的克隆时，可以用对象流将对象的序列化信息写入内存，而不是写入到磁盘的文件中。对象流将数组流作为地层流就可以将对象的序列化信息写入内存，例如，读者可以将例 10-13 中的 Example10_13.java 中的

```
FileOutputStream fileOut = new FileOutputStream(file);
ObjectOutputStream objectOut = new ObjectOutputStream(fileOut);
```

和

```
FileInputStream fileIn = new FileInputStream(file);
ObjectInputStream objectIn = new ObjectInputStream(fileIn);
```

分别更改为：

```
ByteArrayOutputStream outByte = new ByteArrayOutputStream();
```

```
ObjectOutputStream objectOut = new ObjectOutputStream(outByte);
```

和

```
ByteArrayInputStream inByte = new ByteArrayInputStream(outByte.toByteArray());
ObjectInputStream objectIn = new ObjectInputStream(inByte);
```

10.11 文 件 锁

经常出现几个程序处理同一个文件的情景，如同时更新或读取文件。应对这样的问题作出处理，否则可能发生混乱。JDK1.4 版本后，Java 提供了文件锁功能，可以帮助解决这样的问题。以下详细介绍和文件锁相关的类。

程序需要使用 java.nio.channels 包中的 FileLock 和 FileChannel 类的对象来实现文件锁操作。以下结合 RondomAccessFile 类来说明文件锁的使用方法。

RondomAccessFile 创建的流在读写文件时可以使用文件锁，那么只要不解除该锁，其他程序无法操作被锁定的文件。使用文件锁的步骤如下。

（1）先使用 RondomAccessFile 流建立指向文件的流对象，该对象的读写属性必须是 rw，例如：

```
RandomAccessFile input=new RandomAccessFile("Example.java","rw");
```

（2）Input 流调用方法 getChannel()获得一个连接到底层文件的 FileChannel 对象（信道），例如：

```
FileChannel channel=input.getChannel();
```

（3）信道调用 tryLock()或 lock()方法获得一个 FileLock（文件锁）对象，这一过程也称作对文件加锁，例如：

```
FileLock lock=channel.tryLock();
```

文件锁对象产生后，将禁止任何程序对文件进行操作或再进行加锁。对一个文件加锁之后，如果想读、写文件必须让 FileLock 对象调用 release()释放文件锁，例如：

```
lock.release();
```

在下面的例 10-14 中，Java 程序让用户从键盘输入一个正整数，然后程序读取文件的内容，如输入整数 2，程序顺序读取文件中第 2 行的内容。程序首先释放文件锁，然后读取文件内容，读取之后立刻给文件加锁，等待用户输入下一个整数。因此，在用户输入下一个整数之前，其他程序无法操作被当前用户加锁的文件，如其他用户无法使用 Windows 操作系统提供的“记事本”程序（Notepad.exe）无法保存被当前 Java 程序加锁的文件。

例 10-14

Example10_14.java

```
import java.io.*;
import java.nio.channels.*;
import java.util.Scanner;
public class Example10_14 {
   public static void main(String args[]) {
      File file=new File("Example10_14.java");
      Scanner scanner = new Scanner(System.in);
      try{
```

```
            RandomAccessFile input = new RandomAccessFile(file,"rw");
            FileChannel channel = input.getChannel();
            FileLock lock=channel.tryLock();         //加锁
            System.out.println("输入要读去的行数:");
            while(scanner.hasNextInt()){
               int m = scanner.nextInt();
               lock.release();                       //解锁
               for(int i=1;i<=m;i++) {
                  String str=input.readLine();
                  System.out.println(str);
               }
               lock=channel.tryLock();               //加锁
               System.out.println("输入要读去的行数:");
            }
         }
         catch(IOException event) {
            System.out.println(event);
         }
      }
   }
```

10.12 使用 Scanner 解析文件

在上一章的 9.10 节曾讨论了怎样使用 Scanner 类的对象解析字符串中的数据，本节将讨论怎样使用 Scanner 类的对象解析文件中的数据，其内容和 9.10 节很类似。

应用程序可能需要解析文件中的特殊数据，此时，应用程序可以把文件的内容全部读入内存后，再使用第 9 章的有关知识（见 9.1.6 小节、9.3 节和 9.9 节）解析所需要的内容，其优点是处理速度快，但如果读入的内容较大将消耗较多的内存，即以空间换取时间。

本节介绍怎样借助 Scanner 类和正则表达式来解析文件，例如，要解析出文件中的特殊单词、数字等信息。使用 Scanner 类和正则表达式来解析文件的特点是以时间换取空间，即解析的速度相对较慢，但节省内存。

1. 使用默认分隔标记解析文件

创建 Scanner 对象，并指向要解析的文件，例如：

```
File file = new File("hello.java");
Scanner sc = new Scanner(file);
```

那么 sc 将空白作为分隔标记，调用 next()方法依次返回 file 中的单词，如果 file 最后一个单词已被 next()方法返回，sc 调用 hasNext()将返回 false，否则返回 true。

另外，对于数字型的单词，如 108，167.92 等可以用 nextInt()或 nextDouble()方法来代替 next()方法，即 sc 可以调用 nextInt()或 nextDouble()方法将数字型单词转化为 int 或 double 数据返回，但需要特别注意的是，如果单词不是数字型单词，调用 nextInt()或 nextDouble()方法将发生 InputMismatchException 异常，在处理异常时可以调用 next()方法返回该非数字化单词。

在下面的例 10-15 中，假设 cost.txt 的内容如下：

cost.txt

```
The television cost 1876 dollar .The milk cost 98 dollar. The apple cost 198 dollar.
```

例 10-15 使用 Scanner 对象解析文件 cost.txt 中的全部消费：1876，98，198，然后计算出总消费。程序运行效果如图 10.8 所示。

```
C:\ch10>java Example10_15
1876
98
198
Total Cost:2172 dollar
```

图 10.8 使用默认分隔标记解析文件

例 10-15

Example10_15.java

```
import java.io.*;
import java.util.*;
public class Example10_15 {
  public static void main(String args[]) {
    File file = new File("cost.txt");
    Scanner sc=null;
    int sum=0;
    try { sc = new Scanner(file);
            while(sc.hasNext()){
            try{
                int price=sc.nextInt();
                sum=sum+price;
                System.out.println(price);
            }
            catch(InputMismatchException exp){
                String t=sc.next();
            }
        }
        System.out.println("Total Cost:"+sum+" dollar");
    }
    catch(Exception exp){
      System.out.println(exp);
    }
  }
}
```

2. 使用正则表达式作为分隔标记解析文件

创建 Scanner 对象，指向要解析的文件，并使用 useDelimiter 方法指定正则表达式作为分隔标记，例如：

```
File file = new File("hello.java");
Scanner sc = new Scanner(file);
sc.useDelimiter(正则表达式);
```

那么 sc 将正则表达式作为分隔标记，调用 next()方法依次返回 file 中的单词，如果 file 最后一个单词已被 next()方法返回，sc 调用 hasNext()将返回 false，否则返回 true。

另外，对于数字型的单词，如 1979，0.618 等可以用 nextInt()或 nextDouble()方法来代替 next()方法，即 sc 可以调用 nextInt()或 nextDouble()方法将数字型单词转化为 int 或 double 数据返回，但需要特别注意的是，如果单词不是数字型单词，调用 nextInt()或 nextDouble()方法将发生 InputMismatchException 异常，那么在处理异常时可以调用 next()方法返回该非数字化单词。

对于上述例 10-15 中提到的 cost.txt 文件，如果用非数字字符串作分隔标记，那么所有的数字就是单词。下面的例 10-16 使用正则表达式（匹配所有非数字字符串）：

```
C:\ch10>java Example10_16
72.0
69.0
95.0
平均成绩:78.66666666666667
```

图 10.9 使用正则表达式解析文件

```
String regex="[^0123456789.]+";
```

作为分隔标记解析 student.txt 文件中的学生成绩，并计算平均成绩（程序运行效果见图 10.9）。以下是文件 student.txt：

student.txt

张三的成绩是 72 分，李四成绩是 69 分，刘小林的成绩是 95 分。

例 10-16

Example10_16.java

```
import java.io.*;
import java.util.*;
public class Example10_16 {
   public static void main(String args[]) {
      File file = new File("student.txt");
      Scanner sc=null;
      int count=0;
      double sum=0;
      try { double score=0;
            sc = new Scanner(file);
            sc.useDelimiter("[^0123456789.]+");
            while(sc.hasNextDouble()){
               score=sc.nextDouble();
               count++;
               sum=sum+score;
               System.out.println(score);
            }
            double aver=sum/count;
            System.out.println("平均成绩:"+aver);
      }
      catch(Exception exp){
         System.out.println(exp);
      }
   }
}
```

10.13　使用 Console 流读取密码

JDK1.6 版本在 java.io 包中新增了一个 Console 流可以读取用户在命令行输入的密码，而且用户在命令行输入的密码不会显示在命令行中。

首先使用 System 类调用 console()方法返回一个 Console 流：

```
Console cons = System.console();
```

然后，Console 流调用 readPassword()方法读取用户在键盘输入的密码，并将密码以一个 char 数组返回：

```
char[] passwd = cons.readPassword();
```

在下面的例 10-17 中，如果用户输入的密码正确（Tiger123），那么程序将输出“你好，欢迎你！”。程序允许用户 2 次输入的密码不正确，一旦超过 2 次，程序将立刻退出。

```
C:\ch10>java Example10_17
输入密码:
您第1次输入的密码how are you不正确
输入密码:
您第2次输入的密码678yes不正确
输入密码:
您第3次输入的密码正确!
你好，欢迎你!
```

图 10.10　输入密码

程序运行效果如图 10.10 所示。

例 10-17

Example10_17.java

```
import java.io.*;
public class Example10_17 {
  public static void main(String args[]) {
    boolean success=false;
    int count=0;
    Console cons;
    char[] passwd;
    cons = System.console();
    while(true) {
      System.out.print("输入密码:");
      passwd=cons.readPassword();
      count++;
      String password=new String(passwd);
      if (password.equals("Tiger123")) {
        success=true;
         System.out.println("您第"+count+"次输入的密码正确!");
        break;
      }
      else {
         System.out.println("您第"+count+"次输入的密码"+password+"不正确");
      }
      if(count==3) {
        System.out.println("您"+count+"次输入的密码都不正确");
        System.exit(0);
      }
    }
    if(success) {
       System.out.println("你好，欢迎你!");
    }
  }
}
```

10.14 上机实践

10.14.1 实验 1 分析成绩单

1. 实验目的

本实验的目的是让学生掌握字符输入、输出流以及缓冲输入、输出流用法。

2. 实验要求

现在有如下格式的成绩单（文本格式）score.txt：

```
姓名:张三，数学 72 分，物理 67 分，英语 70 分.
姓名:李四，数学 92 分，物理 98 分，英语 88 分.
姓名:周五，数学 68 分，物理 80 分，英语 77 分.
```

要求按行读取成绩单，并在该行的末尾加上该同学的总成绩，然后再将该行写入到一个名字为 socreAnalysis.txt 的文件中。程序运行参考效果如图 10.11 所示。

```
姓名:张三，数学72分，物理67分，英语70分. 总分:209.0
姓名:李四，数学92分，物理98分，英语88分. 总分:278.0
姓名:周五，数学68分，物理80分，英语77分. 总分:225.0
```

图 10.11　分析成绩单

3. 程序模板

请按模板要求，将【代码】替换为 Java 程序代码。

AnalysisResult.java

```
import java.io.*;
import java.util.*;
public class AnalysisResult {
   public static void main(String args[]) {
      File fRead = new File("score.txt");
      File fWrite = new File("socreAnalysis.txt");
      try{   Writer out = 【代码 1】//以尾加方式创建指向文件 fWrite 的 out 流
            BufferedWriter bufferWrite = 【代码 2】//创建指向 out 的 bufferWrite 流
            Reader in = 【代码 3】//创建指向文件 fRead 的 in 流
            BufferedReader bufferRead =【代码 4】//创建指向 in 的 bufferRead 流
            String str = null;
            while((str=bufferRead.readLine())!=null) {
               double totalScore=Fenxi.getTotalScore(str);
               str = str+" 总分:"+totalScore;
               System.out.println(str);
               bufferWrite.write(str);
               bufferWrite.newLine();
            }
            bufferRead.close();
            bufferWrite.close();
      }
      catch(IOException e) {
         System.out.println(e.toString());
      }
   }
}
```

Fenxi.java

```
import java.util.*;
public class Fenxi {
   public static double getTotalScore(String s) {
      Scanner scanner = new Scanner(s);
      scanner.useDelimiter("[^0123456789.]+");
      double totalScore=0;
      while(scanner.hasNext()){
         try{ double score = scanner.nextDouble();
             totalScore = totalScore+score;
         }
         catch(InputMismatchException exp){
             String t = scanner.next();
         }
      }
      return totalScore;
   }
}
```

4. 实验指导

因为要以尾加方式创建指向文件 fWrite 的 out 流，即不刷新文件 socreAnalysis.txt，因此代码 1 可以是

```
new FileWriter(fWrite,true);
```

5. 实验后的练习

改进程序，使得能统计出每个学生的平均成绩。

10.14.2 实验 2 统计英文单词

1. 实验目的

掌握使用 Scanner 类解析文件。

2. 实验要求

使用 Scanner 类和正则表达式统计一篇英文中的单词，要求如下。

（1）一共出现了多少个单词。

（2）有多少个互不相同的单词。

（3）按单词出现频率大小输出单词。

程序运行参考效果如图 10.12 所示。

```
共有12个英文单词
有5个互不相同英文单词
按出现频率排列:
are:0.333  students:0.333  We:0.167  you:0.083  goods:0.083
```

图 10.12 统计单词

3. 程序模板

请按模板要求，将【代码】替换为 Java 程序代码。

WordStatistic.java

```
import java.io.*;
import java.util.*;
public class WordStatistic {
   Vector<String> allWord,noSameWord;
   File file = new File("english.txt");
   Scanner sc = null; //声明 Scanner sc，在后面的【代码 1】中创建该对象
   String regex;
   WordStatistic() {
      allWord = new Vector<String>();
      noSameWord = new Vector<String>();
      //regex 是由空格、数字和符号(!"#$%&'()*+,-./:;<=>?@[\]^_`{|}~)组成的正则表达式
      regex= "[\\s\\d\\p{Punct}]+";
      try{  sc = 【代码 1】 //创建指向 file 的 sc
         【代码 2】//sc 调用 useDelimiter(String regex)方法,向参数传递 regex
      }
      catch(IOException exp) {
         System.out.println(exp.toString());
      }
   }
   void setFileName(String name) {
      file = new File(name);
```

```
        try{  sc = new Scanner(file);
            sc.useDelimiter(regex);
        }
        catch(IOException exp) {
            System.out.println(exp.toString());
        }
    }
    public void wordStatistic() {
        try{   while(sc.hasNext()){
                  String word = sc.next();
                  allWord.add(word);
                  if(!noSameWord.contains(word))
                     noSameWord.add(word);
               }
        }
        catch(Exception e){}
    }
    public Vector<String> getAllWord() {
        return allWord;
    }
    public Vector<String> getNoSameWord() {
       return noSameWord;
    }
}
```

MainClass.java

```
import java.util. *;
public class MainClass{
   public static void main(String args[]) {
      Vector<String> allWord,noSameWord;
      WordStatistic statistic =new WordStatistic();
      statistic.setFileName("hello.txt");
      【代码 3】 //statistic 调用 wordStatistic()方法
      allWord=statistic.getAllWord();
      noSameWord=statistic.getNoSameWord();
      System.out.println("共有"+allWord.size()+"个英文单词");
      System.out.println("有"+noSameWord.size()+"个互不相同的英文单词");
      System.out.println("按出现频率排列:");
      int count[]=new int[noSameWord.size()];
      for(int i=0;i<noSameWord.size();i++) {
          String s1 = noSameWord.elementAt(i);
            for(int j=0;j<allWord.size();j++) {
               String s2=allWord.elementAt(j);
               if(s1.equals(s2))
                  count[i]++;
            }
      }
      for(int m=0;m<noSameWord.size();m++) {
          for(int n=m+1;n<noSameWord.size();n++) {
             if(count[n]>count[m]) {
                String temp=noSameWord.elementAt(m);
                 noSameWord.setElementAt(noSameWord.elementAt(n),m);
                 noSameWord.setElementAt(temp,n);
                 int t=count[m];
                 count[m]=count[n];
                 count[n]=t;
```

```
                }
            }
        }
        for(int m=0;m<noSameWord.size();m++) {
            double frequency=(1.0*count[m])/allWord.size();
            System.out.printf("%s:%-7.3f",noSameWord.elementAt(m),frequency);
        }
    }
}
```

4. 实验指导

java.util 包中的 Vector 类负责创建一个向量对象。如果已经学会使用数组，那么很容易就会使用向量。当我们创建一个向量时不用像数组那样必须要给出数组的大小。向量创建后，例如，Vector<String> a=new Vector<String>()；a 可以使用 add(String o)把 String 对象添加到向量的末尾，向量的大小会自动增加。向量 a 可以使用 elementAt(int index)获取指定索引处的向量的元素（索引初始位置是 0）；a 可以使用方法 size()获取向量所含有的元素的个数。

5. 实验后的练习

改动程序，不按出现的频率输出单词，而是按字典顺序输出所有不相同的单词。

习　题　10

1. 如果准备按字节读取一个文件的内容，应当使用 FileInputStream 流还是 FileReader 流？
2. FileInputStream 流的 read 方法和 FileReader 流的 read 方法有何不同？
3. BufferedReader 流能直接指向一个文件吗？
4. 使用 ObjectInputStream 和 ObjectOutputStream 类有哪些注意事项？
5. 怎样使用输入、输出流克隆对象？
6. 使用 RandomAccessFile 流将一个文本文件倒置读出。
7. 使用 Java 的输入、输出流将一个文本文件的内容按行读出，每读出一行就顺序添加行号，并写入到另一个文件中。
8. 了解打印流。我们已经学习了数据流，其特点是用 Java 的数据类型读写文件，但使用数据流写成的文件用其他文件阅读器无法进行阅读（看上去是乱码）。PrintStream 类提供了一个过滤输出流，该输出流能以文本格式显示 Java 的数据类型。上机实验下列程序：

```
import java.awt.*;
import java.io.*;
public class E {
   public static void main(String args[]) {
      try{
         File file=new File("p.txt");
         FileOutputStream out=new FileOutputStream(file);
         PrintStream ps=new PrintStream(out);
         ps.print(12345.6789);
         ps.println("how are you");
         ps.println(true);
         ps.close();
      }
      catch(IOException e){}
```

```
    }
}
```

9. 参考例 10-15，解析一个文件中的价格数据，并计算平均价格，该文件的内容如下。

```
商品列表:
电视机,2567元/台
洗衣机,3562元/台
冰箱,6573元/台
```

第 11 章 JDBC 操作 Derby 数据库

主要内容

- Derby 数据库
- JDBC
- 连接 Derby 数据库
- 查询操作
- 更新、添加与删除操作
- 使用预处理语句
- 事务
- 批处理

难点

- 事务

许多应用程序都在使用数据库进行数据的存储与查询，其原因是数据库在数据查询、修改、保存、安全等方面有着其他数据处理手段无法替代的地位，例如，数据库支持强大的 SQL 语句，可进行事务处理等。在某些应用中，如果使用第 10 章的输入、输出流技术可能无法满足系统的要求，例如，在银行系统的转账操作中，就需要使用数据库的事务技术对数据进行有效的处理，即对一个账号的数据所进行的减法操作不立刻生效，而是等到对另一账号的数据所进行的加法操作成功后，两个操作同时生效，其原因是这两个操作被数据库认为是一个完整的事务，而输入、输出流无法做到这一点，因为输出流对文件的任何写入操作会立刻生效，使文件的内容立刻发生变化。

本章将学习怎样使用 Java 提供的 JDBC 技术操作数据库，不涉及数据库的设计原理。

11.1 Derby 数据库

为了学习使用 JDBC（Java DataBase Connectivity）操作数据库，必须选用一个数据库管理系统，以便有效地学习 JDBC 技术，而且学习 JDBC 技术不依赖所选择的数据库。

JDK 1.6 版本及之后的版本为 Java 平台提供了一个数据库管理系统，该数据库管理系统是 Apache 开发的，其项目名称是 Derby，因此，人们习惯将 Java 平台提供的数据库管理系统称作 Derby 数据库管理系统，或简称 Derby 数据库。Derby 是一个纯 Java 实现的、开源的数据库管理系统。安装 JDK 之后（1.6 或更高版本），会在安装目录下找到一个名字是 db 的子目录，在该目录下的 lib 子目录中提供操作 Derby 数据库所需要的类（比如，加载驱动程序的类)。

Derby 数据库管理系统只有大约 2.6MB，相对于那些大型的数据库管理系统可谓是小巧玲珑，因为 Derby 数据库具有几乎大部分的数据库应用所需要的特性。

本章选用 Derby 数据库，不仅是为了教学的方便，更重要的是在 Java 应用程序中掌握使用 Derby 数据库也是十分必要的。本章并非讲解数据库本身的知识体系，而是讲解怎样在 Java 程序中使用数据库，因此在学习本章之前，读者应该系统地学习过有关数据库的知识（对于未学习过数据库课程的读者可以跳过本章，不影响后续章节的学习）。

本节主要使用命令行窗口学习 Derby 数据库的基本操作，有关 Java 应用程序连接 Derby 数据库将在 11.3 节讲解。

11.1.1　准备工作

1. Derby 数据库相关的 jar 文件

Java 程序要在命令行窗口连接 Derby 数据库，就需要有相关的类。这些类以 jar 文件的形式存放在 Jaba 安装目录的 db\lib 目录中，需要把 Java 安装目录\db\lib（例如 E:\jdk1.8\db\lib）下的 derby.jar，derbynet.jar 以及 derbyclient.jar 复制到 Java 运行环境的扩展中，即将这些 jar 文件存放在 JDK 安装目录的\jre\lib\ext 文件夹中（也可以在系统的 classpath 中加入这些 jar 文件，见 1.3.3 小节）。

本章的基本知识只需 derby.jar，derbynet.jar 以及 derbyclient.jar 即可，如果深入地使用 Derby 数据库，可能需要 Java 安装目录\db\lib 下更多的 jar 文件，因此，读者也可以把 Java 安装目录\db\lib 下的全部 jar 文件复制到 Java 运行环境的扩展中。

2. 配置系统变量 path

为了在命令行窗口进行有关 Derby 数据库的操作，我们需要 Java 安装目录中的 db\bin，例如 E:\jdk1.8\db\bin 下的一些命令，因此可以将 db\bin 作为系统环境变量 path 的一个值，以便随时在命令行窗口中使用 db\bin 中的命令。对于 Windows 7/Windows XP，用鼠标右键单击“计算机” / “我的电脑”，在弹出的快捷菜单中选择“属性”命令弹出“系统特性”对话框，再单击该对话框中的“高级系统设置” / “高级选项”，然后单击按钮“环境变量”，添加系统环境变量。如果曾经设置过环境变量 path，可单击该变量进行编辑操作，将需要的值 E:\jdk1.8\db\bin 加入即可，如图 11.1 所示。

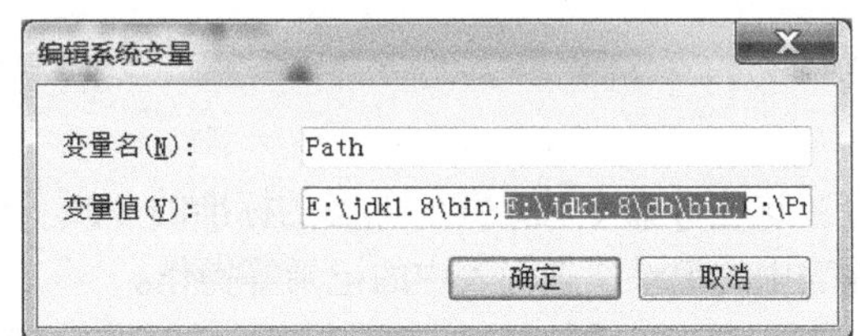

图 11.1　编辑环境变量 path

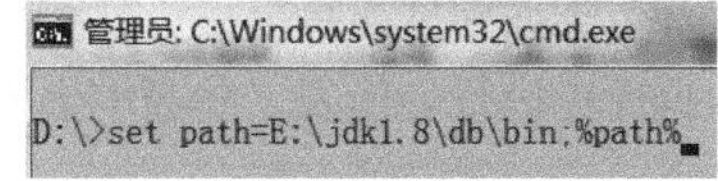

图 11.2　在命令行窗口设置 path

也可以在打开的命令行窗口直接进行设置，如图 11.2 所示（一旦关闭命令行窗口，设置即可失效）。

11.1.2　内置 Derby 数据库

内置 Derby 数据库的特点是应用程序必须和该 Derby 数据库驻留在相同计算机上（内置 Derby 数据库也是相对后面的网络 Derby 数据库而言的），并且在当前计算机中，同一时刻不能有两个

Java 程序访问同一个内置数据库。

1. 启动 ij 环境

在命令行窗口连接内置 Derby 数据库需要启动 ij 环境。假设连接 D:\2000 目录中名字是 shop 的内置 Derby 数据库，那么首先打开命令行窗口，并进入 D:\2000 目录，然后执行 ij.bat 批处理文件，启动 ij 环境，如图 11.3 所示（ij.bat 是 Java 安装目录 db\bin 中的一个批处理文件，为了能在命令行窗口的输入行处于任何目录中时都可以执行 ij.bat 批处理文件，需将 db\bin 作为系统环境变量 path 的一个值，见 11.1.1 小节）。所谓 ij 环境，就是在该环境下可以使用 ij 工具来连接数据库，在数据库库中创建表，进行诸如查询、增删改等操作。

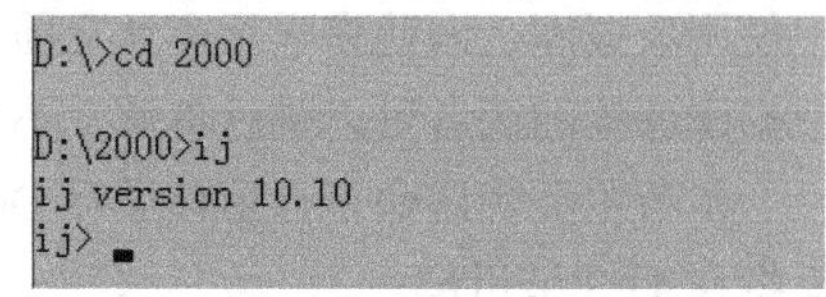

图 11.3　启动 ij 环境

退出 ij 环境，可以在命令行窗口键入“exit”;注意，不要忘记 exit 后面的分号。也可以按【Ctrl+C】退出 ij 环境。

进入 ij 环境环境后，就可以使用 ij 提供的各种 ij 命令，比如连接数据库、建立表等命令（ij 命令不区分大小写）。

2. 连接内置 derby 数据库

在命令行窗口连接内置 derby 数据库的 ij 命令如下：

```
connect 'jdbc:derby:数据库;create=true|false';
```

上述 ij 命令中 create=true 的意思是，如果数据库不存在，那么就在当前目录，即启动 ij 的当前目录（比如 D:\2000）中创建数据库，并与所创建的数据库建立连接，如果数据库存在，那么不再创建数据库，直接与存在的数据库建立连接。ij 命令中 create=false 的意思是，如果数据库存在，就直接与存在的数据库建立连接，如果数据库不存在，不再创建数据库，直接放弃连接。

例如，连接内置 Derby 数据库 shop 的 ij 命令（如图 11.4 所示意）：

```
D:\2000>ij
ij version 10.10
ij> connect 'jdbc:derby:shop;create=true';
ij>
```

图 11.4　创建 shop 数据库并连接到该库

```
connect 'jdbc:derby:shop;create=true';
```

连接数据库时，也可以指定数据库所在的目录，例如，连接 D:\00 下名字是 boy 的数据库：

```
connect 'jdbc:derby:D:/00/boy;create=true';
```

3. 创建表

和数据库建立连接以后，就可以使用 ij 命令（这些 ij 命令就是我们熟悉的标准的 SQL 语句）在数据库中进行创建表，向表中插入记录，删除表中的记录，查询表中的记录等操作。

注意　如果读者学习过 SQL 语句，那么在和数据库建立连接以后，就可以使用熟悉 SQL 语句，进行有关的数据库操作。

我们准备在 shop 数据库中创建名字为 goods 的表。该表的字段（属性）为：

number(文本，主键)　name(文本)　madeTime(日期)　price(数字，双精度)。

在当前已连接的数据库中创建表的 ij 命令如下：

```
create table 表名(字段 1 字段 1 属性, 字段 2 字段 2 属性...字段 n 字段 n 属性);
```

例如，在 shop 数据库中创建 goods 的表，其中 number 字段为主键（primary key）的 ij 命令如下（就是标准的 SQL 语句，具体操作如图 11.5 所示）：

```
create table goods(number char(10) primary key, name varchar(20) , madeTime date, price double);
```

```
D:\2000>ij
ij version 10.10
ij> connect 'jdbc:derby:shop;create=true';
ij> create table goods(number char(10) primary key,name varchar(20),madeTime date,price double);
0 rows inserted/updated/deleted
ij>
```

图 11.5　在 shop 数据库中建立 goods 表

创建表后，就可以使用 ij 命令向表中插入记录、使用 ij 命令查询记录。向表中插入记录的 ij 命令如下（就是标准的 SQL 语句）：

```
insert into 表名 values(字段 1 值,字段 2 值,…字段 n 值);
```

可以多次在命令行使用上述 ij 命令向表中插入多条记录。以下我们使用 ij 命令向 goods 表插入了 4 条记录（具体操作如图 11.6 所示）：

```
insert into goods values('001','电视机','2015-12-1',4576.98);
insert into goods values('002','iPhone6','2015-6-19',6576);
insert into goods values('003','Java 教程','2015-10-10',37.9);
insert into goods values('004','洗衣机','2015-8-8',2987);
```

以下使用 ij 命令查询 goods 表中 price 值小于 3000 的记录（操作如图 11.7 所示）：

```
select * from goods where price<3000;
```

```
ij> insert into goods values('001','电视机','2015-12-1',4576.98);
1 row inserted/updated/deleted
ij> insert into goods values('002','iPhone6','2015-6-19',6576);
1 row inserted/updated/deleted
ij> insert into goods values('003','Java教程','2015-10-10',37.9);
1 row inserted/updated/deleted
ij> insert into goods values('004','洗衣机','2015-8-8',2987);
1 row inserted/updated/deleted
ij>
```

图 11.6　向表中插入记录

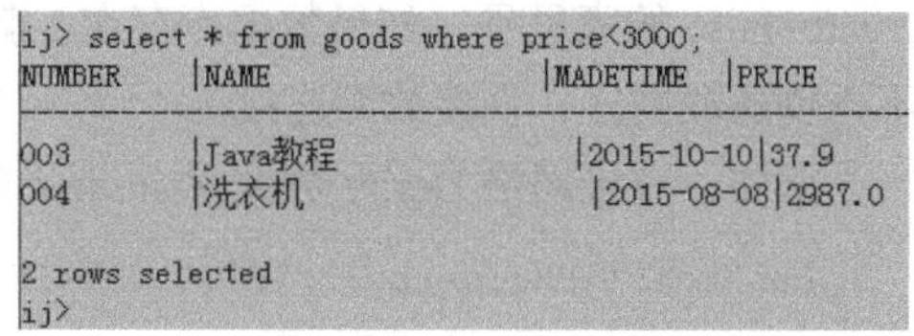

```
ij> select * from goods where price<3000;
NUMBER    |NAME                |MADETIME  |PRICE
------------------------------------------------------
003       |Java教程            |2015-10-10|37.9
004       |洗衣机              |2015-08-08|2987.0

2 rows selected
ij>
```

图 11.7　查询记录

11.1.3　网络 Derby 数据库

网络 Derby 数据库允许网络上其他计算机中的 Java 程序通过网络访问该网络 Derby 数据库。

1. Derby 数据库服务器

网络 Derby 数据库驻留的计算机称为服务器端，因此服务器端必须启动 Derby 数据库服务器，以便用户访问网络 Derby 数据库，在服务器端的命令行窗口执行 startNetworkServer.bat 批处理文件启动 Derby 数据库服务器（startNetworkServer.bat 是 Java 安装目录 db\bin 下的批处理文件，为了能在命令行窗口的输入行处于任何目录中时都可以执行该批处理文件，需将 db\bin 作为系统环境变量 path 的一个值，见 11.1.1 小节）。Derby 数据库服务器将占当前启动它的命令行窗口，显示 Derby 数据库服务器的信息（Derby 数据库服务器占的端口是 1527，如图 11.8 所示）：

```
Thu Nov 06 18:42:24 CST 2014 : 已使用基本服务器安全策略安装了 Security Manager。
Thu Nov 06 18:42:25 CST 2014 :Apache Derby 网络服务器 - 10.10.1.3-(1557168) 已启动并准备接受端口 1527 上的连接
```

```
D:\00>startNetworkServer
Thu Nov 06 18:42:24 CST 2014 : 已使用基本服务器安全策略安装了 Security Manager。
Thu Nov 06 18:42:25 CST 2014 : Apache Derby 网络服务器 - 10.10.1.3 - (1557168) 已启动并准备接受端口 1527 上的连接
```

图 11.8　启动 Derby 数据库服务器

注意

操作内置 Derby 数据库只需要把 Java 安装目录\db\lib（例如 E:\jdk1.8\db\lib）下的 derby.jar 复制到 Java 运行环境的扩展中，但是操作网络 Derby 数据库时，还需要再将 derbynet.jar 和 derbyclient.jar 这 2 个文件存放在 JDK 安装目录的\jre\lib\ext 文件夹中(也可以在系统的 classpath 中加入这些 jar 文件，见 1.3.3 小节)。

2. 连接网络 Derby 数据库

网络 Derby 数据库和内置数据库不同的是，网络 Derby 数据库驻留在服务器端。客户端负责连接网络 Derby 数据库，如果是在同一台计算机上使用命令行窗口模拟客户端，需要另开一个命令行窗口（Java 应用程序连接网络 Derby 数据库将在 11.3 节讲解）。客户端需在命令行窗口启动 ij 环境（有关 ij 环境的介绍见 11.1.2 小节），然后使用如下 ij 命令与服务器端的网络 Derby 数据库建立连接：

```
connect 'jdbc:derby://数据库服务器 IP:1527/数据库名;create=true|false';
```

上述 ij 命令中的 create=true 意思是，如果服务端的 Derby 数据库不存在，那么就在服务器端，即启动 Derby 数据库服务器的目录（比如 D:\00）中创建数据库，并与所创建的数据库建立连接，如果数据库存在，那么不再创建数据库，直接与存在的数据库 student 建立连接。ij 命令中 create=false 的意思是，如果数据库存在，就直接与存在的数据库建立连接；如果数据库不存在，不再创建数据库，直接放弃连接。

例如，连接网络 Derby 数据库 student 的 ij 命令（如图 11.9 所示）：

```
connect 'jdbc:derby://127.0.0.1:1527//student;create=true';
```

```
D:\2000>ij
ij version 10.10
ij> connect 'jdbc:derby://127.0.0.1:1527//student;create=true';
ij>
```

图 11.9　客户端连接网络 Derby 数据库

如果 student 数据库不存在，那么上述 ij 命令就会在服务器端建立 student 数据库。建立 student 数据库后，在启动 Derby 数据库服务器的目录（比如 D:\00）下可以看到一个名字是 student 的文件夹，该文件夹 student 下存放着和该数据库相关的配置文件。也就是说，Derby 数据库以文件夹的形式存放，而不是以文件形式存放。

如果客户启动的 ij 环境和 Derby 数据库服务器是在同一台计算机上，程序连接时使用的 IP 可以是 127.0.0.1 或 localhost（如果读者为 Derby 数据库服务器所在计算机设置了 IP，也可以使用所设置的 IP）。

客户端和网络 Derby 数据库建立连接后，就可以使用 ij 命令在网络 Derby 数据库中创建表等操作（这些操作与操作内置 Derby 数据库完全相同，见前面的 11.1.2 小节）。以下使用 ij 命令在网络 Derby 数据库 student 中创建了名字是 mingdan 的表，该表有 2 个字段:xuehao 和 name，字段名和类型如下：

```
xuehao int primary key not null, name varchar(32)
```

创建表、插入记录、查询记录等过程如图 11.10 所示。

```
ij> create table mingdan(xuehao int primary key not null, name varchar(32));
0 rows inserted/updated/deleted
ij> insert into mingdan values(1,'张三');
1 row inserted/updated/deleted
ij> insert into mingdan values(2,'李四');
1 row inserted/updated/deleted
ij> select * from mingdan;
XUEHAO      |NAME
--------------------------------------------------
1           |张三
2           |李四

2 rows selected
ij>
```

图 11.10　客户端操作网络 Derby 数据库

11.1.4　Derby 数据库常用的基本数据类型

以下是 Derby 数据库中实现的基本的 SQL 数据类型。

- smallint　取值范围 -2^{15}~2^{15}-1。例如，age smallint，其中 age 是字段名。
- int　取值范围 -2^{31}~2^{31}-1。例如，spead int。
- bigint　取值范围 -2^{63}~2^{63}-1。例如，price int。
- real 或 float　取值范围 $-3.402\times10^{38}\sim3.402\times10^{38}$。例如，length real。
- double　取值范围　$-1.79769\times10^{308}\sim1.79769\times10^{308}$。例如，weight double。
- decimal　小数点可精确到 31 位。例如，height decimal(2,6)。
- char　最大长度 254。例如，name char(20)。
- varchar　最大长度 32672。例如，content varchar(265)。
- time　取值范围 00:00:00~24:00:00。例如，sleep time。
- date　取值范围 0001-01-01 ~9999-12-31。例如，birth date。
- timestamp 取值范围是 date 和 time 的合集。例如，start timestamp。

11.2　JDBC

为了使 Java 编写的程序不依赖于具体的数据库，Java 提供了专门用于操作数据库的 API，即 JDBC。JDBC 操作不同的数据库仅仅是连接方式上的差异而已，使用 JDBC 的应用程序一旦和数据库建立连接，就可以使用 JDBC 提供的 API 操作数据库（见图 11.11）。

我们经常使用 JDBC 进行如下的操作。

- 与一个数据库建立连接。
- 向已连接的数据库发送 SQL 语句。

- 处理 SQL 语句返回的结果。

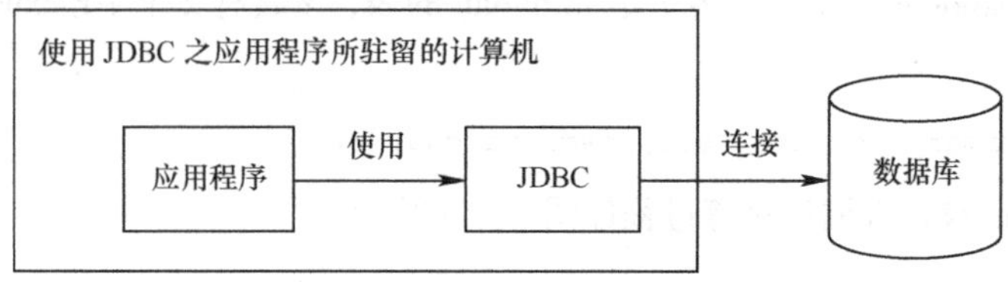

图 11.11　使用 JDBC 操作数据库

11.3　连接 Derby 数据库

11.3.1　连接内置 Derby 数据库

需要把 Java 安装目录\db\lib（例如 E:\jdk1.8\db\lib）下的 derby.jar 复制到 Java 运行环境的扩展中，即将该 jar 文件存放在 JDK 安装目录的\jre\lib\ext 文件夹中，也可以在系统的 classpath 中加入该 jar 文件（见 11.1.1 小节)。由于在同一计算机上、同一时刻只能有一个程序连接内置 Derby 数据库，因此，如果曾打开 ij 环境连接了本节要连接的内置 Derby 数据库，请退出 ij 环境。另外，为了避免应用程序中出现连接内置 Derby 数据库的路径代码，建议将 Derby 数据库和应用程序存放在相同的目录中。

1. 加载 Derby 数据库驱动程序

应用程序为了能和数据库建立连接，需要加载相应的驱动程序，常用方式之一是加载纯 Java 数据库驱动程序。内置 Derby 数据库的驱动程序 EmbeddedDriver 在 org.apache.derby.jdbc 包中，org.apache.derby 包是 derby.jar 提供的。Java 应用程序加载 Derby 数据库驱动程序的代码是：

```
try{  Class.forName("org.apache.derby.jdbc.EmbeddedDriver");//加载驱动
}
catch(Exception e) {
      System.out.print("rrrr"+e);
};
```

加载 Derby 数据库驱动程序需要捕获 ClassNotFoundException、InstantiationException、IllegalAccessException 和 SQLException 异常（编程时可以直接捕获 Exception 即可）。

2. 连接内置 Derby 数据库

首先使用 java.sql 包中的 Connection 类声明一个对象，然后再使用类 DriverManager 调用它的静态方法 getConnection 创建这个连接对象，示意代码是：

```
Connection con =
DriverManager.getConnection("jdbc:derby:数据库;create=true|false");
```

上述示意代码中的 create=true 的意思是，如果数据库不存在，那么就在当前目录，即应用程序所在目录下（比如 D:\2000）创建数据库，并与所创建的数据库建立连接，如果数据库存在，那么不再创建数据库，直接与存在的数据库建立连接。create=false 的意思是，如果数据库存在，就直接与存在的数据库建立连接；如果数据库不存在，不再创建数据库，直接放弃连接。如果应用程序创建数据库（假设数据库不存在)，比如名字是 student 的数据库，运行环境会在当前应用程序所在目录下建立名字是 student 的子目录，该子目录下存放着和该数据库相关的配置文件。也就是说 Derby 数据库以文件夹的形式存放，而不是以文件形式存放。

连接数据库时，也可以指定数据库所在的目录，例如，连接 D:\00 下名字是 boy 的数据库：

```
Connection con =
DriverManager.getConnection("jdbc:derby:D/00/boy;create=true");
```

例 11-1 是一个简单的 Java 应用程序，该程序连接到内置 Derby 数据库 shop(见 11.1.2 小节创建的数据库)，查询 goods 表中 price 字段值大于 3000 的全部记录。程序运行效果如图 11.12 所示。内置 Derby 数据库 shop 位于 D:\2000 目录中，因此，为了不在代码中出现数据库所在目录的代码，例子 11-1 中的 Java 应用程序需存放在 D:\2000 中。例 11-1 效果如图 11.12 所示。

```
001        |电视机|2015-12-01|4576.98|
002        |iPhone6|2015-06-19|6576.0|
```

图 11.12 应用程序连接内置 Derby 数据库

例 11-1

```java
import java.sql.*;
public class Example11_1 {
  public static void main(String args[]) {
    Connection con;
    Statement sql;
    ResultSet rs;
    try{ Class.forName("org.apache.derby.jdbc.EmbeddedDriver");
    }
    catch(Exception e) {
        System.out.print(e);
    }
    try {
        con=DriverManager.getConnection("jdbc:derby:shop;create=true");
        sql=con.createStatement();
        rs=sql.executeQuery("SELECT * FROM goods WHERE price>3000");
        while(rs.next()) {
          String number=rs.getString(1);
          String name=rs.getString(2);
          Date date=rs.getDate("madeTime");
          double price=rs.getDouble("price");
          System.out.print(number+"|");
          System.out.print(name+"|");
          System.out.print(date.toString()+"|");
          System.out.println(price+"|");
       }
       con.close();
    }
    catch(SQLException e) {
       System.out.println(e);
    }
  }
}
```

11.3.2 连接网络 Derby 数据库

需要把 Java 安装目录\db\lib（例如 E:\jdk1.8\db\lib）下的 derby.jar，derbynet.jar 以及 derbyclient.jar 复制到 Java 运行环境的扩展中，即将这些 jar 文件存放在 JDK 安装目录的\jre\lib\ext 文件夹中，也可以在系统的 classpath 中加入这些 jar 文件（见 11.1.1 小节）。

1. 启动 Derby 数据库服务器

为了让客户端 Java 程序能连接到网络 Derby 数据库，服务器端必须启动 Derby 数据库服务器，以便客户端 Java 程序访问网络 Derby 数据库。在服务器端的命令行窗口执行 startNetworkServer 启动 Derby 数据库服务器（见 11.1.3 小节）。

2. 加载数据库驱动和连接网络 Derby 数据库

（1）加载 Derby 数据库驱动程序

客户端连接网络 Derby 数据库的驱动程序 ClientDriver(和内置 Derby 数据库的驱动程序不同)在 org.apache.derby.jdbc 包中，org.apache.derby 包是 derbyclient.jar 提供的。Java 应用程序加载 Derby 数据库驱动程序的代码是：

```
try{  Class.forName("org.apache.derby.jdbc. ClientDriver");//加载驱动
}
catch(Exception e) {
      System.out.print("rrrr"+e);
};
```

加载 Derby 数据库驱动程序需要捕获 ClassNotFoundException、InstantiationException、IllegalAccessException 和 SQLException 异常（编程时可以直接捕获 Exception）。

（2）连接网络 Derby 数据库

为了和网络 Derby 数据库建立连接，需使用 java.sql 包中的 Connection 类声明一个对象，然后再使用类 DriverManager 调用它的静态方法 getConnection 创建这个连接对象，示意代码是：

```
Connection con =
DriverManager.getConnection("'jdbc:derby://数据库服务器IP:1527/数据库名;create=true|false");
```

上述示意代码中 create=true 的意思是，如果服务器端的 Derby 数据库不存在，那么就在服务器端，即启动 Derby 数据库服务器的目录（比如 D:\00）中创建数据库，并与所创建的数据库建立连接；如果数据库存在，那么不再创建数据库，直接与存在的数据库建立连接。create=false 的意思是，如果数据库存在，就直接与存在的数据库建立连接；如果数据库不存在，不再创建数据库，直接放弃连接。

下面的例 11-2 为访问网络 Derby 数据库 student（该数据库曾在 11.1.3 小节中被建立）。例 11-2 中的 Java 应用程序和 Derby 数据库服务器是在同一台计算机上，程序连接时使用的 IP 可以是 127.0.0.1 或 localhost（如果读者为 Derby 数据库服务器所在计算机设置了 IP，也可以使用所设置的 IP）。

在运行下面的例 11-2 之前，首先在服务器端计算机上打开命令行窗口，并进入 D:\00 目录，执行 startNetworkServer 启动 Derby 数据库服务器启动（因为例 11-2 要访问的网络 Derby 数据库位于服务器所在计算机的 D:\00 目录中）。例 11-2 效果如图 11.13 所示。

图 11.13 应用程序连接网络 Derby 数据库

例 11-2

```
import java.sql.*;
public class Example11_2 {
  public static void main(String args[]) {
    Connection con;
    Statement sql;
    ResultSet rs;
    try{ Class.forName("org.apache.derby.jdbc.ClientDriver");
    }
    catch(Exception e) {
      System.out.print(e);
    }
```

```
            try {
                String uri="jdbc:derby://127.0.0.1:1527//student;create=true";
                con=DriverManager.getConnection(uri);//和网络 Derby 数据库 student 建立连接
                sql=con.createStatement();
                rs=sql.executeQuery("SELECT * FROM mingdan");
                while(rs.next()) {
                    String number=rs.getString(1);
                    String name=rs.getString(2);
                    System.out.print(number+"|");
                    System.out.println(name+"|");
                }
                con.close();
            }
            catch(SQLException e) {
                System.out.println(e);
            }
        }
    }
```

11.4 查 询 操 作

和数据库建立连接后，就可以使用 JDBC 提供的 API 和数据库交互信息，如查询、修改和更新数据库中的表等。JDBC 和数据库表进行交互的主要方式是使用 SQL 语句，JDBC 提供的 API 可以将标准的 SQL 语句发送给数据库，实现和数据库的交互。

对一个数据库中的表进行查询操作的具体步骤如下。

1. 向数据库发送 SQL 查询语句

首先使用 Statement 声明一个 SQL 语句对象，然后让已创建的连接对象 con 调用方法 createStatment()创建这个 SQL 语句对象，代码如下：

```
try{  Statement sql=con.createStatement();
}
catch(SQLException e ){}
```

2. 处理查询结果

有了 SQL 语句对象后，这个对象就可以调用相应的方法实现对数据库中表的查询和修改，并将查询结果存放在一个 ResultSet 类声明的对象中。也就是说，SQL 查询语句对数据库的查询操作将返回一个 ResultSet 对象，ResultSet 对象就像一个二维表格，是以统一形式的列所构成的数据行。例如，对于

```
ResultSet rs=sql.executeQuery("SELECT * FROM goods");
```

内存的结果集对象 rs 的列数是 4 列，刚好和 goods 的列数相同，第 1 列至第 4 列分别是 number、name、madeTime 和 price 列；而对于

```
ResultSet rs=sql.executeQuery("SELECT name,price FROM goods");
```

内存的结果集对象 rs 列数只有两列，第一列是 name 列，第 2 列是 price 列。

ResultSet 对象一次只能看到一个数据行，使用 next()方法走到下一数据行，获得一行数据后，ResultSet 对象可以使用 getXXX 方法获得字段值，将位置索引（第一列使用 1，第二列使用 2 等）

或列名传递给 getXXX 方法的参数即可。表 11.1 给出了 ResultSet 对象的若干方法。

表 11.1　　ResultSet 对象的若干方法

返回类型	方法名称
boolean	next()
byte	getByte(int columnIndex)
Date	getDate(int columnIndex)
double	getDouble(int columnIndex)
float	getFloat(int columnIndex)
int	getInt(int columnIndex)
long	getLong(int columnIndex)
String	getString(int columnIndex)
byte	getByte(String columnName)
Date	getDate(String columnName)
double	getDouble(String columnName)
float	getFloat(String columnName)
int	getInt(String columnName)
long	getLong(String columnName)
String	getString(String columnName)

无论字段是何种属性，总可以使用 getString（int columnIndex）或 getString（String columnName）方法返回字段值的串表示。

当使用 ResultSet 的 getXXX 方法查看一行记录时，不可以颠倒字段的顺序，例如，不可以这样使用：

```
rs.getDouble(4);
rs.getDate(3)
```

11.4.1 顺序查询

查询数据库中的一个表的记录时，希望知道表中字段的个数以及各个字段的名字。由于无论字段是何种属性，总可以使用 getSring 方法返回字段值的串表示，因此，只要知道了表中字段的个数或字段的名字，就可以方便地查询表中的记录。

可以让结果集 ResultSet 对象 rs 调用 getMetaData()方法返回一个 ResultSetMetaData 对象（结果集的元数据对象）：

```
ResultSetMetaData metaData = rs.getMetaData();
```

然后 ResultSetMetaData 对象，比如 metaData，调用 getColumnCount()方法就可以返回结果集 rs 中的列的数目：

```
int columnCount = metaData.getColumnCount();
```

ResultSetMetaData 对象，比如 metaData 调用 getColumnName(int i)方法就可以返回结果集 rs 中的第 i 列的名字：

```
String columnName = metaData.getColumnName(i);
```

例如，对于 shop 数据库的 product 表（见 11.3.1 节中建立的 shop 数据库），如果执行下列查询返回结果集 rs：

```
ResultSet rs=sql.executeQuery("SELECT * FROM goods");
```

那么 metaData.getColumnCount()的值就是 4(因为 goods 表有 4 个字段，即 4 列)，metaData.getColumnName(1)，metaData.getColumnName(2)，metaData.getColumnName(3)，metaData.getColumnName(4)的值依次是 number，name，makeTime 和 price（即依次是 goods 表中字段的名字）。

如果执行下列查询返回结果集 rs：

```
ResultSet rs=sql.executeQuery("SELECT name,price FROM goods");
```

那么 metaData.getColumnCount()的值就是 2，metaData.getColumnName(1)，metaData.getColumnName(2)的值依次是：name 和 price。

在下面的例 11-3 中，有一个负责查询内置 Derby 数据库的 Query 类。在主类的 main 方法中，将内置 Derby 数据库名和该数据库的表名传递给 Query 类的实例。程序运行效果如图 11.14 所示（shop 数据库见 11.1.2 小节）。

```
NUMBER    |NAME     |MADETIME     |PRICE     |
001       |电视机|2015-12-01|4576.98|
002       |iPhone6|2015-06-19|6576.0|
003       |Java教程|2015-10-10|37.9|
004       |洗衣机|2015-08-08|2987.0|
```

图 11.14　顺序查询

例 11-3

Example11_3.java

```
public class Example11_3 {
   public static void main(String args[]) {
     Query query=new Query();
     query.setDatabaseName("D:/2000/shop");
     query.setSQL("SELECT * FROM goods");
     query.outQueryResult();
   }
}
```

Query.java

```
import java.sql.*;
public class Query {
   String databaseName="";        //数据库名
    String SQL;                   //SQL 语句
   public Query() {
      try{  Class.forName("org.apache.derby.jdbc.EmbeddedDriver");
      }
      catch(Exception e) {
         System.out.print(e);
      }
   }
   public void setDatabaseName(String s) {
      databaseName=s.trim();
   }
   public void setSQL(String SQL) {
      this.SQL=SQL.trim();
   }
   public void outQueryResult() {
      Connection con;
      Statement sql;
      ResultSet rs;
      try {
        String uri="jdbc:derby:"+databaseName+";create=true";
        con=DriverManager.getConnection(uri);
```

```
            sql=con.createStatement();
            rs=sql.executeQuery(SQL);
            ResultSetMetaData metaData = rs.getMetaData();//结果集的元数据对象
            int columnCount = metaData.getColumnCount(); //结果集的总列数
            for(int i=1;i<=columnCount;i++){
               System.out.print(metaData.getColumnName(i)+"    |"); //输出字段名
            }
            System.out.println();
            while(rs.next()) {  //输出结果集中的记录，即行
              for(int i=1;i<=columnCount;i++){
                System.out.print(rs.getString(i)+"|");
              }
              System.out.println();
            }
          }
          catch(SQLException e) {
            System.out.println("请输入正确的表名"+e);
          }
        }
      }
```

11.4.2 控制游标

前面学习了使用 ResultSet 类的 next()方法顺序地查询数据，但有时候需要在结果集中前后移动，显示结果集中某条记录或随机显示若干条记录等。这时，必须要返回一个可滚动的结果集。为了得到一个可滚动的结果集，需使用下述方法获得一个 Statement 对象：

```
Statement stmt=con.createStatement(int type ,int concurrency);
```

然后，根据参数的 type、concurrency 的取值情况，stmt 返回相应类型的结果集：

```
ResultSet re=stmt.executeQuery(SQL 语句);
```

type 的取值决定滚动方式，取值可以是：

- ResultSet.TYPE_FORWORD_ONLY：结果集的游标只能向下滚动。
- ResultSet.TYPE_SCROLL_INSENSITIVE ：结果集的游标可以上下移动，当数据库变化时，当前结果集不变。
- ResultSet.TYPE_SCROLL_SENSITIVE ：返回可滚动的结果集，当数据库变化时，当前结果集同步改变。
- Concurrency 取值决定是否可以用结果集更新数据库。
- ResultSet.CONCUR_READ_ONLY：不能用结果集更新数据库中的表。
- ResultSet.CONCUR_UPDATABLE：能用结果集更新数据库中的表。

滚动查询经常用到 ResultSet 的下述方法：

- public boolean previous()：将游标向上移动，该方法返回 boolean 型数据，当移到结果集第一行之前时返回 false。
- public void beforeFirst：将游标移动到结果集的初始位置，即在第一行之前。
- public void afterLast()：将游标移到结果集最后一行之后。
- public void first()：将游标移到结果集的第一行。
- public void last()：将游标移到结果集的最后一行。

- public boolean isAfterLast()：判断游标是否在最后一行之后。
- public boolean isBeforeFirst()：判断游标是否在第一行之前。
- public boolean ifFirst()：判断游标是否指向结果集的第一行。
- public boolean isLast()：判断游标是否指向结果集的最后一行。
- public int getRow()：得到当前游标所指行的行号，行号从 1 开始，如果结果集没有行，返回 0。
- public boolean absolute(int row)：将游标移到参数 row 指定的行号。

注意，如果 row 取负值，就是倒数的行数，absolute(-1)表示移到最后一行，absolute(-2)表示移到倒数第 2 行。当移动到第一行前面或最后一行的后面时，该方法返回 false。

在下面的例 11-4 中，在查询 shop 数据库的 goods 表时（shop 数据库见 11.1.2 小节），首先将游标移动到最后一行，然后再获取最后一行的行号，以便获得表中的记录数目。程序倒序输出 goods 表中的记录，程序运行效果如图 11.15 所示。

```
goods表共有4条记录
倒序输出goods表中的记录:
004          |洗衣机|2015-08-08|2987.0|
003          |Java教程|2015-10-10|37.9|
002          |iPhone6|2015-06-19|6576.0|
001          |电视机|2015-12-01|4576.98|
```

图 11.15　控制游标

例 11-4

Example11_4.java

```
import java.sql.*;
public class Example11_4 {
   public static void main(String args[]) {
      Connection con;
      Statement sql;
      ResultSet rs;
      try{  Class.forName("org.apache.derby.jdbc.EmbeddedDriver");
      }
      catch(Exception e) {
         System.out.print(e);
      }
      try {
          con=DriverManager.getConnection("jdbc:derby:shop;create=true");
          sql=con.createStatement(ResultSet.TYPE_SCROLL_SENSITIVE,
                                 ResultSet.CONCUR_READ_ONLY);
          rs=sql.executeQuery("SELECT * FROM goods ");
          rs.last();
          int rows = rs.getRow();
          System.out.println("goods 表共有"+rows+"条记录");
          rs.afterLast();
          System.out.println("倒序输出 goods 表中的记录:");
          while(rs.previous()) {
             System.out.print(rs.getString(1)+"|");
             System.out.print(rs.getString(2)+"|");
             System.out.print(rs.getDate(3)+"|");
             System.out.println(rs.getDouble(4)+"|");
          }
          con.close();
      }
      catch(SQLException e) {
         System.out.println(e);
      }
   }
}
```

11.4.3 条件查询

在下面的例 11-5 中使用了例 11-3 中的 Query 类，分别按商品号和价格查询记录。主类将查询条件传递给 Query 类的实例。程序运行效果如图 11.16 所示（shop 数据库见 11.1.2 小节）。

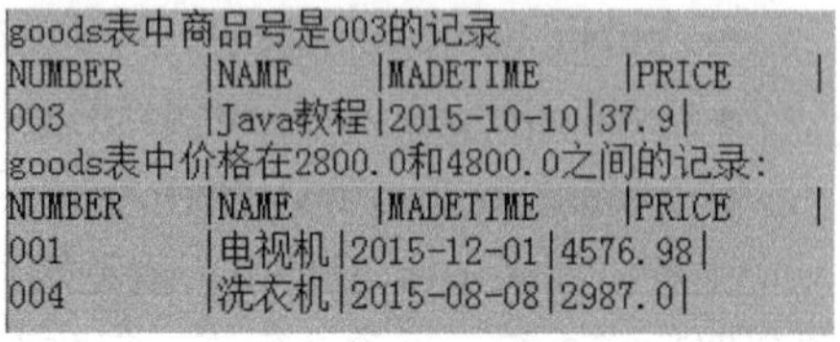

```
goods表中商品号是003的记录
NUMBER      |NAME     |MADETIME     |PRICE     |
003         |Java教程|2015-10-10|37.9|
goods表中价格在2800.0和4800.0之间的记录:
NUMBER      |NAME     |MADETIME     |PRICE     |
001         |电视机|2015-12-01|4576.98|
004         |洗衣机|2015-08-08|2987.0|
```

图 11.16 条件查询

例 11-5

Example11_5.java

```
public class Example11_5 {
   public static void main(String args[]) {
     Query query=new Query();
     query.setDatabaseName("D:/2000/shop");
     String number = "003";
     String SQL = "SELECT * FROM goods WHERE number ='"+number+"'";
     query.setSQL(SQL);
     System.out.println("goods 表中商品号是"+number+"的记录");
     query.outQueryResult();
     double max = 4800,min=2800;
     SQL= "SELECT * FROM goods WHERE price >="+min+" AND price <="+max;
     query.setSQL(SQL);
     System.out.println("goods 表中价格在"+min+"和"+max+"之间的记录:");
     query.outQueryResult();
   }
}
```

11.4.4 排序查询

可以在 SQL 语句中使用 ORDER BY 子语句对记录排序，例如，按 price 排序查询的 SQL 语句：

```
SELECT * FROM goods ORDER BY price
```

在下面的例 11-6 中使用例 11-3 中的 Query 类的实例，按商品价格排序 goods 表中的全部记录。程序运行效果如图 11.17 所示。

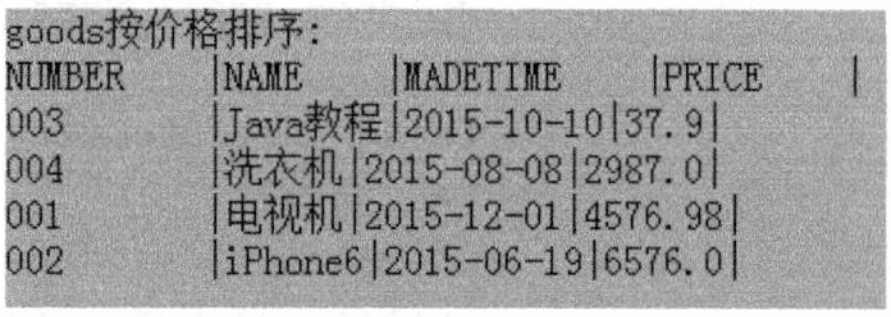

```
goods按价格排序:
NUMBER      |NAME     |MADETIME     |PRICE     |
003         |Java教程|2015-10-10|37.9|
004         |洗衣机|2015-08-08|2987.0|
001         |电视机|2015-12-01|4576.98|
002         |iPhone6|2015-06-19|6576.0|
```

图 11.17 排序查询

例 11-6

Example11_6.java

```
import java.sql.*;
public class Example11_6 {
   public static void main(String args[]) {
     Query query=new Query();
     query.setDatabaseName("D:/2000/shop");
     String SQL= "SELECT * FROM goods ORDER BY price";
     query.setSQL(SQL);
     System.out.println("goods 表按价格排序:");
     query.outQueryResult();
   }
}
```

11.4.5 模糊查询

可以用 SQL 语句操作符 LIKE 进行模式般配，使用“%”代替 0 个或多个字符，用一个下划线“_”代替一个字符。下述语句查询商品名称中含有教程的记录：

```
rs=sql.executeQuery("SELECT * FROM goods WHERE name LIKE '%教程%'");
```

在下面的例 11-7 中使用例 11-3 中的 Query 类的实例模糊查询表中的记录（shop 数据库见 11.1.2 小节）。

例 11-7

Example11_7.java

```
public class Example11_7 {
  public static void main(String args[]) {
    Query query=new Query();
    query.setDatabaseName("shop");
    String SQL = "SELECT * FROM goods WHERE name LIKE '%教程%'";
    query.setSQL(SQL);
    query.outQueryResult();
  }
}
```

11.5 更新、添加与删除操作

Statement 对象调用方法：

```
int executeUpdate(String sqlStatement);
```

或

```
boolean execute(String sqlStatement);
```

通过参数 sqlStatement 指定的方式创建（删除）表，对表中记录的更新、添加和删除操作。更新、添加和删除记录的 SQL 语法分别是：

```
UPDATE <表名> SET <字段名> = 新值 WHERE <条件子句>
INSERT INTO 表(字段列表) VALUES (对应的具体的记录) 或 INSERT INTO 表(VALUES (对应的具体的记录)
DELETE FROM <表名> WHERE <条件子句>
```

例如，下述 SQL 语句将 goods 表中 name 字段值为'海尔电视机'的记录的 price 字段的值更新为 3009：

```
UPDATE goods SET price =3009 WHERE name='海尔电视机'。
```

下述 SQL 语句将向 goods 表中添加一条新的记录（'A009','手机', '2010-12-20',3976）：

```
INSERT INTO goods(number,name,madeTime,price) VALUES ('A009','手机', '2010-12-20',3976)
```

下述 SQL 语句将删除 goods 表中的 number 字段值为'B002'的记录：

```
DELETE FROM goods WHERE number = 'B002'
```

注意

可以使用一个 Statement 对象进行更新操作，但需要注意的是，当查询语句返回结果集后，没有立即输出结果集的记录，而是继续执行了更新语句，那么结果集就不能输出记录了。要想输出记录就必须重新返回结果集。

在下面的例 11-8 中，应用程序连接内置 Derby 数据库 student，并在该数据库中创建一个名字是 biao 的表，向 biao 表中插入记录，之后又更新 biao 表中某些记录。例 11-8 效果如图 11.18 所示。

张小三 90.8
李仨 88.87
刘铭 78.3

图 11.18 更新记录

例 11-8

Example11_8.java

```
import java.sql.*;
public class Example11_8 {
   public static void main(String[] args) {
      Connection conn = null;
      Statement sta = null;
      try {
        Class.forName("org.apache.derby.jdbc.EmbeddedDriver").newInstance();
        //连接数据库 student:
        conn=DriverManager.getConnection("jdbc:derby:student;create=true");
        sta = conn.createStatement();
      }
      catch(Exception e) {
        System.out.println(e);
        return;
      }
      try {
         String s="create table biao(name varchar(40) primary key,score real)";
         sta.executeUpdate(s);//创建表 biao
      }
      catch(SQLException e) {
         System.out.println("该表已经存在，不再重新创建！ ");
         //如果需要删除表,可以执行 sta.execute("drop table biao");删除曾建立的 biao 表
      }
      try {
         sta.executeUpdate("insert into biao values('张小三', 90.8)");  //插入记录
         sta.executeUpdate("insert into biao values('李仨', 88.87)");
         sta.executeUpdate("insert into biao values('liuming',78.3)");
         sta.executeUpdate("update biao set name ='刘铭' where name='liuming'");
         ResultSet rs = sta.executeQuery("SELECT * FROM biao "); // 查询表中的记录
         while(rs.next()) {
            String name=rs.getString(1);
            System.out.print(name+"\t");
            float score=rs.getFloat(2);
            System.out.println(score);
         }
         conn.close();
      }
      catch(SQLException e) {
          System.out.println(e);
      }
   }
}
```

11.6 使用预处理语句

Java 提供了更高效率的数据库操作机制，就是 PreparedStatement 对象，该对象被习惯地称作

预处理语句对象。本节将学习怎样使用预处理语句对象操作数据库中的表。

11.6.1　预处理语句优点

当向数据库发送一个 SQL 语句时，如“Select * From goods”，数据库中的 SQL 解释器负责把 SQL 语句生成底层的内部命令，然后执行该命令，完成有关的数据操作。如果不断地向数据库提交 SQL 语句势必增加数据库中 SQL 解释器的负担，影响执行的速度。如果应用程序能针对连接的数据库，事先就将 SQL 语句解释为数据库底层的内部命令，然后直接让数据库去执行这个命令，显然不仅减轻了数据库的负担，而且也提高了访问数据库的速度。

对于 JDBC，如果使用 Connection 和某个数据库建立了连接对象 con，那么 con 就可以调用

```
prepareStatement(String sql)
```

方法对参数 sql 指定的 SQL 语句进行预编译处理，生成该数据库底层的内部命令，并将该命令封装在 PreparedStatement 对象中，那么该对象调用下列方法都可以使得该底层内部命令被数据库执行。

```
ResultSet executeQuery()
boolean execute()
int executeUpdate()
```

只要编译好了 PreparedStatement 对象，那么该对象可以随时执行上述方法，显然提高了访问数据库的速度。

在下面的例 11-9 中的 PrepareQuery 类的实例使用预处理语句来查询数据库 shop 中 goods 表的全部记录(shop 数据库见 11.1.2 小节)。

例 11-9

Example11_9.java

```
public class Example11_9 {
   public static void main(String args[]) {
     PrepareQuery query=new PrepareQuery();
     String database="shop";
     query.setDatabaseName(database);
     query.setSQL("SELECT * FROM goods");
     query.outQueryResult();
   }
}
```

PrepareQuery.java

```
import java.sql.*;
public class PrepareQuery {
   String databaseName="";      //数据库名
   String tableName="";         //表名
   String SQL;                  //SQL 语句
   public PrepareQuery() {
      try{Class.forName("org.apache.derby.jdbc.EmbeddedDriver").newInstance();
      }
      catch(Exception e) {
         System.out.print(e);
      }
   }
   public void setDatabaseName(String s) {
      databaseName=s.trim();
   }
```

```
    public void setSQL(String SQL) {
       this.SQL=SQL.trim();
    }
    public void outQueryResult() {
       Connection con;
       PreparedStatement sql;   //预处理语句
       ResultSet rs;
       try {
         String uri="jdbc:derby:"+databaseName+";create=true";
         con=DriverManager.getConnection(uri);
         sql=con.prepareStatement(SQL);        //返回预处理语句
         rs=sql.executeQuery();
         ResultSetMetaData metaData = rs.getMetaData();//结果集的元数据对象
         int columnCount = metaData.getColumnCount(); //结果集的总列数
         for(int i=1;i<=columnCount;i++){
             System.out.print(metaData.getColumnName(i)+"    |"); //输出字段名
         }
         System.out.println();
         while(rs.next()) {  //输出结果集中的记录，即行
           for(int i=1;i<=columnCount;i++){
              System.out.print(rs.getString(i)+"|");
           }
           System.out.println();
         }
       }
       catch(SQLException e) {
         System.out.println("请输入正确的表名"+e);
       }
    }
 }
```

11.6.2 使用通配符

在对 SQL 进行预处理时可以使用通配符“？”来代替字段的值，只要在预处理语句执行之前再设置通配符所表示的具体值即可。例如：

```
sql=con.prepareStatement("SELECT * FROM goods WHERE salary < ? ");
```

那么在 sql 对象执行之前，必须调用相应的方法设置通配符“？”代表的具体值，如：

```
sql.setFloat(1,76.98);
```

指定上述预处理 SQL 语句中通配符“？”代表的值是 76.389。通配符按照它们在预处理 SQL 语句中从左到右依次出现的顺序分别被称做第 1 个、第 2 个、…、第 m 个通配符。例如，下列方法：

```
void setFloat(int parameterIndex,int x)
```

用来设置通配符的值，其中参数 parameterIndex 用来表示 SQL 语句中从左到右的第 parameterIndex 个通配符，x 是该通配符所代表的具体值。

尽管

```
sql=con.prepareStatement("SELECT * FROM goods WHERE price < ? ");
sql.setFloat(1,30.98);
```

的功能等同于

```
sql=con.prepareStatement("SELECT * FROM goods WHERE price < 30.98 ");
```

但是，使用通配符可以使得应用程序更容易动态地改变 SQL 语句中关于字段值的条件。

预处理语句设置通配符“？”的值的常用方法有：

```
void setDate(int parameterIndex,Date x)
void setDouble(int parameterIndex,double x)
void setFloat(int parameterIndex,float x)
void setInt(int parameterIndex,int x)
void setLong(int parameterIndex,long x)
void setString(int parameterIndex,String x)
```

在下面的例 11-10 中的 AddRecord 类的实例使用预处理语句向 shop 数据库中的 goods 表添加记录(shop 数据库见 11.1.2 小节)。

例 11-10

Example11_10.java

```
public class Example11_10 {
   public static void main(String args[]) {
     AddRecord insertRecord=new AddRecord();
     String database="shop";
     String tableName="goods";
     insertRecord.setDatabaseName(database);
     insertRecord.setTableName(tableName);
     insertRecord.setNumber("D001");
     insertRecord.setName("联想电脑");
     insertRecord.setMadeTime("2015-12-10");
     insertRecord.setPrice(5600);
     String backMess=insertRecord.addRecord();
     System.out.println(backMess);
   }
}
```

AddRecord.java

```
import java.sql.*;
public class AddRecord {
   String databaseName="";          //数据库名
   String tableName="";             //表名
   String number="",                //商品号
         name="",                   //名称
         madeTime;                  //生产日期
   double price;                    //价格
   public AddRecord() {
      try{ Class.forName("org.apache.derby.jdbc.EmbeddedDriver");
      }
      catch(ClassNotFoundException e) {
         System.out.print(e);
      }
   }
   public void setDatabaseName(String s) {
      databaseName=s.trim();
   }
   public void setTableName(String s) {
      tableName=s.trim();
```

```
    }
    public void setNumber(String s) {
       number=s.trim();
    }
    public void setName(String s) {
       name=s.trim();
    }
    public void setPrice(double n) {
       price=n;
    }
    public void setMadeTime(String b) {
        madeTime=b;
    }
    public String addRecord() {
       String str="";
       Connection con;
       PreparedStatement sql;   //预处理语句
       try { String uri="jdbc:derby:"+databaseName+";create=true";
             con=DriverManager.getConnection(uri);
             String insertCondition="INSERT INTO "+tableName+" VALUES (?,?,?,?)";
             sql=con.prepareStatement(insertCondition);
             if(number.length()>0) {
               sql.setString(1,number);
               sql.setString(2,name);
               sql.setString(3,madeTime);
               sql.setDouble(4,price);
               int m=sql.executeUpdate();
               if(m!=0)
                   str="对表中添加"+m+"条记录成功";
               else
                  str="添加记录失败";
            }
            else {
               str="必须要有雇员号";
            }
            con.close();
       }
       catch(SQLException e) {
            str="没有提供添加的数据或"+e;
       }
       return str;
    }
}
```

11.7 事　　务

11.7.1 事务及处理

事务由一组 SQL 语句组成，所谓事务处理是指，应用程序保证事务中的 SQL 语句要么全部都执行，要么一个都不执行。

事务处理是保证数据库中数据完整性与一致性的重要机制。应用程序和数据库建立连接之后，可能使用多个 SQL 语句操作数据库中的一个表或多个表，例如，一个管理资金转账的应用程序为了完成一个简单的转账业务可能需要 2 个 SQL 语句，即需要将数据库 user 表中 id 号是 0001 的记录的 userMoney 字段的值由原来的 100 更改为 50，然后将 id 号是 0002 的记录的 userMoney 字段的值由原来的 20 更新为 70。应用程序必须保证这 2 个 SQL 语句要么全都执行，要么全都不执行。

11.7.2 JDBC 事务处理步骤

1. 使用 setAutoCommit(boolean autoCommit)方法

和数据库建立一个连接对象后，如 con，那么 con 的提交模式是自动提交模式，即该连接对象 con 产生的 Statement（PreparedStatement 对象）对数据库提交任何一个 SQL 语句操作都会立刻生效，使得数据库中的数据发生变化，这显然不能满足事物处理的要求。例如，在转账操作时，将用户“0001”的 userMoney 的值由原来的 100 更改为 50 的操作不应当立刻生效，而应等到“0002”的用户的 userMoney 的值由原来的 20 更新为 70 后一起生效，如果第 2 个语句 SQL 语句操作未能成功，第一个 SQL 语句操作就不应当生效。为了能进行事务处理，必须关闭 con 的这个默认设置。

con 对象首先调用 setAutoCommit(boolean autoCommit)方法，将参数 autoCommit 取值 false 来关闭默认设置：

```
con.setAutoCommit(false);
```

2. 使用 commit()方法

con 调用 setAutoCommit(false)后，con 产生的 Statement 对象对数据库提交任何一个 SQL 语句操作都不会立刻生效，这样一来，就有机会让 Statement 对象（PreparedStatement 对象）提交多个 SQL 语句，这些 SQL 语句就是一个事务。事务中的 SQL 语句不会立刻生效，而是直到连接对象 con 调用 commit()方法。con 调用 commit()方法就是让事务中的 SQL 语句全部生效。

3. 使用 rollback()方法

con 调用 commit()方法进行事务处理时，只要事务中任何一个 SQL 语句没有生效，就抛出 SQLException 异常。在处理 SQLException 异常时，必须让 con 调用 rollback()方法，其作用是撤销事务中成功执行过的 SQL 语句对数据库数据所做的更新、插入或删除操作，即撤销引起数据发生变化的 SQL 语句操作，将数据库中的数据恢复到 commi()方法执行之前的状态。

在下面的例 11-11 中使用了事务处理，将 goods 表中 number 字段是“001”的 price 的值减少 n，并将减少的 n 增加到字段是“002”的 price 上（shop 数据库见 11.1.2 小节）。

例 11-11

Example11_11.java

```
import java.sql.*;
public class Example11_11 {
   public static void main(String args[]){
      Connection con=null;
      Statement sql;
      ResultSet rs;
      try { Class.forName("org.apache.derby.jdbc.EmbeddedDriver");
      }
      catch(ClassNotFoundException e){
           System.out.println(""+e);
      }
      try{ float n=500;
```

```
            con=DriverManager.getConnection("jdbc:derby:shop;create=true");
            con.setAutoCommit(false);       //关闭自动提交模式
            sql=con.createStatement();
            rs=sql.executeQuery("SELECT * FROM goods WHERE number='001'");
            rs.next();
            float priceOne=rs.getFloat("price");
            priceOne=priceOne-n;
            rs=sql.executeQuery("SELECT * FROM goods WHERE number='002'");
            rs.next();
            float priceTwo=rs.getFloat("price");
            priceTwo=priceTwo+n;
            sql.executeUpdate
              ("UPDATE goods SET price ="+priceOne+" WHERE number='001'");
            sql.executeUpdate
              ("UPDATE goods SET price="+priceTwo+" WHERE number='002'");
            con.commit(); //开始事务处理
            con.close();
         }
         catch(SQLException e){
            try{ con.rollback();         //撤销事务所做的操作
            }
            catch(SQLException exp){}
            System.out.println(e);
         }
      }
   }
```

11.8　批　处　理

程序在和数据库交互时，可能需要执行多个对表进行更新操作的 SQL 语句，这就需要 Statement 对象反复执行 execute()方法。能否让 Statement 对象调用一个方法执行多个 SQL 语句呢？即能否对 SQL 语句进行批处理呢？

JDBC 为 Statement 对象提供了批处理功能，即 Statement 对象调用 executeBatch()方法可以一次执行多个 SQL 语句，只要事先让 Statement 对象调用 addBatch(String sql)方法将要执行的 SQL 语句添加到该对象中即可。

在对若干个 SQL 进行批处理时，如果不允许批处理中的任何 SQL 语句执行失败，那么和前面讲解事务处理的情况相同，要事先关闭连接对象的自动提交模式，即将批处理作为一个事务来对待，否则批处理中成功执行的 SQL 语句将立刻生效。

在下面的例 11-12 中的 Statement 对象调用 executeBatch()方法对多个 SQL 语句进行了批处理，并将批处理作为一个事务(shop 数据库见 11.1.2 小节)。

例 11-12

Example11_12.java

```
import java.sql.*;
public class Example11_12 {
   public static void main(String args[]){
      Connection con=null;
      Statement sql;
```

```
        ResultSet rs;
        try { Class.forName("org.apache.derby.jdbc.EmbeddedDriver");
        }
        catch(ClassNotFoundException e){
             System.out.println(""+e);
        }
        try{ double n=500;
            con=DriverManager.getConnection("jdbc:derby:shop;create=true");
            con.setAutoCommit(false);        //关闭自动提交模式
            sql=con.createStatement();
            sql.addBatch("UPDATE goods SET price =5555 WHERE number='001'");
            sql.addBatch("UPDATE goods SET name ='haierTV' WHERE number='001'");
            sql.addBatch("INSERT INTO goods VALUES ('008','水杯','2015-12-20',39)");
            int [] number=sql.executeBatch();//开始批处理，返回被执行的 SQL 语句的序号
            con.commit();   //进行事务处理
            System.out.println("共有"+number.length+"条 SQL 语句被执行");
            sql.clearBatch();
            con.close();
          }
          catch(SQLException e){
            try{ con.rollback();          //撤销事务所做的操作
            }
            catch(SQLException exp){}
            System.out.println(e);
          }
     }
}
```

11.9　CachedRowSetImpl 类

JDBC 使用 ResultSet 对象处理 SQL 语句从数据库表中查询记录，需要特别注意的是，ResultSet 对象和数据库连接对象（Connnection 对象）实现了紧密的绑定，一旦连接对象被关闭，ResultSet 对象中的数据立刻消失。这就意味着，应用程序在使用 ResultSet 对象中的数据时，就必须始终保持和数据库的连接，直到应用程序将 ResultSet 对象中的数据查看完毕。例如，在例 11-1 中，如果在代码

```
rs=sql.executeQuery("SELECT * FROM goods WHERE price>3000");
```

之后立刻关闭连接：

```
con.close();
```

那么输出结果集中的数据的代码：

```
while(rs.next()){
… …
}
```

就无法执行。在前面的诸多例子中，必须在操作结果集 ResultSet 的语句之后才执行关闭连接：

```
con.close();
```

我们知道，每种数据库在同一时刻都有允许的最大连接数目，因此当多个应用程序连接访问

数据库时，应当避免长时间占用数据库的连接资源。

com.sun.rowset 包提供了 CachedRowSetImpl 类，该类实现了 CachedRowSet 接口。CachedRowSetImpl 对象可以保存 ResultSet 对象中的数据，而且 CachedRowSetImpl 对象不依赖 Connnection 对象，这意味着一旦把 ResultSet 对象中的数据保存到 CachedRowSetImpl 对象中后，就可以关闭和数据库的连接。CachedRowSetImpl 继承了 ResultSet 的所有方法，因此可以像操作 ResultSet 对象一样来操作 CachedRowSetImpl 对象。将 ResultSet 对象 rs 中的数据保存到 CachedRowSetImpl 对象 rowSet 中的代码如下：

```
rowSet.populate(rs);
```

下面的例 11-13 使用 CachedRowSetImpl 对象改进了例 11-2 中的 Query 类(shop 数据库见 11.1.2 小节)。

例 11-13

Example11_13.java

```
public class Example11_13 {
   public static void main(String args[]) {
     CachedQuery query=new CachedQuery();
     query.setDatabaseName("shop");
     query.setSQL("SELECT * FROM goods");
     query.outQueryResult();
   }
}
```

CachedQuery.java

```
import java.sql.*;
import com.sun.rowset.*;
public class CachedQuery {
   String databaseName="";                    //数据库名
   String SQL;                                //SQL 语句
   CachedRowSetImpl rowSet;                   //缓冲结果集
   public CachedQuery() {
      try{  Class.forName("org.apache.derby.jdbc.EmbeddedDriver");
      }
      catch(ClassNotFoundException e) {
         System.out.print(e);
      }
   }
   public void setDatabaseName(String s) {
      databaseName=s.trim();
   }
   public void setSQL(String SQL) {
      this.SQL=SQL.trim();
   }
   public void outQueryResult() {
      Connection con;
      Statement sql;
      ResultSet rs=null;
      try {
          String uri="jdbc:derby:"+databaseName+";create = true";
          con=DriverManager.getConnection(uri);
          sql=con.createStatement();
          rs=sql.executeQuery(SQL);
          ResultSetMetaData metaData = rs.getMetaData();//结果集的元数据对象
```

```
            int columnCount = metaData.getColumnCount(); //结果集的总列数
            rowSet=new CachedRowSetImpl();
            rowSet.populate(rs);
            con.close();                     //现在就可以关闭连接了
            while(rowSet.next()) {
              for(int k=1;k<=columnCount;k++) {
                  System.out.print(" "+rowSet.getString(k)+" ");
              }
              System.out.println("");
            }
        }
        catch(SQLException e) {
            System.out.println("请输入正确的表名"+e);
        }
    }
}
```

JDK1.5 之后的版本，如 JDK1.6，如果使用了 Sun 公司专用包（包名以 com.sun 为前缀），在编译时将提示您使用了 Sun 的专用 API，只要该 API 未废弃，程序便可正常运行。

11.10 上 机 实 践

11.10.1　实验 1　抽取职员工资

1. 实验目的

掌握连接内置 Derby 数据库的步骤。

2. 实验要求

（1）首先检查是否已经将 Java 安装目录\db\lib（例如 E:\jdk1.8\db\lib）下的 derby.jar 复制到 Java 运行环境的扩展中，即将该 jar 文件存放在 JDK 安装目录的\jre\lib\ext 文件夹中。

（2）编写一个 Java 应用程序，负责创建连接到名字是 employee 的内置 Derby 数据库，并在数据库中建立名字是 salary 的表，该表的字段结构是：

```
number char(20) primary key not null
money double
```

然后该程序再负责向 salary 表中插入记录。程序运行参考效果如图 11.19 所示。

（3）再编写一个 Java 应用程序，负责连接到名字是 employee 的内置 Derby 数据库，并随机查询 salary 表中的 10 条记录，计算这 10 条记录中的 money 字段值的平均值（即平均工资）。程序运行参考效果如图 11.20 所示。

```
D:\2000>java E
输入工资号（整数）：1
输入工资（浮点数）：5587.9
输入1继续，输入0结束1
输入工资号（整数）：2
输入工资（浮点数）：8765
输入1继续，输入0结束0
```

图 11.19　输入记录

```
D:\2000>java F
随机抽取10.0条记录的
平均工资：7756.99
```

图 11.20　随机抽取记录

3. 程序模板

请按模板要求，将【代码】替换为 Java 程序代码。

程序 1：

```
E.java
import java.util.*;
import java.sql.*;
public class E {
   public static void main(String args[]) {
      try{  Class.forName("org.apache.derby.jdbc.EmbeddedDriver");
      }
      catch(ClassNotFoundException e) {
         System.out.print(e);
      }
      Connection con=null;
      Statement sta = null;
      PreparedStatement sql=null;   //预处理语句
      try {
        con =【代码 1】//连接到数据库 employee
        sta = con.createStatement();
        String s="create table salary(number int primary key not null,money double)";
        sta.execute(s);//创建表 salary,如果表已存在，不再重新创建，并发生 SQLException
        sql=con.prepareStatement("INSERT INTO salary VALUES (?,?)");
      }
      catch(SQLException exp){
      }
      finally{
        try {
            sql=con.prepareStatement("INSERT INTO salary VALUES (?,?)");
        }
        catch(SQLException ee){}
      }
      int number=0;
      double money =0;
      Scanner scanner = new Scanner(System.in);
      int condition=1;
      while(condition==1) {
          System.out.print("输入工资号（整数）：");
          number = scanner.nextInt();
          System.out.print("输入工资（浮点数）：");
          money = scanner.nextDouble();
          try {
           sql.setInt(1,number);
           sql.setDouble(2,money);
           sql.execute();
          }
          catch(Exception ex){
              System.out.print("添加记录失败！"+ex);
          }
          System.out.print("输入 1 继续，非 1 结束");
          condition = scanner.nextInt();
      }
   }
}
```

程序 2：

```
F.java
import java.sql.*;
import java.util.*;
public class F {
   public static void main(String args[]) {
      int wantRecordAmount = 10;  //随机抽取的记录数目
      Random random =new Random();
      try{  Class.forName("org.apache.derby.jdbc.EmbeddedDriver");
      }
      catch(Exception e) {
         System.out.print(e);
      }
      Connection con;
      Statement sql;
      ResultSet rs;
      try {
          con=DriverManager.getConnection("jdbc:derby:employee;create=false");
          sql=con.createStatement(ResultSet.TYPE_SCROLL_SENSITIVE,
                            ResultSet.CONCUR_READ_ONLY);
          rs =sql.executeQuery("select * from salary ");
          rs.last();      //将 rs 的游标移到 rs 的最后一行
          int count=rs.getRow();
          Vector<Integer> vector=new Vector<Integer>();
          for(int i=1;i<=count;i++) {
             vector.add(new Integer(i));
          }
          int itemAmount=Math.min(wantRecordAmount,count);//随机抽取的记录数
          double sum =0;
          int n = itemAmount;
          while(itemAmount>0) {
             int randomIndex = random.nextInt(vector.size());
             int index=(vector.elementAt(randomIndex)).intValue();
             【代码 3】//将 rs 的游标游标移到 index
             double price=rs.getDouble(2);
             sum = sum+price;
             itemAmount--;
             vector.removeElementAt(randomIndex);
           }
           con.close();
           double aver = sum/n;
           System.out.println("随机抽取"+n+"条记录的");
           System.out.println("其平均工资: "+aver);
       }
       catch(SQLException e) {
          System.out.println(""+e);
       }
   }
}
```

4. 实验指导

为了能进行随机查询，Statement 必须返回一个可滚动的结果集。absolute(int row)方法可以将结果集中的游标移到参数 row 指定的行。java.util 包中的 Vector 类负责创建一个向量对象。创建

一个向量时不用像数组那样必须要给出数组的大小。向量创建后，例如，Vector<Integer> a=new Vector<Integer>()；a 可以使用 add(Integer n)把 Integer 对象 n 添加到向量的末尾，向量的大小会自动增加。向量 a 可以使用 elementAt(int index)获取指定索引处的向量的元素（索引初始位置是 0）。

5．实验后的练习

参照本实验编写一个数据库查询的程序，可以在若干学生中随机抽取 20 名学生，并计算这 20 名学生的平均成绩。

11.10.2　实验 2　用户转账

1．实验目的

事务由一组 SQL 语句组成，所谓事务处理是指：应用程序保证事务中的 SQL 语句要么全部都执行，要么一个都不执行。本实验的目的是让学生掌握事务处理的基本步骤。

2．实验要求

（1）首先检查是否已经将 Java 安装目录\db\lib（例如 E:\jdk1.8\db\lib）下的 derby.jar，derbynet.jar 以及 derbyclient.jar 复制到 Java 运行环境的扩展中，即将该 jar 文件存放在 JDK 安装目录的\jre\lib\ext 文件夹中。

（2）检查是否已经启动 Derby 数据库服务器，如果没有启动，请在服务器的命令行窗口执行 startNetworkServer 启动 Derby 数据库服务器。

（3）客户端程序建立一个名字为 bank 的网络 Derby 数据库。在 bank 数据库中创建 car1 和 car2 表，card1 和 card2 表的字段如下（二者相同）：

```
number（文本）   amount（数字，双精度）
```

其中，number 字段为主键。

程序进行两个操作，一是将 card1 表中某记录的 amount 字段的值减去 100，二是将 card2 表中某记录的 amount 字段的值增加 100，必须保证这两个操作要么都成功，要么都失败。程序运行参考效果如图 11.21 所示。

```
转账操作之前zhangsan的钱款数额:900.0
转账操作之前xixiShop的钱款数额:100.0
转账操作之后zhangsan的钱款数额:800.0
转账操作之后xixiShop的钱款数额:200.0
```

图 11.21　转账操作

3．程序模板

请按模板要求，将【代码】替换为 Java 程序代码。

TurnMoney.java

```
import java.sql.*;
public class TurnMoney {
   public static void main(String args[]){
      Connection con = null;
      Statement sta=null;
      ResultSet rs;
      try { Class.forName("org.apache.derby.jdbc.ClientDriver");
        con =
        DriverManager.getConnection("jdbc:derby://127.0.0.1:1527//bank;create=true");
        sta = con.createStatement();
        String card1="create table card1(number char(20) primary key ,amount double)";
        String card2="create table card2(number char(20) primary key ,amount double)";
        sta.execute(card1);//创建表 salary,如果表已存在，不再重新创建，并发生 SQLException
        sta.execute(card2);
      }
      catch(Exception e){
```

```
            System.out.println(""+e);
        }
        finally{
         try {
            sta.executeUpdate("insert into card1 values('zhangsan', 900)"); //插入记录
            sta.executeUpdate("insert into card2 values('xixiShop', 100)");
         }
         catch(SQLException ee){}
        }
        try{ double n = 100;
            【代码 1】关闭自动提交模式
            rs = sta.executeQuery("SELECT * FROM card1 WHERE number='zhangsan'");
            rs.next();
            double amountOne = rs.getDouble("amount");
            System.out.println("转账操作之前 zhangsan 的钱款数额:"+amountOne);
            rs = sta.executeQuery("SELECT * FROM card2 WHERE number='xixiShop'");
            rs.next();
            double amountTwo = rs.getDouble("amount");
            System.out.println("转账操作之前 xixiShop 的钱款数额:"+amountTwo);
            amountOne = amountOne-n;
            amountTwo = amountTwo+n;
            sta.executeUpdate(
              "UPDATE card1 SET amount ="+amountOne+" WHERE number ='zhangsan'");
            sta.executeUpdate(
              "UPDATE card2 SET amount ="+amountTwo+" WHERE number ='xixiShop'");
            con.commit(); //开始事务处理,如果发生异常直接执行 catch 块
            【代码 2】恢复自动提交模式
            rs = sta.executeQuery("SELECT * FROM card1 WHERE number='zhangsan'");
            rs.next();
            amountOne = rs.getDouble("amount");
            System.out.println("转账操作之后 zhangsan 的钱款数额:"+amountOne);
            rs = sta.executeQuery("SELECT * FROM card2 WHERE number='xixiShop'");
            rs.next();
            amountTwo = rs.getDouble("amount");
            System.out.println("转账操作之后 xixiShop 的钱款数额:"+amountTwo);
            con.close();
         }
         catch(SQLException e){
            try{    【代码 3】撤消事务所做的操作
            }
            catch(SQLException exp){}
            System.out.println(e.toString());
         }
    }
}
```

4. 实验指导

处理事务的步骤是:（1）关闭自动提交模式，即让 Connection 对象 con 使用 setAutoCommit 关闭自动提交模式：con.setAutoCommit(false);（2）Connection 对象 con 调用 commit()方法让 SQL 语句生效:con.commit();（3）撤销事务所做的操作，即处理事务失败。如果事物中的 SQL 语句未能全部成功，需在该步骤撤销 SQL 语句对数据库的操作，即 con 对象调用 rollback()方法：con.rollback();。

5. 实验后的练习

参照本实验编写事务处理的程序。

习 题 11

1. 为了操作 Derby 数据库，需要把 Java 安装目录 db/lib 下的哪些 jar 文件复制到 Java 运行环境的扩展中？

2. 参照例 11-3，编写一个应用程序来查询内置 Derby 数据库，用户可以从键盘输入数据库名、表名。

3. 参照例 11-5，用户从键盘输入商品的名称，查询相应的记录。

4. 参照例 11-6，按生产日期排序 goods 表的记录。

5. 使用预处理语句的好处是什么？

6. 什么叫事务？事务处理步骤是怎样的？

7. 参考例 11-13，使用 CachedRowSetImpl 改进例 11-9 中的 PrepareQuery 类。

第 12 章 泛型与集合框架

主要内容

- 泛型
- 链表
- 堆栈
- 散列映射
- 树集
- 树映射

难点

- 树映射

在第 10 章学习了怎样使用输入、输出流读写数据，如将数据写入文件，从文件读取数据等，在第 11 章又学习了怎样使用数据库存储和查询数据，这两章的核心思想是将程序中产生的数据写入到程序之外的其他媒介中或从其他媒介中获得程序所需要的数据，不涉及如何有效地组织、利用数据。

实际上，程序时常要和各种数据打交道，合理地组织数据之结构以及相关操作是程序设计的一个重要方面，如在程序设计中经常会使用诸如链表、散列表等数据结构。链表和散列表等数据结构都是可以存放若干个对象的集合，其区别是按照不同的方式来存储对象。在学习数据结构这门课程的时候，人们要用具体的算法去实现相应的数据结构，例如，为了实现链表这种数据结构，需要实现向链表中插入节点或从链表中删除节点的算法，感觉有些繁琐。在 JDK1.2 之后，Java 提供了实现常见数据结构的类，这些实现数据结构的类通称为 Java 集合框架。在 JDK1.5 后，Java 集合框架开始支持泛型，本章首先介绍泛型，然后讲解常见数据结构类的用法。

12.1 泛　　型

泛型（Generics）是在 JDK1.5 中推出的，其主要目的是可以建立具有类型安全的集合框架，如链表、散列映射等数据结构，本节主要对 Java 的泛型有一个初步的认识，更深刻、详细地讨论已超出本书的范围，有关详细内容，可参见 java.sun.com 网站上的泛型教程：

`http://java.sun.com/j2se/1.5/pdf/generics-tutorial.pdf`。

12.1.1 泛型类

可以使用“class 名称<泛型列表>”声明一个类，为了和普通的类有所区别，这样声明的类称作泛型类，如：

```
class ShowObject<E>
```

其中 ShowObject 是泛型类的名称，E 是其中的泛型，也就是说我们并没有指定 E 是何种类型的数据，它可以是任何对象或接口，但不能是基本类型数据。也可以不用 E 表示泛型，使用任何一个合理的标识符都可以，但最好和我们熟悉的类型名称有所区别。泛型类声明时，“泛型列表”给出的泛型可以作为类的成员变量的类型、方法的类型以及局部变量的类型。

泛型类的类体和普通类的类体完全类似，由成员变量和方法构成。例如，设计一个能显示对象基本信息的 ShowObject 类，该类并不关心创建该对象的类是怎样的，它所关心的是该对象是否有提供自身信息的方法。因此，ShowObject 类可以用泛型 E 作为自己的一个成员或方法中的参数，ShowObject.java 的代码如下：

ShowObject.java

```
public class ShowObject<E> {
   public showMess (E b) {
     String mess = b.toString();  //泛型变量只能调用 toString()方法
     System.out.println(mess);
}
```

12.1.2 泛型类声明对象

和普通的类相比，泛型类声明和创建对象时，类名后多了一对“<>”，而且必须要用具体的类型替换“<>”中的泛型。

在下面的例 12-1 中，使用了 12.1.1 小节中的 ShowObject 声明了 2 个对象，分别负责显示 Dog 对象和 Cat 对象的信息。运行效果如图 12.1 所示。

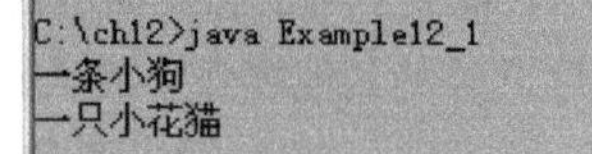

图 12.1 使用泛型类

例 12-1

Dog.java

```
public class Dog {
  public String toString() {
    return
  }
}
```

Cat.java

```
public class Cat {
  public String toString() {
    return "一只小花猫";
  }
}
```

Example12_1.java

```
public class Example12_1 {
  public static void main(String args[]) {
    ShowObject<Dog> showDog = new ShowObject<Dog>();
    showDog.showMess(new Dog());
    ShowObject<Cat> showCat = new ShowObject<Cat>();
    showCat.showMess(new Cat());
  }
}
```

Java 中的泛型类和 C++的类模板有很大的不同，上述例子 1 中，泛型类中的泛型变量只能调用 Object 类中的方法，因此 Cat 和 Dog 类都重写了 Object 类的 toString()方法。

12.1.3　泛型接口

可以使用“interface 名称<泛型列表>”声明一个接口，这样声名的接口称作泛型接口如：

```
interface Listen<E> {
 void listen(E x);
}
```

其中 Listen<E>是泛型接口的名称，E 是其中的泛型。泛型类和普通类都可以实现泛型接口，但普通类实现泛型接口时，必须指定泛型接口中泛型列表中的具体类型。

下面的例 12-2 中，Student 类和 Teacher 类是普通的类，但二者都实现了泛型接口 Listen<E>。程序运行效果如图 12.2 所示。

```
C:\ch12>java Example12_2
学生听:
钢琴协奏曲:黄河
老师听:
小提琴协奏曲:梁祝
```

图 12.2　使用泛型接口

例 12-2

Example12_2.java

```
interface Listen<E> {
    void listen(E x);
}
class Student implements Listen<Piano> {
  public void listen(Piano p) {
    p.play();
  }
}
class Teacher implements Listen<Violin> {
  public void listen(Violin v) {
    v.play();
  }
}
class Piano {
  public void play() {
    System.out.println("钢琴协奏曲:黄河");
  }
}
class Violin {
  public void play() {
   System.out.println("小提琴协奏曲:梁祝");
  }
}
public class Example12_2 {
 public static void main(String args[]) {
   Student zhang=new Student();
   System.out.println("学生听:");
   zhang.listen(new Piano());
   Teacher teacher=new Teacher();
   System.out.println("老师听:");
   teacher.listen(new Violin());
 }
}
```

12.1.4 泛型的目的

Java 泛型的主要目的是可以建立具有类型安全的数据结构，如链表、散列表等数据结构，最重要的一个优点就是：在使用这些泛型类建立数据结构时，不必进行强制类型转换，即不要求运行时进行类型检查。JDK1.5 是支持泛型的编译器，它将运行时的类型检查提前到编译时执行，使代码更安全。

12.2 链　　表

如果需要处理一些类型相同的数据，人们习惯上使用数组这种数据结构，但数组在使用之前必须定义其元素的个数，即数组的大小，而且不能轻易改变数组的大小，因为数组改变大小就意味着放弃原有的全部单元，这是我们无法容忍的。但有时又可能给数组分配了太多的单元而浪费了宝贵的内存资源，另外，程序运行时需要处理的数据可能多于数组的单元。当需要动态地减少或增加数据项时，可以使用链表这种数据结构。

链表是由若干个称作节点的对象组成的一种数据结构，每个节点含有一个数据和下一个节点的引用，或含有一个数据并含有上一个节点的引用和下一个节点的引用（双链表，见图 12.3）。

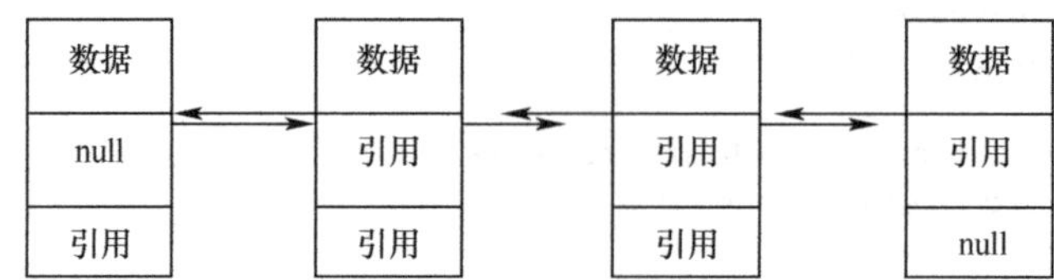

图 12.3　双链表示意图

12.2.1 LinkedList<E>泛型类

java.util 包中的 LinkedList<E>泛型类创建的对象以链表结构存储数据，习惯上称 LinkedList 类创建的对象为链表对象。例如，

```
LinkedList<String>  list = new LinkedList<String>();
```

创建了一个空双链表。

使用 LinkedList<E>泛型类声明创建链表时，必须要指定 E 的具体类型，然后链表就可以使用 add(E obj)方法向链表依次增加节点。例如，上述链表 list 使用 add 方法添加节点，节点中的数据必须是 String 对象，如下列片代码所示：

```
list.add("你好");
list.add("十一快乐");
list.add("注意休息");
```

这时，链表 list 就有了 3 个节点，节点是自动链接在一起的，不需要我们去做链接，也就是说，不需要我们去操作安排节点中所存放的下一个或上一个节点的引用。

12.2.2 常用方法

LinkedList<E>是实现了泛型接口 List<E>的泛型类，而泛型接口 Lis<E>又是 Collection<E>泛

型接口的子接口。LinkedList<E>泛型类中的绝大部分方法都是泛型接口方法的实现。编程时可以使用接口回调技术，即把 LinkedList<E>对象的引用赋值给 Collection<E>接口变量或 List<E>接口变量，那么接口就可以调用类实现的接口方法。

以下是 LinkedList<E>泛型类实现 Lis<E>泛型接口中的一些常用方法。

- public boolean add(E element) 向链表末尾添加一个新的节点，该节点中的数据是参数 elememt 指定的数据。
- public void add(int index ,E element) 向链表的指定位置添加一个新的节点，该节点中的数据是参数 elememt 指定的数据。
- public void clear() 删除链表的所有节点，使当前链表成为空链表。
- public E remove(int index) 删除指定位置上的节点。
- public boolean remove(E element) 删除首次出现含有数据 element 的节点。
- public E get(int index) 得到链表中指定位置处节点中的数据。
- public int indexOf(E element) 返回含有数据 element 的节点在链表中首次出现的位置，如果链表中无此节点则返回-1。
- public int lastIndexOf(E element) 返回含有数据 element 的节点在链表中最后出现的位置，如果链表中无此节点则返回-1。
- public E set(int index ,E element) 将当前链表 index 位置节点中的数据替换为参数 element 指定的数据，并返回被替换的数据。
- public int size() 返回链表的长度，即节点的个数。
- public boolean contains(Object element) 判断链表节点中是否有节点含有数据 element。

以下是 LinkedList<E>泛型类本身新增加的一些常用方法。

- public void addFirst(E element) 向链表的头添加新节点，该节点中的数据是参数 elememt 指定的数据。
- public void addLast(E element) 向链表的末尾添加新节点，该节点中的数据是参数 elememt 指定的数据。
- public E getFirst() 得到链表中第一个节点中的数据。
- public E getLast() 得到链表中最后一个节点中的数据。
- public E removeFirst() 删除第一个节点，并返回这个节点中的数据。
- public E removeLast() 删除最后一个节点，并返回这个节点中的数据。
- public Object clone() 得到当前链表的一个克隆链表，该克隆链表中节点数据的改变不会影响到当前链表中节点的数据，反之亦然。

12.2.3　遍历链表

无论何种集合，应当允许客户以某种方法遍历集合中的对象，而不需要知道这些对象在集合中是如何表示及存储的，Java 集合框架为各种数据结构的集合，如链表、散列表等不同存储结构的集合都提供了迭代器。

某些集合根据其数据存储结构和所具有的操作也会提供返回数据的方法，例如 LinkedList 类中的 get(int index)方法将返回当前链表中第 index 个节点中的对象。LinkedList 的存储结构不是顺序结构，因此，链表调用 get(int index)方法的速度比顺序存储结构的集合调用 get(int index)方法的速度慢。因此，当用户需要遍历集合中的对象时，应当使用该集合提供的迭代器，而不是让集合本身来遍历其中的对象。由于迭代器遍历集合的方法在找到集合中的一个对象的同时，也得到待遍历的后继对象的引用，因此迭代器可以快速地遍历集合。

链表对象可以使用 iterator()方法获取一个 Iterator 对象，该对象就是针对当前链表的迭代器。

下面的例 12-3 分别使用迭代器和 get(int index)方法遍历链表，运行效果如图 12.4 所示。

```
C:\ch12>java Example12_3
大家好 国庆60周年 十一快乐
大家好 国庆60周年 十一快乐
```

图 12.4　遍历链表

例 12-3

Example12_3.java

```
import java.util.*;
public class Example12_3 {
  public static void main(String args[]){
    List<String> list=new LinkedList<String>();
    list.add("大家好");
    list.add("国庆 60 周年");
    list.add("十一快乐");
    Iterator<String> iter=list.iterator();
    while(iter.hasNext()){
       String te=iter.next();
       System.out.print(te+" ");
    }
    System.out.println("");
    long endTime=System.currentTimeMillis();
    for(int i=0;i<list.size();i++){
       String te=list.get(i);
       System.out.print(te+" ");
    }
  }
}
```

Java 也提供了顺序结构的动态数组表类 ArrayList，数组表采用顺序结构来存储数据。数组表不适合动态地改变它存储的数据，如增加、删除单元等（比链表慢），但是由于数组表采用顺序结构存储数据，数组表获得第 n 个单元中的数据的速度要比链表获得第 n 个单元中的数据快。ArrayList 类的很多方法与 LinkedList 类似，二者本质区别就是，一个使用顺序结构，一个使用链式结构。读者可以将例 12-2 中的 LinkedList 用 ArrayList 替换。

JDK1.5 之前没有泛型的 LinkedList 类，可以用普通的 LinkedList 创建一个链表对象，如：

```
LinkedList mylist=new LinkedList();
```

然后 mylist 链表可以使用 add(Object obj)方法向这个链表依次添加节点。由于任何类都是 Object 类的子类，因此可以把任何一个对象作为链表节点中的对象。需要注意的是，使用 get()获取一个节点中的对象时，要用类型转换运算符转换回原来的类型。Java 泛型的主要目的是可以建立具有类型安全的集合框架，优点就是在使用这些泛型类建立的数据结构时，不必进行强制类型转换，即不要求进行运行时类型检查。如果使用旧版本的 LinkedList 类，JDK1.5 后续版本的编译器会给出警告信息，但程序仍能正确运行。下面的例 12-4 是使用了 JDK1.5 版本之前的 LinkedList。

例 12-4

Example12_4.java

```
import java.util.*;
public class Example12_4 {
```

```
    public static void main(String args[]){
        LinkedList mylist=new LinkedList();
        mylist.add("Hello");                          //链表中的第一个节点
        mylist.add("nice meet you");                  //链表中的第二个节点
        int number=mylist.size();                     //获取链表的长度
        for(int i=0;i<number;i++){
          String temp=(String)mylist.get(i);          //必须强制转换取出的数据
          System.out.println("第"+i+"节点中的数据:"+temp);
        }
        Iterator iter=mylist.iterator();
        while(iter.hasNext()) {
          String te=(String)iter.next();              //必须强制转换取出的数据
          System.out.println(te);
        }
    }
}
```

12.2.4　排序与查找

程序可能经常需要对链表按着某种大小关系排序，以便查找一个数据是否和链表中某个节点上的数据相等。

如果链表中的数据是实现了 Comparable 接口的类的实例，如 String 对象，那么 java.util 包中的 Collections 类调用 sort(List<E> list)方法可以对参数指定的列表进行排序，即按节点中存储的对象的大小升序排列节点。

String 类实现了泛型接口 Comparable<E>中的 compareTo(E b)方法，使得字符串可以按字典序比较大小，如果一个链表 list 添加节点：

```
list.add("bird");
list.add("apple");
list.add("cat");
```

那么用 sort 方法排序 list：

```
Collection.sort(list);
```

之后，list 中 3 个节点中的数据将依次是 apple，bird 和 cat。

一个类可以实现泛型接口 Comparable<E>中的 comareTo(E b)方法来指定该类实例互相比较大小关系的准则，实现 Comparable<E>接口类创建的对象可以调用 compareTo(E b)方法和参数指定的对象比较大小关系。假如 a 和 b 是实现 Comparable<E>接口类创建的两个对象，当

```
    a.compareTo(b)<0
```

称 a 小于 b，当

```
    a.compareTo(b)>0
```

称 a 大于 b，当

```
    a.compareTo(b)==0,
```

称 a 等于 b。

当链表节点中的对象是实现泛型接口 Comparable<E>的类的实例时，就可以使用 sort 方法对链表进行排序操作。

有时需要查找链表中是否含有和指定数据相等的数据，那么首先要对链表排序，然后使用

```
public static int binarySearch(List<T> list, T key)
```

方法查找链表中是否含有和数据 key 相等的数据。

下面的例 12-5 分别对节点是 String 对象和 People 对象的链表进行了排序，而且使用 binarySearch 方法，查找链表中是否含有和指定数据相等的数据，运行效果如图 12.5 所示。

```
C:\ch12>java Example12_5
apple bird cat 链表中含有和对象apple相等的数据
身高:165cm 体重:60
身高:170cm 体重:68
身高:176cm 体重:72
身高:178cm 体重:77
链表中含有和对象zhang相等的数据
```

图 12.5 排序与查找

例 12-5

People.java

```
public class People  implements Comparable<People> {
   int height,weight;
   public People(int h,int w) {
      height = h;
      weight = w;
   }
   public int compareTo(People b) { //两个 People 对象相等当且仅当二者的 height 值相等。
      return (this.height-b.height);
   }
}
```

Example12_5.java

```
import java.util.*;
public class Example12_5 {
    public  static void main(String args[]) {
       LinkedList<String> listString=new LinkedList<String>();
       listString.add("bird");
       listString.add("apple");
       listString.add("cat");
       Collections.sort(listString);
       Iterator<String> iterString=listString.iterator();
       while(iterString.hasNext()){
          String s=iterString.next();
          System.out.print(s+" ");
       }
       int index=Collections.binarySearch(listString,"apple");
       if(index>=0)
          System.out.println("链表中含有和对象 apple 相等的数据");
       List<People> listPeople=new LinkedList<People>();
       listPeople.add(new People(176,72));
       listPeople.add(new People(170,68));
       listPeople.add(new People(165,60));
       listPeople.add(new People(178,77));
       Collections.sort(listPeople);
       Iterator<People> iterPeople=listPeople.iterator();
       while(iterPeople.hasNext()){
          People p=iterPeople.next();
          System.out.println("身高:"+p.height+"cm 体重:"+p.weight);
       }
       People zhang = new People(170,80);
       index=Collections.binarySearch(listPeople,zhang);
       if(index>=0)
          System.out.println("链表中含有和对象 zhang 相等的数据");
    }
}
```

12.2.5　洗牌与旋转

Collections 类还提供了将链表中的数据重新随机排列的类方法以及旋转链表中数据的类方法，方法的详细解释如下。

- public static void shuffle(List<E> list)：随机排列 list 中的节点。
- static void rotate(List<E> list, int distance)：旋转链表中的节点，调用该方法后，list 索引为 i 的节点中的数据将是调用该方法前索引为(i-distance) mod list.size()的节点中的数据。例如，假设 list 节点数据依次为 a b c d e，那么执行 Collections.rotate(list,1)之后，list 节点数据依次为 e a b c d。当方法的参数 distance 取正值时，向右转动 list 中的数据，取负值时向左转动 list 中的数据。
- public static void reverse(List<E> list)：翻转 list 中的数据。假设 list 节点中的数据依次为 a b c d e，那么在 Collections.reverse(list)之后，list 节点中的数据依次为 e d c b a。

下面的例 12-6 使用了 shuffle 方法和 rotate 方法，程序运行效果如图 12.6 所示。

```
C:\ch12>java Example12_6
链表中的数据:A B C D E
洗牌后链表中的数据:A D E B C
链表中的数据:A B C D E
向右旋转2步后链表中的数据:D E A B C
```

图 12.6　洗牌与旋转

例 12-6

Example12_6.java

```
import java.util.*;
public class Example12_6 {
  public  static void main(String args[]) {
    LinkedList<String> list1=new LinkedList<String>();
    list1.add("A");
    list1.add("B");
    list1.add("C");
    list1.add("D");
    list1.add("E");
    LinkedList<String> list2 =(LinkedList<String>)list1.clone(); //得到 list1 的克隆
    System.out.print("链表中的数据:");
    Iterator<String> iter=list1.iterator();
    while(iter.hasNext()) {
      String str=iter.next();
      System.out.print(str+" ");
    }
    Collections.shuffle(list1);   //洗牌
    System.out.printf("\n 洗牌后链表中的数据:");
    iter=list1.iterator();
    while(iter.hasNext()) {
      String str=iter.next();
      System.out.print(str+" ");
    }
    System.out.printf("\n 链表中的数据:");
    iter=list2.iterator();
    while(iter.hasNext()) {
      String str=iter.next();
      System.out.print(str+" ");
    }
    Collections.rotate(list2,2);   //向右旋转 2 步
```

```
        System.out.printf("\n 向右旋转 2 步后链表中的数据:");
        iter=list2.iterator();
        while(iter.hasNext()) {
           String str=iter.next();
           System.out.print(str+" ");
        }
     }
  }
```

现在我们用链表解决“围圈留一”问题：“若干个人围成一圈，从某个人开始顺时针数到第 3 个人，该人从圈中退出，然后继续顺时针数到第 3 个人，该人从圈中退出，依次类推，程序输出圈中最后剩下的人”。

在下面的例 12-7 中，用一个链表存放 String 对象(代表人的姓名)，每次用 rotate 方法向左旋转该链表，然后删除链表的首节点，那么最后剩余的唯一一个节点中的 String 就是最后剩下的人的名字，程序运行效果如图 12.7 所示。

```
当前圈中的人:赵一 钱二 孙三 李四 周五
顺时针数到第3个人，该人从圈中退出:
孙三从圈中退出. 当前圈中的人:李四 周五 赵一 钱二
赵一从圈中退出. 当前圈中的人:钱二 李四 周五
周五从圈中退出. 当前圈中的人:钱二 李四
钱二从圈中退出. 当前圈中的人:李四
圈中最后剩下的是:李四
```

图 12.7 “围圈留一”问题

例 12-7

Example12_7.java

```
import java.util.*;
public class Example12_7 {
   public  static void main(String args[]) {
      int m=5;
      LinkedList<String> list=new LinkedList<String>();
      System.out.printf("输入围圈的人名(共%d 人)\n",m);
      Scanner scanner = new Scanner(System.in);
      for(int i=1;i<=m;i++) {
          String name = scanner.nextLine();
          list.add(name);
      }
      System.out.printf("\n 当前圈中的人:");
      Iterator<String> iter=list.iterator();
      while(iter.hasNext()) {
         String str=iter.next();
         System.out.print(str+" ");
      }
      System.out.printf("\n 顺时针数到第 3 个人，该人从圈中退出:");
      while(list.size()>1) {
         Collections.rotate(list,-2);   //向左旋转 2 步
         String removedPeople = list.removeFirst();
         System.out.printf("\n"+removedPeople+"从圈中退出.");
         System.out.print(" 当前圈中的人:");
         iter=list.iterator();
         while(iter.hasNext()) {
            String str=iter.next();
            System.out.print(str+" ");
         }
      }
      System.out.printf("\n 圈中最后剩下的是:%s",list.get(0));
   }
}
```

12.3 堆　　栈

堆栈是一种“后进先出”的数据结构，只能在一端进行输入或输出数据的操作。堆栈把第一个放入该堆栈的数据放在最底下，而把后续放入的数据放在已有数据的顶上。向堆栈中输入数据的操作称为“压栈”，从堆栈中输出数据的操作称为“弹栈”。由于堆栈总是在顶端进行数据的输入输出操作，所以弹栈总是输出（删除）最后压入堆栈中的数据，这就是“后进先出”的来历。

使用 java.util 包中的 Stack<E>泛型类创建一个堆栈对象，堆栈对象可以使用

```
public E push(E item);
```

实现压栈操作。使用

```
public E pop();
```

实现弹栈操作。使用

```
public boolean empty();
```

判断堆栈是否还有数据，有数据返回 false ，否则返回 true。使用

```
public E peek();
```

获取堆栈顶端的数据，但不删除该数据。使用

```
public int search(Object data);
```

获取数据在堆栈中的位置，最顶端的位置是 1 ，向下依次增加，如果堆栈不含此数据，则返回-1。

堆栈是很灵活的数据结构，使用堆栈可以节省内存的开销。例如，递归是一种很消耗内存的算法，我们可以借助堆栈消除大部分递归，达到和递归算法同样的目的。Fibonacci 整数序列是我们熟悉的一个递归序列，它的第 n 项是前两项的和，第一项和第二项是 1 。

下面的例 12-8 用堆栈输出 Fibonacci 递归序列的若干项。

例 12-8

Example12_8.java

```
import java.util.*;
public class Example12_8 {
   public static void main(String args[]) {
      Stack<Integer> stack=new Stack<Integer>();
      stack.push(new Integer(1));
      stack.push(new Integer(1));
      int k=1;
      while(k<=10) {
        for(int i=1;i<=2;i++) {
          Integer F1=stack.pop();
          int f1=F1.intValue();
          Integer F2=stack.pop();
          int f2=F2.intValue();
          Integer temp=new Integer(f1+f2);
              System.out.println(""+temp.toString());
          stack.push(temp);
          stack.push(F2);
```

```
                k++;
            }
        }
    }
}
```

12.4 散 列 映 射

12.4.1 HashMap<K,V>泛型类

HashMap<K,V>泛型类实现了泛型接口 Map<K,V>，HashMap<K,V>类中的绝大部分方法都是 Map<K,V>接口方法的实现。编程时，可以使用接口回调技术，即把 HashMap<K,V>对象的引用赋值给 Map<K,V>接口变量，那么接口变量就可以调用类实现的接口方法。

HashMap<K,V>对象采用散列表这种数据结构存储数据，习惯上称 HashMap<K,V>对象为散列映射。散列映射用于存储"键/值"对，允许把任何数量的"键/值"对存储在一起。键不可以发生逻辑冲突，即不要两个数据项使用相同的键，如果出现两个数据项对应相同的键，那么，先前散列映射中的"键/值"对将被替换。散列映射在它需要更多的存储空间时会自动增大容量。例如，如果散列映射的装载因子是 0.75，那么当散列映射的容量被使用了 75%时，它就把容量增加到原始容量的 2 倍。对于数组表和链表这两种数据结构，如果要查找它们存储的某个特定的元素却不知道它的位置，就需要从头开始访问元素直到找到匹配的为止；如果数据结构中包含很多的元素，就会浪费时间。这时最好使用散列映射来存储要查找的数据，使用散列映射可以减少检索的开销。

HashMap<K,V>泛型类创建的对象称作散列映射，例如：

```
HashMap<String,Student> hashtable=HashSet<String,Student>();
```

那么，hashtable 就可以存储"键/值"对数据，其中的键必须是一个 String 对象，键对应的值必须是 Student 对象。hashtable 可以调用 public V put(K key,V value)将"键/值"对数据存放到散列映射中，该方法同时返回键所对应的值。

12.4.2 常用方法

- public void clear() 清空散列映射。
- public Object clone() 返回当前散列映射的一个克隆。
- public boolean containsKey(Object key) 如果散列映射有"键/值"对使用了参数指定的键，方法返回 true，否则返回 false。
- public boolean containsValue(Object value) 如果散列映射有"键/值"对的值是参数指定的值，方法返回 true，否则返回 false。
- public V get(Object key) 返回散列映射中使用 key 做键的"键/值"对中的值。
- public boolean isEmpty() 如果散列映射不含任何"键/值"对，方法返回 true，否则返回 false。
- public V remove(Object key) 删除散列映射中键为参数指定的"键/值"对，并返回键对应的值。
- public int size() 返回散列映射的大小，即散列映射中"键/值"对的数目。

12.4.3　遍历散列映射

public Collection<V> values()方法返回一个实现 Collection<V>接口类创建的对象，可以使用接口回调技术，即将该对象的引用赋给 Collection<V>接口变量，该接口变量可以回调 iterator()方法获取一个 Iterator 对象，这个 Iterator 对象存放着散列映射中所有“键/值”对中的“值”。

12.4.4　基于散列映射的查询

对于经常需要进行查找的数据可以采用散列映射来存储这样的数据，即为数据指定一个查找它的关键字，然后按着“健/值”对，将关键字和数据一并存入散列映射中。

下面的例 12-9 是一个英语单词查询的应用程序，用户在命令行窗口输入一个英文单词，回车确认，程序输出英文单词的汉语翻译。例 12-9 中使用一个文本文件 word.txt 来管理若干个英文单词及汉语翻译，如下所示：

word.txt

```
mountain 山  water  水  canvas  画
fish 鱼 dog 狗 vehicle 车辆 decay 腐败
```

即文件 word.txt 用空白分隔单词。例 12-9 中的 Readword 类使用 Scanner 解析 word.txt 中的单词，然后将英文单词-汉语翻译作为“键/值”存储到散列映射中供用户查询。程序运行效果如图 12.8 所示。

```
C:\ch12>java Example12_9
输入要查询的英文单词:mountain
山
输入要查询的英文单词:water
水
输入要查询的英文单词:
```

图 12.8　使用散列映射

例 12-9

Example12_9.java

```
import java.util.*;
import java.io.*;
public class Example12_9 {
   public static void main(String args[]) {
      HashMap<String,String> hashtable;
      File file=new File("word.txt");
      ReadWord read = new ReadWord();
      hashtable=new HashMap<String,String>();
      read.putWordToHashMap(hashtable,file);
      Scanner scanner = new Scanner(System.in);
      System.out.print("输入要查询的英文单词:");
      while(scanner.hasNextLine()) {
         String englishWord = scanner.nextLine();
         if(englishWord.length()==0) break;
         if(hashtable.containsKey(englishWord)) {
             String chineseWord=hashtable.get(englishWord);
             System.out.println(chineseWord);
         }
         else {
             System.out.println("没有此单词");
         }
         System.out.print("输入要查询的英文单词:");
      }
   }
}
```

ReadWord.java

```
import java.util.*;
```

```
import java.io.*;
public class ReadWord {
   public void putWordToHashMap(HashMap<String,String> hashtable,File file) {
      try{ Scanner sc=new Scanner(file);
          while(sc.hasNext()){
             String englishWord=sc.next();
             String chineseWord=sc.next();
             hashtable.put(englishWord,chineseWord);
          }
      }
      catch(Exception e){}
   }
}
```

12.5 树　　集

12.5.1 TreeSet<E>泛型类

TreeSet<E>类是实现 Set<E>接口的类，它的大部分方法都是接口方法的实现。TreeSet<E>类创建的对象称作树集。树集采用树结构存储数据，树节点中的数据会按存放的数据的“大小”顺序一层一层地依次排列，在同一层中的节点从左到右按字从小到大递增排列，下一层的都比上一层的小。如：

```
TreeSet<String> mytree=new TreeSe<String>();
```

然后使用 add 方法为树集添加节点：

```
mytree.add("boy");
mytree.add("zoo");
mytree.add("apple");
mytree.add("girl");
```

12.5.2 节点的大小关系

树集节点的排列和链表不同，不按添加的先后顺序排列。树集用 add 方法添加节点，节点会按其存放的数据的“大小”顺序一层一层地依次排列，在同一层中的节点从左到右按“大小”顺序递增排列，下一层的都比上一层的小。mytree 的示意图如图 12.9 所示。

String 类实现了 Comparable<E>泛型接口中的 compareTo(E b)方法，字符串对象调用 compareTo(String s)方法按字典序与参数 s 指定的字符串比较大小，也就是说两个字符串对象知道怎样比较大小。因此，当树集中节点存放的是 String 对象时，树集的节点数据的“大小”顺序一层一层地依次排列，在同一层中的节点从左到右按“大小”顺序递增排列，下一层的都比上一层的小。实现 Comparable<E>泛型接口类创建的对象可以调用 compareTo(E b)方法和参数指定的对象比较大小关系，关于这一点我们曾在 12.2.4 小节给予了讲解，这里不再赘述。

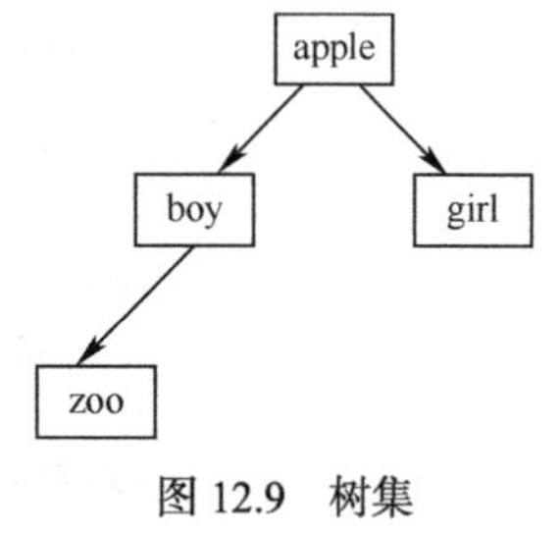

图 12.9　树集

当一个树集中的数据是实现 Comparable<E>泛型接口类创建的对象时，节点就按对象的大小关系顺序排列。

12.5.3　TreeSet 类的常用方法

- public boolean add(E o) 向树集添加节点，节点中的数据由参数指定，添加成功返回 true，否则返回 false。
- public void clear() 删除树集中的所有节点。
- public void contains(Object o) 如果树集中有包含参数指定的对象，该方法返回 true，否则返回 false。
- public E first() 返回树集中的第一个节点中的数据（最小的节点）。
- public E last() 返回最后一个节点中的数据（最大的节点）。
- public isEmpty() 判断是否是空树集，如果树集不含任何节点，该方法返回 true 。
- public boolean remove(Object o) 删除树集中的存储参数指定的对象的最小节点，如果删除成功，该方法返回 true，否则返回 false。
- public int size() 返回树集中节点的数目。

下面的例 12-10 中的树集按照身高从矮到高存放 3 个学生。运行效果如图 12.10 所示。

```
C:\ch12>java Example12_10
孙三 169 cm
赵一 178 cm
钱二 185 cm
```

图 12.10　使用 TreeSet 排序

例 12-10

Example12_10.java

```java
import java.util.*;
class Student implements Comparable<Student> {
   int height=0;
   String name;
   Student(int height,String name) {
      this.name=name;
      this.height=height;
   }
   public int compareTo(Student b) {
      return (this.height-b.height);
   }
}
public class Example12_10 {
  public static void main(String args[]) {
     TreeSet<Student> mytree=new TreeSet<Student>();
     Student st1,st2,st3;
     st1=new Student(178,"赵一");
     st2=new Student(185,"钱二");
     st3=new Student(169,"孙三");
     mytree.add(st1);
     mytree.add(st2);
     mytree.add(st3);
     Iterator<Student> te=mytree.iterator();
     while(te.hasNext()) {
        Student stu=te.next();
        System.out.println(""+stu.name+" "+stu.height+" cm");
     }
  }
}
```

树集中不容许出现大小相等的两个节点，例如，在上述例 12-10 中如果再添加语句

```
st4=new Student(178,"keng wenyi");
mytree.add(st4);
```

是无效的。如果允许身高相同，可把上述例子中 Student 类中的 compareTo 方法更改为：

```
public int compareTo(Student b) {
     if(this.height-b.height==0)
        return 1;
     else
       return (this.height-b.height);
   }
```

理论上已经知道，把一个元素插入树集的合适位置要比插入数组或链表中的合适位置效率高。

12.6 树　映　射

前面学习的树集 TreeSet<E>适合用于数据的排序，节点是按着存储的对象的大小升序排列。TreeMap<K,V>类实现了 Map<K,V>接口，称 TreeMap<K,V>对象为树映射。树映射使用

```
public V put(K key,V value);
```

方法添加节点，该节点不仅存储着数据 value，而且也存储着和其关联的关键字 key，也就是说，树映射的节点存储“关键字/值”对。和树集不同的是，树映射保证节点是按照节点中的关键字升序排列的。

下面的例 12-11 使用了 TreeMap，分别按照学生的身高和体重排序节点。运行效果如图 12.11 所示。

```
C:\ch12>java Example12_11
按体重排序：
姓名：孙三，体重：69.0
姓名：赵一，体重：78.0
姓名：钱二，体重：81.0
按身高排序：
姓名：钱二，身高：176.0
姓名：孙三，身高：179.0
姓名：赵一，身高：182.0
```

图 12.11　使用 TreeMap 排序

例 12-11

Example12_11.java

```
import java.util.*;
class StudentKey implements Comparable<StudentKey> {
   double d=0;
   StudentKey (double d) {
     this.d=d;
   }
   public int compareTo(StudentKey b) {
     if((this.d-b.d)==0)
        return -1;
     else
        return (int)((this.d-b.d)*1000);
  }
}
class Student {
    String name=null;
    double weight,height;
    Student(String s,double w,double h) {
       name=s;
```

```
            weight=w;
            height=h;
        }
    }
    public class Example12_11 {
        public static void main(String args[]) {
            final int NUMBER=3;
            TreeMap<StudentKey,Student>  treemap=new TreeMap<StudentKey,Student>();
            String [] str={"赵一","钱二","孙三"};
            double [] weight = {78,81,69};
            double [] height = {182,176,179};
            Student [] student = new Student[NUMBER];
            for(int k=0;k<student.length;k++) {
                student[k] = new Student(str[k],weight[k],height[k]);
            }
            StudentKey [] key = new StudentKey[NUMBER] ;
            for(int k=0;k<key.length;k++) {
                key[k]=new StudentKey(student[k].weight);
            }
            for(int k=0;k<student.length;k++) {
                treemap.put(key[k],student[k]);    //按体重排序
            }
            System.out.println("按体重排序:");
            Collection<Student>collection=treemap.values();
            Iterator<Student>iter=collection.iterator();
            while(iter.hasNext()) {
                Student stu=iter.next();
                System.out.println("姓名:"+stu.name+",体重:"+stu.weight);
            }
            treemap.clear();
            for(int k=0;k<key.length;k++) {
                key[k]=new StudentKey(student[k].height);
            }
            for(int k=0;k<student.length;k++) {
                treemap.put(key[k],student[k]);     //按身高排序
            }
            System.out.println("按身高排序:");
            collection=treemap.values();
            iter=collection.iterator();
            while(iter.hasNext()) {
                Student stu=(Student)iter.next();
                System.out.println("姓名:"+stu.name+",身高:"+stu.height);
            }
        }
    }
```

12.7　自动装箱与拆箱

JDK1.5 新增了自动装箱与拆箱功能（Autoboxing and Auto-Unboxing of Primitive Types）。在没有自动装箱与拆箱功能之前，不能将基本数据类型数据添加到类似链表的数据结构中。JDK1.5 后，

程序允许把一个基本数据类型添加到类似链表等数据结构中，系统会自动完成基本类型到相应对象的转换（自动装箱）。当从一个数据结构中获取的对象时，如果该对象是基本数据的封装对象，那么系统自动完成对象到基本类型的转换（自动拆箱）。

下面的例 12-12 中使用了自动装箱与拆箱。

例 12-12

Example12_12.java

```
import java.util.*;
public class Example12_12 {
  public static void main(String args[]) {
    ArrayList<Integer>list=new ArrayList<Integer>();
    for(int i=0;i<10;i++) {
      list.add(i);  //自动装箱,实际添加到 list 中的是 new Integer(i)
    }
    for(int k=list.size()-1;k>=0;k--) {
      int m=list.get(k);  //自动拆箱,获取 Integer 对象中的 int 型数据
      System.out.printf("%3d",m);
    }
  }
}
```

12.8 上 机 实 践

12.8.1 实验 1 搭建流水线

1. 实验目的

本实验的目的是让学生掌握怎样搭建符合特殊用途的链式结构数据。

2. 实验要求

程序有时候需要将任务按流水式进行，比如评判体操选手的任务按流水式的依次三个步骤为：录入裁判给选手的分数，去掉一个最高分和一个最低分，计算出平均成绩。编写程序，搭建流水线，只需将评判体操选手的任务交给流水线即可。程序运行参考效果如图 12.12 所示。

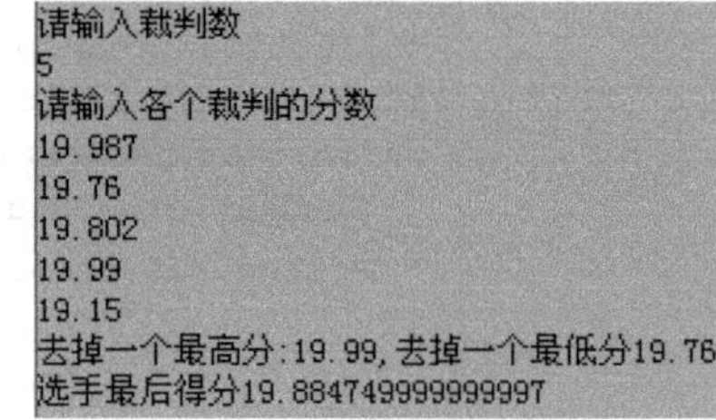

图 12.12 流水作业组

3. 程序模板

请认真阅读模板代码，然后根据模板完成练习。

GymnasticGame.java

```
public class GymnasticGame {
  public static void main(String args[]){
      StreamLine line=new  StreamLine();
      double []a=new double[1];
      line.giveResult(a);
  }
}
```

DoThing.java

```
public abstract class DoThing {
   public abstract void doThing(double [] a);
```

```
    public abstract void setNext(DoThing next);
 }
```

DoInput.java

```
 import java.util.*;
 public class DoInput extends DoThing {
    DoThing nextDoThing ;
    public void setNext(DoThing next) {
       nextDoThing = next;
    }
    public void doThing(double [] a) {
       System.out.println("请输入裁判数");
       Scanner read=new Scanner(System.in);
       int count = read.nextInt();
       System.out.println("请输入各个裁判的分数");
       a = new double[count];
       for(int i=0;i<count;i++) {
           a[i]=read.nextDouble();
       }
       nextDoThing.doThing(a);
    }
 }
```

DelMaxAndMin.java

```
 import java.util.*;
 public class DelMaxAndMin extends DoThing {
    DoThing nextDoThing ;
    public void setNext(DoThing next) {
       nextDoThing = next;
    }
    public void doThing(double [] a) {
       Arrays.sort(a);
       double [] b = Arrays.copyOfRange(a,1,a.length);
       System.out.print("去掉一个最高分:"+b[b.length-1]+",");
       System.out.println("去掉一个最低分"+b[0]);
       nextDoThing.doThing(b);
    }
 }
```

ComputerAver.java

```
 public class ComputerAver extends DoThing {
    DoThing nextDoThing ;
    public void setNext(DoThing next) {
       nextDoThing = next;
    }
    public void doThing(double [] a) {
       double sum = 0;
       for(int i=0;i<a.length;i++)
          sum = sum+a[i];
       double aver = sum/a.length;
       System.out.print("选手最后得分"+aver);
    }
 }
```

StreamLine.java

```
 public class StreamLine {
     private DoThing one,two,three;
```

```
        StreamLine(){
            one=new DoInput();
            two=new DelMaxAndMin();
            three=new ComputerAver();
            one.setNext(two);
            two.setNext(three);
        }
        public void giveResult(double a[]){
            one.doThing(a);
        }
    }
```

4. 实验指导

流水线上的对象要实现同样的接口或是同一个类的子类。

5. 实验后的练习

参照本实验的模板，设计一个流水线：用户输入一个车牌号，流水线能判断该车号是否是属于北京、上海或天津的车牌号。当用户输入一个车牌号后，可以让流水线上的第一个对象鉴定车牌号，这个对象用自己的系统（创建该对象的类可以把能识别的车号存放到一个数组中）检查自己的系统中是否有这样的车牌号，如果有，反馈有关消息，否则将用户输入的车牌号传递给流水线上的下一个对象，依次类推，如果流水线上的末端对象也不能处理用户的车牌号，那么用户本次输入的车牌号就不属于于北京、上海或天津的车牌号。

12.8.2 实验 2 排序与查找

1. 实验目的

本实验的目的是让学生掌握 sort(List list)、int binarySearch(List list, Object key, Comparable c) 方法的使用。

2. 实验要求

编写一个 Book 类，该至少有 price 成员变量。该类要实现 Comparable 接口，在接口的 compareTo 方法中规定 Book 类 2 个实例的大小关系为二者的 price 成员的大小关系。

编写一个主类 SortSearchMainClass，在 main 方法中将 Book 类的若干个对象存放到一个链表中，然后再用 Book 类创建一个新的对象，并检查这个对象和链表中哪些对象相等。

程序运行参考效果如图 12.13 所示。

```
新书:Java与模式(29.0)与下列图书:
        C++基础教程(29.0)
        Java基础教程(29.0)
        数据库技术(29.0)
价钱相同.
```

图 12.13 排序与查找

3. 程序模板

阅读下列模板并上机调试。

Book.java

```
public class Book implements Comparable {
    double price;
    String name;
    public void setPrice(double c) {
        price=c;
    }
    public double getPrice() {
        return price;
    }
    public void setName(String n) {
        name=n;
```

```
    }
    public String getName() {
      return name;
    }
    public int compareTo(Object object) {
       Book bk=(Book)object;
       int difference=(int)((this.getPrice()-bk.getPrice())*10000);
       return  difference;
    }
}
```

MainClass.java

```
import java.util.*;
public class MainClass {
   public static void main(String args[]) {
      List<Book> bookList=new LinkedList<Book>();
      String bookName[]={"Java 基础教程","XML 基础教程","JSP 基础教程","C++基础教程",
                      "J2ME 编程","操作系统","数据库技术"};
      double bookPrice[]={29,21,22,29,34,32,29};
      Book book[]=new Book[bookName.length];
      for(int k=0;k<book.length;k++) {
         book[k]=new Book();
         book[k].setName(bookName[k]);
         book[k].setPrice(bookPrice[k]);
         bookList.add(book[k]);
      }
     Book newBook=new Book();
     newBook.setPrice(29);
     newBook.setName("Java 与模式");
     Collections.sort(bookList);
     int m=-1;
     System.out.println("新书:"+newBook.getName()+"("+newBook.getPrice()+")与下列图书:");
     while((m=Collections.binarySearch(bookList,newBook,null))>=0) {
         Book bk=bookList.get(m);
         System.out.println("\t"+bk.getName()+"("+bk.getPrice()+")");
         bookList.remove(m);
     }
     System.out.println("价钱相同.");
   }
}
```

4. 实验指导

如果链表中有多个对象和指定的对象大小相同，就必须反复使用 binarySearch 方法进行查找。需要注意的是，当再次使用 binarySearch 方法时，必须从链表中删除先前找到的和指定对象大小相同的对象所在的节点。

5. 实验后的练习

请将 MainClass 类中的 LinkedList 类用 ArrayList 替换。

习 题 12

1. LinkedList 链表和 ArrayList 数组表有什么不同?

2. 下列 E 类中 System.out.println 的输出结果是什么？

```
import java.util.*;
public class E {
   public static void main(String args[]) {
      LinkedList< Integer> list=new LinkedList<Integer>();
      for(int k=1;k<=10;k++) {
        list.add(new Integer(k));
      }
      list.remove(5);
      list.remove(5);
      Integer m=list.get(5);
      System.out.println(m.intValue());
   }
}
```

3. 下列 E 类中 System.out.println 的输出结果是什么？

```
import java.util.*;
public class E {
   public static void main(String args[]) {
      Stack<Character>mystack1=new Stack<Character>(),
                      mystack2=new Stack<Character>();
    StringBuffer bu=new StringBuffer();
    for(char c='A';c<='D';c++) {
        mystack1.push(new Character(c));
    }
    while(!(mystack1.empty())) {
       Character temp=mystack1.pop();
       mystack2.push(temp);
    }
    while(!(mystack2.empty())) {
       Character temp=mystack2.pop();
       bu.append(temp.charValue());
    }
    System.out.println(bu);
  }
}
```

4. 对于经常需要查找的数据，应当选用 LinkedList<E>，还是选用 HashMap<K,V>来存储？

5. 有 10 个矩形，有两个重要的属性即面积和周长。编写一个应用程序，使用 TreeMap<K,V>类，分别按照面积和周长排序输出 10 个矩形的信息。

第 13 章 Java 多线程机制

主要内容

- Java 中的线程
- Thread 子类创建线程
- 使用 Runnable 接口
- 线程的常用方法
- 线程同步
- 在同步方法中使用 wait()、notify 和 notifyAll()方法
- 线程联合

难点

- 线程同步

多线程是 Java 的特点之一，掌握多线程编程技术，可以充分利用 CPU 的资源，更容易解决实际中的问题。多线程技术广泛应用于和网络有关的程序设计中，因此掌握多线程技术，对于学习网络编程的内容是至关重要的。

13.1 进程与线程

13.1.1 操作系统与进程

程序是一段静态的代码，它是应用软件执行的蓝本。进程是程序的一次动态执行过程，它对应了从代码加载、执行至执行完毕的一个完整过程，这个过程也是进程本身从产生、发展至消亡的过程。现代操作系统和以往操作系统的一个很大的不同就是可以同时管理一个计算机系统中的多个进程，即可以让计算机系统中的多个进程轮流使用 CPU 资源（见图 13.1），甚至可以让多个进程共享操作系统所管理的资源，如让 Word 进程和其他的文本编辑器进程共享系统的剪贴板。

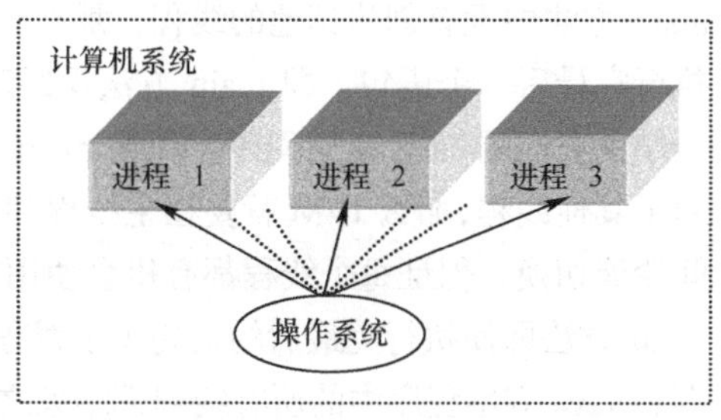

图 13.1　操作系统让进程轮流执行

13.1.2 进程与线程

线程不是进程，但其行为很像进程，线程是比进程更小的执行单位，一个进程在其执行过程中，可以产生多个线程，形成多条执行线索，每条线索，即每个线程也有它自身的产生、存在和消亡的过程。和进程可以共享操作系统的资源类似，线程间也可以共享进程中的某些内存单元（包括代码与数据），并利用这些共享单元来实现数据交换、实时通信与必要的同步操作，但与进程不同的是，线程的中断与恢复可以更加节省系统的开销。具有多个线程的进程能更好地表达和解决现实世界的具体问题，多线程是计算机应用开发和程序设计的一项重要的实用技术。

没有进程就不会有线程，就像没有操作系统就不会有进程一样。尽管线程不是进程，但在许多方面它非常类似于进程，通俗地讲，线程是运行在进程中的“小进程”，如图 13.2 所示。

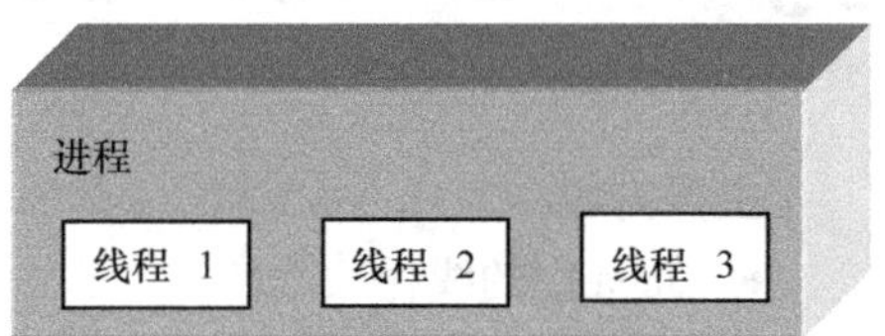

图 13.2　进程中的线程

13.2　Java 中的线程

13.2.1 Java 的多线程机制

Java 语言的一大特性就是内置对多线程的支持。多线程是指一个应用程序中同时存在几个执行体，按几条不同的执行线索共同工作的情况，它使得编程人员可以很方便地开发出具有多线程功能，能同时处理多个任务的功能强大的应用程序。虽然执行线程给人一种几个事件同时发生的感觉，但这只是一种错觉，因为我们的计算机在任何给定的时刻只能执行那些线程中的一个。为了建立这些线程正在同步执行的感觉，Java 虚拟机快速地把控制从一个线程切换到另一个线程。这些线程被轮流执行，使得每个线程都有机会使用 CPU 资源。

每个 Java 应用程序都有一个缺省的主线程。我们已经知道，Java 应用程序总是从主类的 main 方法开始执行。当 JVM 加载代码，发现 main 方法之后，就会启动一个线程，这个线程称作“主线程”，该线程负责执行 main 方法。那么，在 main 方法的执行中再创建的线程，就称为程序中的其他线程。如果 main 方法中没有创建其他的线程，那么当 main 方法执行完最后一个语句，即 main 方法返回时，JVM 就会结束我们的 Java 应用程序。如果 main 方法中又创建了其他线程，那么 JVM 就要在主线程和其他线程之间轮流切换，保证每个线程都有机会使用 CPU 资源，main 方法即使执行完最后的语句（主线程结束），JVM 也不会结束 Java 应用程序，JVM 一直要等到 Java 应用程序中的所有线程都结束之后，才结束 Java 应用程序，如图 13.3 所示。

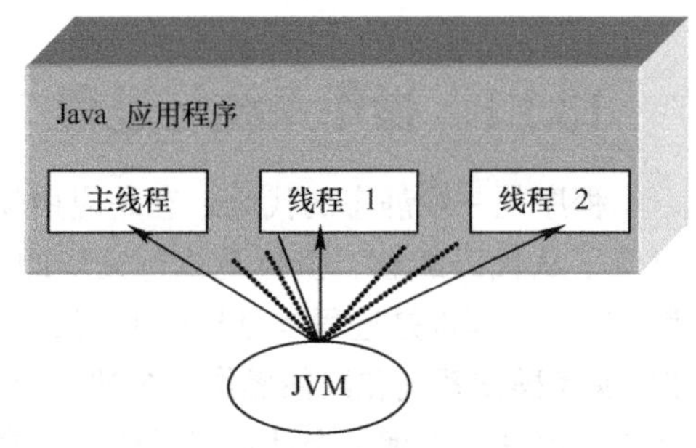

图 13.3　JVM 让线程轮流执行

操作系统让各个进程轮流执行，那么当轮到 Java 应用程序执行时，Java 虚拟机就保证让 Java 应用程序中的多个线程都有机会使用 CPU 资源，即让多个线程轮流执行。如果机器有多个 CPU 处理器，那么 JVM 就能充分利用这些 CPU，获得真实的线程并发执行效果。

让我们提出一个问题：能否在一个 Java 应用程序出现 2 个以上的无限循环呢？

如果不使用多线程技术，是无法解决上述问题的，例如，观察下列代码：

```
class Hello {
    public static void main(String args[]) {
      while(true) {
        System.out.println("hello");
      }
      while(true) {
        System.out.println("您好");
      }
    }
}
```

上述代码是有问题的，因为第 2 个 while 语句是永远没有机会执行的代码。如果能在主线程中创建两个线程，每个线程分别执行一个 while 循环，那么两个循环就都有机会执行，即一个线程中的 while 语句执行一段时间后，就会轮到另一个线程中的 while 语句执行一段时间，这是因为，Java 虚拟机（JVM）负责管理这些线程。这些线程将被轮流执行，使得每个线程都有机会使用 CPU 资源（见后面的例 13-1）。

13.2.2　线程的状态与生命周期

Java 语言使用 Thread 类及其子类的对象来表示线程，新建的线程在它的一个完整的生命周期中通常要经历 4 种状态。

1. 新建

当一个 Thread 类或其子类的对象被声明并创建时，新生的线程对象处于新建状态。此时它已经有了相应的内存空间和其他资源。

2. 运行

线程创建之后就具备了运行的条件，一旦轮到它来享用 CPU 资源时，即 JVM 将 CPU 使用权切换给该线程时，此线程的就可以脱离创建它的主线程独立开始自己的生命周期了。

线程创建后仅仅是占有了内存资源，在 JVM 管理的线程中还没有这个线程，此线程必须调用 start()方法（从父类继承的方法）通知 JVM，这样 JVM 就会知道又有一个新线程排队等候切换了。

当 JVM 将 CPU 使用权切换给线程时，如果线程是 Thread 的子类创建的，该类中的 run()方法就立刻执行。所以我们必须在子类中重写父类的 run()方法，Thread 类中的 run()方法没有具体内容，程序要在 Thread 类的子类中重写 run()方法来覆盖父类的 run()方法，run()方法规定了该线程的具体使命。在线程没有结束 run()方法之前，不要让线程再调用 start()方法，否则将发生 ILLegalThreadStateException 异常。

3. 中断

有 4 种原因的中断。

- JVM 将 CPU 资源从当前线程切换给其他线程，使本线程让出 CPU 的使用权处于中断状态。
- 线程使用 CPU 资源期间，执行了 sleep（int millsecond）方法，使当前线程进入休眠状态。sleep（int millsecond）方法是 Thread 类中的一个类方法，线程一旦执行了 sleep（int millsecond）方法，就立刻让出 CPU 的使用权，使当前线程处于中断状态。经过参数 millsecond 指定的毫秒数之后，该线程就重新进到线程队列中排队等待 CPU 资源，以便从中断处继续运行。

- 线程使用 CPU 资源期间，执行了 wait()方法，使得当前线程进入等待状态。等待状态的线程不会主动进到线程队列中排队等待 CPU 资源，必须由其他线程调用 notify()方法通知它，使得它重新进到线程队列中排队等待 CPU 资源，以便从中断处继续运行。有关 wait、noftify 和 notifyAll 方法将在 13.7 节详细讨论。
- 线程使用 CPU 资源期间，执行某个操作进入阻塞状态，如执行读/写操作引起阻塞。进入阻塞状态时线程不能进入排队队列，只有当引起阻塞的原因消除时，线程才重新进到线程队列中排队等待 CPU 资源，以便从原来中断处开始继续运行。

4. 死亡

处于死亡状态的线程不具有继续运行的能力。线程死亡的原因有二：一个是正常运行的线程完成了它的全部工作，即执行完 run()方法中的全部语句，结束了 run()方法；另一个原因是线程被提前强制性地终止，即强制 run()方法结束。所谓死亡状态就是线程释放了实体，即释放分配给线程对象的内存。

以下看一个完整的例子——例 13-1，通过分析运行结果阐述线程的 4 种状态。例 13-1 在主线程中用 Thread 的子类创建了两个线程，这两个线程分别在命令行窗口输出 20 句“小狗”和“小猫”；主线程在命令行窗口输出 15 句“动物”。例 13-1 的运行效果如图 13.4 所示。

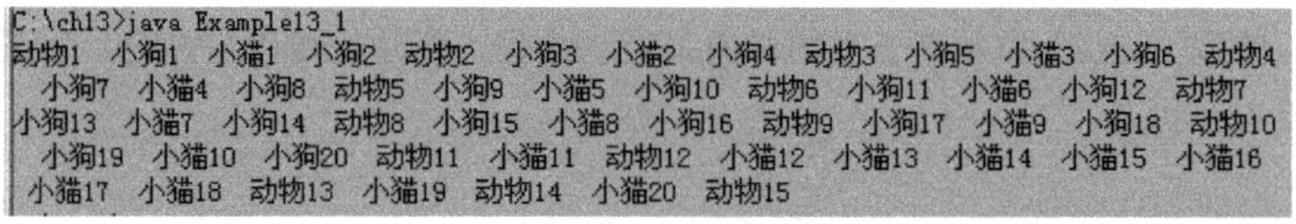

```
C:\ch13>java Example13_1
动物1  小狗1  小猫1  小狗2  动物2  小狗3  小猫2  小狗4  动物3  小狗5  小猫3  小狗6  动物4
 小狗7  小猫4  小狗8  动物5  小狗9  小猫5  小狗10  动物6  小狗11  小猫6  小狗12  动物7
小狗13  小猫7  小狗14  动物8  小狗15  小猫8  小狗16  动物9  小狗17  小猫9  小狗18  动物10
 小狗19  小猫10  小狗20  动物11  小猫11  动物12  小猫12  小猫13  小猫14  小猫15  小猫16
 小猫17  小猫18  动物13  小猫19  动物14  小猫20  动物15
```

图 13.4　轮流执行线程

例 13-1

Example13_1.java

```java
public class Example13_1 {
   public  static void main(String args[]) {      //主线程
      SpeakDog  speakDog;
      SpeakCat  speakCat;
      speakDog = new SpeakDog() ;                 //创建线程
      speakCat = new SpeakCat();                  //创建线程
      speakDog.start();                           //启动线程
      speakCat.start();                           //启动线程
      for(int i=1;i<=15;i++) {
         System.out.print("动物"+i+"  ");
      }
   }
}
```

SpeakDog.java

```java
public class SpeakDog extends Thread {
   public void run() {
      for(int i=1;i<=20;i++) {
         System.out.print("小狗"+i+"  ");
      }
   }
}
```

SpeakCat.java

```
public class SpeakCat extends Thread {
   public void run() {
      for(int i=1;i<=20;i++) {
         System.out.print("小猫"+i+"  ");
      }
   }
}
```

现在我们来分析上述程序的运行结果。

（1）JVM 首先将 CPU 资源分配给主线程。主线程在使用 CUP 资源时执行了：

```
SpeakDog  speakDog;
SpeakCat  speakCat;
speakDog = new SpeakDog() ;
speakCat = new SpeakCat();
speakDog.start();
speakCat.start();
```

等 6 个语句后，并将 for 循环语句：

```
for(int i=1;i<=15;i++) {
   System.out.print("动物"+i+"  ");
}
```

执行到第 1 次循环，输出了：

```
动物 1
```

主线程为什么没有将这个 for 循环语句执行完呢？这是因为，主线程在使用 CPU 资源时，已经执行了：

```
speakDog.start();
speakCat.start()
```

那么，JVM 这时就知道已经有 3 个线程：主线程、speakDog 和 speakCat 需要轮流切换使用 CPU 资源了。因而，在主线程使用 CPU 资源执行到 for 语句的第 1 次循环之后，JVM 就将 CPU 资源切换给 speakDog 线程了。

（2）在 speakDog、speakCat 和主线程之间切换，然后 JVM 让 speakCat、speakDog 和主线程轮流使用 CPU 资源，再输出下列结果：

```
小狗 1 小猫 1 小狗 2 动物 2 小狗 3 小猫 2 小狗 4 动物 3 小狗 5 小猫 3  狗 6 动物 4
小狗 7 小猫 4 小狗 8 动物 5 小狗 9 小猫 5 小狗 10 动物 6 小狗 11 小猫 6 小狗 12 动物 7
小狗 13 小猫 7 小狗 14 动物 8 小狗 15 小猫 8 小狗 16 动物 9 小狗 17 小猫 9 小狗 18 动物 10
小狗 19 小猫 10 小狗 20
```

这时，speakDog 线程的 run 方法结束，即 speakDog 线程结束，进入死亡状态，因此，JVM 不再将 CPU 资源切换给 speakDog 线程。但是，Java 程序没有结束，因为还有两个线程没有结束。

（3）JVM 在主线程和 speakCat 之间切换。JVM 已经知道 speakDog 线程不再需要 CPU 资源，因此，JVM 轮流让主线程和 speakCat 使用 CPU 资源，再输出下列结果：

```
动物 11 小猫 11 动物 12 小猫 12 小猫 13 小猫 14 小猫 15 小猫 16 小猫 17 小猫 18 动物 13
小猫 19 动物 14 小猫 20 动物 15
```

上述程序在不同的计算机运行或在同一台计算机反复运行的结果不尽相同，输出结果依赖当前 CPU 资源的使用情况。

注意　如果将例 13-1 中的循环语句都改成无限循环，就解决了我们在 13.2.1 小节中提出的问题：可以在 Java 程序中出现 2 个以上的无限循环。

13.2.3　线程调度与优先级

处于就绪状态的线程首先进入就绪队列排队等候 CPU 资源，同一时刻在就绪队列中的线程可能有多个。Java 虚拟机（JVM）中的线程调度器负责管理线程，调度器把线程的优先级分为 10 个级别，分别用 Thread 类中的类常量表示。每个 Java 线程的优先级都在常数 1 和 10 之间，即 Thread.MIN_PRIORITY 和 Thread.MAX_PRIORITY 之间。如果没有明确地设置线程的优先级别，每个线程的优先级都为常数 5，即 Thread.NORM_PRIORITY。

线程的优先级可以通过 setPriority（int grade）方法调整，这种方法需要一个 int 类型参数。如果此参数不在 1～10 的范围内，那么 setPriority 便产生一个 IllegalArgumenException 异常。getPriority 方法返回线程的优先级。需要注意的是，有些操作系统只能识别 3 个级别：1，5，10。

通过前面的学习已经知道，在采用时间片的系统中，每个线程都有机会获得 CPU 的使用权，以便使用 CPU 资源执行线程中的操作。当线程使用 CUP 资源的时间到时后，即使线程没有完成自己的全部操作，Java 调度器也会中断当前线程的执行，把 CPU 的使用权切换给下一个排队等待的线程，当前线程将等待 CPU 资源的下一次轮回，然后从中断处继续执行。

Java 调度器的任务是使高优先级的线程能始终运行，一旦时间片有空闲，则使具有同等优先级的线程以轮流的方式顺序使用时间片。也就是说，如果有 A、B、C、D 4 个线程，A 和 B 的级别高于 C、D，那么，Java 调度器首先以轮流的方式执行 A 和 B，一直等到 A、B 都执行完毕进入死亡状态，才会在 C、D 之间轮流切换。

在实际编程时，不提倡使用线程的优先级来保证算法的正确执行。要编写正确、跨平台的多线程代码，必须假设线程在任何时刻都有可能被剥夺 CPU 资源的使用权。

13.3　Thread 的子类创建线程

在 Java 语言中，用 Thread 类或子类创建线程对象。这一节讲述怎样用 Thread 子类创建线程对象。在编写 Thread 类的子类时，需要重写父类的 run()方法，其目的是规定线程的具体操作，否则线程就什么也不做，因为父类的 run()方法中没有任何操作语句。

下面的例 13-2 中，除主线程外还有两个线程。这两个线程模拟两只蚂蚁共享主线程提供的一块蛋糕。两只蚂蚁轮流吃蛋糕，当蛋糕被吃光时，两只蚂蚁进入死亡状态。一只蚂蚁在吃蛋糕的过程中，主动休息片刻（线程调用 sleep（int n）方法可以让出 CPU 的使用权进入中断状态），即主动让另一只蚂蚁吃蛋糕，而不是等到被强制中断吃蛋糕。程序运行效果如图 13.5 所示。

```
C:\ch13>java Example13_2
蛋糕大小是10克
红蚂蚁吃2克蛋糕．红蚂蚁发现蛋糕还剩8克
黑蚂蚁吃2克蛋糕．黑蚂蚁发现蛋糕还剩6克
红蚂蚁吃2克蛋糕．红蚂蚁发现蛋糕还剩4克
黑蚂蚁吃2克蛋糕．黑蚂蚁发现蛋糕还剩2克
红蚂蚁吃2克蛋糕．红蚂蚁发现蛋糕还剩0克
黑蚂蚁进入死亡状态
红蚂蚁进入死亡状态
```

图 13.5　使用 Thread 的子类创建线程

例 13-2

Cake.java

```
public class Cake {
```

```
    int size;  //蛋糕的大小
    public void setSize(int n) {
       size=n;
    }
    public int getSize() {
       return size;
    }
    public void lost(int m) {
       if(size-m>=0)
          size = size-m;
    }
}
```

Example13_2.java

```
public class Example13_2 {
   public  static void main(String args[]) {
      Cake cake = new Cake();
      int size=10;
      cake.setSize(size);
      System.out.println("蛋糕大小是"+size+"克");
      Ant antRed=new Ant("红蚂蚁",cake);
      Ant antBlack=new Ant("黑蚂蚁",cake);
      antRed.start();
      antBlack.start();
   }
}
```

Ant.java

```
public class Ant extends Thread {
   Cake cake;
   Ant(String name,Cake c) {
      setName(name); //调用从 Thread 类继承的 setName 方法为线程起名字
      cake=c;
   }
   public void run() {
      while(true) {
         int n=2;
         System.out.print(getName()+"吃"+n+"克蛋糕.");
         cake.lost(n);  //将蛋糕吃掉 n 克
         System.out.println(getName()+"发现蛋糕还剩"+cake.getSize()+"克");
         try { sleep(1000);  //中断 1000 毫秒
         }
         catch(InterruptedException e){}
         if(cake.getSize()<=0) {
             System.out.println(getName()+"进入死亡状态");
             return;  //结束 run 方法
         }
      }
   }
}
```

请读者务必注意，线程（蚂蚁）执行 Ant 类的 run 方法的过程中需调用 lost 方法，那么在调用 lost 方法之前或之后（蚂蚁吃蛋糕之前或之后）有可能立刻被强制中断（特别是对于双核系统的计算机），建议读者仔细分析程序的运行效果，以便理解 JVM 轮流执行线程的机制，本章的 13.6 节将讲解有关怎样让程序的执行结果不依赖于这种轮换机制。

13.4 使用 Runnable 接口

使用 Thread 子类创建线程的优点是：可以在子类中增加新的成员变量，使线程具有某种属性，也可以在子类中新增加方法，使线程具有某种功能。但是，Java 不支持多继承，Thread 类的子类不能再扩展其他的类。

13.4.1 Runnable 接口与目标对象

创建线程的另一个途径就是用 Thread 类直接创建线程对象。使用 Thread 创建线程通常使用的构造方法是：

```
Thread(Runnable target)
```

该构造方法中的参数是一个 Runnable 类型的接口，因此，在创建线程对象时必须向构造方法的参数传递一个实现 Runnable 接口类的实例，该实例对象称作所创线程的目标对象。当线程调用 start()方法后，一旦轮到它来享用 CPU 资源，目标对象就会自动调用接口中的 run()方法（接口回调），这一过程是自动实现的，用户程序只需要让线程调用 start()方法即可；也就是说，当线程被调度并转入运行状态时，所执行的就是 run()方法中所规定的操作。

我们知道线程间可以共享相同的内存单元（包括代码与数据），并利用这些共享单元来实现数据交换、实时通信与必要的同步操作。对于 Thread（Runnable target）构造方法创建的线程，轮到它来享用 CPU 资源时，目标对象就会自动调用接口中的 run()方法，因此，对于使用同一目标对象的线程，目标对象的成员变量自然就是这些线程共享的数据单元。另外，创建目标对象类在必要时还可以是某个特定类的子类，因此，使用 Runnable 接口比使用 Thread 的子类更具有灵活性。

下面的例 13-3 和前面的例 13-2 不同，不使用 Thread 类的子类创建线程，而是使用 Thread 类创建两个模拟蚂蚁的线程，两只蚂蚁共享房屋中的一块蛋糕，即房屋是线程的目标对象，房屋中的蛋糕被两只蚂蚁共享。和前面的例 13-2 类似，两只蚂蚁轮流吃蛋糕，当蛋糕被吃光时，两只蚂蚁进入死亡状态。一只蚂蚁在吃蛋糕的过程中，主动休息片刻（让 Thread 类调用 sleep(int n)），即主动让另一只蚂蚁吃蛋糕，而不是等到被强制中断吃蛋糕。程序运行效果如图 13.6 所示。

```
C:\ch13>java Example13_3
红蚂蚁吃2克蛋糕.
红蚂蚁发现蛋糕还剩8克
黑蚂蚁吃2克蛋糕.
黑蚂蚁发现蛋糕还剩6克
黑蚂蚁吃2克蛋糕.
红蚂蚁吃2克蛋糕.
红蚂蚁发现蛋糕还剩2克
黑蚂蚁发现蛋糕还剩2克
红蚂蚁吃2克蛋糕.
红蚂蚁发现蛋糕还剩0克
黑蚂蚁进入死亡状态
红蚂蚁进入死亡状态
```

图 13.6　使用 Runnable 接口

例 13-3

Example13_3.java

```
public class Example13_3 {
   public static void main(String args[]) {
      House house = new House();
      house.setCake(10);
      Thread antOne,antTwo;
      antOne=new Thread(house);
      antOne.setName("红蚂蚁");
      antTwo=new Thread(house);  //antTwo 和 antOne 的目标对象相同
```

```
        antTwo.setName("黑蚂蚁");
        antOne.start();
        antTwo.start();
    }
}
```

House.java

```
public class House implements Runnable {
   int cake;       //用 int 变量模拟蛋糕的大小
   public void setCake(int c) {
      cake=c;
   }
   public void run() {
      int m=2;
      while(true) {
            if(cake<=0) {
               System.out.println(Thread.currentThread().getName()+"进入死亡状态");
               return;
            }
            System.out.println(Thread.currentThread().getName()+"吃"+m+"克蛋糕.");
            cake=cake-m;
            System.out.println(Thread.currentThread().getName()+"发现蛋糕还剩
   "+cake+"克");
         try{  Thread.sleep(1000);
         }
         catch(InterruptedException e){}
      }
   }
}
```

13.4.2 关于 run 方法启动的次数

在上述例 13-3 中，“红蚂蚁”和“黑蚂蚁”是具有相同目标对象的两个线程。当其中一个线程享用 CPU 资源时，目标对象自动调用接口中的 run()方法；当轮到另一个线程享用 CPU 资源时，目标对象会再次调用接口中的 run 方法，也就是说 run()方法已经启动运行了两次，分别运行在不同的线程中，即运行在不同的时间片内。

需要读者特别注意的是，在不同的计算机或同一台计算机上反复运行例 13-3，程序输出的结果可能不尽相同，其原因是，如果“红蚂蚁”线程在某一时刻，如 12:15:20 首先获得 CPU 使用权，即目标对象在 12:15:20 第一次启动 run()方法，那么“红蚂蚁”的 run()方法在其运行过程中，随时有被暂时中断的可能，如执行到下列 3 行代码：

```
System.out.println(name+"吃"+m+"克蛋糕.");
cake=cake-m;
System.out.println(name+"发现蛋糕还剩"+cake+"克");
```

那么上述 3 行代码可能刚执行完两行，就被 JVM 中断了其 CPU 的使用权，即 JVM 将 CPU 的使用权切换给“黑蚂蚁”了。这时，时间大概是 12:15:20 零 6 毫秒，即 12:15:20 零 6 毫秒，目标对象第 2 次启动 run()方法，也就是说“黑蚂蚁”开始工作了。JVM 将轮流切换 CPU 给“红蚂蚁”和“黑蚂蚁”，保证 12:15:20 和 12:15:20 零 6 毫秒分别启动的 run()方法都有机会运行，直到运行完毕。

13.4.3 在线程中启动其他线程

线程通过调用 start()方法将启动该线程，使之从新建状态进入就绪队列排队，一旦轮到它来享用 CPU 资源时，就可以脱离创建它的主线程独立开始自己的生命周期了。在前面的例子中，都是在主线程中启动其他线程，实际上也可以在任何一个线程中启动另外一个线程。在下面的例 13-4 中，“红蚂蚁”自己独享一会蛋糕之后，才让“黑蚂蚁”来吃蛋糕，运行效果如图 13.7 所示。

```
C:\ch13>java Example13_4
红蚂蚁吃2克蛋糕.
红蚂蚁发现蛋糕还剩8克
红蚂蚁吃2克蛋糕.
红蚂蚁发现蛋糕还剩6克
红蚂蚁吃2克蛋糕.
红蚂蚁发现蛋糕还剩4克
黑蚂蚁吃2克蛋糕.
黑蚂蚁发现蛋糕还剩2克
红蚂蚁吃2克蛋糕.
红蚂蚁发现蛋糕还剩0克
黑蚂蚁进入死亡状态
红蚂蚁进入死亡状态
```

图 13.7 在线程中启动其他线程

例 13-4

Example13_4.java

```
public class Example13_4 {
   public static void main(String args[]) {
      House house = new House();
      house.setCake(10);
      Thread antOne,antTwo;
      antOne=new Thread(house);
      antOne.setName("红蚂蚁");
      antTwo=new Thread(house);
      antTwo.setName("黑蚂蚁");
      house.setAttachThread(antTwo);
      antOne.start();  //红蚂蚁先吃
   }
}
```

House.java

```
public class House implements Runnable {
   int cake=10;       //用 int 变量模拟蛋糕的大小
   Thread attachThread;
   public void setCake(int c) {
      cake=c;
   }
   public void setAttachThread(Thread t) {
      attachThread=t;
   }
   public void run() {
      int m=2;
      while(true) {
         if(cake<=0) {
            System.out.println(Thread.currentThread().getName()+"进入死亡状态");
            return;
         }
         System.out.println(Thread.currentThread().getName()+"吃"+m+"克蛋糕.");
         cake=cake-m;
         System.out.println(Thread.currentThread().getName()+"发现蛋糕还剩"+cake+"克");
         if(cake<=4) {
            try { attachThread.start();  //启动黑蚂蚁
            }
            catch(Exception exp){}
         }
         try{  Thread.sleep(1000);
         }
```

```
                catch(InterruptedException e){}
            }
        }
    }
```

13.5 线程的常用方法

1. start()

线程调用该方法将启动线程，使之从新建状态进入就绪队列排队，一旦轮到它来享用 CPU 资源时，就可以脱离创建它的线程独立开始自己的生命周期了。需要特别注意的是，线程调用 start()方法之后，就不必再让线程调用 start()方法，否则将导致 IllegalThreadStateException 异常，即只有处于新建状态的线程才可以调用 start()方法，调用之后就进入排队等待 CUP 状态了，如果再让线程调用 start()方法显然是多余的。

2. run()

Thread 类的 run()方法与 Runnable 接口中的 run()方法的功能和作用相同，都用来定义线程对象被调度之后所执行的操作，都是系统自动调用而用户程序不得引用的方法。系统的 Thread 类中，run()方法没有具体内容，所以用户程序需要创建自己的 Thread 类的子类，并重写 run()方法来覆盖原来的 run()方法。当 run 方法执行完毕，线程就变成死亡状态，所谓死亡状态就是线程释放了实体，即释放分配给线程对象的内存。在线程没有结束 run()方法之前，不赞成让线程再调用 start()方法，否则将发生 ILLegalThreadStateException 异常。

3. sleep（int millsecond）

线程的调度执行是按照其优先级的高低顺序进行的，当高级别的线程未死亡时，低级别的线程没有机会获得 CPU 资源。有时，优先级高的线程需要优先级低的线程做一些工作来配合它，或者优先级高的线程需要完成一些费时的操作，此时优先级高的线程应该让出 CPU 资源，使优先级低的线程有机会执行。为达到这个目的，优先级高的线程可以在它的 run()方法中调用 sleep 方法来使自己放弃 CPU 资源，休眠一段时间。休眠时间的长短由 sleep 方法的参数决定，millsecond 是以毫秒为单位的休眠时间。如果线程在休眠时被打断，JVM 就抛出 InterruptedException 异常。因此，必须在 try～catch 语句块中调用 sleep 方法。

4. isAlive()

线程处于“新建”状态时，线程调用 isAlive()方法返回 false。当一个线程调用 start()方法，并占有 CPU 资源后，该线程的 run()方法就开始运行，在线程的 run()方法结束之前，即没有进入死亡状态之前，线程调用 isAlive()方法返回 true。当线程进入“死亡”状态后（实体内存被释放），线程仍可以调用方法 isAlive()，这时返回的值是 false。

需要注意的是，一个已经运行的线程在没有进入死亡状态时，不要再给线程分配实体，由于线程只能引用最后分配的实体，先前的实体就会成为“垃圾”，并且不会被垃圾收集机收集掉。例如：

```
Thread thread=new Thread(target);
thread.start();
```

如果线程 thread 占有 CPU 资源进入了运行状态，这时再执行：

```
thread=new Thread(target);
```

那么，先前的实体就会成为“垃圾”，并且不会被垃圾收集机收集掉，因为 JVM 认为那个“垃圾”实体正在运行状态，如果突然释放，可能引起错误甚至设备的毁坏。

现在让我们分析以下线程分配实体的过程，执行代码：

```
Thread thread=new Thread(target);
thread.start();
```

后的内存示意图如图 13.8 所示。

再执行代码：

```
thread=new Thread(target);
```

后的内存示意图如图 13.9 所示。

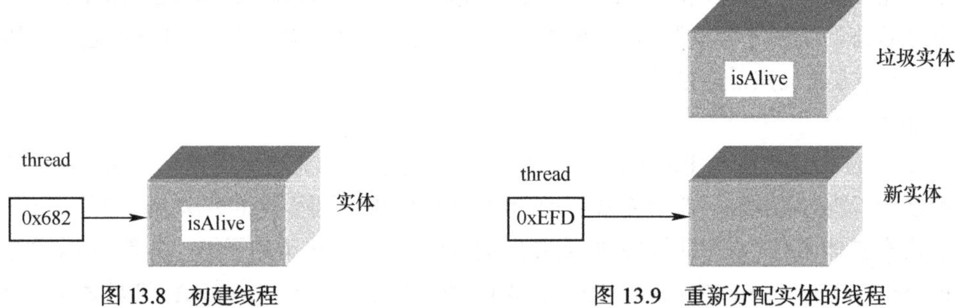

图 13.8　初建线程　　图 13.9　重新分配实体的线程

现在让我们看一个例子，在下面的例 13-5 中一个线程每隔 1 秒钟在命令行窗口输出本地机器的时间，在 3 秒钟后，该线程又被分配了实体，新实体又开始运行。因为垃圾实体仍然在工作，因此，我们在命令行每秒钟能看见两行同样的本地机器时间，运行效果如图 13.10 所示。

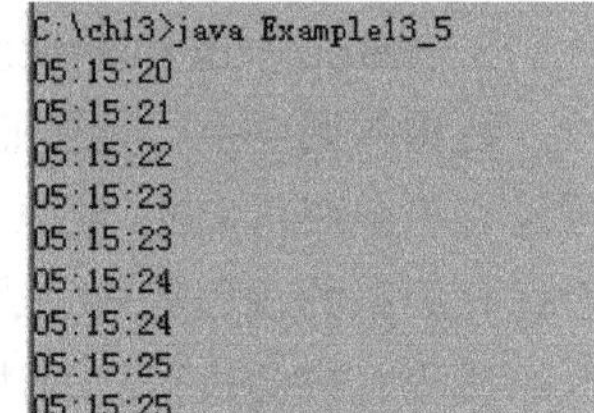

图 13.10　分配了 2 次实体的线程

例 13-5

Example13_5.java

```
public class Example13_5 {
   public static void main(String args[]) {
      Home home=new Home();
      Thread showTime=new Thread(home);
      showTime.start();
   }
}
```

Home.java

```
import java.util.Date;
import java.text.SimpleDateFormat;
public class Home implements Runnable {
   int time=0;
   SimpleDateFormat m=new SimpleDateFormat("hh:mm:ss");
   Date date;
   public void run() {
      while(true) {
        date=new Date();
        System.out.println(m.format(date));
        time++;
        try{ Thread.sleep(1000);
        }
```

```
            catch(InterruptedException e){}
            if(time==3) {
              Thread thread=Thread.currentThread();
              thread=new Thread(this);
              thread.start();
            }
          }
       }
    }
```

5. currentThread()

currentThread()方法是 Thread 类中的类方法，可以用类名调用，该方法返回当前正在使用 CPU 资源的线程。

6. interrupt()

interrupt 方法经常用来“吵醒”休眠的线程。当一些线程调用 sleep 方法处于休眠状态时，一个占有 CPU 资源的线程可以让休眠的线程调用 interrupt()方法“吵醒”自己，即导致休眠的线程发生 InterruptedException 异常，从而结束休眠，重新排队等待 CPU 资源。

在下面的例 13-6 中，有 2 个线程，driver（司机）和 police（警察），其中 driver 准备睡一小时后再开始开车，police 大喊 3 句“开车”后，吵醒休眠的线程 driver。运行效果如图 13.11 所示。

```
C:\ch13>java Example13_6
我是司机在马路上开车.
想睡上一个小时后再开车
警察喊：开车！
警察喊：开车！
警察喊：开车！
司机被警察叫醒了
司机继续开车
```

图 13.11　吵醒休眠的线程

例 13-6

Example13_6.java

```
public class Example13_6 {
   public static void main(String args[]) {
      Road road = new Road();
      Thread police,driver;
      police = new Thread(road);
      driver = new Thread(road);
      police.setName("警察");
      driver.setName("司机");
      road.setAttachThread(driver);
      driver.start();
      police.start();
   }
}
```

Road.java

```
public class Road implements Runnable {
   Thread attachThread;
   public void setAttachThread(Thread t) {
      attachThread=t;
   }
   public void run() {
      String name = Thread.currentThread().getName();
      if(name.equals("司机")) {
        try{ System.out.println("我是"+name+"在马路上开车.");
             System.out.println("想睡上一个小时后在开车");
             Thread.sleep(1000*60*60);
        }
        catch(InterruptedException e) {
```

```
                System.out.println(name+"被警察叫醒了");
            }
            System.out.println(name+"继续开车");
          }
          else if(name.equals("警察")) {
            for(int i=1;i<=3;i++) {
                System.out.println(name+"喊：开车!");
                try { Thread.sleep(500);
                }
                catch(InterruptedException e){}
            }
            attachThread.interrupt();   //吵醒 driver
          }
       }
    }
```

13.6 线 程 同 步

Java 使我们可以创建多个线程，在处理多线程问题时，我们必须注意这样一个问题：当两个或多个线程同时访问同一个变量，并且一个线程需要修改这个变量。我们应对这样的问题作出处理，否则可能发生混乱，如一个工资管理负责人正在修改雇员的工资表，而一些雇员也正在领取工资，如果容许这样做必然出现混乱。因此，工资管理负责人正在修改工资表时（包括他喝杯茶休息一会），将不容许任何雇员领取工资，也就是说这些雇员必须等待。

13.6.1 什么是线程同步

线程同步就是若干个线程都需要使用一个 synchronized 修饰的方法，即程序中的若干个线程都需要使用一个方法，而这个方法用 synchronized 给予了修饰。多个线程调用 synchronized 方法必须遵守同步机制：当一个线程使用这个方法时，其他线程想使用这个方法时就必须等待，直到线程使用完该方法。在使用多线程解决许多实际问题时，可能要把某些修改数据的方法用关键字 synchronized 来修饰。

在下面的这个例 13-7 中有两个线程：会计和出纳，他俩共同拥有一个账本。他俩都可以使用 saveOrTake（int amount)方法对账本进行访问，会计使用 saveOrTake（int amount)方法时，向账本上写入存钱记录；出纳使用 saveOrTake（int amount）方法时，向账本写入取钱记录。因此，当会计正在使用 saveOrTake（int amount）时，出纳被禁止使用，反之也是这样。比如，会计使用 saveOrTake（int amount)时，在账本上存入 300 万元，但在存入这笔钱时每存入 100 万就喝口茶，那么会计喝茶休息时（注意，这时存钱这件事还没结束，即会计还没有使用完 saveOrTake（int amount）方法，出纳仍不能使用 saveOrTake（int amount）；出纳使用 saveOrTake（int amount）时，在账本上取出 150 万元，但在取出这笔钱时，每取出 50 万元就喝口茶，那么出纳喝茶休息时，会计不能使用 saveOrTake（int amount），也就是说，程序要保证其中一人使用 saveOrTake（int amount）时，另一个人将必须等待，即 saveOrTake（int amount）方法是一个 synchronized 方法。程序运行效果如图 13.12 所示。

```
C:\ch13>java Example13_7
会计存入100,帐上有300万,休息一会再存
会计存入100,帐上有400万,休息一会再存
会计存入100,帐上有500万,休息一会再存
出纳取出50帐上有450万,休息一会再取
出纳取出50帐上有400万,休息一会再取
出纳取出50帐上有350万,休息一会再取
```

图 13.12　线程同步

例 13-7

Example13_7.java

```
public class Example13_7 {
  public static void main(String args[]) {
    Bank bank = new Bank();
    bank.setMoney(200);
    Thread accountant, //会计
           cashier; //出纳
    accountant = new Thread(bank);
    cashier = new Thread(bank);
    accountant.setName("会计");
    cashier.setName("出纳");
    accountant.start();
    cashier.start();
  }
}
```

Bank.java

```
public class Bank implements Runnable {
  int money=200;
  public void setMoney(int n) {
    money=n;
  }
  public void run() {
    if(Thread.currentThread().getName().equals("会计"))
      saveOrTake(300);
    else if(Thread.currentThread().getName().equals("出纳"))
      saveOrTake(150);;
  }
  public synchronized void saveOrTake(int amount) { //存取方法
    if(Thread.currentThread().getName().equals("会计")) {
      for(int i=1;i<=3;i++) {
        money=money+amount/3; //每存入 amount/3, 稍歇一下
        System.out.println(Thread.currentThread().getName()+
                    "存入"+amount/3+",账上有"+money+"万,休息一会再存");
        try { Thread.sleep(1000); //这时出纳仍不能使用 saveOrTake 方法
        }
        catch(InterruptedException e){}
      }
    }
    else if(Thread.currentThread().getName().equals("出纳")) {
      for(int i=1;i<=3;i++) { //出纳使用存取方法取出 60
        money=money-amount/3; //每取出 amount/3, 稍歇一下
        System.out.println(Thread.currentThread().getName()+
                    "取出"+amount/3+"账上有"+money+"万,休息一会再取");
        try { Thread.sleep(1000); //这时会计仍不能使用 saveOrTake 方法
        }
        catch(InterruptedException e){}
      }
    }
  }
}
```

13.6.2 通过同步避免切换的影响

通过前面的学习已经知道，当一个进程中有多个线程时，JVM 让每个线程都有机会获得 CPU 的使用权，以便使用 CPU 资源执行线程中的操作，即 JVM 轮流让各个线程使用 CPU，这样一来就会出现程序的运行结果可能依赖 JVM 切换线程使用 CPU 的时机，而 JVM 在线程之间切换使用 CPU 的时机是根据当前 CPU 的具体情况而定的。因此，当一个线程使用 CUP 资源时，即使线程没有完成自己的全部操作，JVM 也可能会中断当前线程的执行，把 CPU 的使用权切换给下一个排队等待的线程，当前线程将等待 CPU 资源的下一次轮回，然后从中断处继续执行。

例如，在前面例 13-3 中，不管是哪只蚂蚁，都需要做以下 3 项操作。

- 说一句话："……吃 m 克蛋糕"。
- 开始吃蛋糕。
- 看蛋糕剩下多少。

即要执行下列 3 行代码：

```
System.out.println(Thread.currentThread().getName()+"吃"+m+"克蛋糕.");
cake=cake-m;
System.out.println(Thread.currentThread().getName()+"发现蛋糕还剩"+cake+"克");
```

那么，一只蚂蚁在执行上述 3 行代码时，有可能刚执行完 1 行或 2 行代码，就被 JVM 暂时剥夺了 CPU 使用权，即 JVM 将 CPU 的使用权切换给另一只蚂蚁，使得另一只蚂蚁可能吃到蛋糕。

如果在程序的设计中，线程都需要做某些相同的操作，而且希望一个线程完整地完成这些操作后，其他线程才可以进行这些操作，那么就可以把这些操作封装到一个 synchronized 方法中。

在下面的例 13-8 中，把蚂蚁要做的操作封装在一个 synchronized 方法中，即保证一只蚂蚁没有吃完 m 克蛋糕时，另一只蚂蚁不可以吃蛋糕。程序运行效果如图 13.13 所示。

```
C:\ch13>java Example13_8
红蚂蚁想吃2克蛋糕.
红蚂蚁发现蛋糕还剩8克
黑蚂蚁想吃2克蛋糕.
黑蚂蚁发现蛋糕还剩6克
红蚂蚁想吃2克蛋糕.
红蚂蚁发现蛋糕还剩4克
黑蚂蚁想吃2克蛋糕.
黑蚂蚁发现蛋糕还剩2克
红蚂蚁想吃2克蛋糕.
红蚂蚁发现蛋糕还剩0克
红蚂蚁进入死亡状态
黑蚂蚁想吃2克蛋糕.
黑蚂蚁发现蛋糕没了
黑蚂蚁进入死亡状态
```

图 13.13　同步吃蛋糕

例 13-8

Example13_8.java

```
public class Example13_8 {
  public static void main(String args[]) {
    House house = new House();
    house.setCake(10);
    Thread antOne,antTwo;
    antOne=new Thread(house);
    antOne.setName("红蚂蚁");
    antTwo=new Thread(house);
    antTwo.setName("黑蚂蚁");
    antOne.start();
    antTwo.start();
  }
}
```

House.java

```
public class House implements Runnable {
  int cake=10;          //用 int 变量模拟蛋糕的大小
  public void setCake(int c) {
```

```
        cake=c;
    }
    public void run() {
        while(true) {
            antDoing();
            if(cake<=0) {
              System.out.println(Thread.currentThread().getName()+"进入死亡状态");
              return;
            }
            try{  Thread.sleep(1000);
            }
            catch(InterruptedException e){}
        }
    }
    private synchronized void antDoing() {              //同步方法
        int m=2;
        System.out.println(Thread.currentThread().getName()+"想吃"+m+"克蛋糕.");
        cake=cake-m;
        if(cake>=0)
          System.out.println(Thread.currentThread().getName()+"发现蛋糕还剩"+cake+"克");
        else {
          System.out.println(Thread.currentThread().getName()+"发现蛋糕没了");
        }
    }
}
```

13.7　在同步方法中使用 wait()、notify 和 notifyAll()方法

在上一节我们已经知道，当一个线程正在使用一个同步方法时，其他线程就不能使用这个同步方法。对于同步方法，有时涉及某些特殊情况，如当一个人在一个售票窗口排队购买电影票时，如果他给售票员的钱不是零钱，而售票员又没有零钱找给他，那么他就必须等待，并允许他后面的人买票，以便售票员获得零钱给他。如果第 2 个人仍没有零钱，那么他俩必须等待，并允许后面的人买票。

当一个线程使用的同步方法中用到某个变量，而此变量又需要其他线程修改后才能符合本线程的需要，那么可以在同步方法中使用 wait()方法。wait 方法可以中断方法的执行，使本线程等待，暂时让出 CPU 的使用权，并允许其他线程使用这个同步方法。其他线程如果在使用这个同步方法时不需要等待，那么它使用完这个同步方法的同时，应当用 notifyAll()方法通知所有的由于使用这个同步方法而处于等待的线程结束等待。曾中断的线程就会从刚才的中断处继续执行这个同步方法，并遵循“先中断先继续”的原则。如果使用 notify()方法，那么只是通知处于等待中的线程的某一个结束等待。

wait()、notify()和 notifyAll()都是 Object 类中的 final 方法，被所有的类继承，且不允许重写的方法。

图 13.14　wait 与 notifyAll

在下面的例 13-9 中，为了避免复杂的数学算法，我们模拟两个人，张飞和李逵，来买电影票，售票员只有两张五元的钱，电

影票五元钱一张。张飞拿二十元一张的人民币排在李逵的前面买票，李逵拿一张五元的人民币买票。因此张飞必须等待（还是李逵先买了票）。程序运行效果如图 13.14 所示。

例 13-9

Example13_9.java

```
public class Example13_9 {
   public static void main(String args[]) {
      TicketHouse officer = new TicketHouse();
      Thread zhangfei,likui;
      zhangfei = new Thread(officer);
      zhangfei.setName("张飞");
      likui = new Thread(officer);
      likui.setName("李逵");
      zhangfei.start();
      likui.start();
   }
}
```

TicketHouse.java

```
public class TicketHouse implements Runnable {
   int fiveAmount=2,tenAmount=0,twentyAmount=0;
   public void run() {
      if(Thread.currentThread().getName().equals("张飞")) {
         saleTicket(20);
      }
      else if(Thread.currentThread().getName().equals("李逵")) {
         saleTicket(5);
      }
   }
   private synchronized void saleTicket(int money) {
       if(money==5) {  //如果使用该方法的线程传递的参数是 5,就不用等待
        fiveAmount=fiveAmount+1;
        System.out.println( "给"+Thread.currentThread().getName()+"入场券,"+
                          Thread.currentThread().getName()+"的钱正好");
       }
       else if(money==20) {
         while(fiveAmount<3) {
            try { System.out.println("\n"+Thread.currentThread().getName()+"靠边
      等...");
                  wait();        //如果使用该方法的线程传递的参数是 20 须等待
                  System.out.println("\n"+Thread.currentThread().getName()+"继续买票");
            }
            catch(InterruptedException e){}
         }
         fiveAmount=fiveAmount-3;
         twentyAmount=twentyAmount+1;
         System.out.println("给"+Thread.currentThread().getName()+"入场券,"+
                          Thread.currentThread().getName()+"给 20，找赎 15 元");
       }
       notifyAll();
   }
}
```

13.8　线程联合

一个线程 A 在占有 CPU 资源期间，可以让其他线程调用 join()和本线程联合，如：

```
B.join();
```

我们称 A 在运行期间联合了 B。如果线程 A 在占有 CPU 资源期间一旦联合 B 线程，那么 A 线程将立刻中断执行，一直等到它联合的线程 B 执行完毕，A 线程再重新排队等待 CPU 资源，以便恢复执行。如果 A 准备联合的 B 线程已经结束，那么 B.join()不会产生任何效果。

在下面的例 13-10 中，使用线程联合模拟顾客等待蛋糕师制作蛋糕，程序运行效果如图 13.15 所示。

```
C:\ch13>java Example13_10
顾客等待蛋糕师制作生日蛋糕
蛋糕师开始制作生日蛋糕,请等...
蛋糕师制作完毕
顾客买了生日蛋糕 价钱:158
```

图 13.15　线程联合

例 13-10

Example13_10.java

```
public class Example13_10 {
   public static void main(String args[]) {
     ThreadJoin  a = new ThreadJoin();
     Thread customer = new Thread(a);
     Thread cakeMaker = new Thread(a);
     customer.setName("顾客");
     cakeMaker.setName("蛋糕师");
     a.setJoinThread(cakeMaker);
     customer.start();
   }
}
```

ThreadJoin.java

```
public class ThreadJoin implements Runnable {
   Cake cake;
   Thread joinThread;
   public void setJoinThread(Thread t) {
      joinThread=t;
   }
   public void run() {
      if(Thread.currentThread().getName().equals("顾客")) {
         System.out.println(Thread.currentThread().getName()+"等待"+
                       joinThread.getName()+"制作生日蛋糕");
         try{   joinThread.start();
                joinThread.join();                    //当前线程开始等待joinThread结束
         }
         catch(InterruptedException e){}
         System.out.println(Thread.currentThread().getName()+
                    "买了"+cake.name+" 价钱:"+cake.price);
      }
      else if(Thread.currentThread()==joinThread) {
         System.out.println(joinThread.getName()+"开始制作生日蛋糕,请等...");
         try { Thread.sleep(2000);
         }
         catch(InterruptedException e){}
         cake=new Cake("生日蛋糕",158);
```

```
        System.out.println(joinThread.getName()+"制作完毕");
      }
    }
    class Cake {    //内部类
      int price;
      String name;
      Cake(String name,int price) {
        this.name=name;
        this.price=price;
      }
    }
}
```

13.9 上 机 实 践

13.9.1 实验 1 键盘操作练习

1. 实验目的

用 Thread 的子类创建线程。要求编写 Thread 类的子类时，需要重写父类的 run()方法，其目的是规定线程的具体操作，否则线程就什么也不做，因为父类的 run()方法中没有任何操作语句。线程创建后仅仅是占有了内存资源，在 JVM 管理的线程中还没有这个线程，此线程必须调用 start()方法（从父类继承的方法）通知 JVM，这样 JVM 就会知道该线程在排队等候 CUP 资源。本实验是为了使读者掌握使用 Thread 的子类创建线程的方法。

2. 实验要求

编写一个 Java 应用程序，在主线程中再创建两个线程：一个线程负责给出键盘上字母键上的字母，另一个线程负责让用户在命令行输入所给出的字母。程序运行参考效果如图 13.16 所示。

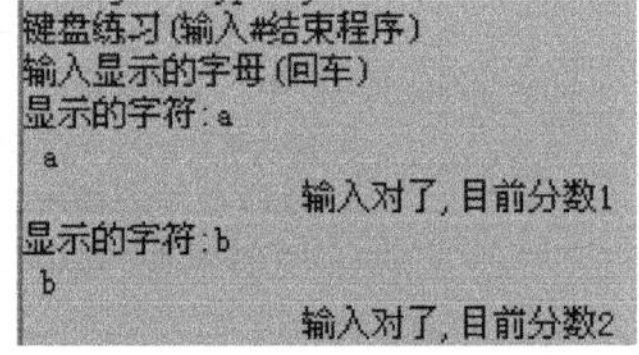

图 13.16 键盘练习

3. 程序模板

请按模板要求，将【代码】替换为 Java 程序代码。

TypeKey.java

```
public class TypeKey {
  public static void main(String args[]) {
      System.out.println("键盘练习(输入#结束程序)");
      System.out.printf("输入显示的字母(回车)\n");
      Letter letter;
      letter = new Letter();
      GiveLetterThread giveChar;
      InuptLetterThread typeChar;
      【代码 1】创建线程 giveChar
      giveChar.setLetter(letter);
      giveChar.setSleepLength(3200);
      【代码 2】创建线程 typeChar
      typeChar.setLetter(letter);
      giveChar.start();
      typeChar.start();
  }
}
```

Letter.java

```
public class Letter {
   char c ='\0';
   public void setChar(char c) {
      this.c = c;
   }
   public char getChar() {
      return c;
   }
}
```

GiveLetterThread.java

```
public class GiveLetterThread extends Thread {
    Letter letter;
    char startChar ='a',endChar = 'z';
    int sleepLength = 5000;
    public void setLetter(Letter letter) {
      this.letter = letter;
    }
    public void setSleepLength(int n){
       sleepLength = n;
    }
    public void run() {
       char c = startChar;
       while(true) {
          letter.setChar(c);
          System.out.printf("显示的字符:%c\n ",letter.getChar());
          try{  【代码 3】//调用 sleep 方法使得线程中断 sleepLength 毫秒
          }
          catch(InterruptedException e){}

          c = (char)(c+1);
          if(c>endChar)
             c = startChar;
       }
    }
}
```

InuptLetterThread.java

```
import java.awt.*;
import java.util.Scanner;
public class InuptLetterThread extends Thread {
   Scanner reader;
   Letter letter;
   int score = 0;
   InuptLetterThread() {
      reader = new Scanner(System.in);
   }
   public void setLetter(Letter letter) {
      this.letter = letter;
   }
   public void run() {
      while(true) {
       String str = reader.nextLine();
```

```
            char c = str.charAt(0);
            if(c==letter.getChar()) {
               score++;
               System.out.printf("\t\t 输入对了,目前分数%d\n",score);
            }
            else {
              System.out.printf("\t\t 输入错了,目前分数%d\n",score);
            }
            if(c=='#')
               System.exit(0);
         }
      }
   }
```

4. 实验指导

【代码 1】是要求创建负责给出字母的线程，因此代码应该是 giveChar =new GiveLetterThread();。【代码 2】是要求创建让用户输入的线程，因此代码应该是 typeChar = new InuptLetterThread();。【代码 3】可以是 Thread.sleep(sleepLength); 或 sleep(sleepLength);。

5. 实验后的练习

改进 GiveLetterThread 类，使得该类创建的线程能让用户熟练使用更多的键，即让该线程能给出更多的字符。

13.9.2 实验 2 双线程猜数字

1. 实验目的

学习使用 Thread 类创建线程，以及怎样处理线程同步问题。

2. 实验要求

用两个线程玩猜数字游戏，第一个线程负责随机给出 1 到 100 之间的一个整数，第二个线程负责猜出这个数。要求每当第二个线程给出自己的猜测后，第一个线程都会提示“猜小了”、“猜大了”或“猜对了”。猜数之前，要求第二个线程要等待第一个线程设置好要猜测的数。第一个线程设置好猜测数之后，两个线程还要互相等待，其原则是，第二个线程给出自己的猜测后，等待第一个线程给出的提示；第一个线程给出提示后，等待给第二个线程给出猜测，如此进行，直到第二个线程给出正确的猜测后，两个线程进入死亡状态。程序运行参考效果如图 13.17 所示。

```
随机给你一个1至100之间的数，猜猜是多少？
我第1次猜这个数是:50
你猜大了
我第2次猜这个数是:25
你猜大了
我第3次猜这个数是:12
你猜小了
我第4次猜这个数是:18
你猜小了
我第5次猜这个数是:21
你猜小了
我第6次猜这个数是:23
你猜大了
我第7次猜这个数是:22
恭喜，你猜对了
```

图 13.17 双线程猜数字

3. 程序模板

请按模板要求，将【代码】替换为 Java 程序代码。

TwoThreadGuessNumber.java

```
public class TwoThreadGuessNumber {
   public static void main(String args[]) {
      Number number=new Number();
      number.giveNumberThread.start();
      number.guessNumberThread.start();
   }
}
```

Number.java

```
public class Number implements Runnable {
```

```
final int SMALLER=-1,LARGER=1,SUCCESS=8;
int realNumber,guessNumber,min=0,max=100,message=SMALLER;
boolean pleaseGuess=false,isGiveNumber=false;
Thread giveNumberThread,guessNumberThread;
Number() {
【代码1】创建 giveNumberThread,当前 Number 类的实例是 giveNumberThread 的目标对象
【代码2】创建 guessNumberThread,当前 Number 类的实例是 guessNumberThread 的目标对象
}
public void run() {
   for(int count=1;true;count++) {
      setMessage(count);
      if( message==SUCCESS)
         return;
   }
}
public synchronized void setMessage(int count) {
   if(Thread.currentThread()==giveNumberThread&&isGiveNumber==false) {
       realNumber=(int)(Math.random()*100)+1;
       System.out.println("随机给你一个 1 至 100 之间的数，猜猜是多少？");
       isGiveNumber=true;
       pleaseGuess=true;
   }
   if(Thread.currentThread()==giveNumberThread) {
       while(pleaseGuess==true)
          try  { wait();  //让出 CPU 使用权，让另一个线程开始猜数
          }
          catch(InterruptedException e){}
          if(realNumber>guessNumber)  { //结束等待后，根据另一个线程的猜测给出提示
             message=SMALLER;
             System.out.println("你猜小了");
          }
          else if(realNumber<guessNumber) {
             message=LARGER;
             System.out.println("你猜大了");
          }
          else {
             message=SUCCESS;
             System.out.println("恭喜，你猜对了");
          }
          pleaseGuess=true;
       }
   if(Thread.currentThread()==guessNumberThread&&isGiveNumber==true) {
          while(pleaseGuess==false)
             try { wait();  //让出 CPU 使用权，让另一个线程给出提示
             }
             catch(InterruptedException e){}
             if(message==SMALLER) {
                min=guessNumber;
                guessNumber=(min+max)/2;
                System.out.println("我第"+count+"次猜这个数是:"+guessNumber);
             }
             else if(message==LARGER) {
                max=guessNumber;
                guessNumber=(min+max)/2;
```

```
                System.out.println("我第"+count+"次猜这个数是:"+guessNumber);
            }
            pleaseGuess=false;
        }
        notifyAll();
    }
}
```

4. 实验指导

【代码 1】是负责给出数字的线程，当前 Number 类的实例是 giveNumberThread 的目标对象，因此代码 1 应该是 giveNumberThread=new Thread(this);同样【代码 2】应该是 guessNumberThread =new Thread(this);

5. 实验后的练习

参考本实验，模拟三个线程猜数字，一个线程负责给出要猜测的数字，另外两个线程负责猜测。

习 题 13

1. 线程有几种状态?
2. 引起线程中断的常见原因是什么?
3. 一个线程执行完 run 方法后，进入了什么状态？该线程还能再调用 start 方法吗?
4. 线程在什么状态时，调用 isAlive()方法返回的值是 false。
5. 建立线程有几种方法?
6. 怎样设置线程的优先级?
7. 在多线程中，为什么要引入同步机制?
8. 在什么方法中 wait()方法、notify()及 notifyAll()方法可以被使用?
9. 将例 13-9 中 SaleTicket 类中的循环条件:

```
while(fiveAmount<3)
```

改写成:

```
if(fiveAmount<3)
```

是否合理?

10. 线程调用 interrupt()的作用是什么?

11. 参照例 13-9，模拟 3 个人排队买票，张某、李某和赵某买电影票，售票员只有 3 张五元的钱，电影票五元钱一张。张某拿二十元一张的新人民币排在李某的前面买票，李某排在赵某的前面拿一张 10 元的人民币买票，赵某拿一张 5 元的人民币买票。

12. 参照例 13-6，要求有 3 个线程：student1、student2 和 teacher，其中 student1 准备睡 10 分钟后再开始上课，student2 准备睡一小时后再开始上课。teacher 在输出 3 句“上课”后，吵醒休眠的线程 student1；student1 被吵醒后，负责再吵醒休眠的线程 student2。

13. 参照例 13-9，编写一个 Java 应用程序，在主线程中再创建 3 个线程：“运货司机”、“装运工”和“仓库管理员”。要求线程“运货司机”占有 CPU 资源后立刻联合线程“装运工”，也就是让“运货司机”一直等到“装运工”完成工作才能开车，而“装运工”占有 CPU 资源后立刻联合线程“仓库管理员”，也就是让“装运工”一直等到“仓库管理员”打开仓库才能开始搬运货物。

14. 在下列 E 类中 ，System.out.println 的输出结果是什么?

```
import java.awt.*;
import java.awt.event.*;
public class E implements Runnable {
   StringBuffer buffer=new StringBuffer();
   Thread t1,t2;
   E() {
     t1=new Thread(this);
     t2=new Thread(this);
   }
   public synchronized void addChar(char c) {
      if(Thread.currentThread()==t1) {
         while(buffer.length()==0) {
            try{ wait();
            }
            catch(Exception e){}
         }
         buffer.append(c);
      }
      if(Thread.currentThread()==t2) {
         buffer.append(c);
         notifyAll();
      }
  }
  public static void main(String s[]) {
     E hello=new E();
     hello.t1.start();
     hello.t2.start();
     while(hello.t1.isAlive()||hello.t2.isAlive()){}
     System.out.println(hello.buffer);
  }
  public void run() {
     if(Thread.currentThread()==t1)
        addChar('A') ;
     if(Thread.currentThread()==t2)
        addChar('B') ;
  }
}
```

第 14 章 Java 网络编程

主要内容

- URL 类
- InetAdress 类
- 套接字
- UDP 数据报
- 广播数据报
- Java 远程调用（RMI）

难点

- 套接字
- Java 远程调用

在前面几章的学习中，我们已经学习了 Java 提供的许多实用类，如输入、输出流，操作数据库的 API 以及处理数据的集合框架等，本章将学习 Java 提供的专门直接用于网络编程的类。本章将讲解 URL、Socket、InetAddress 和 DatagramSocket 类在网络编程中的重要作用，以及远程调用的基础知识。

14.1 URL 类

URL 类是 java.net 包中的一个重要的类，URL 的实例封装着一个统一资源定位符（Uniform Resource Locator），使用 URL 创建对象的应用程序称作客户端程序。一个 URL 对象封装着一个具体的资源的引用，表明客户要访问这个 URL 中的资源，客户利用 URL 对象可以获取 URL 中的资源。一个 URL 对象通常包含最基本的 3 部分信息：协议、地址、资源。协议必须是 URL 对象所在的 Java 虚拟机支持的协议，许多协议并不为我们所常用，而常用的 HTTP、FTP、File 协议都是虚拟机支持的协议；地址必须是能连接的有效 IP 地址或域名；资源可以是主机上的任何一个文件。

14.1.1 URL 的构造方法

URL 类通常使用如下的构造方法创建一个 URL 对象：

```
public URL(String spec) throws MalformedURLException
```

该构造方法使用字符串初始化一个 URL 对象，例如：

```
try {  url=new URL("http://www.google.com");
}
catch(MalformedURLException e) {
   System.out.println ("Bad URL:"+url);
}
```

该 URL 对象中的协议是 HTTP，即用户按照这种协议和指定的服务器通信，该 URL 对象包含的地址是 www.google.com，所包含的资源是默认的资源（主页）。

另一个常用的构造方法是：

```
public URL(String protocol, String host,String file) throws MalformedURLException
```

该构造方法使用的协议、地址和资源分别由参数 protocol、host 和 file 指定。

14.1.2　读取 URL 中的资源

URL 对象调用 InputStream openStream()方法可以返回一个输入流，该输入流指向 URL 对象所包含的资源。通过该输入流可以将服务器上的资源信息读入到客户端。URL 对象调用

```
InputStream openStream()
```

方法可以返回一个输入流，该输入流指向 URL 对象所包含的资源。通过该输入流可以将服务器上的资源读入到客户端。

下面的例 14-1 中，用户在命令行窗口输入网址，读取服务器上的资源，由于网络速度或其他因素，URL 资源的读取可能会引起堵塞，因此，程序需在一个线程中读取 URL 资源，以免堵塞主线程。程序运行效果如图 14.1 所示。

```
<html xmlns="http://www.w3.org/1999/xhtml"
   <head>
   <title>Apache Tomcat</title>
   <style type="text/css">
   /*<![CDATA[*/
     body {
         color: #000000;
```

图 14.1　读取 URL 资源

例 14-1

Example14_1.java

```
import java.net.*;
import java.io.*;
import java.util.*;
public class Example14_1 {
  public static void main(String args[]) {
     Scanner scanner;
     URL url;
     Thread readURL;
     Look look = new Look();
     System.out.println("输入 URL 资源,例如:http://www.yahoo.com");
     scanner = new Scanner(System.in);
     String source = scanner.nextLine();
     try {   url = new URL(source);
           look.setURL(url);
           readURL = new Thread(look);
     }
     catch(Exception exp){
        System.out.println(exp);
     }
     readURL = new Thread(look);
     readURL.start();
  }
}
```

Look.java

```
import java.net.*;
import java.io.*;
public class Look implements Runnable {
   URL url;
   public void setURL(URL url) {
      this.url=url;
   }
   public void run() {
      try {
        InputStream in = url.openStream();
        byte [] b = new byte[1024];
        int n=-1;
        while((n=in.read(b))!=-1) {
           String str = new String(b,0,n);
           System.out.print(str);
        }
      }
      catch(IOException exp){}
   }
}
```

14.2 InetAdress 类

14.2.1 地址的表示

我们已经知道，Internet 上的主机有两种表示地址的方式。

1. 域名

例如，www.tsinghua.edu.cn

2. IP 地址

例如，202.108.35.210

java.net 包中的 InetAddress 类对象含有一个 Internet 主机地址的域名和 IP 地址：

www.sina.com.cn/202.108.35.210。

域名容易记忆，在连接网络时输入一个主机的域名后，域名服务器（DNS）负责将域名转化成 IP 地址，这样才能和主机建立连接。

14.2.2 获取地址

1. 获取 Internet 上主机的地址

可以使用 InetAddress 类的静态方法：

```
getByName(String s);
```

将一个域名或 IP 地址传递给该方法的参数 s，获得一个 InetAddress 对象，该对象含有主机地址的域名和 IP 地址，该对象用如下格式表示它包含的信息：

```
www.sina.com.cn/202.108.37.40
```

下面的例 14-2 分别获取域名是 www.sina.com.cn 的主机域名及 IP 地址，同时获取了 IP 地址是 166.111.222.3 的主机域名及 IP 地址。

例 14-2

Example14_2.java

```
import java.net.*;
public class Example14_2 {
   public static void main(String args[]) {
      try{  InetAddress address_1=InetAddress.getByName("www.sina.com.cn");
           System.out.println(address_1.toString());
           InetAddress address_2=InetAddress.getByName("166.111.222.3");
           System.out.println(address_2.toString());
      }
      catch(UnknownHostException e) {
           System.out.println("无法找到 www.sina.com.cn");
      }
   }
}
```

当运行上述程序时应保证程序所在计算机已经连接到 Internet 上，上述程序的运行结果：

```
www.sina.com.cn/202.108.37.40
maix.tup.tsinghua.edu.cn/166.111.222.3
```

另外，InetAddress 类中还有两个实例方法。

- public String getHostName() 获取 InetAddress 对象所含的域名。
- public String getHostAddress() 获取 InetAddress 对象所含的 IP 地址。

2. 获取本地机的地址

我们可以使用 InetAddress 类的静态方法 getLocalHost()获得一个 InetAddress 对象，该对象含有本地机的域名和 IP 地址。

14.3　套　接　字

14.3.1　套接字

网络通信使用 IP 地址标识 Internet 上的计算机，使用端口号标识服务器上的进程（程序）。也就是说，如果服务器上的一个程序不占用一个端口号，用户程序就无法找到它，就无法和该程序交互信息。端口号被规定为一个 16 位的 0～65535 之间的整数，其中，0～1023 被预先定义的服务通信占用（如 telnet 占用端口 23，http 占用端口 80 等），除非我们需要访问这些特定服务，否则，就应该使用 1024～65535 这些端口中的某一个进行通信，以免发生端口冲突。

当两个程序需要通信时，它们可以通过使用 Socket 类建立套接字对象并连接在一起（端口号与 IP 地址的组合得出一个网络套接字），本节将讲解怎样将客户端和服务器端的套接字对象连接在一起来交互信息。

熟悉生活中的一些常识知识对于学习、理解以下套接字的讲解是非常有帮助的，例如，有人让你去“中关村邮局”，你可能反问“我去做什么”，因为他没有告知你“端口”，你觉得不知处理何种业务。如果他说“中关村邮局，8 号窗口”，那么你到达地址“中关村邮局”，找到“8 号”窗口，就知道 8 号窗口处理特快专递业务，而且，必须有个先决条件，就是你到达“中关村邮局，8 号窗口”时，该窗口必须有一位业务员在等待客户，否则就无法建立交互业务。

14.3.2 客户端套接字

客户端的程序使用 Socket 类建立负责连接到服务器的套接字对象。

Socket 的构造方法是 Socket(String host,int port)，参数 host 是服务器的 IP 地址，port 是一个端口号。建立套接字对象可能发生 IOException 异常，因此应像下面那样建立连接到服务器的套接字对象：

```
try{  Socket mysocket=new Socket("http://192.168.0.78",2010);
}
catch(IOException e){}
```

当套接字对象 mysocket 建立后，mysocket 可以使用方法 getInputStream()获得一个输入流，这个输入流的源和服务器端的一个输出流的目的地刚好相同，因此客户端用输入流可以读取服务器写入到输出流中的数据；mysocket 使用方法 getOutputStream()获得一个输出流，这个输出流的目的地和服务器端的一个输入流的源刚好相同，因此服务器用输入流可以读取客户写入到输出流中的数据。

14.3.3 ServerSocket 对象与服务器端套接字

我们已经知道客户负责建立连接到服务器的套接字对象，即客户负责呼叫。为了能使客户成功地连接到服务器，服务器必须建立一个 ServerSocket 对象，该对象通过将客户端的套接字对象和服务器端的一个套接字对象连接起来，从而达到连接的目的。

ServerSocket 的构造方法是 ServerSocket(int port)，port 是一个端口号。port 必须和客户呼叫的端口号相同。当建立 ServerSocket 对象时可能发生 IOException 异常，因此应像下面那样建立 ServerSocket 对象：

```
try{  ServerSocket serverForClient = new ServerSocket(2010);
}
catch(IOException e){}
```

例如，2010 端口已被占用时，就会发生 IOException 异常。

当服务器的 ServerSocket 对象 serverForClient 建立后，就可以使用方法 accept()将客户的套接字和服务器端的套接字连接起来，代码如下所示：

```
try{  Socket sc = serverForClient.accept();
}
catch(IOException e){}
```

所谓“接收”客户的套接字连接是指服务器端的 ServerSocket 对象：serverForClient 调用 accept()方法会返回一个与客户端 Socket 对象相连接的 Socket 对象 sc。驻留在服务器端的这个 Socket 对象 sc 调用 getOutputStream()获得的输出流，将指向客户端 Socket 对象 mysocket 调用 getInputStream()获得的那个输入流，即服务器端的输出流的目的地和客户端输入流的源刚好相同；同样，服务器端的这个 Socket 对象 sc 调用 getInputStream()获得的输入流，将指向客户端 Socket 对象 mysocket 调用 getOutputStream()获得的那个输出流，即服务器端的输入流的源和客户端输出流的源刚好相同。因此，当服务器向输出流写入信息时，客户端通过相应的输入流就能读取，反之亦然，如图 14.2 所示。

图 14.2　套接字连接示意图

另外，需要注意的是，accept()方法也会堵塞线程的继续执行，直到接收到客户的呼叫。也就是说，如果没有客户呼叫服务器，那么下述代码中的 System.out.println("hello")；不会被执行：

```
try{   Socket sc=server_socket.accept();
     System.out.println("hello")
}
catch(IOException e){}
```

连接建立后，服务器端的套接字对象调用 getInetAddress()方法可以获取一个 InetAddess 对象，该对象含有客户端的 IP 地址和域名，同样，客户端的套接字对象调用 getInetAddress()方法可以获取一个 InetAddess 对象，该对象含有服务器端的 IP 地址和域名。

双方通信完毕后，套接字应使用 close()方法关闭套接字连接。

ServerSocket 对象可以调用 setSoTimeout(int timeout)方法设置超时值（单位是毫秒），timeout 是一个正值，当 ServerSocket 对象调用 accept 方法堵塞的时间一旦超过 timeout 时，将触发 SocketTimeoutException。

下面我们通过一个简单的例子说明上面讲的套接字连接。在例 14-3 中，客户端向服务器问了 3 句话，服务器都给出了一一的回答。首先将例 14-3 中服务器端的 Server.java 编译通过，并运行起来，等待客户的呼叫，然后运行客户端程序。客户端运行效果如图 14.3 所示，服务器端运行效果如图 14.4 所示。

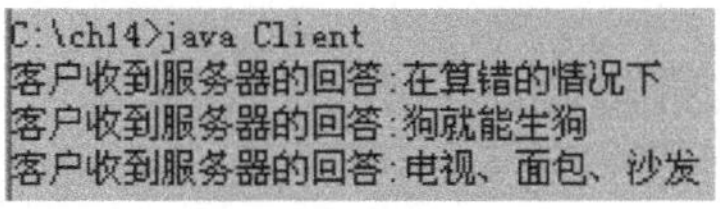

```
C:\ch14>java Client
客户收到服务器的回答:在算错的情况下
客户收到服务器的回答:狗就能生狗
客户收到服务器的回答:电视、面包、沙发
```

图 14.3　客户端

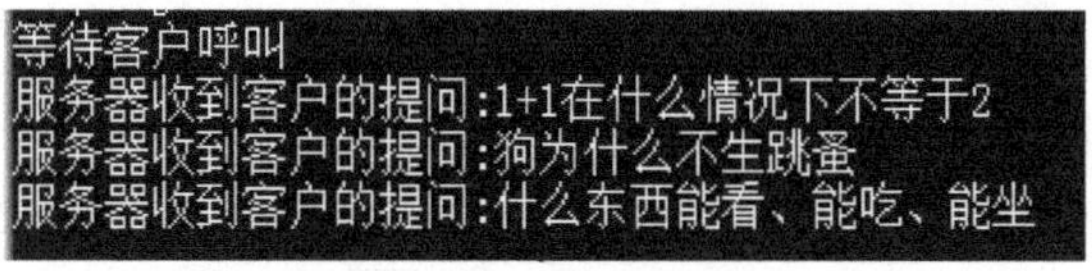

```
等待客户呼叫
服务器收到客户的提问:1+1在什么情况下不等于2
服务器收到客户的提问:狗为什么不生跳蚤
服务器收到客户的提问:什么东西能看、能吃、能坐
```

图 14.4　服务器端

例 14-3

1. 客户端

Client.java

```
import java.io.*;
import java.net.*;
```

```
public class Client {
  public static void main(String args[]) {
    String [] mess ={"1+1在什么情况下不等于2","狗为什么不生跳蚤","什么东西能看、能吃、能坐"};
    Socket mysocket;
    DataInputStream in=null;
    DataOutputStream out=null;
    try{  mysocket=new Socket("127.0.0.1",2010);
        in=new DataInputStream(mysocket.getInputStream());
        out=new DataOutputStream(mysocket.getOutputStream());
        for(int i=0;i<mess.length;i++) {
          out.writeUTF(mess[i]);
          String  s=in.readUTF();   //in 读取信息，堵塞状态
          System.out.println("客户收到服务器的回答:"+s);
          Thread.sleep(500);
        }
     }
     catch(Exception e) {
        System.out.println("服务器已断开"+e);
     }
  }
}
```

2. 服务器端

Server.java

```
import java.io.*;
import java.net.*;
public class Server {
  public static void main(String args[]) {
    String [] answer ={"在算错的情况下","狗就能生狗","电视、面包、沙发"};
    ServerSocket serverForClient=null;
    Socket socketOnServer=null;
    DataOutputStream out=null;
    DataInputStream  in=null;
    try {  serverForClient = new ServerSocket(2010);
    }
    catch(IOException e1) {
         System.out.println(e1);
    }
    try{  System.out.println("等待客户呼叫");
        socketOnServer = serverForClient.accept(); //堵塞状态，除非有客户呼叫
        out=new DataOutputStream(socketOnServer.getOutputStream());
        in=new DataInputStream(socketOnServer.getInputStream());
        for(int i=0;i<answer.length;i++) {
          String s=in.readUTF(); // in 读取信息，堵塞状态
          System.out.println("服务器收到客户的提问:"+s);
          out.writeUTF(answer[i]);
          Thread.sleep(500);
        }
    }
    catch(Exception e) {
       System.out.println("客户已断开"+e);
    }
  }
}
```

14.3.4 使用多线程技术

需要注意的是，从套接字连接中读取数据与从文件中读取数据有着很大的不同。尽管二者都是输入流，但从文件中读取数据时，所有的数据都已经在文件中了，而使用套接字连接时，可能在另一端数据发送出来之前，就已经开始试着读取了，这时就会堵塞本线程，直到该读取方法成功读取到信息，本线程才继续执行后续的操作。因此，服务器端收到一个客户的套接字后，就应该启动一个专门为该客户服务的线程，如图 14.5 所示。

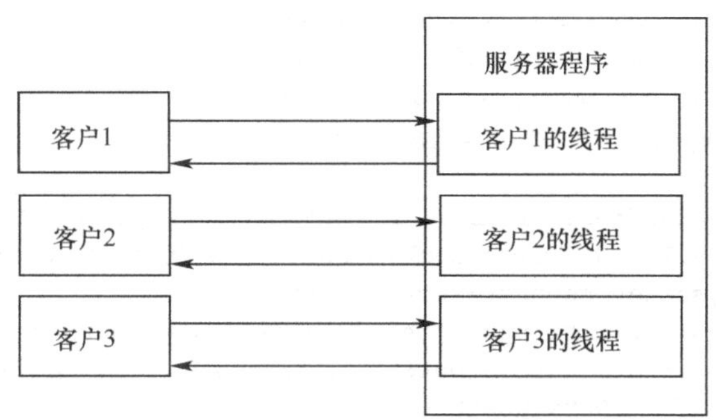

图 14.5　具有多线程的服务器端程序

可以使用 Socket 类的不带参数的构造方法 Socket()创建一个套接字对象，该对象再调用

```
public void connect(SocketAddress endpoint) throws IOException
```

请求和参数 SocketAddress 指定地址的服务器端的套接字建立连接。为了使用 connect()方法，可以使用 SocketAddress 的子类 InetSocketAddress 创建一个对象，InetSocketAddress 的构造方法是：

```
public InetSocketAddress(InetAddress addr, int port)
```

在下面的例 14-4 中，客户端输入圆的半径并发送给服务器，服务器把计算出的圆的面积返回给客户。因此可以将计算量大的工作放在服务器端，客户端负责计算量小的工作，实现客户端-服务器交互计算，来完成某项任务。首先将例 14-4 中服务器端的程序编译通过，并运行起来，等待客户的呼叫。客户端运行效果如图 14.6 所示，服务器端运行效果如图 14.7 所示。

```
C:\ch14>java Client
输入服务器的IP:127.0.0.1
输入端口号:2010
输入园的半径（放弃请输入N):100
圆的面积:31415.926535897932
输入园的半径（放弃请输入N):123
圆的面积:47529.15525615998
输入园的半径（放弃请输入N):
```

图 14.6　客户端

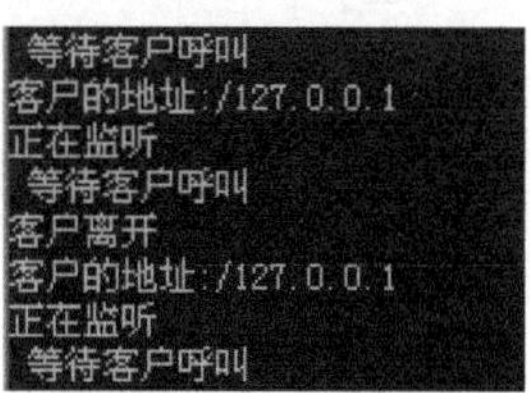

图 14.7　服务器端

例 14-4

1. 客户端

Client.java

```
import java.io.*;
import java.net.*;
import java.util.*;
public class Client  {
   public static void main(String args[]) {
```

```
        Scanner scanner = new Scanner(System.in);
        Socket mysocket=null;
        DataInputStream in=null;
        DataOutputStream out=null;
        Thread readData ;
        Read read=null;
        try{  mysocket=new Socket();
             read = new Read();
             readData = new Thread(read);
             System.out.print("输入服务器的 IP:");
             String IP = scanner.nextLine();
             System.out.print("输入端口号:");
             int port = scanner.nextInt();
             if(mysocket.isConnected()){}
             else{
               InetAddress  address=InetAddress.getByName(IP);
               InetSocketAddress socketAddress=new InetSocketAddress(address,port);
               mysocket.connect(socketAddress);
               in =new DataInputStream(mysocket.getInputStream());
               out = new DataOutputStream(mysocket.getOutputStream());
               read.setDataInputStream(in);
               readData.start();
             }
        }
        catch(Exception e) {
             System.out.println("服务器已断开"+e);
        }
        System.out.print("输入圆的半径(放弃请输入 N):");
        while(scanner.hasNext()) {
            double radius=0;
            try {
                radius = scanner.nextDouble();
            }
            catch(InputMismatchException exp){
               System.exit(0);
            }
            try {
                out.writeDouble(radius);
            }
            catch(Exception e) {}
        }
    }
}
```

Read.java

```
import java.io.*;
public class Read implements Runnable {
   DataInputStream in;
   public void setDataInputStream(DataInputStream in) {
      this.in = in;
   }
   public void run() {
      double result=0;
      while(true) {
        try{  result=in.readDouble();
              System.out.println("圆的面积:"+result);
```

```
            System.out.print("输入圆的半径(放弃请输入N):");
        }
        catch(IOException e) {
            System.out.println("与服务器已断开"+e);
            break;
        }
      }
    }
  }
```

2. 服务器端

Server.java

```
import java.io.*;
import java.net.*;
import java.util.*;
public class Server {
   public static void main(String args[]) {
      ServerSocket server=null;
      ServerThread thread;
      Socket you=null;
      while(true) {
        try{  server=new ServerSocket(2010);
        }
        catch(IOException e1) {
             System.out.println("正在监听"); //ServerSocket对象不能重复创建
        }
        try{  System.out.println(" 等待客户呼叫");
             you=server.accept();
             System.out.println("客户的地址:"+you.getInetAddress());
        }
        catch (IOException e) {
             System.out.println("正在等待客户");
        }
        if(you!=null) {
             new ServerThread(you).start(); //为每个客户启动一个专门的线程
        }
      }
   }
}
class ServerThread extends Thread {
   Socket socket;
   DataOutputStream out=null;
   DataInputStream  in=null;
   String s=null;
   ServerThread(Socket t) {
      socket=t;
      try {  out=new DataOutputStream(socket.getOutputStream());
             in=new DataInputStream(socket.getInputStream());
      }
      catch (IOException e){}
   }
   public void run() {
      while(true) {
         try{  double r=in.readDouble();//堵塞状态，除非读取到信息
```

```
                double area=Math.PI*r*r;
                out.writeDouble(area);
            }
            catch (IOException e) {
                System.out.println("客户离开");
                 return;
            }
        }
    }
}
```

本程序为了调试方便，在建立套接字连接时，使用的服务器地址是 127.0.0.1，如果服务器设置过有效的 IP 地址，就可以用有效的 IP 代替程序中的 127.0.0.1。读者可以在命令行窗口检查服务器是否具有有效的 IP 地址，例如：

```
ping 192.168.2.100
```

14.4　UDP 数据报

套接字是基于 TCP 的网络通信，即客户端程序和服务器端程序是有连接的，双方的信息是通过程序中的输入、输出流来交互的，使得接收方收到信息的顺序和发送方发送信息的顺序完全相同，就像生活中双方使用电话进行信息交互一样。

本节介绍 Java 中基于 UDP（用户数据报协议）的网络信息传输方式。基于 UDP 的通信和基于 TCP 的通信不同，基于 UDP 的信息传递更快，但不提供可靠性保证。也就是说，数据在传输时，用户无法知道数据能否正确到达目的地主机，也不能确定数据到达目的地的顺序是否和发送的顺序相同。可以把 UDP 通信比作生活中的邮递信件，我们不能肯定所发的信件就一定能够到达目的地，也不能肯定到达的顺序是发出时的顺序，可能因为某种原因导致后发出的先到达。既然 UDP 是一种不可靠的协议，为什么还要使用它呢？如果要求数据必须绝对准确地到达目的地，显然不能选择 UDP 来通信。但有时候人们需要较快速地传输信息，并能容忍小的错误，就可以考虑使用 UDP。

基于 UDP 通信的基本模式是：

- 将数据打包，称为数据包（好比将信件装入信封一样），然后将数据包发往目的地。
- 接收别人发来的数据包（好比接收信封一样），然后查看数据包中的内容。

14.4.1　发送数据包

（1）用 DatagramPacket 类将数据打包，即用 DatagramPacket 类创建一个对象，该称为数据包。用 DatagramPacket 的以下两个构造方法创建待发送的数据包：

```
DatagramPacket(byte data[],int length,InetAddtress address,int port):
```

使用该构造方法创建的数据包对象具有下列两个性质：

- 含有 data 数组指定的数据。
- 该数据包将发送到地址是 address，端口号是 port 的主机上。

我们称 address 是它的目标地址，port 是这个数据包的目标端口。

```
DatagramPack(byte data[],int offset,int length,InetAddtress address,int port)
```

使用该构造方法创建的数据包对象含有数组 data 中从 offset 开始后的 length 个字节，该数据包将发送到地址是 address，端口号是 port 的主机上。例如：

```
byte data[]="国庆 60 周年".getByte();
InetAddtress address=InetAddtress.getName("www.china.com.cn");
DatagramPacket data_pack=new DatagramPacket(data,data.length, address,2009);
```

用上述方法创建的用于发送的数据包 data_pack，如果调用方法 public int getPort()可以获取该数据包目标端口；调用方法 public InetAddress getAddres()可获取这个数据包的目标地址；调用方法 public byet[] getData()可以返回数据包中的字节数组。

（2）用 DatagramSocket 类的不带参数的构造方法 DatagramSocket()创建一个对象，该对象负责发送数据包。例如：

```
DatagramSocket  mail_out=new DatagramSocket();
mail_out.send(data_pack);
```

14.4.2　接收数据包

首先用 DatagramSocket 的另一个构造方法 DatagramSocket(int port) 创建一个对象，其中的参数必须和待接收的数据包的端口号相同。例如，如果发送方发送的数据包的端口是 5666，那么创建 DatagramSocket 对象：

```
DatagramSocket mail_in=new DatagramSocket(5666);
```

然后对象 mail_in 使用方法 receive（DatagramPacket pack）接收数据包。该方法有一个数据包参数 pack，方法 receive 把收到的数据包传递给该参数。因此我们必须预备一个数据包以便收取数据包。这时需使用 DatagramPack 类的另外一个构造方法 DatagramPack（byte data[],int length）创建一个数据包，用于接收数据包，例如：

```
byte data[]=new byte[100];
int length=90;
DatagramPacket pack=new DatagramPacket(data,length);
mail_in.receive(pack);
```

该数据包 pack 将接收长度是 length 字节的数据放入 data。

① receive 方法可能会堵塞，直到收到数据包。

② 如果 pack 调用方法 getPort()可以获取所收数据包是从远程主机上的哪个端口发出的，即可以获取包的始发端口号；调用方法 getLength()可以获取收到的数据的字节长度；调用方法 InetAddress getAddres()可获取这个数据包来自哪个主机，即可以获取包的始发地址。我们称主机发出数据包使用的端口号为该包的始发端口号，发送数据包的主机地址称为数据包的始发地址。

③ 数据包数据的长度不要超过 8192kB。

在下面的例 14-5 中，张三和李四使用用户数据报（可用本地机模拟）互相发送和接收数据包，程序运行时“张三”所在主机在命令行输入数据发送给“李四”所在主机，将接收到的数据显示在命令行的右侧（效果见图 14.8）；同样，“李四”所在主机在命令行输入数据发送给“张三”所在主机，将接收到的数据显示在命令行的右侧（效果见图 14.9）。

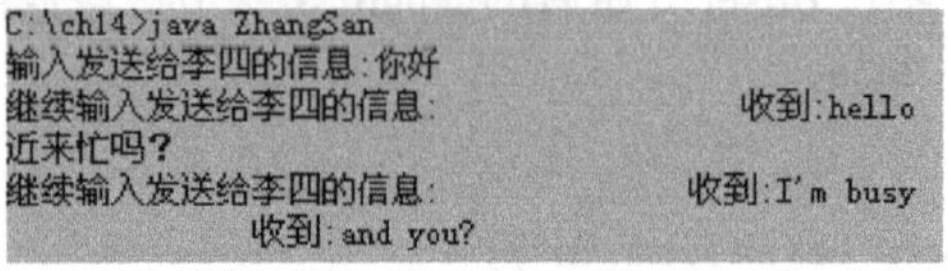

```
C:\ch14>java ZhangSan
输入发送给李四的信息:你好
继续输入发送给李四的信息:                    收到:hello
近来忙吗?
继续输入发送给李四的信息:                    收到:I'm busy
              收到:and you?
```

图 14.8 “张三”主机

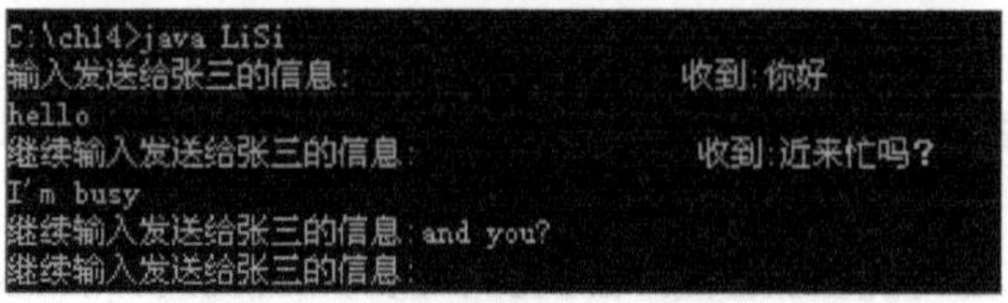

```
C:\ch14>java LiSi
输入发送给张三的信息:                        收到:你好
hello
继续输入发送给张三的信息:                    收到:近来忙吗?
I'm busy
继续输入发送给张三的信息:and you?
继续输入发送给张三的信息:
```

图 14.9 “李四”主机

例 14-5

1. “张三”主机

ZhanSan.java

```
import java.net.*;
import java.util.*;
public class ZhangSan  {
  public static void main(String args[]) {
    Scanner scanner = new Scanner(System.in);
    Thread readData ;
    ReceiveLetterForZhang receiver = new ReceiveLetterForZhang();
    try{  readData = new Thread(receiver);
        readData.start();           //负责接收信息的线程
        byte [] buffer=new byte[1];
        InetAddress address=InetAddress.getByName("127.0.0.1");
        DatagramPacket dataPack=
        new DatagramPacket(buffer,buffer.length, address,666);
        DatagramSocket postman=new DatagramSocket();
        System.out.print("输入发送给李四的信息:");
        while(scanner.hasNext()) {
           String mess = scanner.nextLine();
           buffer=mess.getBytes();
           if(mess.length()==0)
              System.exit(0);
           buffer=mess.getBytes();
           dataPack.setData(buffer);
           postman.send(dataPack);
           System.out.print("继续输入发送给李四的信息:");
        }
     }
     catch(Exception e) {
        System.out.println(e);
     }
  }
}
```

ReceiveLetterForZhang.java

```
import java.net.*;
public class ReceiveLetterForZhang implements Runnable {
  public void run() {
    DatagramPacket pack=null;
    DatagramSocket postman=null;
    byte data[]=new byte[8192];
    try{  pack=new DatagramPacket(data,data.length);
        postman = new DatagramSocket(888);
    }
    catch(Exception e){}
    while(true)  {
```

```
        if(postman==null) break;
        else
          try{ postman.receive(pack);
              String message=new String(pack.getData(),0,pack.getLength());
              System.out.printf("%25s\n","收到:"+message);
          }
          catch(Exception e){}
      }
    }
}
```

2. “李四”主机

LiSi.java

```
import java.net.*;
import java.util.*;
public class LiSi  {
   public static void main(String args[]) {
      Scanner scanner = new Scanner(System.in);
      Thread readData ;
      ReceiveLetterForLi receiver = new ReceiveLetterForLi();
      try{  readData = new Thread(receiver);
            readData.start();           //负责接收信息的线程
            byte [] buffer=new byte[1];
            InetAddress address=InetAddress.getByName("127.0.0.1");
            DatagramPacket dataPack=
            new DatagramPacket(buffer,buffer.length, address,888);
            DatagramSocket postman=new DatagramSocket();
            System.out.print("输入发送给张三的信息:");
            while(scanner.hasNext()) {
                String mess = scanner.nextLine();
                buffer=mess.getBytes();
                if(mess.length()==0)
                   System.exit(0);
                buffer=mess.getBytes();
                dataPack.setData(buffer);
                postman.send(dataPack);
                System.out.print("继续输入发送给张三的信息:");
            }
       }
       catch(Exception e) {
            System.out.println(e);
       }
   }
}
```

ReceiveLetterForLi.java

```
import java.net.*;
public class ReceiveLetterForLi implements Runnable {
   public void run() {
      DatagramPacket pack=null;
      DatagramSocket postman=null;
      byte data[]=new byte[8192];
      try{  pack=new DatagramPacket(data,data.length);
            postman = new DatagramSocket(666);
      }
      catch(Exception e){}
```

```
            while(true) {
              if(postman==null) break;
              else
                try{ postman.receive(pack);
                     String message=new String(pack.getData(),0,pack.getLength());
                     System.out.printf("%25s\n","收到:"+message);
                }
                catch(Exception e){}
            }
         }
      }
```

14.5 广播数据报

我们很多人都曾使用过收音机，也熟悉广播电台的一些基本术语，例如，当一个电台在某个波段和频率上进行广播时，接收者将收音机调到指定的波段、频率上就可以听到广播的内容。

计算机使用 IP 地址和端口来区分其位置和进程，但有一类地址非常特殊，称作 D 类地址，D 类地址不是用来代表位置的，即在网络上不能使用 D 类地址去查找计算机。那么，什么是 D 类地址呢？D 类地址在网络中的作用是怎样的呢？通俗地讲，D 类地址好像生活中的社团组织，不同地理位置的人可以加入相同的组织，继而可以享有组织内部的通信权利。以下就介绍 D 类地址以及相关的知识点。

我们知道，Internet 的地址是 a.b.c.d 的形式。该地址的一部分代表用户自己的主机，而另一部分代表用户所在的网络。当 a 小于 128，那么 b.c.d 就用来表示主机，这类地址称做 A 类地址。如果 a 大于等于 128 并且小于 192，则 a.b 表示网络地址，而 c.d 表示主机地址，这类地址称做 B 类地址。如果 a 大于等于 192，则网络地址是 a.b.c，d 表示主机地址，这类地址称做 C 类地址。224.0.0.0～224.255.255.255 是保留地址，称作 D 类地址。

要广播或接收广播的主机都必须加入到同一个 D 类地址。一个 D 类地址也称做一个组播地址，D 类地址并不代表某个特定主机的位置，一个具有 A、B 或 C 类地址的主机要广播数据或接收广播，都必须加入到同一个 D 类地址。

在下面的例 14-6 中，一个主机不断地重复广播放假通知（见图 14.10），加入到同一组的主机都可以随时接收广播的信息（见图 14.11）。在调试例 14-6 时，必须保证进行广播的 BroadCast.java 所在的机器具有有效的 IP 地址。可以在命令行窗口检查您的机器是否具有有效的 IP 地址，例如：

```
ping 192.168.2.100
```

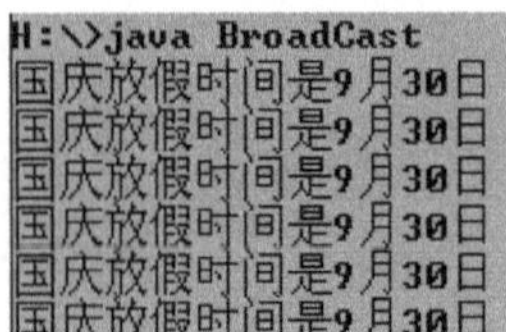

图 14.10　广播端

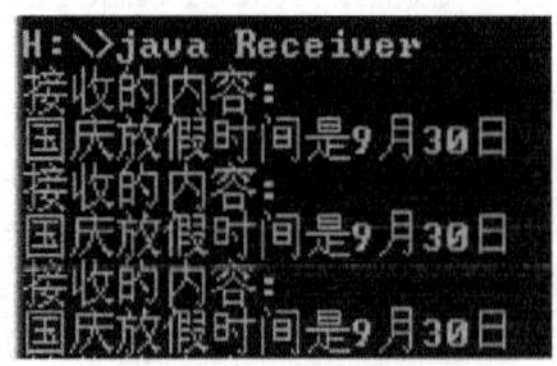

图 14.11 接收端

例 14-6

1. 广播端

BroadCast.java

```
import java.net.*;
public class BroadCast {
String s="国庆放假时间是 9 月 30 日";
int port=5858;                              //组播的端口
InetAddress group=null;                     //组播组的地址
MulticastSocket socket=null;                //多点广播套接字
BroadCast() {
    try {
      group=InetAddress.getByName("239.255.8.0");//设置广播组的地址为 239.255.8.0
      socket=new MulticastSocket(port);           //多点广播套接字将在 port 端口广播
      socket.setTimeToLive(1); //多点广播套接字发送数据报范围为本地网络
      socket.joinGroup(group); //加入 group 后,socket 发送的数据报被 group 中的成员接收到
    }
    catch(Exception e) {
      System.out.println("Error: "+ e);
    }
  }
  public void play() {
    while(true) {
      try{ DatagramPacket packet=null;             //待广播的数据包
            byte data[]=s.getBytes();
            packet=new DatagramPacket(data,data.length,group,port);
            System.out.println(new String(data));
            socket.send(packet);                   //广播数据包
            Thread.sleep(2000);
      }
      catch(Exception e) {
            System.out.println("Error: "+ e);
      }
    }
  }
  public static void main(String args[]) {
    new BroadCast().play();
  }
}
```

2. 接收端

Receiver.java

```
import java.net.*;
import java.util.*;
public class Receiver {
  public static void main(String args[]) {
    int port = 5858;                              //组播的端口
    InetAddress group=null;                       //组播组的地址
    MulticastSocket socket=null;                  //多点广播套接字
    try{
       group=InetAddress.getByName("239.255.8.0");//设置广播组的地址为 239.255.8.0
       socket=new MulticastSocket(port);           //多点广播套接字将在 port 端口广播
```

```
            socket.joinGroup(group); //加入 group
        }
        catch(Exception e){}
        while(true) {
           byte data[]=new byte[8192];
           DatagramPacket packet=null;
           packet=new DatagramPacket(data,data.length,group,port); //待接收的数据包
           try {  socket.receive(packet);
                  String message=new String(packet.getData(),0,packet.getLength());
                  System.out.println("接收的内容:\n"+message);
           }
           catch(Exception e) {}
        }
     }
  }
```

14.6　Java 远程调用

Java 远程调用（Remote Method Invocation，RMI）是一种分布式技术，使用 RMI 可以让一个虚拟机上的应用程序请求调用位于网络上另一处的虚拟机上的对象方法。习惯上称发出调用请求的虚拟机为（本地）客户机，称接受并执行请求的虚拟机为（远程）服务器。

14.6.1　远程对象及其代理

1. 远程对象

驻留在（远程）服务器上的对象是客户要请求的对象，称作远程对象，即客户程序请求远程对象调用方法，然后远程对象调用方法并返回必要的结果。

2. 代理与存根（Stub）

RMI 不希望客户应用程序直接与远程对象打交道，而是让用户程序和远程对象的代理打交道。代理的特点是：它与远程对象实现了相同的接口，也就是说它与远程对象向用户公开了相同的方法，当用户请求代理调用这样的方法时，如果代理确认远程对象能调用相同的方法时，就把实际的方法调用委派给远程对象。

RMI 会帮助我们生成一个存根（Stub）：一种特殊的字节码，并让这个存根产生的对象作为远程对象的代理。代理需要驻留在客户端，也就是说，需要把 RMI 生成的存根（Stub）复制或下载到客户端。因此，在 RMI 中，用户实际上是在和远程对象的代理直接打交道，但用户并没有感觉到他在和一个代理打交道，而是觉得自己就是在和远程对象直接打交道。例如，用户想请求远程对象调用某个方法，只需向远程代理发出同样的请求即可，如图 14.12 所示。

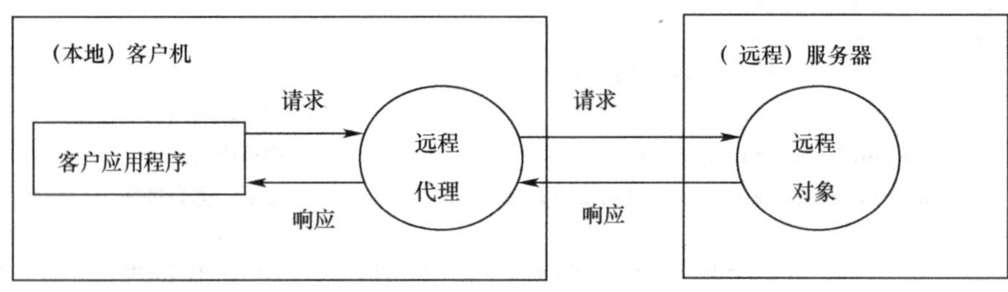

图 14.12　远程代理与远程对象

3. Remote 接口

RMI 为了标识一个对象是远程对象，即可以被客户请求的对象，要求远程对象必须实现 java.rmi 包中的 Remote 接口，也就是说只有实现该接口的类的实例才被 RMI 认为是一个远程对象。Remote 接口中没有方法，该接口仅仅起到一个标识作用，因此，必须扩展 Remote 接口，以便规定远程对象的哪些方法是客户可以请求的方法，用户程序不必编写和远程代理的有关代码，只需知道远程代理和远程对象实现了相同的接口。

14.6.2 RMI 的设计细节

为了叙述的方便，我们假设本地客户机存放有关类的目录是 D:\Client；远程服务器的 IP 是 127.0.0.1，存放有关类的目录是 D:\Server。

1. 扩展 Remote 接口

定义一个接口，是 java.rmi 包中 Remote 的子接口，即扩展 Remote 接口。

以下是我们定义的 Remote 的子接口 RemoteSubject。RemoteSubject 子接口中定义了计算面积的方法，即要求远程对象为用户计算某种几何图形的面积。RemoteSubject 的代码如下：

RemoteSubject.java

```
import java.rmi.*;
public interface RemoteSubject extends Remote {
  public void setHeight(double height) throws RemoteException;
  public void setWidth(double width) throws RemoteException;
  public double getArea() throws RemoteException;
}
```

该接口需要保存在前面约定的远程服务器的 D:\Server 目录中，并编译它生成相应的.class 字节码文件。由于客户端的远程代理也需要该接口，因此需要将生成的字节码文件 RmoteSubject.class 复制到前面约定的客户机的 D:\Client 目录中（在实际项目设计中，可以提供 Web 服务让用户下载该接口的.class 文件）。

2. 远程对象

创建远程对象的类必须要实现 Remote 接口，RMI 使用 Remote 接口来标识远程对象，但是 Remote 中没有方法，因此创建远程对象的类需要实现 Remote 接口的一个子接口。另外，RMI 为了让一个对象成为远程对象还需要进行一些必要的初始化工作，因此，在编写创建远程对象的类时，可以简单地使该类是 RMI 提供的 java.rmi.server 包中的 UnicastRemoteObject 类的子类即可。

以下是我们定义的创建远程对象的类 RemoteConcreteSubject，该类实现了上述 RemoteSubject 接口（见本节中的 RemoteSubject 接口），所创建的远程对象可以计算矩形的面积，RemoteConcreteSubject 的代码如下：

RemoteConcreteSubject.java

```
import java.rmi.*;
import java.rmi.server.UnicastRemoteObject;
public class RemoteConcreteSubject extends UnicastRemoteObject implements Remo teSubject{
    double width,height;
    public RemoteConcreteSubject() throws RemoteException {
    }
    public void setWidth(double width) throws RemoteException{
        this.width=width;
```

```
        }
        public void setHeight(double height) throws RemoteException{
            this.height=height;
        }
        public double getArea() throws RemoteException {
            return width*height;
        }
    }
```

将 RemoteConcreteSubject.java 保存到前面约定的远程服务器的 D:\Server 目录中，并编译它生成相应的.class 字节码文件。

3. 存根（Stub）与代理

RMI 负责产生存根（Stub Object），如果创建远程对象的字节码是 RemoteConcreteSubject.class，那么存根（Stub）的字节码是 RemoteConcreteSubject_Stub.class，即后缀为“_Stub”。

RMI 使用 rmic 命令生成存根：RemoteConcreteSubject_Stub.class。首先进入 D:\Server 目录，然后执行如下 rmic 命令：

```
rmic  RemoteConcreteSubject
```

如图 14.13 所示。

```
D:\server>rmic RemoteConcreteSubject
```

图 14.13　使用 rmic 生成 Stub

执行过 rmic 命令将产生存根：RemoteConcreteSubject_Stub.class（在 D:\Server 中）。

客户端需要使用存根（Stub）来创建一个对象，即远程代理（见前面的图 14.12），因此需要将 RemoteConcreteSubject_Stub.class 复制到前面约定的客户机的 D:\Client 目录中（在实际项目设计中，可以提供 Web 服务让用户下载该 class 文件）。

4. 启动注册：rmiregistry

在远程服务器创建远程对象之前，RMI 要求远程服务器必须首先启动注册 rmiregistry，只有启动了 rmiregistry，远程服务器才可以创建远程对象，并将该对象注册到 rmiregistry 所管理的注册表中。

在远程服务器开启一个终端，如在 MS-DOS 命令行窗口进入 D:\Server 目录，然后执行 rimregistry 命令：

```
rmiregistry
```

启动注册，如图 14.14 所示。也可以后台启动注册：

```
start rmiregistry
```

```
D:\server>rmiregistry
```

图 14.14　启动注册

5．启动远程对象服务

远程服务器启动注册 rmiregistry 后，远程服务器就可以启动远程对象服务了，即编写程序来创建和注册远程对象，并运行该程序。

远程服务器使用 java.rmi 包中的 Naming 类调用其类方法：

```
rebind(String name, Remote obj)
```

绑定一个远程对象到 rmiregistry 所管理的注册表中，该方法的 name 参数是 URL 格式，obj 参数是远程对象，将来客户端的代理会通过 name 找到远程对象 obj。

以下是我们编写的远程服务器上的应用程序：BindRemoteObject，运行该程序就启动了远程对象服务，即该应用程序可以让用户访问它注册的远程对象。

BindRemoteObject.java

```
import java.rmi.*;
public class BindRemoteObject {
  public static void main(String args[]) {
    try{
      RemoteConcreteSubject  remoteObject=new RemoteConcreteSubject();
      Naming.rebind("rmi://127.0.0.1/rect",remoteObject);
      System.out.println("be ready for client server...");
    }
    catch(Exception exp){
      System.out.println(exp);
    }
  }
}
```

将 BindRemoteObject.java 保存到前面约定的远程服务器的 D:\Server 目录中，并编译它生成相应的 BindRemoteObject.class 字节码文件，然后运行 BindRemoteObject，效果如图 14.15 所示。

```
D:\server>java BindRemoteObject
be ready for client server...
```

图 14.15　启动远程对象服务

6. 运行客户端程序

远程服务器启动远程对象服务后，客户端就可以运行有关程序，访问使用远程对象。

客户端使用 java.rmi 包中的 Naming 类调用其类方法：

```
lookup(String name)
```

返回一个远程对象的代理，即使用存根（Stub）产生一个和远程对象具有同样接口的对象。Lookup(String name)方法中的 name 参数的取值必须是远程对象注册的 name，如"rmi://127.0.0.1/rect"。

客户程序可以像使用远程对象一样来使用 lookup(String name)方法返回的远程代理。例如，下面的客户应用程序 ClientApplication 中的

```
Naming.lookup("rmi://127.0.0.1/rect");
```

返回一个实现了 RemoteSubject 接口的远程代理（见本节中的 RemoteSubject 接口）。

ClientApplication 使用远程代理计算了矩形的面积。将 ClientApplication.java 保存到前面约定的客户机的 D:\Client 目录中，然后编译、运行该程序。程序的运行效果如图 14.16 所示。

```
D:\client>java ClientApplication
面积:68112.0
```

图 14.16　运行客户端程序

ClientApplication.java

```
import java.rmi.*;
public class ClientApplication{
  public static void main(String args[]){
    try{
      Remote  remoteObject=Naming.lookup("rmi://127.0.0.1/rect");
      RemoteSubject remoteSubject=(RemoteSubject)remoteObject;
      remoteSubject.setWidth(129);
      remoteSubject.setHeight(528);
      double area=remoteSubject.getArea();
      System.out.println("面积:"+area);
    }
    catch(Exception exp){
      System.out.println(exp.toString());
    }
  }
}
```

14.7 上机实践

1. 实验题目与目的

本试验的题目是“与服务器玩猜数游戏“，目的是学会使用套接字与服务器端交互信息。

2. 实验要求

客户端和服务器建立套接字连接后，服务器向客户发送一个 1 至 100 之间的随机数，用户将自己的猜测发送给服务器，服务器向用户发送有关信息“猜大了”、“猜小了”或“猜对了”。客户端程序运行参考效果如图 14.17 所示，服务器端程序运行参考效果如图 14.18 所示。

```
输入服务器的IP:127.0.0.1
输入端口号:4331
给你一个1至100之间的随机数,请猜它是多少呀!
好的，我输入猜测:50
猜大了
好的，我输入猜测:25
猜小了
好的，我输入猜测:35
```

图 14.17　客户端

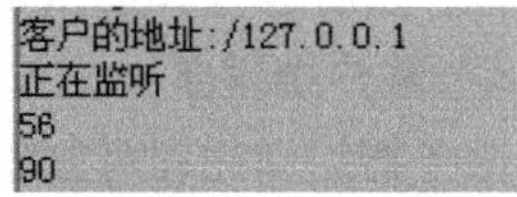

图 14.18　服务器端

3. 程序模板

请按模板要求，将【代码】替换为 Java 程序代码。

客户端模板：ClientGuess.java

```
import java.io.*;
import java.net.*;
import java.util.*;
public class ClientGuess  {
   public static void main(String args[]) {
      Scanner scanner = new Scanner(System.in);
      Socket mysocket=null;
      DataInputStream inData=null;
      DataOutputStream outData=null;
      Thread thread ;
      ReadNumber readNumber=null;
      try{  mysocket=new Socket();
            readNumber = new ReadNumber();
            thread = new Thread(readNumber);   //负责读取信息的线程
            System.out.print("输入服务器的 IP:");
            String IP = scanner.nextLine();
            System.out.print("输入端口号:");
            int port = scanner.nextInt();
            if(mysocket.isConnected()){}
            else{
              InetAddress  address=InetAddress.getByName(IP);
              InetSocketAddress socketAddress=new InetSocketAddress(address,port);
              mysocket.connect(socketAddress);
              InputStream in=【代码 1】  //mysocket 调用 getInputStream()返回输入流
              OutputStream out=【代码 2】//mysocket 调用 getOutputStream()返回输出流
```

```
            inData =new DataInputStream(in);
            outData = new DataOutputStream(out);
            readNumber.setDataInputStream(inData);
            readNumber.setDataOutputStream(outData);
            thread.start();  //启动负责读取随机数的线程
          }
       }
       catch(Exception e) {
           System.out.println("服务器已断开"+e);
       }
    }
 }
 class ReadNumber implements Runnable {
    Scanner scanner = new Scanner(System.in);
    DataInputStream in;
    DataOutputStream out;
    public void setDataInputStream(DataInputStream in) {
       this.in = in;
    }
    public void setDataOutputStream(DataOutputStream out) {
       this.out = out;
    }
    public void run() {
       try {
          out.writeUTF("Y");
          while(true) {
              String str = in.readUTF();
              System.out.println(str);
              if(!str.startsWith("询问")) {
                 if(str.startsWith("猜对了"))
                     continue;
                 System.out.print("好的，我输入猜测:");
                 int myGuess = scanner.nextInt();
                 String enter = scanner.nextLine(); //消耗多余的换行
                 out.writeInt(myGuess);
              }
              else {
                System.out.print("好的，我输入 Y 或 N:");
                String myAnswer = scanner.nextLine();
                out.writeUTF(myAnswer);
              }
          }
      }
      catch(Exception e) {
          System.out.println("与服务器已断开"+e);
          return;
      }
    }
 }
```

服务器端模板：ServerNumber.java

```
import java.io.*;
import java.net.*;
import java.util.*;
```

```
public class ServerNumber {
   public static void main(String args[]) {
      ServerSocket server=null;
      ServerThread thread;
      Socket you=null;
      while(true) {
          try{  server= 【代码 3】//创建在端口 4331 上负责监听的 ServerSocket 对象
          }
          catch(IOException e1) {
             System.out.println("正在监听");
          }
          try{  you=  【代码 4】 // server 调用 accept()返回和客户端相连接的 Socket 对象
                System.out.println("客户的地址:"+you.getInetAddress());
          }
          catch (IOException e) {
                System.out.println("正在等待客户");
          }
          if(you!=null) {
                new ServerThread(you).start();
          }
      }
   }
}
class ServerThread extends Thread {
   Socket socket;
   DataInputStream in=null;
   DataOutputStream out=null;
   ServerThread(Socket t) {
      socket=t;
      try  { out=new DataOutputStream(socket.getOutputStream());
             in=new DataInputStream(socket.getInputStream());
      }
      catch (IOException e) {}
   }
   public void run() {
      try{
           while(true) {
              String str = in.readUTF();
              boolean boo =str.startsWith("Y")||str.startsWith("y");
              if(boo) {
                 out.writeUTF("给你一个 1 至 100 之间的随机数,请猜它是多少呀!");
                 Random random=new Random();
                 int realNumber = random.nextInt(100)+1;
                 handleClientGuess(realNumber);
                 out.writeUTF("询问:想继续玩输入 Y, 否则输入 N:");
              }
              else {
                 return;
              }
           }
      }
      catch(Exception exp){}
   }
   public void handleClientGuess(int realNumber){
```

```
            while(true) {
              try{  int clientGuess = in.readInt();
                    System.out.println(clientGuess);
                    if(clientGuess>realNumber)
                       out.writeUTF("猜大了");
                    else if(clientGuess<realNumber)
                       out.writeUTF("猜小了");
                    else if(clientGuess==realNumber) {
                       out.writeUTF("猜对了！");
                       break;
                    }
              }
              catch (IOException e) {
                    System.out.println("客户离开");
                    return;
              }
            }
        }
    }
```

4. 实验指导

套接字连接中涉及输入流和输出流操作，客户或服务器读取数据可能会引起堵塞，我们应把读取数据放在一个单独的线程中去进行。另外，服务器端收到一个客户的套接字后，就应该启动一个专门为该客户服务的线程。另外，服务器经常需要根据用户提供不同的信息做出不同的选择，为此，服务器经常需要使用判断语句分析所读入的信息。

5. 实验后的练习

改进服务器端程序，能向客户发送用户所猜测的次数。

习 题 14

1. URL 对象调用哪个方法可以返回一个指向该 URL 对象所包含的资源的输入流？
2. 什么叫 Socket？怎样建立 Socket 连接？
3. ServerSocket 对象调用 accept()方法返回一个什么类型的对象？
4. InetAddress 对象使用怎样的格式来表示自己封装的地址信息？
5. 参照例 14-4，使用套接字连接编写网络程序，客户输入三角形的三边并发送给服务器，服务器把计算出的三角形的面积返回给客户。
6. 参照 14.6 节中的示例代码，使用 RMI 技术让客户调用远程对象读取服务器上的一个文本文件。

第 15 章 图形用户界面设计

主要内容

- Java Swing 概述
- 窗口
- 常用组件与布局
- 处理事件
- 使用 MVC 结构
- 对话框
- 发布 GUI 程序

难点

- 处理事件

尽管和 Java 相关的许多技术并不直接涉及本章的内容，但是基于 Java Swing 的图形用户编程也是 Java 中很重要的一部分内容，Java Swing 不仅为桌面程序设计提供了强大的支持，而且 Java Swing 中的许多设计思想对于掌握面向对象编程是非常有意义的。实际上 Java Swing 是 Java 中很庞大的一个分支，内容相当的丰富，这里我们只能选择几个有代表性的 Swing 组件给予简单介绍。在学习 Java Swing 编程时，经常查看类库是一个很好的习惯，例如，本章在讲解某个组件时，只是给出了其最基本的常用方法，剩余的大量方法可以查看 Java 提供的类库帮助文档，在本书的第 1 章曾建议下载 Java 类库帮助文档，如 jdk-8u25-docs-all。

15.1 Java Swing 概述

通过图形用户界面（Graphics User Interface，GUI），用户和程序之间可以方便地进行交互。Java 的 java.awt 包，即 Java 抽象窗口工具包（Abstract Window Toolkit，AWT）提供了许多用来设计 GUI 的组件类。Java 早期进行用户界面设计时，主要使用 java.awt 包提供的类，如 Button（按钮）、TextField（文本框）、List（列表）等。JDK1.2 推出之后，增加了一个新的 javax.swing 包，该包提供了功能更为强大的用来设计 GUI 的类。java.awt 和 javax.swing 包中一部分类的层次关系的 UML 类图如图 15.1 所示。

在学习 GUI 编程时，必须很好地理解掌握两个概念：容器类（Container）和组件类（Component）。javax.swing 包中的 JComponent 类是 java.awt 包中 Container 类的一个直接子类，是 Component 类的一个间接子类，学习 GUI 编程主要是学习掌握使用 Component 类的一些重要子类。以下是 GUI

编程经常提到的基本知识点。

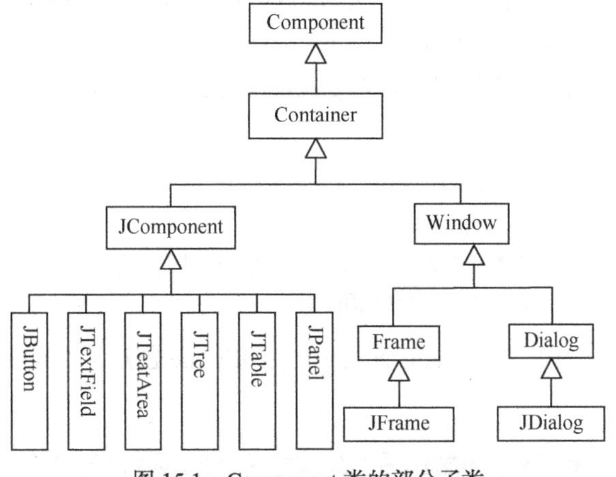

图 15.1　Component 类的部分子类

- Java 把 Component 类的子类或间接子类创建的对象称为一个组件。
- Java 把 Container 的子类或间接子类创建的对象称为一个容器。
- 可以向容器添加组件。Container 类提供了一个 public 方法：add()，一个容器可以调用这个方法将组件添加到该容器中。
- 容器调用 removeAll()方法可以移掉容器中的全部组件；调用 remove(Component c)方法可以移掉容器中参数 c 指定的组件。
- 注意到容器本身也是一个组件，因此可以把一个容器添加到另一个容器中实现容器的嵌套。

15.2　窗　　口

一个基于 GUI 的应用程序应当提供一个能和操作系统直接交互的容器，该容器可以被直接显示、绘制在操作系统所控制的平台上，如显示器上，这样的容器被称做 GUI 设计中的底层容器。

Java 提供的 JFrame 类的实例就是一个底层容器（JDialog 类的实例也是一个底层容器，见 15.6 节），即通常所称的窗口。其他组件必须被添加到底层容器中，以便借助这个底层容器和操作系统进行信息交互。简单地讲，如果应用程序需要一个按钮，并希望用户和按钮交互，即用户单击按钮使程序做出某种相应的操作，那么这个按钮必须出现在底层容器中，否则用户无法看见按钮，更无法让用户和按钮交互。

JFrame 类是 Container 类的间接子类。当需要一个窗口时，可使用 JFrame 或其子类创建一个对象。窗口也是一个容器，可以向窗口添加组件。需要注意的是，窗口默认地被系统添加到显示器屏幕上，因此不允许将一个窗口添加到另一个容器中。

15.2.1　JFrame 常用方法

- JFrame() 创建一个无标题的窗口。
- JFrame（String s）创建标题为 s 的窗口。

- public void setVisible（boolean b）设置窗口是否可见，窗口默认是不可见的。
- public void dispose() 撤销当前窗口，并释放当前窗口所使用的资源。
- public void setDefaultCloseOperation（int operation）该方法用来设置单击窗体右上角的关闭图标后，程序会做出怎样的处理。其中的参数 operation 取 JFrame 类中的下列 int 型 static 常量，程序根据参数 operation 取值做出不同的处理：

```
DO_NOTHING_ON_CLOSE    什么也不做。
HIDE_ON_CLOSE          隐藏当前窗口。
DISPOSE_ON_CLOSE       隐藏当前窗口，并释放窗体占有的其他资源。
EXIT_ON_CLOSE          结束窗口所在的应用程序。
```

在下面的例 15-1 中，在主类的 main 方法中，用 JFrame 创建了 2 个窗口，程序运行效果如图 15.2 所示。

图 15.2　创建窗口

例 15-1

Example15_1.java

```
import javax.swing.*;
import static javax.swing.JFrame.*; //引入 JFrame 的静态常量
public class Example15_1 {
   public static void main(String args[]) {
      JFrame window1=new JFrame("撤销窗口");
      JFrame window2=new JFrame("退出程序");
      window1.setBounds(60,100,188,108);
      window2.setBounds(260,100,188,108);
      window1.setVisible(true);
      window1.setDefaultCloseOperation(DISPOSE_ON_CLOSE);
      window2.setVisible(true);
      window2.setDefaultCloseOperation(EXIT_ON_CLOSE);
   }
}
```

注意　请读者注意单击“撤销窗口”和“退出程序”窗口右上角的关闭图标后，程序运行效果的不同。

15.2.2　菜单条、菜单、菜单项

窗口中的菜单条、菜单、菜单项是我们所熟悉的组件，菜单放在菜单条里，菜单项放在菜单里。

1. 菜单条

JComponent 类的子类 JMenubar 负责创建菜单条，即 JMenubar 的一个实例就是一个菜单条。

JFrame 类有一个将菜单条放置到窗口中的方法：

```
setJMenuBar(JMenuBar bar);
```

该方法将菜单条添加到窗口的顶端，需要注意的是，只能向窗口添加一个菜单条。

2. 菜单

JComponent 类的子类 JMenu 负责创建菜单，即 JMenu 的一个实例就是一个菜单。

3. 菜单项

JComponent 类的子类 JMenuItem 负责创建菜单项，即 JMenuItem 的一个实例就是一个菜单项。

4. 嵌入子菜单

JMenu 是 JMenuItem 的子类，因此菜单本身也是一个菜单项，当把一个菜单看作菜单项添加到某个菜单中时，称这样的菜单为子菜单。

5. 菜单上的图标

为了使菜单项有一个图标，可以用图标类 Icon 声明一个图标，然后使用其子类 ImageIcon 类创建一个图标，如：

```
Icon icon = new ImageIcon("a.gif");
```

然后菜单项调用 setIcon（Icon icon）方法将图标设置为 icon。

下面的例 15-2 中，我们在主类的 main 方法中，用 JFrame 的子类创建一个含有菜单的窗口，效果如图 15.3 所示。

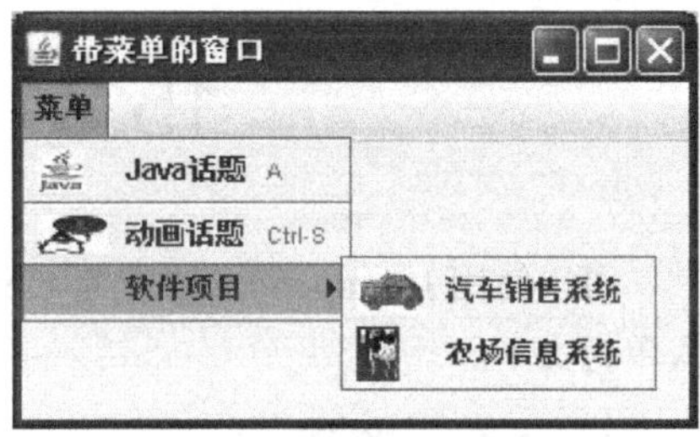

图 15.3　带菜单的窗口

例 15-2

Example15_2.java

```
public class Example15_2 {
  public static void main(String args[]) {
    WindowMenu win=new WindowMenu("带菜单的窗口",20,30,200,190);
  }
}
```

WindowMenu.java

```
import javax.swing.*;
import java.awt.event.InputEvent;
import java.awt.event.KeyEvent;
import static javax.swing.JFrame.*;
public class WindowMenu extends JFrame {
  JMenuBar menubar;
   JMenu menu,subMenu;
   JMenuItem  item1,item2;
   public WindowMenu(){}
   public WindowMenu(String s,int x,int y,int w,int h) {
     init(s);
     setLocation(x,y);
     setSize(w,h);
     setVisible(true);
     setDefaultCloseOperation(DISPOSE_ON_CLOSE);
   }
   void init(String s){
     setTitle(s);
     menubar=new JMenuBar();
```

```
        menu=new JMenu("菜单");
        subMenu=new JMenu("软件项目");
        item1=new JMenuItem("Java 话题",new ImageIcon("a.gif"));
        item2=new JMenuItem("动画话题",new ImageIcon("b.gif"));
        item1.setAccelerator(KeyStroke.getKeyStroke('A'));
    item2.setAccelerator(KeyStroke.getKeyStroke(KeyEvent.VK_S,InputEvent.CTRL_
MASK));
        menu.add(item1);
        menu.addSeparator();
        menu.add(item2);
        menu.add(subMenu);
        subMenu.add(new JMenuItem("汽车销售系统",new ImageIcon("c.gif")));
        subMenu.add(new JMenuItem("农场信息系统",new ImageIcon("d.gif")));
        menubar.add(menu);
        setJMenuBar(menubar);
    }
}
```

15.3 常用组件与布局

可以使用 JComponent 的子类 JTextField 创建文本框。文本框的特点是允许用户在文本框中输入单行文本。

15.3.1 常用组件

1. 文本框

使用 JComponent 的子类 JTextField 创建文本框，允许用户在文本框中输入单行文本。

2. 文本区

使用 JComponent 的子类 JTexArea 创建文本区，允许用户在文本区中输入多行文本。

3. 按钮

使用 JComponent 的子类 JButton 类用来创建按钮，允许用户单击按钮。

4. 标签

使用 JComponent 的子类 JLabel 类用来创建标签，标签为用户提供信息提示。

5. 选择框

使用 JComponent 的子类 JCheckBox 类来创建选择框，为用户提供多项选择。选择框的右面有个名字，并提供两种状态，一种是选中，另一种是未选中，用户通过单击该组件切换状态。

6. 单选按钮

使用 JComponent 的子类 JRadioButton 类来创建单项选择框，为用户提供单项选择。

7. 下拉列表

使用 JComponent 的子类 JComboBox 类来创建下拉列表，为用户提供单项选择。用户可以在下拉列表中看到第一个选项和它旁边的箭头按钮，当用户单击箭头按钮时，选项列表打开。

8. 密码框

可以使用 JComponent 的子类 JPasswordField 创建密码框。允许用户在密码框中输入单行密码，密码框的默认回显字符是'*'。密码框可以使用 setEchoChar(char c)重新设置回显字符，用户输入密码时，密码框只显示回显字符。密码框调用 char[] getPassword()方法可以返回实际的密码。

下面的例 15-3 中，包含有上面提到的常用组件，效果如图 15.4 所示。

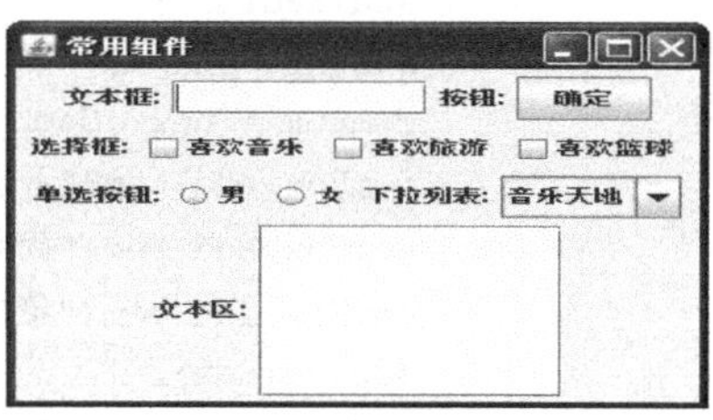

图 15.4 常用组件

例 15-3

Example15_3.java

```
public class Example15_3 {
   public static void main(String args[]) {
      ComponentInWindow win=
new ComponentInWindow();
      win.setBounds(100,100,310,260);
      win.setTitle("常用组件");
   }
}
```

ComponentInWindow.java

```
import java.awt.*;
import javax.swing.*;
import static javax.swing.JFrame.*;
public class ComponentInWindow extends JFrame {
   JTextField text;
   JButton button;
   JCheckBox checkBox1,checkBox2,checkBox3;
   JRadioButton radio1,radio2;
   ButtonGroup group;
   JComboBox comBox;
   JTextArea area;
   public ComponentInWindow() {
      init();
      setVisible(true);
      setDefaultCloseOperation(JFrame.EXIT_ON_CLOSE);
   }
   void init() {
      setLayout(new FlowLayout());
      add(new JLabel("文本框:"));
      text=new JTextField(10);
      add(text);
      add(new JLabel("按钮:"));
      button=new JButton("确定");
      add(button);
      add(new JLabel("选择框:"));
      checkBox1 = new JCheckBox("喜欢音乐");
      checkBox2 = new JCheckBox("喜欢旅游");
      checkBox3 = new JCheckBox("喜欢篮球");
      add(checkBox1);
      add(checkBox2);
      add(checkBox3);
      add(new JLabel("单选按钮:"));
      group = new ButtonGroup();
      radio1 = new JRadioButton("男");
      radio2 = new JRadioButton("女");
      group.add(radio1);
      group.add(radio2);
```

```
        add(radio1);
        add(radio2);
        add(new JLabel("下拉列表:"));
        comBox = new JComboBox();
        comBox.addItem("音乐天地");
        comBox.addItem("武术天地");
        comBox.addItem("象棋乐园");
        add(comBox);
        add(new JLabel("文本区:"));
        area = new JTextArea(6,12);
        add(new JScrollPane(area));
    }
}
```

15.3.2 常用容器

JComponent 是 Container 的子类，因此 JComponent 子类创建的组件也都是容器，但我们很少将 JButton、JTextFied、JCheckBox 等组件当容器来使用。JComponent 专门提供了一些经常用来添加组件的容器。相对于底层容器 JFrame，本节提到的容器被习惯地称做中间容器，中间容器必须被添加到底层容器中才能发挥作用。

1. JPanel 面板

我们会经常使用 JPanel 创建一个面板，再向这个面板添加组件，然后把这个面板添加到其他容器中。JPanel 面板的默认布局是 FlowLayout 布局。

2. 滚动窗格 JScrollPane

滚动窗格只可以添加一个组件，可以把一个组件放到一个滚动窗格中，然后通过滚动条来操作该组件。JTextArea 不自带滚动条，因此我们就需要把文本区放到一个滚动窗格中。例如，JScorollPane scroll=new JScorollPane(new JTextArea());。

3. 拆分窗格 JSplitPane

顾名思义，拆分窗格就是被分成两部分的容器。拆分窗格有两种类型：水平拆分和垂直拆分。水平拆分窗格用一条拆分线把窗格分成左右两部分，左面放一个组件，右面放一个组件，拆分线可以水平移动。垂直拆分窗格用一条拆分线把窗格分成上下两部分，上面放一个组件，下面放一个组件，拆分线可以垂直移动。

JSplitPane 的两个常用的构造方法：

```
JSplitPane(int a,Component b,Component c)
```

参数 a 取 JSplitPane 的静态常量 HORIZONTAL_SPLIT 或 VERTICAL_SPLIT，以决定是水平还是垂直拆分。后两个参数决定要放置的组件。当拆分线移动时，组件不是连续变化的。

```
JSplitPane(int a, boolean b,Component c,Component d)
```

参数 a 取 JSplitPane 的静态常量 HORIZONTAL_SPLIT 或 VERTICAL_SPLIT，以决定是水平还是垂直拆分。参数 b 决定当拆分线移动时，组件是否连续变化（true 是连续），后两个参数决定要放置的组件。

4. JLayeredPane 分层窗格

如果添加到容器中的组件经常需要处理重叠问题，就可以考虑将组件添加到分层窗格。分层窗格分成 5 个层，分层窗格使用

```
add(Jcomponent com, int layer);
```

添加组件 com，并指定 com 所在的层，其中参数 layer 取值 JLayeredPane 类中的类常量：

```
DEFAULT_LAYER、PALETTE_LAYER、MODAL_LAYER、POPUP_LAYER、DRAG_LAYER
```

DEFAULT_LAYER 是最底层，添加到 DEFAULT_LAYER 层的组件如果和其他层的组件发生重叠时，将被其他组件遮挡。DRAG_LAYER 层是最上面的层，如果分层窗格中添加了许多组件，当用户用鼠标移动一组件时，可以把该组件放到 DRAG_LAYER 层，这样，用户在移动组件过程中，该组件就不会被其他组件遮挡。添加到同一层上的组件，如果发生重叠，后添加的会遮挡先添加的组件。分层窗格调用

```
public void setLayer(Component c,int layer)
```

可以重新设置组件 c 所在的层，调用

```
public int getLayer(Component c)
```

可以获取组件 c 所在的层数。

15.3.3　常用布局

当把组件添加到容器中时，希望控制组件在容器中的位置，这就需要学习布局设计的知识。本小节将分别介绍 java.awt 包中的 FlowLayout、BorderLayout、CardLayout、GridLayout 布局类和 javax.swing.border 包中的 BoxLayout 布局类。

容器可以使用方法：

```
setLayout(布局对象);
```

设置自己的布局。

1. FlowLayout 布局

FlowLayout 类创建的对象称做 FlowLayout 型布局。FlowLayout 型布局是 JPanel 型容器的默认布局，即 JPanel 及其子类创建的容器对象，如果不专门为其指定布局，则它们的布局就是 FlowLayout 型布局。

FlowLayout 类的一个常用构造方法如下：

```
FlowLayout();
```

该构造方法可以创建一个居中对齐的布局对象。例如：

```
FlowLayout flow=new FlowLayout();
```

如果一个容器 con 使用这个布局对象：

```
con.setLayout(flow);
```

那么，con 可以使用 Container 类提供的 add 方法将组件顺序地添加到容器中，组件按照加入的先后顺序从左向右排列，一行排满之后就转到下一行继续从左至右排列，每一行中的组件都居中排列，组件之间的默认水平和垂直间隙是 5 个像素。组件的大小为默认的最佳大小，例如，按纽的大小刚好能保证显示其上面的名字。对于添加到使用 FlowLayout 布局的容器中的组件，组件调用 setSize(int x,int y)设置的大小无效，如果需要改变最佳大小，组件需调用：

```
public void setPreferredSize(Dimension preferredSize)
```

设置大小，例如：

```
button.setPreferredSize(new Dimension(20,20));
```

FlowLayout 布局对象调用 setAlignment(int aligin)方法可以重新设置布局的对齐方式,其中 aligin 可以取值：

```
FlowLayout.LEFT,FlowLayout.CENTER,FlowLayout.RIGHT
```

FlowLayout 布局对象调用 setHgap(int hgap)方法和 setVgap(int vgap)可以重新设置水平间隙和垂直间隙。

2. BorderLayout 布局

BorderLayout 布局是 Window 型容器的默认布局，如 JFrame、JDialog 都是 Window 类的子类，它们的默认布局都是 BorderLayout 布局。BorderLayout 也是一种简单的布局策略，如果一个容器使用这种布局，那么容器空间简单地划分为东、西、南、北、中 5 个区域，中间的区域最大。每加入一个组件都应该指明把这个组件加在哪个区域中，区域由 BorderLayout 中的静态常量 CENTER、NORTH、SOUTH、WEST、EAST 表示，例如，一个使用 BorderLayout 布局的容器 con，可以使用 add 方法将一个组件 b 添加到中心区域：

```
con.add(b,BorderLayout.CENTER);
```

或

```
con.add(BorderLayour.CENTER,b);
```

添加到某个区域的组件将占据整个区域。每个区域只能放置一个组件，如果向某个已放置了组件的区域再放置一个组件，那么先前的组件将被后者替换掉。使用 BorderLayout 布局的容器最多能添加 5 个组件，如果容器中需要加入 5 个以上组件，就必须使用容器的嵌套或改用其他的布局策略。

3. CardLayout 布局

使用 CardLayout 的容器可以容纳多个组件，这些组件被层叠放入容器中，最先加入容器的是第一张（在最上面）,依次向下排序。使用该布局的特点是，同一时刻容器只能从这些组件中选出一个来显示，就像叠“扑克牌”，每次只能显示其中的一张，这个被显示的组件将占据所有的容器空间。

假设有一个容器 con，那么，使用 CardLayout 的一般步骤如下。

- 创建 CardLayout 对象作为布局，如：

```
CardLayout card=new CardLayout();
```

- 使用容器的 setLayout()方法为容器设置布局，如：

```
con.setLayout(card);
```

- 容器调用 add（String s,Component b）将组件 b 加入容器，并给出了显示该组件的代号 s。组件的代号是一个字符串，和组件的名字没有必然联系，但是，不同的组件代号必须互不相同。最先加入 con 的是第一张，依次排序。

- 创建的布局 card 用 CardLayout 类提供的 show()方法，显示容器 con 中组件代号为 s 的组件：card.show（con,s）;。

也可以按组件加入容器的顺序显示组件：card.first（con）显示 con 中的第一个组件；card.last（con）显示 con 中最后一个组件；card.next（con）显示当前正在被显示的组件的下一个组件；card.previous（con）显示当前正在被显示的组件的前一个组件。

4. GridLayout 布局

GridLayout 是使用较多的布局编辑器，其基本布局策略是把容器划分成若干行乘若干列的网格区域，组件就位于这些划分出来的小格中。GridLayout 比较灵活，划分多少网格由程序自由控制，而且组件定位也比较精确，使用 GridLayout 布局编辑器的一般步骤如下。

● 使用 GridLayout 的构造方法 GridLayout（int m,int n）创建布局对象，指定划分网格的行数 m 和列数 n，例如：

```
GridLayout grid=new new GridLayout(10,8);
```

● 使用 GridLayout 布局的容器调用方法 add（Component c）将组件 c 加入容器，组件进入容器的顺序将按照第一行第一个、第一行第二个、…第一行最后一个、第二行第一个、…最后一行第一个、…最后一行最后一个。

使用 GridLayout 布局的容器最多可添加 m×n 个组件。GridLayout 布局中每个网格都是相同大小并且强制组件与网格的大小相同。

由于 GridLayout 布局中每个网格都是相同大小并且强制组件与网格的大小相同，使得容器中的每个组件也都是大小相同，显得很不自然。为了克服这个缺点，可以使用容器嵌套。如一个容器使用 GridLayout 布局，将容器分为三行一列的网格，那么可以把另一个容器添加到某个网格中，而添加的这个容器又可以设置为 GridLayout 布局、FlowLayout 布局、CarderLayout 布局或 BorderLayout 布局等。利用这种嵌套方法，可以设计出符合一定需要的布局。

5. BoxLayout 布局

用 BoxLayout 类可以创建一个布局对象，称为盒式布局。BoxLayout 在 javax.swing. border 包中。javax. swing 包提供了 Box 类，该类也是 Container 类的一个子类，创建的容器称作一个盒式容器，盒式容器的默认布局是盒式布局，而且不允许更改盒式容器的布局。因此，在策划程序的布局时，可以利用容器的嵌套，将某个容器嵌入几个盒式容器，达到布局目的。

使用盒式布局的容器将组件排列在一行或一列，这取决于创建盒式布局对象时，是否指定了是行排列还是列排列。使用 BoxLayou 的构造方法 BoxLayout（Container con，,int axis）可以创建一个盒式布局对象，参数 axis 的有效值是 BoxLayout.X_AXIS，BoxLayout.Y_AXIS。该参数 axis 的取值决定盒式布局是行型盒式布局或列型盒式布局。使用行（列）型盒式布局的容器将组件排列在一行（列），组件按加入的先后顺序从左（上）向右（下）排列，容器的两端是剩余的空间。和 FlowLayou 布局不同的是，使用行型盒式布局的容器只有一行（列），即使组件再多，也不会延伸到下一行（列），这些组件可能会被缩小，紧缩在这一行（列）中。

行型盒式布局容器中添加的组件的上沿在同一水平线上。列型盒式布局容器中添加的组件的左沿在同一垂直线上。

容器的目的是向其添加组件，并根据需要设置合理的布局。如果需要一个盒式布局的容器，可以使用 Box 类的类（静态）方法 createHorizontalBox()获得一个具有行型盒式布局的盒式容器；使用 Box 类的类（静态）方法 createVerticalBox()获得一个具有列型盒式布局的盒式容器。

如果想控制盒式布局容器中组件之间的距离，就需要使用水平支撑组件或垂直支撑组件。

Box 类调用静态方法 createHorizontalStrut(int width)可以得到一个不可见的水平 Struct 对象，称做水平支撑。该水平支撑的高度为 0，宽度是 width。

Box 类调用静态方法 createVertialStrut（int height）可以得到一个不可见的垂直 Struct 对象，称做垂直支撑。参数 height 决定垂直支撑的高度，垂直支撑的宽度为 0。

一个行型盒式布局的容器，可以在组件之间插入水平支撑来控制组件之间的距离。一个列型盒式布局的容器，可以在组件之间插入垂直支撑来控制组件之间的距离。

下面的例 15-4 中，有两个列型盒式容器 boxV1、boxV2 和一个行型盒式容器 baseBox。在列型盒式容器的组件之间添加垂直支撑，控制组件之间的距离，将 boxV1、boxV2 添加到 baseBox 中，并在它俩之间添加了水平支撑。程序运行效果如图 15.5 所示。

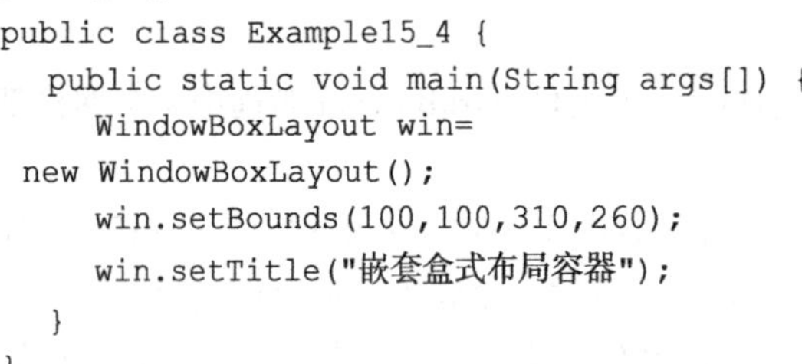

图 15.5　嵌套 Box 容器的窗口

例 15-4

Example15_4.java

```
public class Example15_4 {
   public static void main(String args[]) {
      WindowBoxLayout win=
 new WindowBoxLayout();
      win.setBounds(100,100,310,260);
      win.setTitle("嵌套盒式布局容器");
   }
}
```

WindowBoxLayout.java

```
import javax.swing.*;
public class WindowBoxLayout extends JFrame  {
    Box baseBox,boxV1,boxV2;
    public WindowBoxLayout() {
        setLayout(new java.awt.FlowLayout());
        init();
        setVisible(true);
        setDefaultCloseOperation(JFrame.EXIT_ON_CLOSE);
    }
    void init() {
        boxV1=Box.createVerticalBox();
        boxV1.add(new JLabel("姓名"));
        boxV1.add(Box.createVerticalStrut(8));
        boxV1.add(new JLabel("email"));
        boxV1.add(Box.createVerticalStrut(8));
        boxV1.add(new JLabel("职业"));
        boxV2=Box.createVerticalBox();
        boxV2.add(new JTextField(10));
        boxV2.add(Box.createVerticalStrut(8));
        boxV2.add(new JTextField(10));
        boxV2.add(Box.createVerticalStrut(8));
        boxV2.add(new JTextField(10));
        baseBox=Box.createHorizontalBox();
        baseBox.add(boxV1);
        baseBox.add(Box.createHorizontalStrut(10));
        baseBox.add(boxV2);
        add(baseBox);
    }
}
```

6. null 布局

可以把一个容器的布局设置为 null 布局（空布局）。空布局容器可以准确地定位组件在容器的位置和大小。setBounds（int a,int b,int width,int height）方法是所有组件都拥有的一个方法，组件调用该方法可以设置本身的大小和在容器中的位置。

例如，p 是某个容器：

```
p.setLayout(null);
```

把 p 的布局设置为空布局。

向空布局的容器 p 添加一个组件 c 需要两个步骤。首先，容器 p 使用 add（c）方法添加组件，然后组件 c 再调用 setBounds（int a,int b,int width,int height）方法设置该组件在容器 p 中的位置和本身的大小。组件都是矩形结构，方法中的参数 a，b 是组件 c 的左上角在容器 p 中的位置坐标，即该组件距容器 p 左面 a 个像素，距容器 p 上方 b 个像素；weidth，height 是组件 c 的宽和高。

15.4 处理事件

学习组件除了要熟悉组件的属性和功能外，一个更重要的方面是学习怎样处理组件上发生的界面事件。当用户在文本框中键入文本后按回车键，单击按钮；在一个下拉式列表中选择一个条目等操作时，都发生界面事件。程序有时需对发生的事件作出反应，来实现特定的任务，例如，用户单击一个名字叫“确定”或“取消”的按钮，程序可能需要作出不同的处理。

15.4.1 事件处理模式

在学习处理事件时，必须很好地掌握事件源、监视器、处理事件的接口这 3 个概念。

1. 事件源

能够产生事件的对象都可以成为事件源，如文本框、按钮、下拉式列表等。也就是说，事件源必须是一个对象，而且这个对象必须是 Java 认为能够发生事件的对象。

2. 监视器

我们需要一个对象对事件源进行监视，以便对发生的事件作出处理。事件源通过调用相应的方法将某个对象注册为自己的监视器。例如，对于文本框，这个方法是：

```
addActionListener(监视器);
```

对于注册了监视器的文本框，在文本框获得输入焦点后，如果用户按回车键，Java 运行环境就自动用 ActionEvent 类创建一个对象，即发生了 ActionEvent 事件。也就是说，事件源注册监视器之后，相应的操作就会导致相应的事件的发生，并通知监视器，监视器就会作出相应的处理。

3. 处理事件的接口

监视器负责处理事件源发生的事件。监视器是一个对象，为了处理事件源发生的事件，监视器这个对象会自动调用一个方法来处理事件。那么监视器去调用哪个方法呢？我们已经知道，对象可以调用创建它的那个类中的方法，那么它到底调用该类中的哪个方法呢？Java 规定：为了让监视器这个对象能对事件源发生的事件进行处理，创建该监视器对象的类必须声明实现相应的接口，即必须在类体中重写接口中所有方法，那么当事件源发生事件时，监视器就自动调用被类重写的某个接口方法。

事件处理模式如图 15.6 所示。

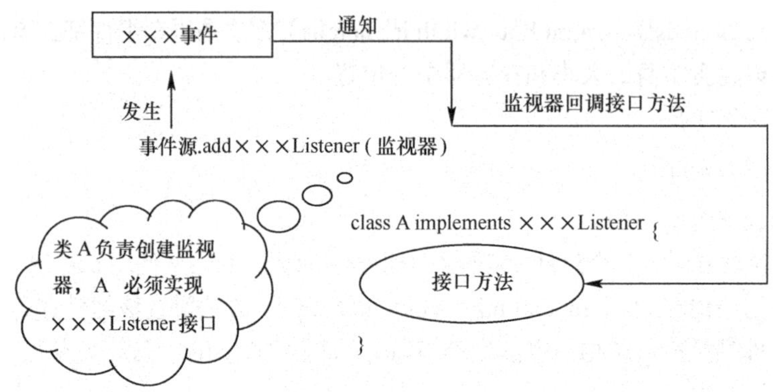

图 15.6　处理事件示意图

15.4.2　ActionEvent 事件

1. ActionEvent 事件源

文本框、按纽、菜单项、密码框和单选按纽都可以触发 ActionEvent 事件，即都可以成为 ActionEvent 事件的事件源。例如，对于注册了监视器的文本框，在文本框获得输入焦点后，如果用户按回车键，Java 运行环境就自动用 ActionEvent 类创建一个对象，即触发 ActionEvent 事件；对于注册了监视器的按钮，如果用户单击按钮，就会触发 ActionEvent 事件；对于注册了监视器的菜单项，如果用户选中该菜单项，就会触发 ActionEvent 事件；如果用户选择了某个单选按钮，就会触发 ActionEvent 事件。

2. 注册监视器

能触发 ActionEvent 事件的组件，使用 addActiomListener(ActionListener listen)，将实现 ActionListener 接口的类的实例注册为事件源的监视器。

3. ActionListener 接口

ActionListener 接口在 java.awt.event 包中，该接口中只有一个方法：

```
public void actionPerformed(ActinEvent e)
```

事件源触发 ActionEvent 事件后，监视器将发现触发的 ActionEvent 事件，然后调用接口中的方法：

```
actionPerformed(ActinEvent e)
```

对发生的事件作出处理。当监视器调用 actionPerformed（ActinEvent e）方法时，ActionEvent 类事先创建的事件对象就会传递给该方法的参数 e。

4. ActionEvent 类中的方法

ActionEvent 类有如下常用的方法。

- public Object getSource() 该方法是从 EventObject 继承的方法，ActionEven 事件对象调用该方法可以获取发生 ActionEvent 事件的事件源对象的引用，即 getSource()方法将事件源上转型为 Object 对象，并返回这个上转型对象的引用。
- public String getActionCommand() ActionEvent 对象调用该方法可以获取发生 ActionEvent 事件时，和该事件相关的一个命令字符串，对于文本框，当发生 ActionEvent 事件时，文本框中的文本字符串就是和该事件相关的一个命令字符串。

下面的例 15-5 处理文本框上触发的 ActionEvent 事件。在文本框 text 中输入文件的名字后按回车键，监视器负责将读取文件的内容，并在命令行窗口显示所读取的文件内容。例子中涉及的几个重要类的 UML 类图如图 15.7 所示。例 15-5 程序运行效果如图 15.8 和图 15.9 所示。

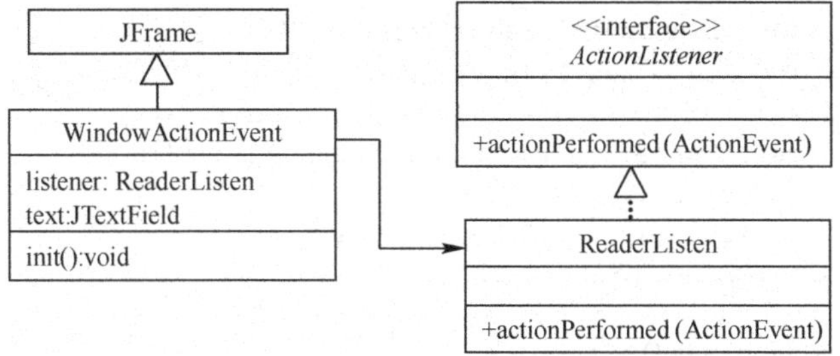

图 15.7　例 15-5 涉及的主要类的 UML 类图

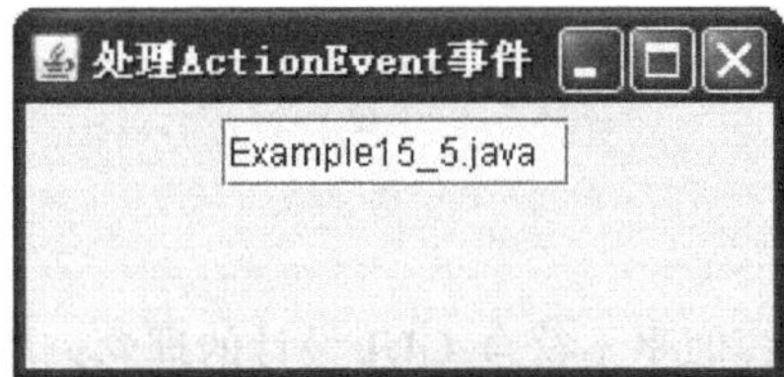

图 15.8　事件源触发事件

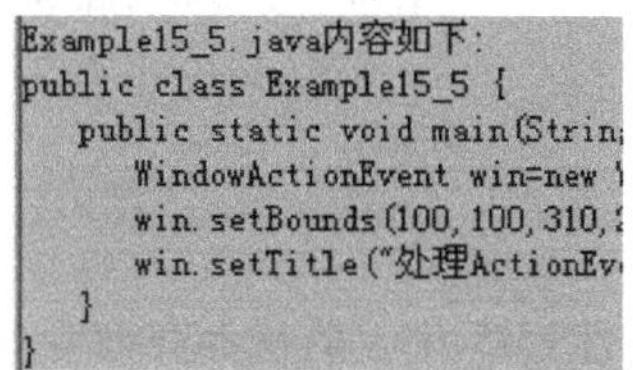

图 15.9　监视器负责处理事件

例 15-5

Example15_5.java

```
public class Example15_5 {
   public static void main(String args[]) {
      WindowActionEvent win=new WindowActionEvent();
      win.setBounds(100,100,310,260);
      win.setTitle("处理 ActionEvent 事件");
   }
}
```

WindowActionEvent.java

```
import java.awt.*;
import javax.swing.*;
public class WindowActionEvent extends JFrame {
   JTextField text;
   ReaderListen listener;
   public WindowActionEvent() {
      init();
      setVisible(true);
      setDefaultCloseOperation(JFrame.EXIT_ON_CLOSE);
   }
   void init() {
      setLayout(new FlowLayout());
      text = new JTextField(10);
      listener = new ReaderListen();
      text.addActionListener(listener);   //text 是事件源,listener 是监视器
      add(text);
   }
}
```

ReaderListen.java

```
import java.awt.event.*;
```

```
import java.io.*;
public class ReaderListen implements ActionListener {
  public void actionPerformed(ActionEvent e) {
    String fileName=e.getActionCommand();
    System.out.println(fileName+"内容如下:");
    try{ File file = new File(fileName);
        FileReader inOne=new FileReader(file);
        BufferedReader inTwo= new BufferedReader(inOne);
        String s=null;
        while((s=inTwo.readLine())!=null) {
          System.out.println(s);
        }
        inOne.close();
        inTwo.close();
    }
    catch(Exception ee) {
       System.out.println(ee.toString());
    }
  }
}
```

在例 15-5 中，监视器在命令行窗口输出文件的内容似乎不符合 GUI 设计的理念，用户希望在窗口的某个组件，如文本区中看到结果，这就给例 15-5 中的监视器带来了困难，因为 ReaderListen 类无法操作窗口中的成员。

现在我们来改进例 15-5 中的 ReaderListen 类。前面曾经讲过，利用组合可以让一个对象来操作另一个对象，即当前对象可以委托它所组合的另一个对象调用方法产生行为（见 4.5 节）。因此，可以在 ReaderListen 类中增加 JTextArea 类型的成员（即组合 JTextArea 类型的成员），以便引用、操作 WindowActionEvent 中的文本框。

下面的例 15-6 对例 15-5 进行了改进，处理文本框和按钮上触发的 ActionEvent 事件。在文本框 text 中输入文件的名字后按回车键或单击按钮，监视器负责将读取文件的内容，显示在一个文本区中。例 16-6 涉及的几个重要类的 UML 类图如图 15.10 所示，请读者比较这里的 UML 图（见图 15.10）较例 15-5 中的 UML 图（见图 15.7）所发生的变化。例 15-6 程序运行效果如图 15.11 所示。

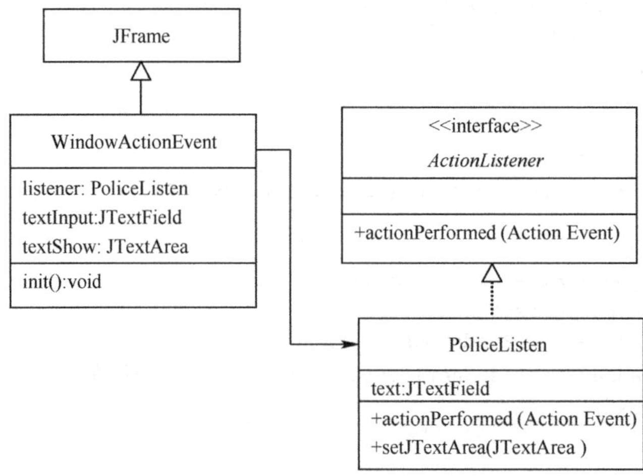

图 15.10　例 15-6 涉及的主要类的 UML 类图

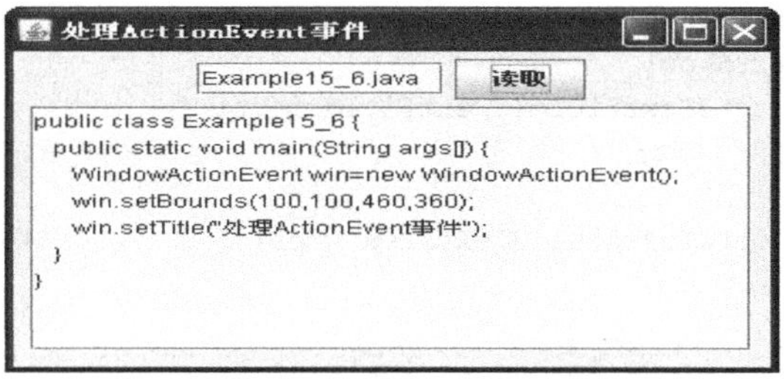

图 15.11　处理 ActionEvent 事件

例 15-6

Example15_6.java

```
public class Example15_6 {
   public static void main(String args[]) {
      WindowActionEvent win=new WindowActionEvent();
      win.setBounds(100,100,460,360);
      win.setTitle("处理 ActionEvent 事件");
   }
}
```

WindowActionEvent.java

```
import java.awt.*;
import javax.swing.*;
public class WindowActionEvent extends JFrame {
   JTextField inputText;
   JTextArea textShow;
   JButton button;
   PoliceListen listener;
   public WindowActionEvent() {
      init();
      setVisible(true);
      setDefaultCloseOperation(JFrame.EXIT_ON_CLOSE);
   }
   void init() {
      setLayout(new FlowLayout());
      inputText = new JTextField(10);
      button = new JButton("读取");
      textShow = new JTextArea(9,30);
      listener = new PoliceListen();
      listener.setJTextField(inputText);
      listener.setJTextArea(textShow);
      inputText.addActionListener(listener);  //inputText是事件源,listener是监视器
      button.addActionListener(listener);     //button 是事件源,listener 是监视器
      add(inputText);
      add(button);
      add(new JScrollPane(textShow));
   }
}
```

PoliceListen.java

```
import java.awt.event.*;
import java.io.*;
import javax.swing.*;
public class PoliceListen implements ActionListener {
```

```
        JTextField textInput;
        JTextArea textShow;
        public void setJTextField(JTextField text) {
          textInput = text;
        }
        public void setJTextArea(JTextArea area) {
          textShow = area;
        }
        public void actionPerformed(ActionEvent e) {
          textShow.setText(null);
          try{  File file = new File(textInput.getText());
                FileReader inOne = new FileReader(file);
                BufferedReader inTwo = new BufferedReader(inOne);
                String s=null;
                while((s=inTwo.readLine())!=null) {
                    textShow.append(s+"\n");
                }
                inOne.close();
                inTwo.close();
          }
          catch(Exception ee) {
              textShow.append(ee.toString());
          }
        }
      }
```

Java 的事件处理是基于授权模式的，即事件源调用方法将某个对象注册为自己的监视器。领会了例 15-5 和例 15-6，对学习事件处理就不会有太大的困难了，其原因是，处理相应的事件使用相应的接口，在今后的学习中会自然地掌握。

15.4.3 ItemEvent 事件

文本框、按纽、菜单项都可以触发 ActionEvent 事件。

1. ItemEvent 事件源

选择框、下拉列表都可以触发 ItemEvent 事件。选择框提供两种状态，一种是选中，另一种是未选中，对于注册了监视器的选择框，当用户的操作使得选择框从未选中状态变成选中状态或从选中状态变成未选中状态时就触发 ItemEvent 事件；同样，对于注册了监视器的下拉列表，如果用户选中下拉列表中的某个选项，就会触发 ItemEvent 事件。

2. 注册监视器

能触发 ItemEvent 事件的组件使用 addItemListener(ItemListener listen)将实现 ItemListener 接口的类的实例注册为事件源的监视器。

3. ItemListener 接口

ItemListener 接口在 java.awt.event 包中，该接口中只有一个方法：

```
public void itemStateChanged(ItemEvent e)
```

事件源触发 ItemEvent 事件后，监视器将发现触发的 ItemEvent 事件，然后调用接口中的方法：

```
itemStateChanged(ItemEvent  e)
```

对发生的事件作出处理。当监视器调用 itemStateChanged(ItemEvent e)方法时，ItemEvent 类事先创建的事件对象就会传递给该方法的参数 e。

ItemEvent 事件对象除了可以使用 getSource()方法返回发生 Itemevent 事件的事件源外，也可以使用 getItemSelectable()方法返回发生 Itemevent 事件的事件源。

在下面的例 15-7 中，下拉列表中的选项是当前目录下 Java 文件的名字，用户选择下拉列表的选项后，监视器负责在文本区中显示文件的内容。程序运行效果如图 15.12 所示。

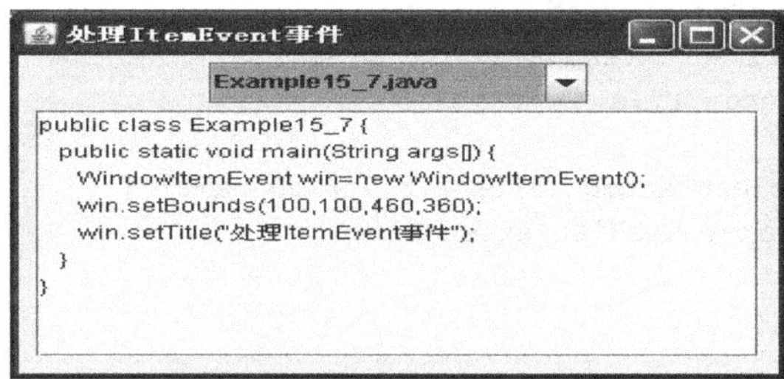

图 15.12　处理 ItemEvent 事件

例 15-7

Example15_7.java

```
public class Example15_7 {
   public static void main(String args[]) {
      WindowItemEvent win=new WindowItemEvent();
      win.setBounds(100,100,460,360);
      win.setTitle("处理 ItemEvent 事件");
   }
}
```

WindowItemEvent.java

```
import java.awt.*;
import javax.swing.*;
import java.io.*;
public class WindowItemEvent extends JFrame {
   JComboBox choice;
   JTextArea textShow;
   PoliceListen listener;
   public WindowItemEvent() {
      init();
      setVisible(true);
      setDefaultCloseOperation(JFrame.EXIT_ON_CLOSE);
   }
   void init() {
      setLayout(new FlowLayout());
      choice = new JComboBox();
      choice.addItem("请选择文件:");
      File dir=new File(".");
      FileAccept fileAccept=new FileAccept();
      fileAccept.setExtendName("java");
      String [] fileName=dir.list(fileAccept);
      for(String name:fileName) {
          choice.addItem(name);
      }
      textShow = new JTextArea(9,30);
      listener = new PoliceListen();
```

```
          listener.setJComboBox(choice);
          listener.setJTextArea(textShow);
          choice.addItemListener(listener);   //choice 是事件源,listener 是监视器
          add(choice);
          add(new JScrollPane(textShow));
       }
       class FileAccept implements FilenameFilter { //内部类
          private String extendName;
          public void setExtendName(String s) {
             extendName="."+s;
          }
          public boolean accept(File dir,String name) {
            return name.endsWith(extendName);
          }
       }
    }
```

PoliceListen.java

```
    import java.awt.event.*;
    import java.io.*;
    import javax.swing.*;
    public class PoliceListen implements ItemListener {
       JComboBox choice;
       JTextArea textShow;
       public void setJComboBox(JComboBox box) {
          choice = box;
       }
       public void setJTextArea(JTextArea area) {
          textShow = area;
       }
       public void itemStateChanged(ItemEvent e)  {
          textShow.setText(null);
          try{ String fileName = choice.getSelectedItem().toString();
               File file = new File(fileName);
               FileReader inOne = new FileReader(file);
               BufferedReader inTwo = new BufferedReader(inOne);
               String s=null;
               while((s=inTwo.readLine())!=null) {
                 textShow.append(s+"\n");
               }
               inOne.close();
               inTwo.close();
          }
          catch(Exception ee) {
              textShow.append(ee.toString());
          }
       }
    }
```

15.4.4 DocumentEvent 事件

1. DocumentEvent 事件源

文本区含有一个实现 Document 接口的实例，该实例被称做文本区所维护的文档，文本区调用 getDocument()方法返回所维护的文档。文本区所维护的文档能触发 DocumentEvent 事件。需要

特别注意的是，DocumentEvent 不在 java.awt.event 包中，而是在 javax.swing.event 包中。用户在文本区中进行文本编辑操作，使得文本区中的文本区内容发生变化，将导致文本区所维护的文档模型中的数据发生变化，从而导致文本区所维护的文档触发 DocumentEvent 事件。

2. 注册监视器

能触发 DocumentEven 事件的事件源使用 addDucumentListener（DocumentListener listen），实现将 DocumentListener 接口的类的实例注册为事件源的监视器。

3. DocumentListener 接口

DocumentListener 接口在 java.swing.event 包中，该接口中有 3 个方法：

```
public void changedUpdate(DocumentEvent e)
public void removeUpdate(DocumentEvent e)
public void insertUpdate(DocumentEvent e)
```

事件源触发 DucumentEvent 事件后，监视器将发现触发的 DocumentEvent 事件，然后调用接口中的相应方法对发生的事件作出处理。

在下面的例 15-8 中，有两个文本区。当用户在一个文本区中输入若干英文单词时（用空格、逗号或回车做为单词之间的分隔符），另一个文本区同时对用户输入的英文单词按字典序排序，也就是说随着用户输入的变化，另一个文本区不断地更新排序。程序运行效果如图 15.13 所示。

处理Documen...
bird
yes
apple
apple,bird,yes,

图 15.13　处理 DocumentEven 事件

例 15-8

Example15_8.java

```
public class Example15_8 {
   public static void main(String args[]) {
      WindowDocument win=new WindowDocument();
      win.setBounds(10,10,460,360);
      win.setTitle("处理 DocumentEvent 事件");
   }
}
```

WindowTextSort.java

```
import java.awt.*;
import javax.swing.event.*;
import javax.swing.*;
public class WindowDocument extends JFrame {
   JTextArea inputText,showText;
   PoliceListen listen;
   WindowDocument() {
      init();
      setLayout(new FlowLayout());
      setVisible(true);
      setDefaultCloseOperation(JFrame.EXIT_ON_CLOSE);
   }
   void init() {
      inputText = new JTextArea(6,8);
      showText = new JTextArea(6,8);
      add(new JScrollPane(inputText));
      add(new JScrollPane(showText));
      listen = new PoliceListen();
      listen.setInputText(inputText);
```

```
      listen.setShowText(showText);
      (inputText.getDocument()).addDocumentListener(listen);//向文档注册监视器
    }
  }
```

PoliceListen.java

```
import java.awt.event.*;
import java.io.*;
import javax.swing.event.*;
import javax.swing.*;
import java.util.*;
public class PoliceListen implements DocumentListener {
  JTextArea inputText,showText;
  public void setInputText(JTextArea text) {
    inputText = text;
  }
  public void setShowText(JTextArea text) {
    showText = text;
  }
  public void changedUpdate(DocumentEvent e) {
    String str=inputText.getText();
   //空格、数字和符号(!"#$%&'()*+,-./:;<=>?@[\]^_`{|}~)组成的正则表达式:
    String regex="[\\s\\d\\p{Punct}]+";
    String words[]=str.split(regex);
    Arrays.sort(words);      //按字典序从小到大排序
    showText.setText(null);
    for(String s:words)
      showText.append(s+",");
  }
  public void removeUpdate(DocumentEvent e) {
    changedUpdate(e);
  }
  public void insertUpdate(DocumentEvent e) {
    changedUpdate(e);
  }
}
```

15.4.5 MouseEvent 事件

任何组件上都可以发生鼠标事件，如鼠标进入组件，退出组件，在组件上方单击鼠标，拖动鼠标等都会触发鼠标事件，即导致 MouseEvent 类自动创建一个事件对象。

1．使用 MouseListener 接口处理鼠标事件

使用 MouseListener 接口可以处理以下 5 种操作触发的鼠标事件。

- 在事件源上按下鼠标键。
- 在事件源上释放鼠标键。
- 在事件源上单击鼠标键。
- 鼠标进入事件源。
- 鼠标退出事件源。

MouseEvent 中有下列几个重要的方法。

- getX() 获取鼠标指针在事件源坐标系中的 x-坐标。
- getY() 获取鼠标指针在事件源坐标系中的 y-坐标。

- getModifiers() 获取鼠标的左键或右键。鼠标的左键和右键分别使用 InputEvent 类中的常量 BUTTON1_MASK 和 BUTTON3_MASK 来表示。
- getClickCount() 获取鼠标被单击的次数。
- getSource() 获取发生鼠标事件的事件源。

事件源注册监视器的方法是 addMouseListener（MouseListener listener）。MouseListener 接口中有如下方法。

- mousePressed（MouseEvent）负责处理在组件上按下鼠标键触发的鼠标事件。即在事件源按下鼠标键时，监视器调用接口中的这个方法对事件作出处理。
- mouseReleased（MouseEvent）负责处理在组件上释放鼠标键触发的鼠标事件。即在事件源释放鼠标键时，监视器调用接口中的这个方法对事件作出处理。
- mouseEntered（MouseEvent）负责处理鼠标进入组件触发的鼠标事件。即当鼠标指针进入组件时，监视器调用接口中的这个方法对事件作出处理。
- mouseExited（MouseEvent）负责处理鼠标离开组件触发的鼠标事件。即当鼠标指针离开容器时，监视器调用接口中的这个方法对事件作出处理。
- mouseClicked（MouseEvent）负责处理在组件上单击鼠标键触发的鼠标事件。即当单击鼠标键时，监视器调用接口中的这个方法对事件作出处理。

下面的例 15-9 中，分别监视按钮、文本框和窗口上的鼠标事件，当发生鼠标事件时，获取鼠标指针的坐标值，注意，事件源的坐标系的左上角是原点。

例 15-9

Example15_9.java

```
public class Example15_9 {
   public static void main(String args[]) {
      WindowMouse win=new WindowMouse();
      win.setTitle("处理鼠标事件");
      win.setBounds(10,10,460,360);
   }
}
```

WindowMouse.java

```
import java.awt.*;
import javax.swing.*;
public class WindowMouse extends JFrame {
   JTextField text;
   JButton button;
   JTextArea textArea;
   MousePolice police;
   WindowMouse() {
      init();
      setVisible(true);
      setDefaultCloseOperation(JFrame.EXIT_ON_CLOSE);
   }
   void init() {
      setLayout(new FlowLayout());
      text=new JTextField(8);
      textArea=new JTextArea(5,28);
      police=new MousePolice();
      police.setJTextArea(textArea);
      text.addMouseListener(police);
```

```
        button=new JButton("按钮");
        button.addMouseListener(police);
        addMouseListener(police);
        add(button);
        add(text);
        add(new JScrollPane(textArea));
    }
}
```

MousePolice.java

```
import java.awt.event.*;
import javax.swing.*;
public class MousePolice implements MouseListener {
   JTextArea area;
   public void setJTextArea(JTextArea area) {
      this.area=area;
   }
   public void mousePressed(MouseEvent e) {
      area.append("\n 鼠标按下,位置:"+"("+e.getX()+","+e.getY()+")");
   }
   public void mouseReleased(MouseEvent e) {
      area.append("\n 鼠标释放,位置:"+"("+e.getX()+","+e.getY()+")");
   }
   public void mouseEntered(MouseEvent e)  {
      if(e.getSource() instanceof JButton)
        area.append("\n 鼠标进入按纽,位置:"+"("+e.getX()+","+e.getY()+")");
      if(e.getSource() instanceof JTextField)
        area.append("\n 鼠标进入文本框,位置:"+"("+e.getX()+","+e.getY()+")");
      if(e.getSource() instanceof JFrame)
        area.append("\n 鼠标进入窗口,位置:"+"("+e.getX()+","+e.getY()+")");
   }
   public void mouseExited(MouseEvent e) {
      area.append("\n 鼠标退出,位置:"+"("+e.getX()+","+e.getY()+")");
   }
   public void mouseClicked(MouseEvent e) {
      if(e.getClickCount()>=2)
         area.setText("鼠标连击, 位置:"+"("+e.getX()+","+e.getY()+")");
   }
}
```

2. 使用 MouseMotionListener 接口处理鼠标事件

使用 MouseMotionListener 接口可以处理以下两种操作触发的鼠标事件。

- 在事件源上拖动鼠标。
- 在事件源上移动鼠标。

鼠标事件的类型是 MouseEvent，即当发生鼠标事件时，MouseEvent 类自动创建一个事件对象。

事件源注册监视器的方法是 addMouseMotionListener（监视器 MotionListener listener）。MouseMotionListener 接口中有如下方法。

- mouseDragged（MouseEvent） 负责处理拖动鼠标触发的鼠标事件。即当拖动鼠标时（不必在事件源上），监视器调用接口中的这个方法对事件作出处理。
- mouseMoved（MouseEvent） 负责处理移动鼠标触发的鼠标事件。即当在事件源上移动鼠标时，监视器调用接口中的这个方法对事件作出处理。

可以使用坐标变换来实现组件的拖动。当用鼠标拖动组件时，可以先获取鼠标指针在组件坐标系中的坐标（x,y），以及组件的左上角在容器坐标系中的坐标 a,b；如果在拖动组件时，想让鼠标指针的位置相对于拖动的组件保持静止，那么，组件左上角在容器坐标系中的位置应当是（a+x-x0，a+y-y0），其中（x0，y0）是最初在组件上按下鼠标时，鼠标指针在组件坐标系中的位置坐标。

下面的例 15-10 使用坐标变换来实现组件的拖动。

例 15-10

Example15_10.java

```
public class Example15_10 {
   public static void main(String args[]) {
      WindowMove win=new WindowMove();
      win.setTitle("处理鼠标拖动事件");
      win.setBounds(10,10,460,360);
   }
}
```

WindowMove.java

```
import java.awt.*;
import javax.swing.*;
public class WindowMove extends JFrame {
   LP layeredPane;
   WindowMove() {
      layeredPane=new LP();
      add(layeredPane,BorderLayout.CENTER);
      setVisible(true);
      setBounds(12,12,300,300);
      setDefaultCloseOperation(JFrame.EXIT_ON_CLOSE);
   }
}
```

LP.java

```
import java.awt.*;
import java.awt.event.*;
import javax.swing.*;
import javax.swing.border.*;
public class LP extends JLayeredPane implements MouseListener,MouseMotionListener {
   JButton button;
   int x,y,a,b,x0,y0;
   LP() {
      button=new JButton("用鼠标拖动我");
      button.addMouseListener(this);
      button.addMouseMotionListener(this);
      setLayout(new FlowLayout());
      add(button,JLayeredPane.DEFAULT_LAYER);
   }
   public void mousePressed(MouseEvent e) {
      JComponent com=null;
      com=(JComponent)e.getSource();
      setLayer(com,JLayeredPane.DRAG_LAYER);
      a=com.getBounds().x;
      b=com.getBounds().y;
      x0=e.getX();      //获取鼠标在事件源中的位置坐标
      y0=e.getY();
   }
   public void mouseReleased(MouseEvent e) {
```

```
            JComponent com=null;
            com=(JComponent)e.getSource();
            setLayer(com,JLayeredPane.DEFAULT_LAYER);
        }
        public void mouseEntered(MouseEvent e)  {}
          public void mouseExited(MouseEvent e) {}
          public void mouseClicked(MouseEvent e){}
          public void mouseMoved(MouseEvent e){}
          public void mouseDragged(MouseEvent e) {
            Component com=null;
            if(e.getSource() instanceof Component) {
               com=(Component)e.getSource();
               a=com.getBounds().x;        b=com.getBounds().y;
               x=e.getX();      //获取鼠标在事件源中的位置坐标
               y=e.getY();
               a=a+x;
               b=b+y;
               com.setLocation(a-x0,b-y0);
            }
          }
      }
```

15.4.6 焦点事件

组件可以触发焦点事件。组件可以使用

```
addFocusListener(FocusListener listener)
```

注册焦点事件监视器。当组件获得焦点监视器后，如果组件从无输入焦点变成有输入焦点或从有输入焦点变成无输入焦点都会触发 FocusEvent 事件。创建监视器的类必须要实现 FocusListener 接口，该接口有两个方法：

```
public void focusGained(FocusEvent e)
public void focusLost(FocusEvent e)
```

当组件从无输入焦点变成有输入焦点触发 FocusEvent 事件时，监视器调用类实现接口中的 focusGained（FocusEvent e）方法；当组件从有输入焦点变成无输入焦点触发 FocusEvent 事件时，监视器调用类实现接口中的 focusLost（FocusEvent e）方法。

用户通过单击组件可以使得该组件有输入焦点，同时也使得其他组件变成无输入焦点。一个组件也可调用

```
public boolean requestFocusInWindow()
```

方法获得输入焦点。

15.4.7 键盘事件

当按下、释放或敲击键盘上一个键时就触发了键盘事件，在 Java 事件模式中，必须要有发生事件的事件源。当一个组件处于激活状态时，敲击键盘上一个键就导致这个组件触发键盘事件。使用 KeyListener 接口处理键盘事件，该接口中有如下 3 个方法。

- public void keyPressed(KeyEvent e)
- public void keyTyped(KeyEvent e)
- public void KeyReleased(KeyEvent e)

某个组件使用 addKeyListener 方法注册监视器之后，当该组件处于激活状态时，用户按下键盘上某个键时，触发 KeyEvent 事件，监视器调用 keyPressed 方法；用户释放键盘上按下的键时，触发 KeyEvent 事件，监视器调用 KeyReleased 方法。keyTyped 方法是 Pressedkey 和 keyReleased 方法的组合，当键被按下又释放时，监视器调用 keyTyped 方法。

用 KeyEvent 类的 public int getKeyCode()方法，可以判断哪个键被按下、敲击或释放，getKeyCode 方法返回一个键码值（见表 15.1）。也可以用 KeyEvent 类的 public char getKeyChar() 判断哪个键被按下、敲击或释放，getKeyChar()方法返回键上的字符。

表 15.1　　键码表

键　码	键
VK_F1-VK_F12	功能键 F1-F12
VK_LEFT	向左箭头键
VK_RIGHT	向右箭头键
VK_UP	向上箭头键
VK_DOWN	向下箭头键
VK_KP_UP	小键盘的向上箭头键
VK_KP_DOWN	小键盘的向下箭头键
VK_KP_LEFT	小键盘的向左箭头键
VK_KP_RIGHT	小键盘的向右箭头键
VK_END	END 键
VK_HOME	HOME 键
VK_PAGE_DOWN	向后翻页键
VK_PAGE_UP	向前翻页键
VK_PRINTSCREEN	打印屏幕键
VK_SCROLL_LOCK	滚动锁定键
VK_CAPS_LOCK	大写锁定键
VK_NUM_LOCK	数字锁定键
PAUSE	暂停键
VK_INSERT	插入键
VK_DELETE	删除键
VK_ENTER	回车键
VK_TAB	制表符键
VK_BACK_SPACE	退格键
VK_ESCAPE	Esc 键
VK_CANCEL	取消键
VK_CLEAR	清除键
VK_SHIFT	Shift 键
VK_CONTROL	Ctrl 键
VK_ALT	Alt 键
VK_PAUSE	暂停键

续表

键　码	键
VK_SPACE	空格键
VK_COMMA	逗号键
VK_SEMICOLON	分号键
VK_PERIOD	. 键
VK_SLASH	/ 键
VK_BACK_SLASH	\ 键
VK_0～VK_9	0～9 键
VK_A～VK_Z	a～z 键
VK_OPEN_BRACKET	[键
VK_CLOSE_BRACKET	] 键
VK_UNMPAD0-VK_NUMPAD9	小键盘上的 0 至 9 键
VK_QUOTE	单引号 ‘键
VK_BACK_QUOTE	但引号 ’键

当安装某些软件时，经常要求输入序列号码，并且要在几个文本条中依次键入。每个文本框中键入的字符数目都是固定的，当在第一个文本框输入了恰好的字符个数后，输入光标会自动转移到下一个文本框。下面的例 15-11 通过处理键盘事件来实现软件序列号的输入。当文本框获得输入焦点后，用户敲击键盘将使得当前文本框触发 KeyEvent 事件，在处理事件时，程序检查文本框中光标的位置，如果光标已经到达指定位置，就将输入焦点转移到下一个文本框。程序运行效果如图 15.14 所示。

图 15.14　输入序列号

例 15-11

Example15_11.java

```
p public class Example15_11 {
   public static void main(String args[]) {
      Win win=new Win();
      win.setTitle("输入序列号");
      win.setBounds(10,10,460,360);
   }
}
```

Win.java

```
import java.awt.*;
import javax.swing.*;
public class Win extends JFrame {
   JTextField text[]=new JTextField[3];
   Police police;
   JButton b;
   Win() {
      setLayout(new FlowLayout());
      police = new Police();
      for(int i=0;i<3;i++) {
         text[i]=new JTextField(7);
         text[i].addKeyListener(police);  //监视键盘事件
         text[i].addFocusListener(police);
```

```
            add(text[i]);
         }
         b=new JButton("确定");
         add(b);
         text[0].requestFocusInWindow();
        setVisible(true);
        setDefaultCloseOperation(JFrame.EXIT_ON_CLOSE);
      }
   }
```

Police.java

```
   mport java.awt.event.*;
   mport javax.swing.*;
   ublic class Police implements KeyListener,FocusListener  {
      public void keyPressed(KeyEvent e) {
        JTextField t=(JTextField)e.getSource();
        if(t.getCaretPosition()>=6)
           t.transferFocus();
      }
      public void keyTyped(KeyEvent e) {}
      public void keyReleased(KeyEvent e) {}
      public void focusGained(FocusEvent e) {
        JTextField text=(JTextField)e.getSource();
        text.setText(null);
       }
      public void focusLost(FocusEvent e){}
   }
```

15.4.8　匿名类实例或窗口做监视器

在第 6 章曾学习了匿名类，其方便之处是匿名类的外嵌类的成员变量在匿名类中仍然有效，当发生事件时，监视器就比较容易操作事件源所在的外嵌类中的成员，而不必把监视器需要处理的对象的引用传递给监视器。当事件的处理比较简单，系统也不复杂时，使用匿名类做监视器是一个不错的选择，但是当事件的处理比较复杂时，使用内部类或匿名类会让系统缺乏弹性，因为每次修改内部类的代码都会导致整个外嵌类同时被编译，反之也是。

在下面的例 15-12 中，窗口有 2 个文本框：text1 和 text2，当前窗口作为 text1 的监视器，用户在 text1 输入一个整数，当前窗口在 text2 中显示该数的立方；另外，一个匿名类的实例也注册为 text1 的监视器，当在 text1 文本框中输入 Exit 时，程序结束运行。

例 15-12

Example15_12.java

```
   public class Example15_12 {
      public static void main(String args[]) {
         WindowPolice win = new WindowPolice();
      }
   }
```

WindowPolice.java

```
   import java.awt.*;
   import javax.swing.*;
   import java.awt.event.*;
   import static javax.swing.JFrame.*;
   public class WindowPolice extends JFrame implements ActionListener{
      JTextField text1,text2;
```

```
    public WindowPolice() {
        init();
        setBounds(100,100,350,150);
        setVisible(true);
        setDefaultCloseOperation(JFrame.EXIT_ON_CLOSE);
    }
    void init() {
        setLayout(new FlowLayout());
        text1=new JTextField(10);
        text2=new JTextField(10);
        text1.addActionListener(this); //WindowPolice 类的实例（当前窗口）做监视器
        add(text1);
        add(text2);
        text1.addActionListener(new ActionListener() {  //匿名类实例做监视器
                               public void actionPerformed(ActionEvent e) {
                                    String str=text1.getText();
                                    if(str.equalsIgnoreCase("Exit"))
                                       System.exit(0);
                               }});
    }
    public void actionPerformed(ActionEvent e) {  //重写接口中的方法
        String str=text1.getText();
        int n=0,m=0;
        try{
             n=Integer.parseInt(str);
             m=n*n*n;
             text2.setText(""+m);
        }
        catch(Exception ee) {
            text2.setText("请输入数字字符");
            text1.setText(null);
        }
    }
}

}
```

代码分析：事件源发生的事件传递到监视对象，这意味着要把监视器注册到文本框。当事件发生时，监视器对象将“监视”它。在 15-12 中的 WindowPolice 类中，通过把 WindowPolice 类的实例（窗口）的引用传值给 addActionListener()方法中的接口参数，使窗口成为监视器：

```
text1.addActionListener(this);
```

因为 this 出现在 init()方法中（有关 this 关键字的知识见第 4 章的 4.8 节），就代表程序中创建的窗口对象 tom，即代表在 Example15_12.java 中使用 WindowJilin 类创建的 win 窗口。因为事件源发生的事件是 ActionEvent 类型，所以 WindowPolice 类要实现 ActionListener 接口。

15.4.9 事件总结

1. 授权模式

Java 的事件处理是基于授权模式，即事件源调用调用方法将某个对象注册为自己的监视器。领会了 15.3.2 小节至 15.3.4 小节的几个例子，对学习事件处理就不会有太大的困难了，其原因是，处理相应的事件使用相应的接口，在今后的学习中会自然地掌握。

2. 接口回调

Java 语言使用接口回调技术实现处理事件的过程。

```
addXXXListener(XXXListener listener)
```

方法中的参数是一个接口，listener 可以引用任何实现了该接口的类所创建的对象，当事件源发生事件时，接口 listener 立刻回调被类实现的接口中的某个方法。

3. 方法绑定

从方法绑定角度看，Java 将某种事件的处理绑定到对应的接口，即绑定到接口中的方法，也就是说，当事件源触发事件发生后，监视器准确知道去调用哪个方法。

4. 保持松耦合

监视器和事件源应当保持一种松耦合关系，也就是说尽量让事件源所在的类和监视器是组合关系，尽量不要让事件源所在的类的实例、以及它的子类的实例或内部类、匿名类的实例做监视器。也就是说，当事件源触发事件发生后，系统知道某个方法会被执行，但无需关心到底是哪个对象去调用了这个方法，因为任何实现接口的类的实例（作为监视器）都可以调用这个方法来处理事件。

15.5　使用 MVC 结构

模型-视图-控制器（Model-View-Controller，MVC）是一种先进的设计结构，是 Trygve Reenskaug 教授于 1978 年最早开发的一个基本结构，其目的是以会话形式提供方便的 GUI 支持。MVC 首先出现在 Smalltalk 编程语言中。

MVC 是一种通过 3 个不同部分构造一个软件或组件的理想办法。

- 模型（model）　用于存储数据的对象。
- 视图（view）　为模型提供数据显示的对象。
- 控制器（controller）　处理用户的交互操作，对于用户的操作作出响应，让模型和视图进行必要的交互，即通过视图修改、获取模型中的数据；当模型中的数据变化时，让视图更新显示。

从面向对象的角度看，MVC 结构可以使程序更具有对象化特性，也更容易维护。在设计程序时，可以将某个对象看作“模型”，然后为“模型”提供恰当的显示组件，即“视图”。为了对用户的操作作出响应，可以选择某个组件做“控制器”，当发生组件事件时，通过“视图”修改或得到“模型”中维护着的数据，并让“视图”更新显示。

在下面的例 15-13 中，首先编写一个封装三角形的类，然后再编写 1 个窗口。要求窗口使用 3 个文本框和 1 个文本区为三角形对象中的数据提供视图，其中 3 个文本框用来显示和更新三角形对象的 3 个边的长度；文本区对象用来显示三角形的面积。窗口中有一个按钮，用户单击该按钮后，程序用 3 个文本框中的数据分别作为三角形的 3 个边的长度，并将计算出的三角形的面积显示在文本区中。程序运行效果如图 15.15 所示。

例 15-13

Example15_13.java

```
public class Example15_13 {
   public static void main(String args[]){
      WindowTriangle win=new WindowTriangle();
```

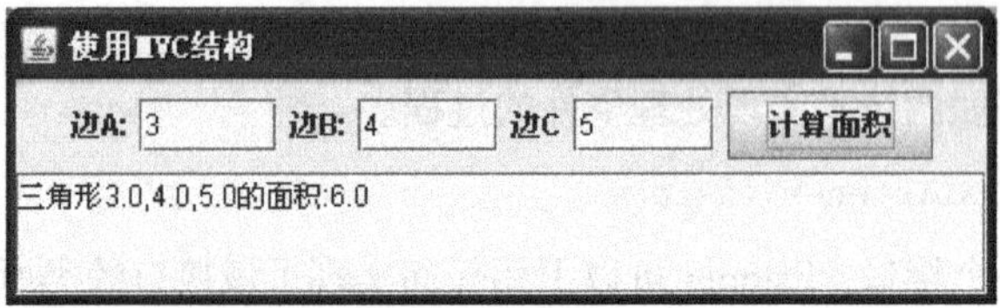

图 15.15　MVC 结构

```
        win.setTitle("使用MVC结构");
        win.setBounds(100,100,420,260);
    }
}
```

WindowTriangle.java

```
import java.awt.*;
import java.awt.event.*;
import javax.swing.*;
public class WindowTriangle extends JFrame implements ActionListener {
   Triangle triangle;                    //数据对象
   JTextField textA,textB,textC;         //数据对象的视图
   JTextArea showArea;                   //数据对象的视图
   JButton controlButton;                //控制器对象
   WindowTriangle() {
      init();
      setVisible(true);
      setDefaultCloseOperation(JFrame.EXIT_ON_CLOSE);
   }
   void init() {
     triangle=new Triangle();
     textA=new JTextField(5);
     textB=new JTextField(5);
     textC=new JTextField(5);
     showArea=new JTextArea();
     controlButton=new JButton("计算面积");
     JPanel pNorth=new JPanel();
     pNorth.add(new JLabel("边A:"));
     pNorth.add(textA);
     pNorth.add(new JLabel("边B:"));
     pNorth.add(textB);
     pNorth.add(new JLabel("边C"));
     pNorth.add(textC);
     pNorth.add(controlButton);
     controlButton.addActionListener(this);
     add(pNorth,BorderLayout.NORTH);
     add(new JScrollPane(showArea),BorderLayout.CENTER);
   }
   public void actionPerformed(ActionEvent e) {
     try{
        double a=Double.parseDouble(textA.getText().trim());
        double b=Double.parseDouble(textB.getText().trim());
        double c=Double.parseDouble(textC.getText().trim());
        triangle.setA(a) ;          //更新数据
        triangle.setB(b);
        triangle.setC(c);
```

```
            String area=triangle.getArea();
            showArea.append("三角形"+a+","+b+","+c+"的面积:");
            showArea.append(area+"\n"); //更新视图
         }
         catch(Exception ex) {
            showArea.append("\n"+ex+"\n");
         }
      }
   }
```

Triangle.java

```
   public class Triangle {
      double sideA,sideB,sideC,area;
      boolean isTriange;
      public String getArea() {
        if(isTriange) {
           double p=(sideA+sideB+sideC)/2.0;
           area=Math.sqrt(p*(p-sideA)*(p-sideB)*(p-sideC)) ;
           return String.valueOf(area);
        }
        else {
           return "无法计算面积";
        }
      }
      public void setA(double a) {
        sideA=a;
        if(sideA+sideB>sideC&&sideA+sideC>sideB&&sideC+sideB>sideA)
          isTriange=true;
        else
          isTriange=false;
      }
      public void setB(double b) {
        sideB=b;
        if(sideA+sideB>sideC&&sideA+sideC>sideB&&sideC+sideB>sideA)
          isTriange=true;
        else
          isTriange=false;
      }
      public void setC(double c) {
        sideC=c;
        if(sideA+sideB>sideC&&sideA+sideC>sideB&&sideC+sideB>sideA)
          isTriange=true;
        else
          isTriange=false;
      }
   }
```

15.6　对　话　框

JDialog 类和 JFrame 都是 Window 的子类，二者的实例都是底层容器，但二者有相似之处也有不同的地方，主要区别是，JDialog 类创建的对话框必须要依赖于某个窗口。

对话框分为无模式和有模式两种。如果一个对话框是有模式的对话框，那么当这个对话框处于激活状态时，只让程序响应对话框内部的事件，而且将堵塞其他线程的执行，用户不能再激活对话框所在程序中的其他窗口，直到该对话框消失不可见。无模式对话框处于激活状态时，能再激活其他窗口，也不堵塞其他线程的执行。

进行一个重要的操作动作之前，通过弹出一个有模式的对话框表明操作的重要性。

15.6.1 消息对话框

消息对话框是有模式对话框，进行一个重要的操作动作之前，最好能弹出一个消息对话框。可以用 javax.swing 包中的 JOptionPane 类的静态方法：

```
public static void showMessageDialog(Component parentComponent,
                                     String message,
                                     String title,
                                     int messageType)
```

创建一个消息对话框，其中参数 parentComponent 指定对话框可见时的位置，如果 parentComponent 为 null，对话框会在屏幕的正前方显示出来；如果组件 parentComponent 不空，对话框在组件 parentComponent 的正前面居中显示。message 指定对话框上显示的消息；title 指定对话框的标题；messageType 取下列有效值：

```
JOptionPane.INFORMATION_MESSAGE
JOptionPane.WARNING_MESSAGE
JOptionPane.ERROR_MESSAGE
JOptionPane.QUESTION_MESSAGE
JOptionPane.PLAIN_MESSAGE
```

这些值可以给出对话框的外观，例如，取值 JOptionPane.WARNING_MESSAGE 时，对话框的外观上会有一个明显的“!”符号。

在下面的例 15-14 中，要求用户在文本框中只能输入英文字母，当输入非英文字符时，弹出消息对话框。程序中消息对话框的运行效果如图 15.16 所示。

图 15.16 消息对话框

例 15-14

Example15_14.java

```
public class Example15_14 {
   public static void main(String args[]) {
      WindowMess win=new WindowMess();
      win.setTitle("带消息对话框的窗口");
      win.setBounds(80,90,200,300);
   }
}
```

WindowMess.java

```
import java.awt.event.*;
import java.awt.*;
import javax.swing.*;
public class WindowMess extends JFrame implements ActionListener {
   JTextField inputEnglish;
   JTextArea show;
```

```
    String regex = "[a-zZ-Z]+";
    WindowMess() {
       inputEnglish=new JTextField(22);
       inputEnglish.addActionListener(this);
       show=new JTextArea();
       add(inputEnglish,BorderLayout.NORTH);
       add(show,BorderLayout.CENTER);
       setVisible(true);
       setDefaultCloseOperation(JFrame.EXIT_ON_CLOSE);
    }
    public void actionPerformed(ActionEvent e) {
       if(e.getSource()==inputEnglish) {
          String str=inputEnglish.getText();
          if(str.matches(regex)) {
             show.append(str+",");
          }
          else { //弹出"警告"消息对话框
             JOptionPane.showMessageDialog(this,"您输入了非法字符","消息对话框",
                                                JOptionPane.WARNING_MESSAGE);
             inputEnglish.setText(null);
          }
       }
    }
}
```

15.6.2 输入对话框

输入对话框含有供用户输入文本的文本框、一个确认按钮和一个取消按钮，是有模式对话框。当输入对话框可见时，要求用户输入一个字符串。javax.swing 包中的 JOptionPane 类的静态方法：

```
public static String showInputDialog(Component parentComponent,
                                     Object message,
                                     String title,
                                     int messageType)
```

可以创建一个输入对话框，其中参数 parentComponent 指定输入对话框所依赖的组件，输入对话框会在该组件的正前方显示出来（如果 parentComponent 为 null,输入对话框会在屏幕的正前方显示出来），参数 message 指定对话框上的提示信息，参数 title 指定对话框上的标题，参数 messageType 可取的有效值是 JOptionPane 中的类常量：

```
ERROR_MESSAGE,
INFORMATION_MESSAGE
WARNING_MESSAGE
QUESTION_MESSAGE
PLAIN_MESSAGE,
```

这些值可以影响对话框的外观，如取值 WARNING_MESSAGE 时，对话框的外观上会有一个明显的“!”符号。

单击输入对话框上的“确认”按钮、“取消”按钮或“关闭”图标，都可以使输入对话框消失不可见，如果单击的是“确认”按钮，输入对话框将返回用户在对话框的文本框中输入的字符串，否则返回 null。

在下面的例 15-15 中，用户在单击按钮弹出输入对话框，用户在输入对话框中输入若干个数字，如果单击输入对话框上的确定按钮，程序将计算这些数字的和。程序中输入对话框的运行效果如图 15.17 所示。

图 15.17　输入对话框

例 15-15

```
Example15_15.java
    public class Example15_15 {
       public static void main(String args[]) {
          WindowInput win=new WindowInput();
          win.setTitle("带输入对话框的窗口");
          win.setBounds(80,90,200,300);
       }
    }
```

WindowInput.java

```
    import java.awt.event.*;
    import java.awt.*;
    import javax.swing.*;
    import java.util.*;
    public class WindowInput extends JFrame implements ActionListener {
       JTextArea showResult;
       JButton openInput;
       WindowInput() {
          openInput=new JButton("弹出输入对话框");
          showResult=new JTextArea();
          add(openInput,BorderLayout.NORTH);
          add(new JScrollPane(showResult),BorderLayout.CENTER);
          openInput.addActionListener(this);
          setVisible(true);
          setDefaultCloseOperation(JFrame.EXIT_ON_CLOSE);
       }
       public void actionPerformed(ActionEvent e) {
          String str=JOptionPane.showInputDialog(this,"输入数字,用空格分隔","输入对话框",
                                                       JOptionPane.PLAIN_MESSAGE);
          if(str!=null) {
             Scanner scanner = new Scanner(str);
             double sum=0;
             int k=0;
             while(scanner.hasNext()){
                try{
                   double number=scanner.nextDouble();
                   if(k==0)
                      showResult.append("" +number);
                   else
                      showResult.append("+"+number);
                   sum=sum+number;
                   k++;
                }
                catch(InputMismatchException exp){
                   String t=scanner.next();
                }
             }
             showResult.append("="+sum+"\n");
          }
       }
    }
```

15.6.3　确认对话框

确认对话框是有模式对话框，可以用 javax.swing 包中的 JOptionPane 类的静态方法：

```
public static int showConfirmDialog(Component parentComponent,Object message,
                                     String title,int optionType)
```

得到一个确认对话框，其中参数 parentComponent 指定确认对话框可见时的位置，确认对话框在参数 parentComponent 指定的组件的正前方显示出来；如果 parentComponent 为 null，确认对话框会在屏幕的正前方显示出来。message 指定对话框上显示的消息；title 指定确认对话框的标题；optionType 取下列有效值：

```
JOptionPane.YES_NO_OPTION
JOptionPane.YES_NO_CANCEL_OPTION
JOptionPane.OK_CANCEL_OPTION
```

这些值可以给出确认对话框的外观，例如，取值 JOptionPane.YES_NO_OPTION 时，确认对话框的外观上会有“Yes”、“No”两个按钮。当确认对话框消失后，showConfirmDialog 方法会返回下列整数值之一：

```
JOptionPane.YES_OPTION
JOptionPane.NO_OPTION
JOptionPane.CANCEL_OPTION
JOptionPane.OK_OPTION
JOptionPane.CLOSED_OPTION
```

返回的具体值依赖于用户所单击的对话框上的按钮和对话框上的关闭图标。

在下面的例 15-16 中，用户在文本框中输入账户名称，按回车键后，将弹出一个确认对话框。如果单击确认对话框上的“是（Y）”按钮，就将名字放入文本区。程序中确认对话框的运行效果如图 15.18 所示。

图 15.18　确认对话框

例 15-16

Example15_16.java

```
public class Example15_16 {
   public static void main(String args[]) {
      WindowEnter win=new WindowEnter();
      win.setTitle("带确认对话框的窗口");
      win.setBounds(80,90,200,300);
   }
}
```

WindowEnter.java

```
import java.awt.event.*;
import java.awt.*;
import javax.swing.*;
public class WindowEnter extends JFrame implements ActionListener {
   JTextField inputName;
   JTextArea  save;
   WindowEnter() {
      inputName=new JTextField(22);
      inputName.addActionListener(this);
      save=new JTextArea();
```

```
        add(inputName,BorderLayout.NORTH);
        add(new JScrollPane(save),BorderLayout.CENTER);
        setVisible(true);
        setDefaultCloseOperation(JFrame.EXIT_ON_CLOSE);
    }
    public void actionPerformed(ActionEvent e) {
        String s=inputName.getText();
        int n=JOptionPane.showConfirmDialog(this,"确认是否正确","确认对话框",
                                            JOptionPane.YES_NO_OPTION );
        if(n==JOptionPane.YES_OPTION) {
            save.append("\n"+s);
        }
        else if(n==JOptionPane.NO_OPTION) {
            inputName.setText(null);
        }
    }
}
```

15.6.4 颜色对话框

可以用 javax.swing 包中的 JColorChooser 类的静态方法:

```
public static Color showDialog(Component component,String title,Color initialColor)
```

创建一个有模式的颜色对话框，其中参数 component 指定颜色对话框可见时的位置，颜色对话框在参数 component 指定的组件的正前方显示出来；如果 component 为 null, 颜色对话框在屏幕的正前方显示出来。title 指定对话框的标题；initialColor 指定颜色对话框返回的初始颜色。用户通过颜色对话框选择颜色后，如果单击“确定”按钮，那么颜色对话框将消失，showDialog()方法返回对话框所选择的颜色对象；如果单击“撤销”按钮或关闭图标，那么颜色对话框将消失，showDialog()方法返回 null。

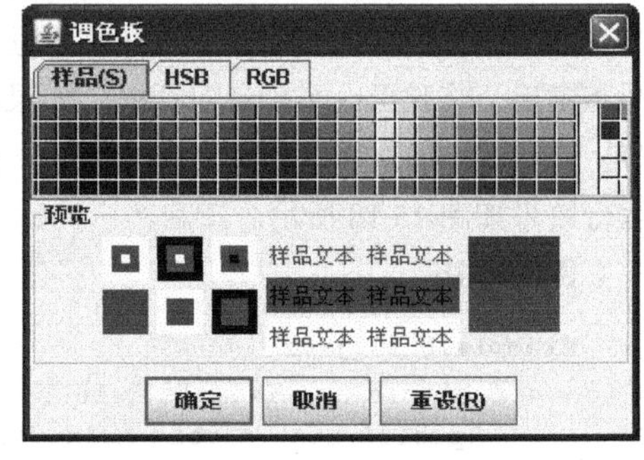

图 15.19　颜色对话框

在下面的例 15-17 中，当用户单击按钮时，弹出一个颜色对话框，然后根据用户选择的颜色来改变窗口的颜色。程序中颜色对话框的运行效果如图 15.19 所示。

例 15-17

Example15_17.java

```
public class Example15_17 {
    public static void main(String args[]) {
        WindowColor win=new WindowColor();
        win.setTitle("带颜色对话框的窗口");
        win.setBounds(80,90,200,300);
    }
}
```

WindowColor.java

```
import java.awt.event.*;
import java.awt.*;
import javax.swing.*;
```

```
public class WindowColor extends JFrame implements ActionListener {
  JButton button;
  WindowColor() {
    button=new JButton("打开颜色对话框");
    button.addActionListener(this);
    setLayout(new FlowLayout());
    add(button);
    setVisible(true);
    setDefaultCloseOperation(JFrame.EXIT_ON_CLOSE);
  }
  public void actionPerformed(ActionEvent e) {
    Color newColor=JColorChooser.showDialog(this,"调色板",getContentPane().get
Background());
    if(newColor!=null) {
      getContentPane().setBackground(newColor);
    }
  }
}
```

15.6.5　文件对话框

文件对话框是一个从文件中选择文件的界面。javax.swing 包中的 JFileChooser 类可以创建文件对话框，使用该类的构造方法 JFileChooser()创建初始不可见的有模式的文件对话框。然后文件对话框调用下述两个方法：

```
showSaveDialog(Component a);
showOpenDialog(Component a);
```

都可以使得对话框可见，只是呈现的外观有所不同，showSaveDialog 方法提供保存文件的界面，showOpenDialog 方法提供打开文件的界面。上述两个方法中的参数 a 指定对话框可见时的位置，当 a 是 null 时，文件对话框出现在屏幕的中央；如果组件 a 不空，文件对话框在组件 a 的正前面居中显示。

用户单击文件对话框上的“确定”、“取消”或关闭图标，文件对话框将消失。ShowSaveDialog()或 showOpenDialog()方法返回下列常量之一：

```
JFileChooser.APPROVE_OPTION
JFileChooser.CANCEL_OPTION
```

在下面的例 15-18 中，使用文件对话框打开和保存文件，对话框如图 15.20 所示。

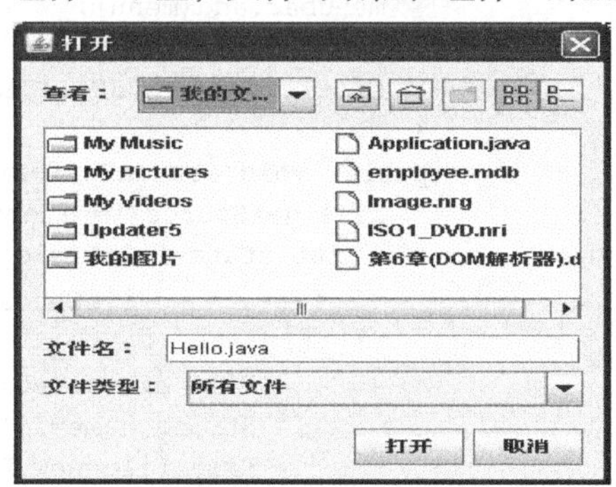

图 15.20　文件对话框

例 15-18

Example15_18.java

```
public class Example15_18 {
  public static void main(String args[]) {
    WindowReader win=new WindowReader();
    win.setTitle("使用文件对话框读写文件");
  }
}
```

WindowReader.java

```
import java.awt.*;
```

```
import java.awt.event.*;
import javax.swing.*;
import java.io.*;
public class WindowReader extends JFrame implements ActionListener {
  JFileChooser fileDialog ;
  JMenuBar menubar;
  JMenu menu;
  JMenuItem itemSave,itemOpen;
  JTextArea text;
  BufferedReader in;
  FileReader fileReader;
  BufferedWriter out;
  FileWriter fileWriter;
  WindowReader() {
    init();
    setSize(300,400);
    setVisible(true);
    setDefaultCloseOperation(JFrame.EXIT_ON_CLOSE);
  }
  void init() {
    text=new JTextArea(10,10);
    text.setFont(new Font("楷体_gb2312",Font.PLAIN,28));
    add(new JScrollPane(text),BorderLayout.CENTER);
    menubar=new JMenuBar();
    menu=new JMenu("文件");
    itemSave=new JMenuItem("保存文件");
    itemOpen=new JMenuItem("打开文件");
    itemSave.addActionListener(this);
    itemOpen.addActionListener(this);
    menu.add(itemSave);
    menu.add(itemOpen);
    menubar.add(menu);
    setJMenuBar(menubar);
    fileDialog=new JFileChooser();
  }
  public void actionPerformed(ActionEvent e) {
    if(e.getSource()==itemSave) {
      int state=fileDialog.showSaveDialog(this);
      if(state==JFileChooser.APPROVE_OPTION) {
        try{
           File dir=fileDialog.getCurrentDirectory();
           String name=fileDialog.getSelectedFile().getName();
           File file=new File(dir,name);
           fileWriter=new FileWriter(file);
           out=new BufferedWriter(fileWriter);
           out.write(text.getText());
           out.close();
           fileWriter.close();
        }
        catch(IOException exp){}
      }
    }
    else if(e.getSource()==itemOpen) {
        int state=fileDialog.showOpenDialog(this);
```

```
            if(state==JFileChooser.APPROVE_OPTION) {
                text.setText(null);
                try{
                   File dir=fileDialog.getCurrentDirectory();
                   String name=fileDialog.getSelectedFile().getName();
                   File file=new File(dir,name);
                   fileReader=new FileReader(file);
                   in=new BufferedReader(fileReader);
                   String s=null;
                   while((s=in.readLine())!=null) {
                      text.append(s+"\n");
                   }
                   in.close();
                   fileReader.close();
                }
                catch(IOException exp){}
            }
         }
      }
   }
```

15.6.6　自定义对话框

创建对话框与创建窗口类似，通过建立 JDialog 的子类来建立一个对话框类，然后这个类的一个实例，即这个子类创建的一个对象，就是一个对话框。对话框是一个容器，它的默认布局是 BorderLayout，对话框可以添加组件，实现与用户的交互操作。需要注意的是，对话框可见时，默认地被系统添加到显示器屏幕上，因此不允许将一个对话框添加到另一个容器中。以下是构造对话框的 2 个常用构造方法。

- JDialog()构造一个无标题的初始不可见的对话框，对话框依赖一个默认的不可见的窗口，该窗口由 Java 运行环境提供。
- JDialog（JFrame owner）构造一个无标题的初始不可见的无模式的对话框，owner 是对话框所依赖的窗口，如果 owner 取 null，对话框依赖一个默认的不可见的窗口，该窗口由 Java 运行环境提供。

下面的例 15-19 使用自定义对话框更改窗口的标题，自定义对话框的效果如图 15.21 所示。

图 15.21　自定义对话框

例 15-19

Example15_19.java

```
   public class Example15_19 {
      public static void main(String args[]) {
         MyWindow win=new MyWindow();
         win.setTitle("带自定义对话框的窗口");
         win.setSize(200,300);
      }
   }
```

MyWindow.java

```
   import java.awt.*;
   import java.awt.event.*;
   import javax.swing.*;
   public class MyWindow extends JFrame implements ActionListener {
```

```
    JButton button;
    MyDialog dialog;
    MyWindow() {
       init();
       setVisible(true);
       setDefaultCloseOperation(JFrame.EXIT_ON_CLOSE);
    }
    void init() {
       button=new JButton("打开对话框");
       button.addActionListener(this);
       add(button,BorderLayout.NORTH);
       dialog=new MyDialog(this,"我是对话框");  //对话框依赖于MyWindow创建的窗口
       dialog.setModal(true);    //有模式对话框
    }
    public void actionPerformed(ActionEvent e) {
         dialog.setVisible(true);
         String str = dialog.getTitle();
         setTitle(str);
    }
 }
```

MyDialog.java

```
import java.awt.*;
import java.awt.event.*;
import javax.swing.*;
public class MyDialog extends JDialog implements ActionListener  {
    JTextField inputTitle;
    String title;
    MyDialog(JFrame f,String s) { //构造方法
       super(f,s);
       inputTitle=new JTextField(10);
       inputTitle.addActionListener(this);
       setLayout(new FlowLayout());
       add(new JLabel("输入窗口的新标题"));
       add(inputTitle);
       setBounds(60,60,100,100);
       setDefaultCloseOperation(JFrame.DISPOSE_ON_CLOSE);
    }
    public void actionPerformed(ActionEvent e) {
       title=inputTitle.getText();
       setVisible(false);
    }
    public String getTitle() {
       return title;
    }
}
```

15.7 发布 GUI 程序

可以使用 jar.exe 把一些文件压缩成一个 JAR 文件，来发布我们的应用程序。我们可以把 java 应用程序中涉及的类压缩成一个 JAR 文件，如 Tom.jar，然后使用 java 解释器（使用参数-jar）执行这个压缩文件，或用鼠标双击该文件，执行这个压缩文件。

```
java  -jar Tom.jar
```

假设 D:\test 目录中的应用程序有两个类 A、B，其中 A 是主类。生成一个 JAR 文件的步骤如下。

（1）首先用文本编辑器（比如 Windows 下的记事本）编写一个清单文件。

Mymoon.mf：

```
Manifest-Version: 1.0
Main-Class: A
Created-By: 1.6
```

编写清单文件时，在“Manifest-Version：”和“1.0”之间，“Main-Class：”和主类“A”之间，以及“Created-By：”和“1.6”之间必须有且只有一个空格。保存 Mymoon.mf 到 D:\test。

（2）生成 JAR 文件：

```
D:\test\jar cfm Tom.jar Mymoon.mf A.class B.class
```

如果目录 test 下的字节码文件刚好是应用程序需要的全部字节码文件，也可以按如下方式生成 JAR 文件：

```
D:\test\jar cfm Tom.jar Mymoon.mf  *.class
```

其中参数 c 表示要生成一个新的 JAR 文件；f 表示要生成的 JAR 文件的名字；m 表示文件清单文件的名字。

现在就可以将 Tom.jar 文件复制到任何一个安装了 java 运行环境的计算机上，只要用鼠标双击该文件就可以运行该 java 应用程序了。

15.8 上机实践

15.8.1 实验 1 算术测试

1. 实验目的

处理事件时，要很好地掌握事件源、监视器、处理事件的接口之间的关系。事件源是能够产生事件的对象，如文本框、按钮、下拉式列表等。事件源通过调用相应的方法将某个对象作为自己的监视器，事件源增加监视的方法 addXXXListener(XXXListener listener)中的参数是一个接口，listener 可以引用任何实现了该接口的类所创建的对象做为事件源的监视器，当事件源发生事件时，接口 listener 立刻调用被类实现的接口中的某个方法，即监视器负责处理事件源发生的事件。本实验目的是掌握处理 ActionEvent 事件。

2. 实验要求

编写一个算术测试小软件，用来训练小学生的算术能力。程序由 3 个类组成，其中 Teacher 对象充当监视器，负责给出算术题目，并判断回答者的答案是否正确；ComputerFrame 对象负责为算术题目提供视图，比如用户可以通过 ComputerFrame 对象提供的 GUI 界面看到题目，并通过该 GUI 界面给出题目的答案；MailClass 是软件的主类。程序运行参考效果如图 15.22 所示。

3. 程序模板

请按模板要求，将【代码】替换为 Java 程序代码。

MainClass.java

```
public class MainClass {
  public static void main(String args[]) {
```

图 15.22　算术测试

```
            ComputerFrame frame;
            frame=new ComputerFrame();
            frame.setTitle("算术测试");
            frame.setBounds(100,100,650,180);
        }
    }
```

ComputerFrame.java

```
    import java.awt.*;
    import java.awt.event.*;
    import javax.swing.*;
    public class ComputerFrame extends JFrame {
       JMenuBar menubar;
       JMenu choiceGrade; //选择级别的菜单
       JMenuItem  grade1,grade2;
       JTextField textOne,textTwo,textResult;
       JButton getProblem,giveAnswer;
       JLabel operatorLabel,message;
       Teacher teacherZhang;
       ComputerFrame() {
          teacherZhang=new Teacher();
          teacherZhang.setMaxInteger(20);
          setLayout(new FlowLayout());
          menubar = new JMenuBar();
          choiceGrade = new JMenu("选择级别");
          grade1 = new JMenuItem("幼儿级别");
          grade2 = new JMenuItem("儿童级别");
          grade1.addActionListener(new ActionListener() {
                                   public void actionPerformed(ActionEvent e) {
                                      teacherZhang.setMaxInteger(10);
                                   }
                              });
          grade2.addActionListener(new ActionListener() {
                                   public void actionPerformed(ActionEvent e) {
                                      teacherZhang.setMaxInteger(50);
                                   }
                              });
          choiceGrade.add(grade1);
          choiceGrade.add(grade2);
          menubar.add(choiceGrade);
          setJMenuBar(menubar);
          【代码 1】          //创建 textOne,其可见字符长是 5
          textTwo=new JTextField(5);
          textResult=new JTextField(5);
          operatorLabel=new JLabel("+");
          operatorLabel.setFont(new Font("Arial",Font.BOLD,20));
          message=new JLabel("你还没有回答呢");
```

```
        getProblem=new JButton("获取题目");
        giveAnswer=new JButton("确认答案");
        add(textOne);
        add(operatorLabel);
        add(textTwo);
        add(new JLabel("="));
        add(textResult);
        add(giveAnswer);
        add(message);
        add(getProblem);
        textResult.requestFocus();
        textOne.setEditable(false);
        textTwo.setEditable(false);
        getProblem.setActionCommand("getProblem");
        textResult.setActionCommand("answer");
        giveAnswer.setActionCommand("answer");
        teacherZhang.setJTextField(textOne,textTwo,textResult);
        teacherZhang.setJLabel(operatorLabel,message);
        【代码 2】//将 teacherZhang 注册为 getProblem 的 ActionEvent 事件监视器
        【代码 3】//将 teacherZhang 注册为 giveAnswer 的 ActionEvent 事件监视器
        【代码 4】//将 teacherZhang 注册为 textResult 的 ActionEvent 事件监视器
        setVisible(true);
        validate();
        setDefaultCloseOperation(DISPOSE_ON_CLOSE);
     }
  }
```

Teacher.java

```
  import java.util.Random;
  import java.awt.event.*;
  import javax.swing.*;
  public class Teacher implements ActionListener {
     int numberOne,numberTwo;
     String operator="";
     boolean isRight;
     Random random;  //用于给出随机数
     int maxInteger;  //题目中最大的整数
     JTextField textOne,textTwo,textResult;
     JLabel operatorLabel,message;
     Teacher() {
        random = new Random();
     }
     public void setMaxInteger(int n) {
        maxInteger=n;
     }
     public void actionPerformed(ActionEvent e) {
        String str = e.getActionCommand();
        if(str.equals("getProblem")) {
           numberOne = random.nextInt(maxInteger)+1;//1 至 maxInteger 之间的随机数;
           numberTwo=random.nextInt(maxInteger)+1;
           double d=Math.random(); // 获取(0,1)之间的随机数
           if(d>=0.5)
              operator="+";
           else
             operator="-";
```

```
            textOne.setText(""+numberOne);
            textTwo.setText(""+numberTwo);
            operatorLabel.setText(operator);
            message.setText("请回答");
            textResult.setText(null);
        }
        else if(str.equals("answer")) {
            String answer=textResult.getText();
            try{  int result=Integer.parseInt(answer);
                  if(operator.equals("+")){
                    if(result==numberOne+numberTwo)
                       message.setText("你回答正确");
                    else
                      message.setText("你回答错误");
                  }
                  else if(operator.equals("-")){
                    if(result==numberOne-numberTwo)
                       message.setText("你回答正确");
                    else
                      message.setText("你回答错误");
                  }
            }
            catch(NumberFormatException ex) {
                  message.setText("请输入数字字符");
            }
        }
    }
    public void setJTextField(JTextField ... t) {
        textOne=t[0];
        textTwo=t[1];
        textResult=t[2];
    }
    public void setJLabel(JLabel ...label) {
        operatorLabel=label[0];
        message=label[1];
    }
}
```

4. 实验指导

需要将实验中的三个 java 文件保存在同一文件中，分别编译或只编译主类 MainClass，然后运行主类即可。JButton 对象可触发 ActionEvent 事件，JButton 事件源使用 addActionListener 方法获得监视器，创建监视器的类需实现 ActionListener 接口。

5. 实验后的练习

给上述程序增加测试乘法的功能。

15.8.2 实验 2 华容道

1. 实验目的

任何组件上都可以发生鼠标事件，如鼠标进入组件、退出组件、在组件上方单击鼠标、拖动鼠标等都触发鼠标事件，即导致 MouseEvent 类自动创建一个事件对象。事件源注册监视器的方法是 addMouseListener（MouseListener listener）。当某个组件处于激活状态时，如果用户敲击键盘上一个键就导致这个组件触发 KeyEvent 事件。使用 KeyListener 接口处理键盘事件。组件可以触发焦点事件。当组件具有焦点监视器后，如果组件从无输入焦点变成有输入焦点或从有输入焦点变成无输入焦点都会触发 FocusEvent 事件。使用 FocusListener 接口处理焦点事件。本实验的目的是掌握焦点、鼠标和键盘事件。

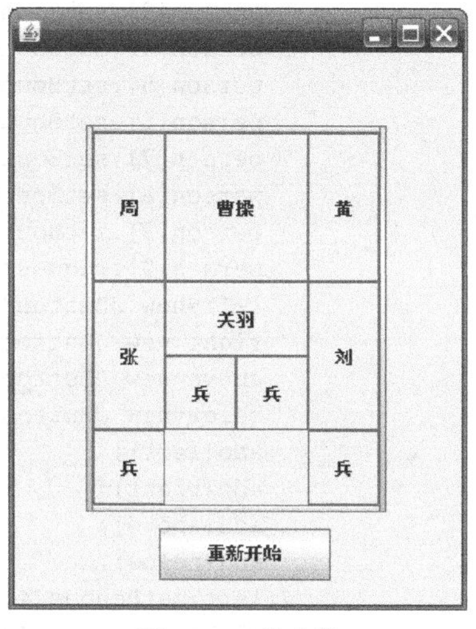

图 15.23　华容道

2. 实验要求

华容道是大家很熟悉的一个传统智力游戏。编写 GUI 程序，用户通过键盘和鼠标事件来实现曹操、关羽等人物的移动。程序运行参考效果如图 15.23 所示。

3. 程序模板

认真阅读、调试模板程序，完成实验后的练习。

MainClass.java

```
public class MainClass {
  public static void main(String args[]) {
    new Hua_Rong_Road();
  }
}
```

Hua_Rong_Road.java

```
import java.awt.*;
import javax.swing.*;
import java.awt.event.*;
public class Hua_Rong_Road extends JFrame implements MouseListener,KeyListener,ActionListener {
  Person person[]=new Person[10];
  JButton left,right,above,below;
  JButton restart=new JButton("重新开始");
  public Hua_Rong_Road() {
    init();
    setDefaultCloseOperation(JFrame.DISPOSE_ON_CLOSE);
    setBounds(100,100,320,500);
    setVisible(true);
    validate();
  }
  public void init() {
    setLayout(null);
    add(restart);
    restart.setBounds(100,320,120,35);
    restart.addActionListener(this);
    String name[]={"曹操","关羽","张","刘","周","黄","兵","兵","兵","兵"};
    for(int k=0;k<name.length;k++) {
      person[k]=new Person(k,name[k]);
      person[k].addMouseListener(this);
      person[k].addKeyListener(this);
      add(person[k]);
    }
    person[0].setBounds(104,54,100,100);
    person[1].setBounds(104,154,100,50);
    person[2].setBounds(54, 154,50,100);
```

```
      person[3].setBounds(204,154,50,100);
      person[4].setBounds(54, 54, 50,100);
      person[5].setBounds(204, 54, 50,100);
      person[6].setBounds(54,254,50,50);
      person[7].setBounds(204,254,50,50);
      person[8].setBounds(104,204,50,50);
      person[9].setBounds(154,204,50,50);
      person[9].requestFocus();
      left=new JButton();
      right=new JButton();
      above=new JButton();
      below=new JButton();
      add(left);
      add(right);
      add(above);
      add(below);
      left.setBounds(49,49,5,260);
      right.setBounds(254,49,5,260);
      above.setBounds(49,49,210,5);
      below.setBounds(49,304,210,5);
      validate();
   }
   public void keyTyped(KeyEvent e){}
   public void keyReleased(KeyEvent e){}
   public void keyPressed(KeyEvent e) {
     Person man=(Person)e.getSource();
     if(e.getKeyCode()==KeyEvent.VK_DOWN)
         go(man,below);
     if(e.getKeyCode()==KeyEvent.VK_UP)
         go(man,above);
     if(e.getKeyCode()==KeyEvent.VK_LEFT)
         go(man,left);
     if(e.getKeyCode()==KeyEvent.VK_RIGHT)
        go(man,right);
   }
   public void mousePressed(MouseEvent e) {
     Person man=(Person)e.getSource();
     int x=-1,y=-1;
     x=e.getX();
     y=e.getY();
     int w=man.getBounds().width;
     int h=man.getBounds().height;
     if(y>h/2)
        go(man,below);
     if(y<h/2)
        go(man,above);
     if(x<w/2)
        go(man,left);
     if(x>w/2)
        go(man,right);
   }
   public void mouseReleased(MouseEvent e) {}
   public void mouseEntered(MouseEvent e)  {}
   public void mouseExited(MouseEvent e)   {}
   public void mouseClicked(MouseEvent e)  {}
   public void go(Person man,JButton direction) {
```

```
        boolean move=true;
        Rectangle manRect=man.getBounds();
        int x=man.getBounds().x;
        int y=man.getBounds().y;
        if(direction==below)
          y=y+50;
        else if(direction==above)
          y=y-50;
        else if(direction==left)
          x=x-50;
        else if(direction==right)
          x=x+50;
        manRect.setLocation(x,y);
        Rectangle directionRect=direction.getBounds();
        for(int k=0;k<10;k++) {
            Rectangle personRect=person[k].getBounds();
           if((manRect.intersects(personRect))&&(man.number!=k))
              move=false;
        }
        if(manRect.intersects(directionRect))
              move=false;
        if(move==true)
              man.setLocation(x,y);
    }
    public void actionPerformed(ActionEvent e) {
        dispose();
        new Hua_Rong_Road();
    }
}
Person.java

import javax.swing.*;
import java.awt.*;
import java.awt.event.*;
public class Person extends JButton implements FocusListener {
   int number;
   Color c=new Color(255,245,170);
   Font font=new Font("宋体",Font.BOLD,12);
   Person(int number,String s) {
       super(s);
       setBackground(c);
       setFont(font);
       this.number=number;
       c=getBackground();
       addFocusListener(this);
   }
   public void focusGained(FocusEvent e) {
      setBackground(Color.red);
   }
   public void focusLost(FocusEvent e) {
      setBackground(c);
   }
}
```

4. 实验指导

组件调用 getBounds()方法可以返回一个和自己大小相等，位置相同的 Rectangle 对象，但

Rectangle 没有可视的外观，仅仅封装着组件的位置和大小等数据，因此可以用组件返回的 Rectangle 对象判断位置和大小信息。比如，移动一个代表“曹操”的组件时，可以事先移动“曹操”组件得到的 Rectangle 对象，检查该 Rectangle 对象是否和其他组件的 Rectangle 对象相交，如果不相交就移动当前“曹操”组件，否则不移动。

5. 实验后的练习

按钮 button 调用 setIcon(Icon icon)方法可以设置按钮 button 上的图标，比如可以用 ImageIcon 创建一个对象：ImageIcon guanyu=new ImageIcon("ok.jpg")，然后按钮 button 调用 setIcon（Icon icon）方法：button.setIcon（guanyu）设置按钮 button 上的图标是图像 ok.jpg。改进程序，使得代表华容道中人物的按钮上有一个代表人物形象的图像。

习 题 15

1. JFrame 类的对象的默认布局是什么布局?

2. 一个容器对象是否可以使用 add 方法添加一个 JFrame 窗口?

3. 编写应用程序，有一个标题为“计算”的窗口，窗口的布局为 FlowLayout 布局。窗口中添加两个文本区，当我们在一个文本区中输入若干个数时，另一个文本区同时对输入的数进行求和运算并求出平均值，也就是说随着输入的变化，另一个文本区不断地更新求和及平均值。

4. 编写一个应用程序，有一个标题为“计算”的窗口，窗口的布局为 FlowLayout 布局。设计 4 个按钮，分别命名为“加”、“差”、“积、”、“除”，另外，窗口中还有 3 个文本框。单击相应的按钮，将两个文本框的数字做运算，在第 3 个文本框中显示结果。要求处理 NumberFormatException 异常。

5. 参照例 15-13 编写一个体现 MVC 结构的 GUI 程序。首先编写一个封装梯形类，然后再编写一个窗口。要求窗口使用 3 个文本框和一个文本区为梯形对象中的数据提供视图，其中 3 个文本框用来显示和更新梯形对象的上底、下底和高；文本区对象用来显示梯形的面积。窗口中有一个按钮，用户单击该按钮后，程序用 3 个文本框中的数据分别作为梯形对象的上底、下底和高，并将计算出的梯形的面积显示在文本区中。